Exos résolus

2nde

Maths

Lydia MISSET-ROCHEROLLE

Marie-Andrée BELARBI

Vincent BERNIGOLE

Professeurs agrégés de Mathématiques

hachette
ÉDUCATION

Remerciements des auteurs

Les auteurs remercient leurs élèves qui, par leurs questions, ont permis de cerner les notions délicates et les techniques à consolider.
Merci aussi à Texas Instruments pour l'aide apportée à l'utilisation des calculatrices dernière génération, autorisées au baccalauréat et pour la plupart des concours.

Conception graphique :
Couverture : Stéphanie Benoit
Intérieur : Stéphanie Benoit

Composition, mise en pages : Grafatom
Schémas : ScienTech Livre

Édition : Emmanuel Meier

www.hachette-education.com
ISBN : 978-2-01-701383-9

Préface

Cet ouvrage a été conçu pour vous aider ! La transition collège-lycée ne porte pas tant sur le contenu et les notions abordées que sur le travail demandé : plus de rapidité d'exécution, plus d'explications dans vos copies, plus de mémorisation… **plus d'autonomie.**
L'année de seconde, c'est aussi l'année du choix quant à la poursuite d'études, en particulier scientifiques.
Savoir **calculer,** à la main ou à la calculatrice, et savoir **raisonner,** rédiger et argumenter, sont les deux axes de ce livre : vous pourrez retrouver facilement les parties que vous êtes en train d'étudier en classe, car les chapitres sont découpés suivant les **compétences à acquérir en Seconde**. Un premier chapitre permet une initiation à la programmation en jetant les bases du langage **Python.**

- Nous avons voulu un livre attractif, coloré et aéré. Aussi avons-nous choisi de présenter le **cours** sous forme de **savoir-faire** plutôt que de savoirs, pour ne pas faire double emploi avec le cours en classe. Ainsi, nous espérons vous donner une autre approche pédagogique et enrichir votre mémorisation.

- **Un test préliminaire Vrai Faux.** Sa correction est détaillée et renvoie à des exercices utilisant la même notion ou technique.

- **Les exercices** sont **nombreux :** leur niveau est indiqué par des **étoiles** ★ et le **temps indiqué** est celui d'un élève qui connaît son cours. Mais ne vous inquiétez pas si vous mettez plus de temps.

★ **Exercice de base INCONTOURNABLE pour vérifier la compréhension de la notion abordée : à faire et à refaire sans faute !**

★★ **Exercice technique, sans difficulté particulière, pour s'exercer et apprendre les « bons gestes ».**

★★★ **Exercice d'entraînement ou de synthèse nécessitant une démarche plus construite et faisant appel à plus de connaissances : ils préparent à la classe de Première.**

La correction des exercices est très détaillée. Chaque fois que nécessaire, un complément de cours est donné. Une attention toute particulière a été apportée à ces corrections : les **commentaires** et **remarques** sont en bleu pour les différencier de la rédaction attendue dans une copie.

- **Une interrogation écrite** est proposée à la fin de chaque chapitre et corrigée avec soin.
- Afin de retrouver la notion, partie de cours ou type d'exercices que vous voulez travailler, nous avons soigné l'**index** et toutes les entrées possibles.

Ce livre, conçu pour vous guider pendant l'année scolaire, se veut aussi une aide pour reprendre les bases, vous perfectionner durant les congés scolaires et bien commencer votre année de Première ! N'hésitez pas à l'utiliser en Première !
En espérant qu'il vous donnera goût aux mathématiques ! Bon courage !

Les auteurs

SOMMAIRE

POUR PROGRESSER EN MATHÉMATIQUES

Combien de fois avez-vous vu sur une copie ou sur un bulletin scolaire :
« Manque de méthode, le travail est trop superficiel… ».
Pourtant, il vous semblait avoir bien préparé votre contrôle !
Voici quelques règles simples pour améliorer vos performances.

Se remémorer le cours

▶ En effet, on se souvient mieux et plus longtemps d'un film dont on a parlé à la sortie du cinéma ou que l'on a raconté à un ami… C'est exactement la même chose pour un cours de mathématiques.
Après chaque cours, essayez mentalement de vous souvenir de son contenu : titres, notions abordées (définitions ? théorèmes ?), liens avec les cours précédents, type d'exercices abordés (applications directes ? modélisations ? utilisations de plusieurs notions ?)…

▶ Si vous travaillez avec un(e) camarade, racontez-lui ce cours ; essayez de vous souvenir de ce que vous avez compris, de ce qui n'a pas été clair et qu'il faudra donc reprendre.

▶ Une fois à votre bureau, relisez la leçon : dans un premier temps, survolez-la pour en revoir les titres, pour comprendre le lien entre les paragraphes ; revenez ensuite sur le contenu et ajoutez des notes personnelles, soulignez les parties importantes et encadrez les définitions ou théorèmes, sans abuser du surligneur !

▶ Enfin, rédigez une fiche personnelle en synthétisant les connaissances incontournables, sans oublier leurs conditions d'emploi !
N'abusez pas des symboles ou des abréviations : en mathématiques, on peut assez vite écrire des choses fausses car les symboles ont une signification unique ! (voir pages 10 et 11) « Un », ce n'est pas « 1 » ; le symbole « = » a un emploi particulier et ne remplace pas tout.
Mieux vaut écrire clairement !

▶ Une bonne méthode est de s'enregistrer en train de « raconter » son cours et d'énoncer définitions, théorèmes… puis de s'écouter après le repas du soir ou quelques jours avant un contrôle !

Faire les exercices de façon approfondie

▶ Il est plus agréable (et meilleur pour la santé !) de manger un carré de chocolat de qualité qu'une tablette entière d'un chocolat farineux ou trop sucré…
Il est préférable de faire quelques exercices bien ciblés et traités de manière approfondie, plutôt qu'une batterie d'exercices bâclés, non rédigés, résolus sans méthode.

▶ Pour cela, travaillez vos exercices avec papier et crayon, sur un brouillon, en RÉDIGEANT ! Pensez que faire des mathématiques ne se résume pas à calculer. Si vous n'écrivez que les calculs sur votre feuille, vous ne garderez que les calculs en mémoire. Or, l'important est la démarche employée pour résoudre la question posée :
– en premier lieu, analysez les verbes employés dans l'énoncé : ils vous indiquent déjà beaucoup (voir pages 8 et 9) ;
– employez des mots courts pour votre raisonnement. Souvenez-vous que toute phrase écrite est une affirmation gratuite si elle n'est pas argumentée.

Voici quelques mots ou expressions utiles :
« **On a…** » : pour indiquer les hypothèses données dans l'énoncé.
« **On veut, On cherche…** » : pour dire ce que l'on cherche, le but à atteindre... afin de l'avoir sous les yeux et ne pas tourner en rond !
« **Donc, Alors, Ainsi, $\Rightarrow$ …** » : pour formuler une implication, une conséquence.
« **Équivaut à, C'est-à-dire, $\Leftrightarrow$ …** » : pour une équivalence qui permet de remonter le raisonnement.
« **Or, Comme, Puisque…** » : pour rappeler une hypothèse vue précédemment que l'on utilise à ce moment du raisonnement.
« **Car, En effet…** » : pour une argumentation, l'emploi d'un théorème ou d'une définition, portant sur la phrase précédente.

Se fixer un temps de travail et s'y tenir

▶ Se limiter sur le travail à faire et y consacrer un temps minuté, c'est apprendre à gérer son stress avant et pendant les contrôles ! Prenez ainsi l'habitude de noter sur une liste tout ce que vous avez à faire et établissez des priorités :

A (pour demain), B (pour les jours suivants), C (pour avancer).

Chaque jour, réservez une partie de votre temps à la priorité C : si vous négligez de la faire, tout devient A par la suite !
Minutez votre travail et ne passez pas votre soirée à survoler des exercices la veille d'un contrôle : il sera rarement réussi…

▶ Le jour d'un contrôle, survolez l'énoncé et repérez les exercices que vous savez faire (priorité A) ; notez les exercices qui semblent demander plus de réflexion (priorité C) et marquez d'un B les exercices où vous comprenez ce qui est demandé. Commencez par les questions A en les rédigeant proprement, sans les bâcler. Relisez de façon plus approfondie les questions C et minutez à pas plus de 5 minutes la recherche ; passez aux questions B. Puis revenez aux questions C. Ne négligez pas les questions de synthèse ou de conclusion. Vous aurez le plaisir de la réussite !

POUR RÉUSSIR UN EXERCICE

Réfléchir devant un énoncé

▶ **Lire le texte** ***en entier***, repérer les ***données*** et la ***question posée***. Pour cela :
- vérifier que l'on connaît le sens de tous les mots ;
- analyser le **verbe à l'infinitif**, car il donne une idée de l'*action* à réaliser, donc de la *marche à suivre.*

▶ **Revenir sur les données**, les analyser, les *traduire* :
- qu'est-ce que l'on me donne ?
- qu'est-ce que je peux faire comme calculs, comme dessins ?
- à quelles situations, à quels exercices déjà rencontrés, cela me fait-il penser ?
- qu'est-ce que je peux en déduire ?

▶ **Revenir** alors **à la conclusion** à trouver, afin de définir le ***but***.

▶ **Chercher alors un « chemin »** allant des **données** jusqu'au ***but*** **et rédiger proprement**.

Analyser les verbes à l'infinitif

▶ **Dans le calcul numérique, l'algèbre et l'analyse :**

Effectuer, calculer : on demande d'utiliser les règles du calcul numérique et de trouver un résultat numérique (écrit avec des chiffres).

Réduire, distribuer, simplifier : on doit employer les règles du calcul algébrique (addition, développement et multiplication sur une addition, règles sur les produits, les puissances, les fractions, les racines carrées).

Vérifier une égalité : on part de la forme où il y a un calcul à faire et on doit retrouver l'autre forme.

Exprimer… en fonction de : il s'agit là d'utiliser les règles de calcul (numérique, algébrique, vectoriel) pour donner le résultat écrit à l'aide de chiffres et du symbole.

Comparer : on compare, en général, des nombres (numériques ou algébriques) ; on demande s'ils sont égaux, ou opposés, ou si l'un est plus grand que l'autre.

Résoudre algébriquement une équation ou une inéquation : on cherche toutes les solutions, de manière exacte, en utilisant les règles du calcul, et on donne en conclusion l'ensemble solution (ou ensemble des solutions) : $S = \ldots$

▶ Dans un contexte graphique ou concret :

Lire, donner, citer : on demande le résultat obtenu par lecture directe, sans justification supplémentaire.

Trouver, écrire, traduire : le reste de la phrase indique ce qui est demandé ainsi que la forme du résultat recherché.

Représenter : on demande, en général, de transcrire une notion abstraite en un graphique ; par exemple, représenter une fonction, un vecteur, l'évolution d'un phénomène, une série statistique…

Tracer, placer : on doit dessiner un objet graphique ; par exemple : tracer une droite, la courbe représentative d'une fonction, un polygone, un triangle, placer des points.

Construire : dessiner à l'aide d'outils, soit à support technique (règle, compas…), soit à support de raisonnement, en expliquant ce qui a été fait. Laisser les traits de construction.

Résoudre graphiquement une équation ou inéquation ; il s'agit là de chercher toutes les solutions de manière approchée par la lecture de courbes représentant des fonctions.

▶ Dans un cadre plus général :

Déterminer : c'est trouver, à l'aide d'un raisonnement, en partant des données du problème (ce que l'on sait) et en appliquant les règles, les formules, les théorèmes…, en utilisant aussi les résultats établis aux questions précédentes.

Justifier, argumenter, commenter : on demande des explications aux résultats avancés. Une réponse, sans justification, par « oui ou non », « vrai ou faux »… n'est pas le type de réponse que l'on attend d'un lycéen.

Montrer que, démontrer que : le résultat demandé est énoncé clairement ; il faut donc le retrouver par un raisonnement construit, rédigé, faisant intervenir les données, les règles, les formules, les théorèmes…, c'est-à-dire tout le cours et les connaissances.
Mais on peut utiliser le résultat par la suite, même si l'on n'a pas su le démontrer. Écrire alors que l'on admet et répondre aux questions suivantes.

En déduire que : on demande d'utiliser impérativement le résultat établi à la question précédente ; la réponse est souvent directe, mais il faut parfois faire encore un raisonnement supplémentaire pour obtenir le résultat recherché.

Conjecturer : ce verbe indique un problème ouvert : à l'élève de découvrir, d'imaginer, d'émettre des hypothèses… de deviner !

Conclure : il faut souvent revenir au début de l'énoncé et relire le but ou l'objectif qui avait été fixé, et expliquer en langage clair que l'on a atteint cet objectif.

NOTATIONS ET SYMBOLES MATHÉMATIQUES

Avec des nombres

$\mathbb{R}$: ensemble des réels, $\mathbb{R} =]-\infty\ ;+\infty[$.

$\mathbb{R} \setminus \{a\}$: ensemble des réels privé de a, tous les réels sauf a.

$\mathbb{N}$: ensemble des entiers naturels, $\mathbb{N} = \{0\ ;1\ ;2\ ;3...\}$.

$\mathbb{R}^+ = [0\ ;+\infty[$: ensemble des réels positifs, $x \geqslant 0$.

$\mathbb{R}^- =]-\infty\ ;0]$: ensemble des réels négatifs, $x \leqslant 0$.

$[-3\ ;5]$: intervalle, ensemble des nombres réels allant de –3 à 5, bornes comprises.

$]-3\ ;5[$: intervalle, ensemble des nombres réels allant de –3 à 5, bornes exclues.

$\{-3\ ;5\}$: paire, ensemble contenant seulement les deux nombres –3 et 5.

$(-3\ ;5)$: coordonnées d'un point, ou d'un vecteur,
couple de nombres, de points.

Avec des points

AB : distance, longueur entre les points A et B.

$[AB]$: segment d'extrémités A et B.

(AB) : droite passant par les points A et B.

$[AB)$: demi-droite d'origine A passant par B.

$\overrightarrow{AB}$: vecteur d'origine A et d'extrémité B.

$(A\ ;B)$: repère de la droite (AB), d'origine A et $AB = 1$.

$m(AB)$: coefficient directeur de la droite (AB).

ABC : triangle ABC.

$\widehat{ABC}$: angle de sommet B et de côtés $[BA)$ et $[BC)$.

(ABC) : plan défini par les trois points A, B et C.

$\mathscr{A}(ABC)$: aire du triangle ABC.

$(A\ ;B, C)$: repère du plan d'origine A, d'axes (AB) et (BC) avec $AB = 1$ en abscisse et $AC = 1$ en ordonnée.

Sur les fonctions

$f : x \mapsto y$: fonction qui à x associe le réel y.

$f(x)$: image de x par la fonction f, résultat obtenu quand on applique la fonction f au réel x.

$\mathscr{D}_f$: ensemble de définition de la fonction f.

$\mathscr{C}_f$: courbe représentative de la fonction f, formée de points.

$M(x\,;f(x))$: point de la courbe $\mathscr{C}_f$.

$y = f(x)$: équation de la courbe $\mathscr{C}_f$, relation liant x et y, formule.

$y = ax + b$: équation réduite de la droite $\mathscr{D}$ représentant la fonction affine $x \mapsto ax + b$.

Pour les relations et les ensembles, le raisonnement

$\mapsto$: associe	$x \mapsto y$
$\in$: appartient à	$3 \in [1\,;5]$.
$\subset$: est inclus dans	$[2\,;3] \subset [1\,;5]$.
$\cap$: intersection (inter)	$[0\,;2] \cap [1\,;5] = [1\,;2]$.
$\cup$: réunion (union)	$[0\,;2] \cup [1\,;5] = [0\,;5]$.
$\overline{A}$: complémentaire	$\overline{[2\,;+\infty[} =]-\infty\,;2[$.
$=$: est égal à	pour les équations, les égalités sur les nombres, les vecteurs, les ensembles.
$\leqslant$: est inférieur ou égal à	pour les inéquations, les inégalités sur les nombres seulement.
$>$: est (strictement) supérieur à	
$\Rightarrow$: implique, donc, alors	lors d'un raisonnement, fonctionne dans un sens.
$\Leftrightarrow$: équivaut à, si et seulement si, signifie que	entre deux propositions, c'est une double implication, dans les deux sens.
$\forall$: quel que soit	quantificateur universel.

$\forall\, x \in \mathbb{R}$: pour tout réel x.

$\forall\, M \in (AB)$: pour tout point M de la droite (AB).

$\exists$: il existe un	quantificateur existentiel

$\exists\, k \in \mathbb{R}$: il existe un réel k tel que…

et : connecteur logique	indiquant la simultanéité de propositions ; se traduisant par $\cap$ sur des ensembles, ou l'accolade { pour des relations, des systèmes.
ou : connecteur logique	indiquant qu'au moins une des propositions doit être vraie ; se traduisant par $\cup$ sur les ensembles.

INDEX DES MOTS CLÉS

Les pages indiquées en **bleu** sont des pages de rappel de cours.

A

B

C

D

E

F

Q

R

S

Chapitre 1

Algorithmique et programmation en langage Python

Dans ce chapitre, on utilise l'éditeur de script IDLE : IDLE (Python 3.7 32-bit)

▶ Un algorithme est composé d'une série d'actions qui s'enchaînent dans un ordre logique. Ces actions peuvent faire intervenir des variables. Celles-ci sont programmées dans un langage informatique, en particulier Python, que l'on peut énoncer en langage naturel.

1 Affectation de variables et calculs de base

COURS

▶ Les variables peuvent être de type entier, réel, chaîne de caractères… désignées par une lettre, un mot…

On donne une valeur à une variable ; l'affectation se fait à l'aide du symbole = :

rayon=3

longueur=10

largeur=6

On peut aussi utiliser longueur,largeur = 10,6

```
>>> rayon=3
>>> longueur=10
>>> largeur=6
>>> longueur,largeur=10,6
```

▶ On peut faire des calculs en utilisant ces variables :

Addition :	longueur+largeur
Soustraction :	longueur–largeur
Produit :	longueur*largeur
Quotient :	longueur/largeur
Puissance 3 :	longueur**3
Racine carrée :	**from math import** sqrt sqrt(longueur)

```
>>> longueur+largeur
16
>>> longueur-largeur
4
>>> longueur*largeur
60
>>> longueur/largeur
1.6666666666666667
>>> longueur**3
1000
>>> from math import sqrt
>>> sqrt(longueur)
3.1622776601683795
```

▶ Pour utiliser Python en mathématiques, il est nécessaire d'importer des « bibliothèques » particulières.

– Pour toutes les **fonctions mathématiques**, on importe la bibliothèque **math**.

– Pour les fonctions liées aux **probabilités**, la bibliothèque **random**.

– Pour les **fonctions graphiques**, la bibliothèque **mathplolib.pyplot**.

2 Entrée de valeurs par l'utilisateur

▶ Il est souvent utile de pouvoir introduire des valeurs et les affecter à des variables au cours d'un programme.

Pour cela, on indique en premier la variable qui va recevoir cette donnée.

On utilise l'instruction **input** (…), qui dépend du type de variable.

Python choisit automatiquement le type de la variable selon la donnée.

▶ On prend l'habitude d'écrire une phrase pour identifier la donnée demandée : sur IDLE, elle s'écrit entre guillemets " " en **vert**, et apparaît **en bleu** à l'exécution. On saisit alors au clavier la valeur que l'on désire introduire et on valide par *entrée.*

▶ **Syntaxe des entrées en langage Python :**

– demander à saisir un **entier** et l'affecter à la variable *n* :

```
>>> n=int(input("Entrerle nombre entierd'essais:"))
Entrerle nombre entierd'essais:5
```

– demander à saisir un **nombre réel** et l'affecter à la variable *a* :

```
>>> a=float(input("Entrer un réel:"))
Entrer un réel:3.7
```

– demander à saisir le **résultat d'un calcul** et l'affecter à la variable *x* :

```
>>> x=eval(input("Entrer une valeur de x en fraction:"))
Entrer une valeur de x en fraction:2/3
```

– demander à **saisir** une **chaîne de caractères** (mot, suite de chiffres, phrase, espace par _ …) et l'affecter à la variable *mot* :

```
>>> mot=str(input("Entrer nom et prénom:"))
Entrer nom et prénom:misset_lydia
```

3 Affichage à l'écran

▶ Un programme comporte de nombreux calculs ou résultats qu'il est souvent nécessaire d'afficher !

L'instruction **print** (…..) permet l'affichage d'une (ou plusieurs) valeur(s) de la variable.

▶ **Syntaxe de l'affichage (sortie) en langage Python :**

– afficher la valeur d'une variable :

```
>>> print(a)
3.7
```

```
>>> print(n,x,a)
5 0.6666666666666666 3.7
```

– afficher un texte :

```
>>> print("un auteur:")
un auteur:
```

– afficher à la suite un texte et une valeur :

```
>>> print("un auteur:",mot)
un auteur: misset_lydia
```

4 Création de fonctions

▶ Le mot « **fonction** » n'a pas tout à fait le même sens qu'en mathématiques.

Une fonction est un bloc auquel on donne un nom. Elle est définie à partir de la donnée de variables (paramètres). Elle renvoie un résultat.

Le nom des variables peut être utilisé à l'extérieur de la fonction.

Le résultat d'une fonction est retourné à l'endroit où elle est appelée.

▶ **Syntaxe d'une fonction** :

```
def nom (paramètre1,paramètre2,etc)
        instruction(s)
        return résultat
```

Lorsque l'on écrit une fonction en langage Python, le décalage vers la droite des instructions délimite le bloc de la fonction (**indentation**, qui s'effectue lors de l'écriture). Le retour du résultat marque la fin de l'exécution de la fonction.

▶ **Exemple 1 :** fonction qui renvoie le volume d'une sphère de rayon donné R

On écrit le programme dans l'éditeur de programme, puis on l'enregistre et on le valide par **Run Module F5** :

```
File  Edit  Format  Run  Options  Window  Help
from math import pi
def volume_sphere(R):
        v=4/3*pi*R**3
        return v
```

Dans la console Python, on saisit le nom de la fonction et la valeur du paramètre sur laquelle porte la fonction, et on valide :

```
>>> volume_sphere(10)
4188.790204786391
```

Remarques : ne pas oublier d'importer **pi** de la bibliothèque math ;

ne pas oublier les deux points **:** qui permettent l'indentation.

On peut demander un affichage décimal à un chiffre après la virgule par :

```
>>> print(round(volume_sphere(10),1))
4188.8
```

▶ **Exemple 2 :** Toutes les fonctions numériques f de la variable réelle x peuvent être écrites en langage Python. Soit f la fonction définie par $f(x) = -x^2 + 3x + 4$.

Écriture de la fonction :

```
File  Edit  Format  Run  Options  Window  Help
def f(x):
    y=-x*x+3*x+4
    return y
```

ou

```
def f(x):
    return -x*x+3*x+4
```

Utilisation :

```
>>> f(2/3)
5.555555555555555
```

```
>>> f(-1)
0
```

L'affichage est un nombre décimal.

On peut utiliser :

```
>>> print(round(f(2/3),2))
5.56
```

COURS

5 Instruction conditionnelle *if*

▶ Au cours d'un programme, on est amené à utiliser des instructions conditionnelles et, ainsi, à déterminer si les instructions qui suivent doivent être ou non exécutées.

▶ **Syntaxe d'une instruction conditionnelle en langage Python :**

```
if condition C :
    instruction(s) A
else :
    instruction(s) B
```

En langage Python, l'instruction **alors** n'existe pas : c'est l'indentation (après les deux points : retour et décalage à la ligne) qui la remplace.

Il n'y a pas de fin de boucle.

Une seule condition	Si $x \geqslant 0$, alors :
	afficher $\sqrt{x}$
		`from math import sqrt`
		`def racine(x):`
		`    if x>=0:`
		`        return sqrt(x)`

Une condition et une alternative	Si $x \geqslant 0$, alors :
	afficher $\sqrt{x}$
	sinon :
	afficher « erreur »
		`def racine(x):`
		`    if x>=0:`
		`        return sqrt(x)`
		`    else:`
		`        print("erreur")`

Deux conditions ou plus
elif pour else if
	Fonction définie par :
	$f(x) = \sqrt{x}$ sur $[0 ; +\infty[$
	$f(x) = \sqrt{x+10}$ sur $[-10 ; 0[$
	sinon $f(x)$ n'existe pas
		`def fct_morceaux(x):`
		`    if x>=0:`
		`        return sqrt(x)`
		`    elif x>=-10:`
		`        return sqrt(x+10)`
		`    else:`
		`        print("erreur")`

6 Boucle bornée *for*

▶ Cette boucle est utilisée pour la répétition d'instructions, un nombre fini de fois connu. Il n'y a pas de fin de boucle.

▶ **Syntaxe d'une boucle *for* en langage Python :**

```
for variable in range (n) :
    instruction
```

```
for k in range(3):
    print(k*k)
```

Affichage :

```
0
1
4
```

La fonction **range** (…) donne le nombre de fois où l'on utilise la boucle.

Il y a trois façons de préciser les valeurs prises par le compteur de boucles k :

k in range (n) : la variable ***k*** prend les valeurs de 0 à ***n*** – 1, soit ***n*** valeurs

k in range (d,n) : la variable ***k*** prend les valeurs de ***d*** à ***n*** – 1, soit ***n* – *d*** valeurs

k in range (d,n,p) : la variable ***k*** prend les valeurs de ***d*** à ***n*** – 1, par pas de ***p***

▶ **Exemple 1 :** la suite des carrés des entiers de 1 à 3

```
for k in range(1,4):
    print(k,k**2)
```

Affichage des résultats :

```
1 1
2 4
3 9
```

▶ **Exemple 2 :** la somme des n premiers entiers de 1 à n, à comparer avec la somme $1 + 2 + 3 + \ldots + n$ pour vérification

```
def somme(n):
    s=0
    for k in range(n+1):
        s=s+k
    print(s)
```

Affichages :

```
>>> somme(5)
15
>>> 1+2+3+4+5
15
```

Ici, s et k sont des variables locales.

▶ **Exemple 3 :** le tableau des valeurs d'une fonction et l'affichage du tableau

On considère la fonction f :

$f(x) = -x^2 + 3x + 4$.

On désire connaître son tableau de valeurs pour x entier de -3 à 5.

```
File Edit Format Run Options Window Help
for x in range(-3,6):
    y=-x**2+3*x+4
    print(x,y)
```

```
-3 -14
-2 -6
-1 0
0 4
1 6
2 6
3 4
4 0
5 -6
```

COURS

7 Boucle non bornée *while*

▶ C'est la boucle « tant que ». Il n'y a pas de fin de boucle *while* en Python.

On l'utilise quand on ne connaît pas le nombre de répétitions de la boucle.

▶ **Syntaxe d'une boucle *while* en langage Python :**

```
while condition C :
    instruction(s)
```

Les symboles pour les conditions s'écrivent en langage Python :

`==` pour *est égal à* ; `<=` pour *inférieur ou égal* ; `!=` pour *différent.*

▶ **Exemple :** nombre de lancers d'un dé de 6 jusqu'à obtenir le premier 6

```
File Edit Format Run Options Window Help
from random import randint
n=0
c=0
while n!= 6 :
    n=randint(1,6)
    c=c+1
    print(n,c)
```

Résultats : on obtient le premier 6, au bout de 2 lancers, 5 lancers, 4 lancers

```
3 1
6 2
```

```
1 1
5 2
5 3
3 4
6 5
```

```
3 1
3 2
3 3
6 4
```

……

8 Utilisation des chaînes de caractères *str*

▶ En langage Python, une chaîne de caractères est une suite rangée de caractères qui peuvent être des lettres, des symboles, des chiffres.

Elle se note entre guillemets simples ‘ ’ ou doubles “ ”.

▶ **Opérations et fonctions sur les chaînes :**

Concaténation	Répétition	Ordre lexique	Longueur

`>>> x="bon"`
`>>> y="jour"`
`>>> x+y`
`'bonjour'`
	`>>> 2*x`
	`'bonbon'`
	2 fois le mot
		`>>> z="chat"`
		`>>> t="chai"`
		`>>> z < t`
		`False`
			`>>> len(y)`
			`4`
			`>>> len("5648")`
			`4`

On rappelle : == pour *est égal à* ; <= pour *inférieur ou égal* ; != pour *différent.*

On peut transformer :
un nombre en chaîne de chiffres par **str**
ou une chaîne de chiffres en nombre par **int**.
	`>>> str(5648)`
	`'5648'`
	`>>> int('23')`
	`23`

On peut extraire un caractère, de rang *n*, dans une phrase :
ph[n] donne le $n + 1$-ième caractère de la phrase
ph[n : m] du rang *n* au rang $m - 1$
n doit être compris entre 0 et len (ph) – 1
	`>>> ph="aimer Python"`
	`>>> ph[2]`
	`'m'`
	`>>> ph[0:4]`
	`'aime'`

▶ **Exemple :** soit la phrase « Bonjour à vous tous ».

– Afficher la longueur **len (ph)** de cette phrase :

```
>>> ph="Bonjour à vous tous"
>>> len(ph)
19
```

ou

```
>>> print(len(ph))
19
```

– Trouver le nombre de « o » contenus dans cette phrase :

```
ph="Bonjour à vous tous"
nbo=0
for lettre in ph:
    if lettre=="o":
        nbo+=1
print("nombre de o dans la phrase:",nbo)
```

– Extraire « vous » de la phrase et le supprimer :

```
>>> ph="Bonjour à vous tous"
>>> rg=ph.find("vous")
>>> print(ph[rg:rg+len("vous")])
vous
>>> print(ph.replace("vous ",""))
Bonjour à tous
```

ph.find : renvoie le rang de la 1re lettre du mot *vous* dans ph

ph.replace (“a”, “b”) : remplace *a* par *b* dans ph

EXERCICES

1 ★ 10 min
(corrigés p. 24)

Écrire un programme en langage Python permettant d'obtenir le volume d'un cylindre.
On pourra définir une fonction à 2 paramètres.
Afficher le volume, à 10^{-3}, pour un rayon de 10 et une hauteur de 4.

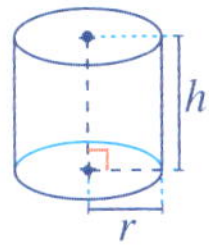

2 ★ 15 min
(corrigés p. 24)

Démontrer qu'un triangle ABC est rectangle en A, connaissant les trois côtés $AB = c$, $AC = b$ et $BC = a$.
On pourra définir une fonction à 3 paramètres, et utiliser la réciproque du théorème de Pythagore.

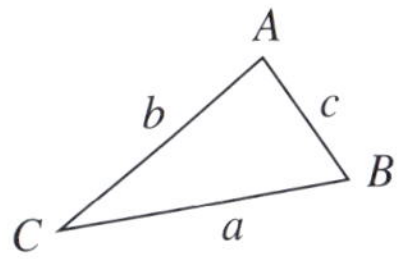

3 ★ 15 min
(corrigés p. 24)

Expliquer ce que permet de calculer la fonction **location** ci-contre.
Que retourne la fonction **location (5)** ? **location (20)** ? Peut-on utiliser la variable **cout** en dehors de cette fonction ?

File Edit Format Run Options Window Help

```
def location(x):
    if x<=10:
        cout=18
    else:
        cout=18+0.5*(x-10)
    return cout
```

4 ★★ 20 min
(corrigés p. 24)

Trouver les zéros entiers d'un polynôme $P(x) = ax^2 + bx + c$, pour x entier de -10 à 10. On pourra calculer $P(x)$ et tester si le résultat est nul.
L'appliquer au polynôme $P(x) = -x^2 + 3x + 4$.

5 ★★ 20 min
(corrigés p. 24)

Écrire une fraction pour déterminer si un nombre entier est premier.
On utilisera l'**opérateur %** qui donne le reste de la division de deux entiers.
Rappel : l'**opérateur //** rend le quotient entier de la division de deux entiers.

```
>>> 10%6
4
>>> 10//6
1
```

6 ★★ 15 min
(corrigés p. 24)

Écrire un programme qui rend le plus petit entier n tel que la somme des entiers de 1 à n dépasse 2020.

7 ★★ 15 min
(corrigés p. 24)

Expliquer ce que permet d'obtenir le programme ci-contre :

```
nombre=input("Entrer un nombre :")
chiffres=str(nombre)
s=0
for caractere in chiffres:
    s=s+int(caractere)
if s%3==0:
    print(nombre,"[redacted]")
```

Compléter la dernière ligne d'instruction et écrire l'instruction **else…**

CORRIGÉS

1 Programme : on peut définir une fonction à deux paramètres :

```
from math import pi
def volcylindre(r,h):
    return pi*r*r*h
```

```
>>> print(round(volcylindre(10,4),3))
1256.637
```

2 **Attention à l'ordre dans la liste des côtés : le plus grand en dernier**

```
File Edit Format Run Options Window Help
def tri_rect (a,b,c):
    if a*a+b*b==c*c :
        print("ABC rectangle en A")
    else :
        print("ABC non rectangle en A")
```

```
>>> tri_rect(3,4,5)
ABC rectangle en A
>>> tri_rect(4,5,3)
ABC non rectangle en A
```

3 **location** permet d'obtenir, par exemple, un prix forfaitaire de 18 € pour le prêt de matériel d'une durée *x* inférieure ou égale à 10 h, puis augmenté de 0,50 € par heure supplémentaire.

```
>>> location(5)
18
>>> location(20)
23.0
```

4 Programme possible pour trouver les zéros entiers de $P(x)$:

```
def P(x):
    return -x**2+3*x+4
for n in range (-10,11):
    if P(n)==0:
        print(n)
```

```
/poly.py =
-1
4
```

5 Programme pour savoir si un entier *n* est premier :

```
def estpremier(n):
    i=2
    while i<n:
        if n%i==0:
            return False
        i+=1
    return True
```

```
>>> estpremier(53)
True
>>> estpremier(51)
False
>>> estpremier(91)
False
```

6 Programme et affichage des résultats, l'entier et la somme :

```
s=0
n=0
while s<2020:
    s=s+n
    n=n+1
print("n:",n,"somme:",s)
```

```
n: 65 somme: 2080
```

7 Ce programme permet de savoir si un nombre est divisible par 3.

On complète par :

```
if s%3==0:
    print(nombre,"divisible par 3")
else:
    print(nombre,"non divisible par 3")
```

Chapitre 2

Fonction, calcul et représentation

TEST PRÉLIMINAIRE

15 min *(corrigés p. 28)*

TEST

Vrai Faux

1 $f(1) = 3$ signifie que l'image de 3 par f est 1. ....

2 Si $f(4) = -3$, alors 4 est l'antécédent de -3. ....

3 Les réels 3 et -3 sont les deux antécédents de 9 par la fonction carré f telle que $f(x) = x^2$. ....

4 La fonction racine carrée f telle que $f(x) = \sqrt{x}$ a pour ensemble de définition l'intervalle $[0\ ;+\infty[$. ....

5 L'image de $\sqrt{3}$ par la fonction g définie par $g(x) = \dfrac{-x^2+2}{2x}$ est $\dfrac{\sqrt{3}}{6}$. ...

Pour les questions suivantes, la fonction f est connue par sa courbe représentative $\mathscr{C}_f$ ci-contre.

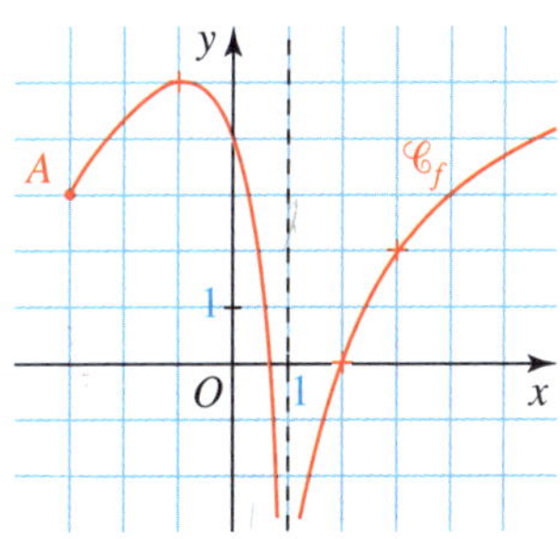

6 $A(-3\ ;3) \in \mathscr{C}_f$ s'écrit $f(-3) = 3$. ....

7 La fonction f est définie sur $[-3\ ;+\infty[$. ....

8 La fonction f est décroissante sur $[-1\ ;1[$. ....

9 Le maximum de f sur $[-3\ ;1[$ est le point $B(-1\ ;5)$. ....

10 Pour tout réel x de $[2\ ;+\infty[$, on a $f(x) \geqslant 0$. ....

COURS

Représenter un réel	L'ensemble des réels $\mathbb{R}$ est l'ensemble de tous les nombres connus en classe de seconde. Un réel est l'abscisse d'un point sur une droite graduée (la droite des réels). Sur la droite des réels, le nombre 0 a un rôle particulier 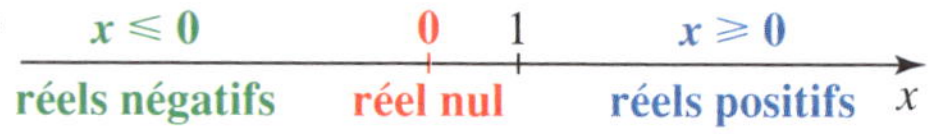
Définir une fonction *f*	► Lorsque, à **chaque réel x** d'un ensemble de nombres, on associe un **seul nombre y**, on définit une fonction f. $f : x \mapsto y$ fonction f qui, à x, associe y ► On écrit sous forme de formule : $y = f(x)$
Faire le lien entre image et antécédent dans l'écriture	► x est la variable, $f(x)$ est l'image de x par la fonction f, et x est **un** antécédent de y par f. ► L'ensemble des réels ayant une image par f est **l'ensemble de définition de f** : on le note souvent $\mathcal{D}_f$.
Calculer l'image de *a* par la fonction *f*	Si on connaît la formule de la fonction, $y = f(x)$, on remplace x par le **nombre a** et on calcule $f(a)$. L'ensemble des réels tels que le calcul soit possible est l'ensemble de définition de la fonction. Lorsque, pour une valeur de la variable, on ne peut pas calculer l'image, on parle de **valeur interdite**.
Lire et écrire un intervalle	► L'ensemble des réels x tels que $-3 \leqslant x < 0$ s'écrit $[-3 ; 0[$. 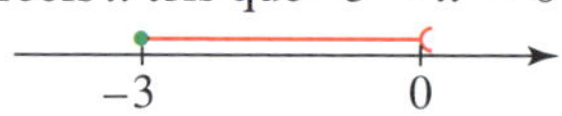 ► L'intervalle $[4 ; +\infty[$ est l'ensemble de tous les **réels supérieurs ou égaux à 4**. ► Dire que $x < 2$ s'écrit $x \in]-\infty ; 2[$.
Reconnaître la courbe $\mathscr{C}_f$ représentative d'une fonction et son ensemble de définition	Dans un repère, la courbe d'une fonction f est l'ensemble des points $M(x ; y)$ tels que : ► l'**abscisse x** est dans l'ensemble de définition ; ► l'**ordonnée y** est l'image de x par f ; $\mathcal{D}_f$ est l'ensemble des abscisses des points de la courbe $\mathscr{C}_f$. 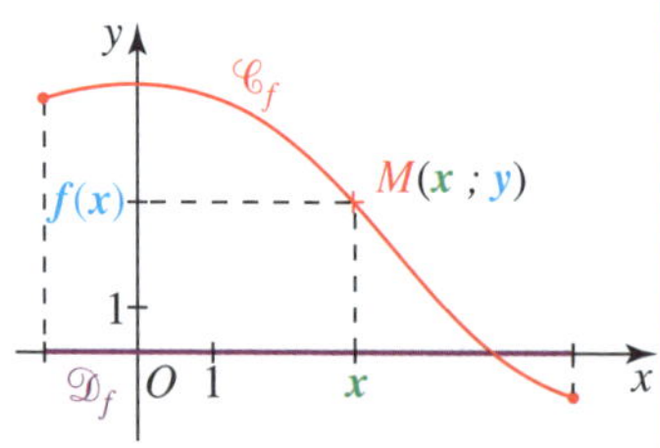
Écrire qu'un point est sur la courbe $\mathscr{C}_f$	► Le point A appartient à la courbe $\mathscr{C}_f$ d'une fonction f s'écrit : $\boldsymbol{A(x_A ; y_A) \in \mathscr{C}_f \Leftrightarrow x_A \in \mathcal{D}_f}$ **et** $\boldsymbol{f(x_A) = y_A}$
Lire l'image de *a* par *f*	Si on connaît la courbe représentative $\mathscr{C}_f$, on lit l'**ordonnée** du point de la courbe d'**abscisse a**.

Rechercher les antécédents d'un nombre *b* par une fonction *f*

► Si on connaît la courbe représentative $\mathscr{C}_f$, on lit les **abscisses** des points de la courbe dont **l'ordonnée est *b***.

► Si on connaît la formule $y = f(x)$, on résout l'équation $f(x) = b$, les solutions doivent appartenir à l'ensemble de définition.

Donner le sens de variation d'une fonction

Si on connaît la représentation graphique de la fonction :

► si la courbe monte, alors la fonction est **croissante** sur l'**intervalle *I*** correspondant :

$x_1 \leqslant x_2$
alors $f(x_1) \leqslant f(x_2)$ *même ordre*

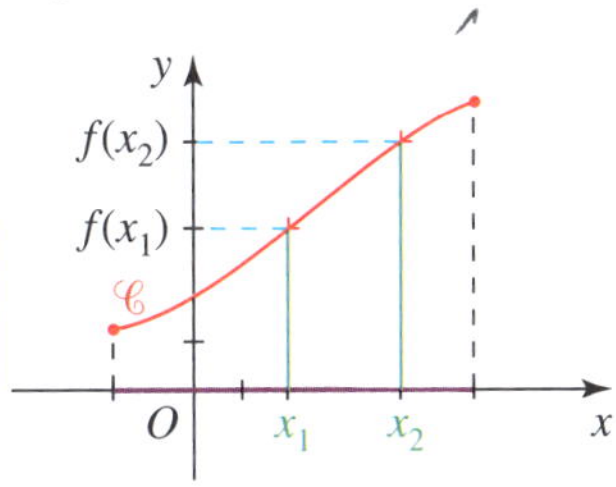

► si la courbe descend, alors la fonction est **décroissante** sur l'**intervalle *I*** correspondant :

$x_1 \leqslant x_2$
alors $f(x_1) \geqslant f(x_2)$ *change l'ordre*

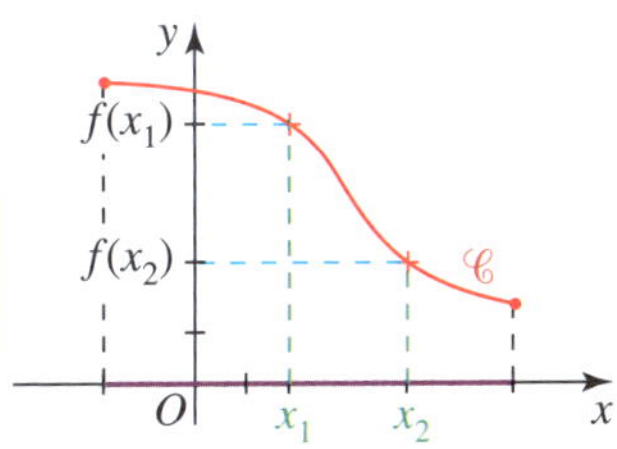

Dresser un tableau de variations d'une fonction

On résume le **sens de variation** d'une fonction dans un **tableau** : sur la première ligne, les abscisses x et l'ensemble de définition ; sur la seconde ligne, une **flèche montante** quand la fonction est strictement croissante et une **flèche descendante** quand la fonction est strictement décroissante. Au bout des flèches, les **ordonnées** connues.

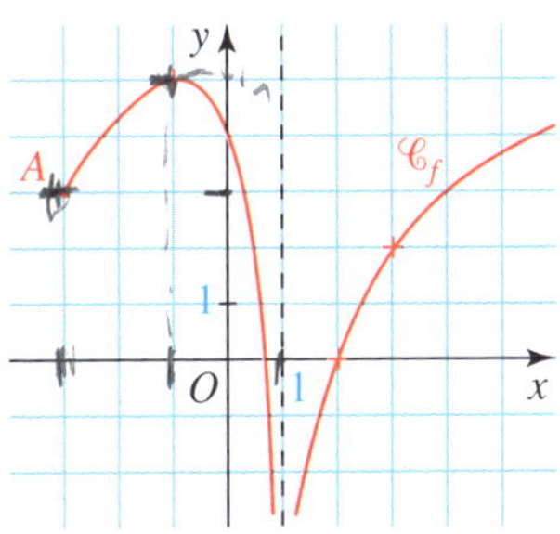

x	-3		-1		1		$+\infty$
$f(x)$	3	↗	5	↘	‖	↗	

On note par une **double barre** une valeur interdite.

Donner le maximum ou le minimum d'une fonction sur un intervalle *I*

Sur la représentation d'une fonction :

► le **maximum** M est l'**ordonnée** du point le plus haut de la courbe :
$M = f(a)$ tel que, pour tout réel x de I, on a $f(x) \leqslant f(a)$;

► le **minimum** m est l'**ordonnée** du point le plus bas de la courbe :
$m = f(b)$ tel que, pour tout réel x de I, on a $f(x) \geqslant f(b)$.

CORRIGÉS DU TEST

(énoncés p. 25)

1 **Faux.** $f(1)$ se lit :
l'image de 1 par f est 3
ou bien 3 est l'image de 1 par f
ou bien au réel 1, on associe le nombre 3.

→Exercices 8 et 9

2 **Faux.** 4 est **un** antécédent de -3 par f ; il peut y avoir d'autres nombres dont l'image est -3.

→Exercices 9 et 10

3 **Vrai.** On résout l'équation $x^2 = 9$.

Pour tout réel k positif, l'équation $x^2 = k$ a deux solutions opposées :
$-\sqrt{k}$ et $\sqrt{k}$.

→Exercices 10 et 11

4 **Vrai.** La racine carrée se calcule seulement pour les nombres positifs.

$\sqrt{x}$ existe lorsque $x \geqslant 0$

Remarque : $\sqrt{0} = 0$ et $\sqrt{1} = 1$, mais « $\sqrt{-3}$ » n'existe pas dans $\mathbb{R}$.

→Exercices 22 et 23

5 **Faux.** On a $g(x) = \dfrac{-x^2+2}{2x}$.

On calcule $g(\sqrt{3})$ en remplaçant x par $\sqrt{3}$.

$$g(\sqrt{3}) = \frac{-(\sqrt{3})^2+2}{2\sqrt{3}} = \frac{-3+2}{2\sqrt{3}} = \frac{-1}{2\sqrt{3}}$$
$$= \frac{-1\times\sqrt{3}}{2\sqrt{3}\times\sqrt{3}} = \frac{-\sqrt{3}}{2\times 3} = \frac{-\sqrt{3}}{6}.$$

Attention ! $-x^2$ signifie $-(x)^2$ à ne pas confondre avec $(-x)^2 = x^2$.

On prend l'habitude de ne pas laisser une racine carrée au dénominateur.

→Exercices 17 à 25

6 **Vrai.** L'abscisse $x_A = -3$ du point A a pour image 3, ordonnée y_A du point A.

→Exercice 27

7 **Faux.** Le graphique présente une droite verticale d'équation $x = 1$ et la courbe s'en approche, mais ne l'atteint pas. Par convention, la courbe n'a pas de point d'abscisse 1. Donc **1** est une **valeur interdite**.

Ainsi, l'ensemble de définition est une **réunion** d'intervalles :

$\mathcal{D}_f = [-3\ ;\ 1[\ \cup\ ]1\ ;\ +\infty[$,

c'est-à-dire que l'abscisse x varie de -3 compris à **1 exclu** **ou** de **1 exclu** à plus l'infini.

→Exercice 26

8 **Vrai.** Sur la partie correspondant aux abscisses entre -1 et **1 exclu**, la courbe descend ; donc la fonction est décroissante sur $[-1\ ;\ 1[$.

→Exercices 29 et 30

9 **Faux.**

Erreur classique : le maximum est un nombre, pas un point !

Le maximum de f sur $[-3\ ;\ 1[$ est 5, atteint en -1. Cela signifie que, pour tout réel x de l'intervalle $[-3\ ;\ 1[$, on a $f(x) \leqslant f(-1)$.

→Exercices 30 à 32

10 **Vrai.** Sur $[2\ ;\ +\infty[$, la fonction f est *croissante*, donc pour tout réel $x \geqslant 2$ leurs images sont dans le *même ordre*. Donc $f(x) \geqslant f(2)$.

Or, $f(-2) = 0$.

Par conséquent, on obtient bien $f(x) \geqslant 0$.

→Exercices 33 à 37

EXERCICES

Intervalles

1 ★ 5 min
(corrigés p. 42)

Pour chaque ensemble de réels, une seule écriture est correcte.

a) $x < 3$	$]-\infty ; 3]$	$[-\infty ; 3[$	$]-\infty ; 3[$
b) $-2 < x \leqslant 5$	$[-2 ; 5]$	$]-2 ; 5]$	$]-2 ; 5[$
c) $x \geqslant 0$	$[0 ; +\infty]$	$[0 ; +\infty[$	$]0 ; +\infty[$
d) $10 \geqslant x > 3$	$[10 ; 3]$	$]3 ; 10]$	$[10 ; 3[$
e) $5 \leqslant x$	$[5 ; +\infty[$	$[5 ; +\infty]$	$]-\infty ; 5[$

2 ★ 8 min
(corrigés p. 42)

Traduire chacune des inégalités suivantes à l'aide d'intervalles.

a) $x \geqslant 3$ $[3 ; +\infty[$ **b)** $0 \leqslant x < 2$ $[0 ; 2[$ **c)** $x < -0{,}01$ $]-\infty ; -0{,}01[$ **d)** $2 < x \leqslant 5$ $]2 ; 5]$

e) $3{,}6 > x > 3{,}4$ **f)** $-1 \leqslant x \leqslant 1$ **g)** $x < 0$ **h)** $x = 3$

$]3{,}4 ; 3{,}6[$ $[-1 ; 1]$ $]-\infty ; 0[$ $[3 ; 3] = \{3\}$

3 ★★ 12 min
(corrigés p. 42)

Compléter le tableau.

	intervalle	inégalité	représentation
a)	$]-\infty ; 3[\cup]5 ; +\infty[$	$x < 3$ ou $x > 5$	3 5
b)	$[-2 ; 2]$	$-2 \leqslant x \leqslant 2$	-2 2
c)	$[-2{,}7 ; -1{,}3]$	$-2{,}7 \leqslant x \leqslant -1{,}3$	$-2{,}7$ $-1{,}3$
d)	$[-3 ; 3[$	$-3 \leqslant x < 3$	-3 3
e)	$]-\infty ; -\frac{1}{3}] \cup [\frac{4}{7} ; +\infty[$	$x \leqslant -\dfrac{1}{3}$ ou $x \geqslant \dfrac{4}{7}$	$-\frac{1}{3}$ $\frac{4}{7}$

4 ★★ 12 min
(corrigés p. 42)

Pour chaque schéma, donner les deux intervalles représentés, ainsi que leur intersection et leur réunion. I inter J $\cap$

a)

$I =]-\infty ; 0] \cap [-2 ; 3[$

b)

$[-5 ; +\infty[\cap]-\infty ; 4[$

]-20 ; 10[[3 ; 10[

c) 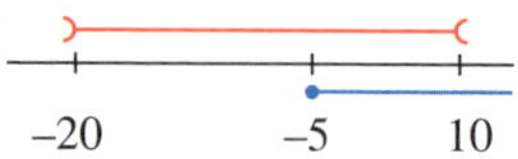

d) 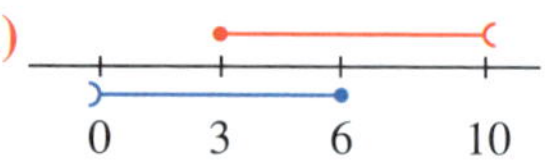

[-5 ; +∞[ ]0 ; 6]

5 ★★★ 15 min (corrigés p. 42)

À l'aide d'un schéma, déterminer l'intersection et la réunion des deux intervalles donnés.

a) $I = [-10 ; 2]$ et $J = [-3 ; 7]$ b) $I =]-\infty ; 3]$ et $J = [-6 ; +\infty[$
c) $I = [7 ; +\infty[$ et $J = [-5 ; +\infty[$ d) $I =]3 ; 18]$ et $J =]17 ; 20]$.

6 ★★★ 15 min (corrigés p. 43)

Déterminer l'intersection et la réunion des deux intervalles donnés.

a) $I = \left[-\frac{2}{5} ; \frac{3}{5}\right]$ et $J = \left]\frac{5}{7} ; 1\right]$;

b) $I = \left]-\infty ; -\frac{5}{4}\right[$ et $J = \left[-\frac{4}{3} ; +\infty\right[$;

c) $I = \left[-2 ; \frac{7}{6}\right[$ et $J = \left]\frac{9}{8} ; 2\right]$.

7 ★★ 20 min (corrigés p. 43)

Résoudre les systèmes suivants, en utilisant un schéma.

a) $\begin{cases} 2x - 1 \geqslant 0 \\ x + 3 \geqslant 0 \end{cases}$ b) $\begin{cases} 1 - x \geqslant 0 \\ x - 4 \geqslant 0 \end{cases}$ c) $\begin{cases} 1 - 4x > 0 \\ 4x > 0 \end{cases}$ d) $\begin{cases} -3 \leqslant 1 - x \leqslant 2 \\ -5 < 2x + 1 < 1. \end{cases}$

Notion de fonction : image et antécédent, courbe

8 ★ 3 min (corrigés p. 44)

Vrai ou faux ? Corriger les affirmations qui sont fausses.

a) $f(-3) = 0$ signifie que l'image de 0 est -3. Faux, cela signifie que l'image de -3
b) $f(0) = 2$ signifie que la courbe $\mathscr{C}_f$ passe par le point $A(0 ; 2)$. Vrai
c) L'image de 5 par f est -3 s'écrit $f(5) = 3$. Vrai

9 ★ 3 min (corrigés p. 44)

Vrai ou faux ? Corriger les affirmations qui sont fausses.

a) Dire que $B(2 ; 1)$ est un point de $\mathscr{C}_f$ s'écrit $2 = f(1)$. Faux f(2) = 1
b) 3 a pour image 5 signifie que 3 est l'image de 5. Faux 3 est un antécédent 5 f(3) = 5
c) $f(4) = 6$ signifie que 4 est un antécédent de 6.
Vrai

10 ★★ 6 min (corrigés p. 44)

Soit la fonction f donnée par $f(x) = x^2 - 3$ et $\mathscr{C}_f$ sa courbe représentative.

a) Calculer l'image de 2 par la fonction f. f(2) = 2² - 3 = 4 - 3 = 1

b) Vérifier que le point $A(-1\ ;-2)$ appartient à $\mathscr{C}_f$.
c) Vérifier que -3 est un antécédent de 6 par la fonction f.
d) Déterminer les antécédents de 1 par la fonction f.

11 ★★★ 10 min *(corrigés p. 44)*

Soit f la fonction définie sur $\mathbb{R}$ par $f(x) = -(x+1)^2 + 4$ et $\mathscr{C}_f$ sa courbe représentative.
a) Quel est le point d'abscisse 4 de $\mathscr{C}_f$?
b) Combien de points de $\mathscr{C}_f$ ont pour ordonnée 5 ?
c) Déterminer les antécédents de 0 par f.

Traduire le lien entre deux quantités par une formule

12 ★★ 30 min *(corrigés p. 45)*

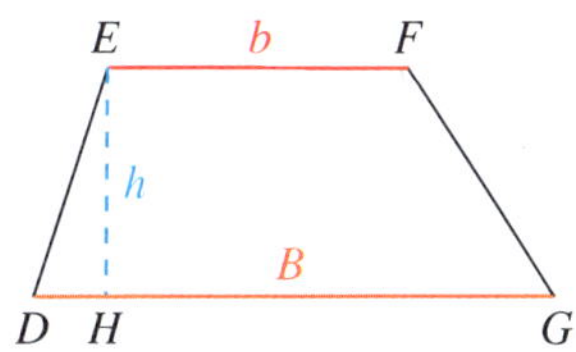

1. La hauteur h d'un triangle équilatéral est fonction du côté a de ce triangle.
Exprimer h en fonction de a ; puis exprimer a en fonction de h.
2. L'aire $\mathscr{A}$ d'un trapèze est donnée par $\mathscr{A} = h \times \dfrac{b+B}{2}$, où h est la hauteur, b et B sont les deux bases.
a) Exprimer la hauteur h en fonction des variables b, B et $\mathscr{A}$.
b) Exprimer la base b en fonction des autres variables.

13 ★★ 15 min *(corrigés p. 45)*

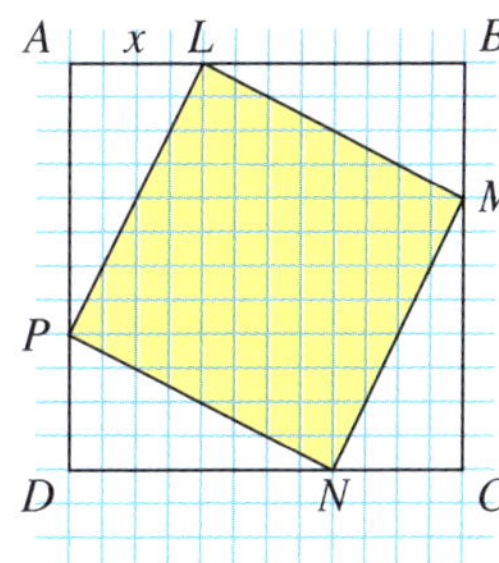

$ABCD$ est un carré de côté 12.
L, M, N et P sont respectivement les points des segments $[AB]$, $[BC]$, $[CD]$ et $[DA]$, tels que :

$$AL = BM = CN = DP.$$

On note x la longueur du segment $[AL]$.
Exprimer l'aire du quadrilatère $LMNP$ en fonction de la longueur x.
Préciser l'ensemble de définition de cette aire.

14 ★★★ 25 min *(corrigés p. 45)*

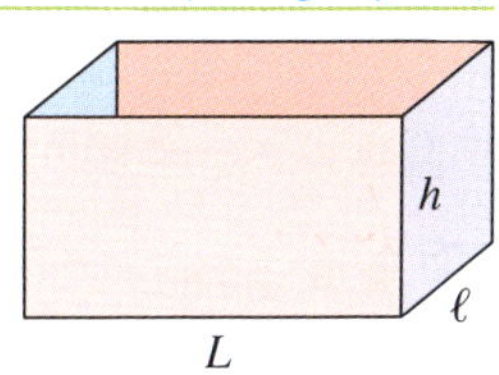

Une boîte en carton, sans couvercle, a une base rectangulaire et une hauteur h.
a) Exprimer l'aire S de la boîte en fonction des dimensions L, ℓ et h.
b) Si $L = 10$ cm et $\ell = 4$ cm, exprimer S en fonction de h.
c) Si $L = 10$ cm et $h = 5$ cm, exprimer S en fonction de ℓ.
d) Si $S = 180\ \text{cm}^2$ et $L = 10$ cm, exprimer h en fonction de ℓ.

EXERCICES

15 ★★★ 20 min

(corrigés p. 46)

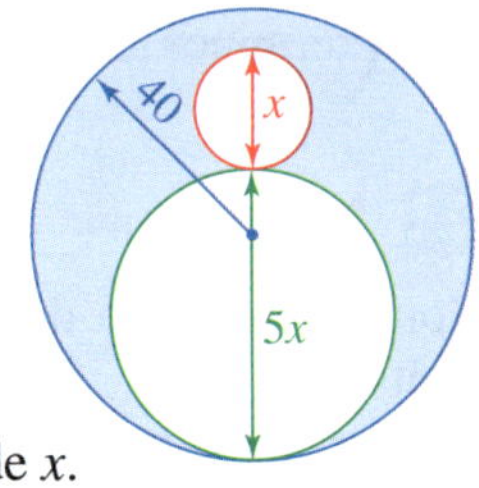

La figure représente une pièce métallique percée (la partie pleine est figurée en bleu). Le diamètre x du petit cercle est variable.

a) Justifier que $x \in \left]0 ; \frac{40}{3}\right[$.

b) Exprimer la somme des périmètres $P(x)$ des cercles rouge et vert en fonction de x.

c) Exprimer l'aire $\mathscr{A}(x)$ de la pièce métallique en fonction de x.

16 ★★ 25 min

(corrigés p. 46)

1. Soit la formule $V = \frac{4a(8-b)}{3}$. Isoler la variable b.

2. Dans chacune des formules suivantes, isoler a en fonction des autres variables.

a) $3a + 2b - c = 4$

b) $2(1 - a)(5 - k) = 5$

c) $S = \frac{(2a+3)h}{2}$

d) $V = \frac{2a-3}{a+1}$.

Calcul d'images et recherche d'antécédents, ensemble de définition

17 ★ 5 min

(corrigés p. 47)

Soit $f(x) = -x^2 + 1$ et $g(x) = \frac{-x+4}{4x}$.

a) Calculer **sans calculatrice** $f(2)$, $f(-1)$ et $f(-3)$.

b) Calculer **sans calculatrice** $g(4)$, $g(-4)$, $g(2)$. Peut-on calculer l'image de zéro par g ?

18 ★ 10 min

(corrigés p. 47)

Soit $f(x) = -x^2 + 2x - 5$, $g(x) = \frac{x+3}{-x+2}$ et $h(x) = \frac{(3x-2)x-1}{x^2-1}$.

a) **Sans calculatrice**, pour chaque fonction f, g et h, calculer l'image de chaque nombre -1 ; 2 et 0, si cette image existe.

b) Donner l'ensemble de définition de chacune de ces fonctions.

19 ★★ 15 min

(corrigés p. 48)

Soit f la fonction définie sur l'ensemble des nombres réels par $f(x) = 5 - x^2$.

a) Calculer rapidement les images de 3 ; 0 et -4 par la fonction f.

b) Calculer avec soin $f(0,1)$, $f\left(-\frac{2}{3}\right)$, $f(\sqrt{2})$ et $f(\sqrt{3})$.

20 ★★ 20 min

(corrigés p. 48)

Soit f la fonction définie sur l'intervalle $[-5 ; 5]$ par $f(x) = \frac{5x-3}{x-6}$.

a) Calculer, si elle existe, l'image par f de chacun des nombres :
-2 ; $\frac{1}{2}$; 6 ; $6-\sqrt{3}$; $\sqrt{3}$; $4\sqrt{2}$.

b) Justifier que 3 est un antécédent de -4 par f.

c) Justifier que -22 a pour antécédent 5 par f.

21 ★★★ 20 min

(corrigés p. 49)

La fonction f est définie sur $\mathbb{R}$ par : $f(x) = (2x-1)(x+1)$.

1. Calculer $f(0)$, $f(3)$, $f\left(\frac{-2}{3}\right)$, $f(\sqrt{3})$ et $f(1-\sqrt{2})$.

2. a) Montrer que $f(x) = (2x+5)(x-2)+9$.

b) En déduire que $-\frac{5}{2}$ et 2 sont les antécédents de 9.

22 ★ 5 min

(corrigés p. 50)

Écrire chacune des expressions sur une ligne.
Dresser le tableau de valeurs sur calculatrice et sur tableur, pour $x \in [-2 ; 6]$ par pas de 1.

a) $\frac{3x-2}{-x+1}$ b) $\frac{x^3-3x}{5}-2$ c) $\frac{x}{x^2-1}-2(x+1)$.

23 ★★ 10 min

(corrigés p. 51)

Préciser les ensembles de définition des fonctions données par :

a) $f(x) = 3\sqrt{x}-2$ b) $g(x) = \frac{2x-3}{3x}$ c) $h(x) = \sqrt{4-x}+\sqrt{x}$.

24 ★ 10 min

(corrigés p. 51)

On donne quatre expressions écrites en ligne.
Écrire chacune de ces expressions sous forme littérale et les calculer à la main pour $x = -1$ puis $x = 2$.
Vérifier les valeurs obtenues à l'aide de la calculatrice.

```
Plot1 Plot2 Plot3
\Y1=(-X²+2X)/(5-X)+1
\Y2=-X²+2/(X+5)-(X+1)
\Y3=-(X²+2X)/(5-X)+1
\Y4=-X²+2X/(5-X)
```

25 ★★ 20 min

(corrigés p. 52)

Entrer la fonction à la calculatrice non formelle et déterminer les images (en fraction si possible).

a) $f(x) = \frac{2x-1}{-x^2+1}$; calculer $f\left(\frac{1}{2}\right)$, $f(0)$, $f(-3)$, $f(-1)$ et $f(\sqrt{2})$.

b) $g(x) = \frac{-x^2}{3}+\frac{x}{2}+1$; calculer g(0), g(−1) et $g\left(\frac{3}{2}\right)$.

Lectures sur la courbe représentative

26 ★ 5 min (corrigés p. 52)

a)

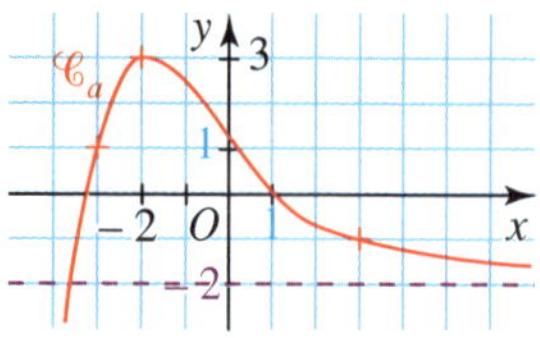

b)

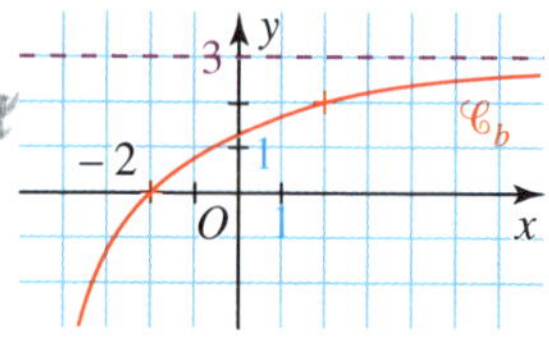

c)

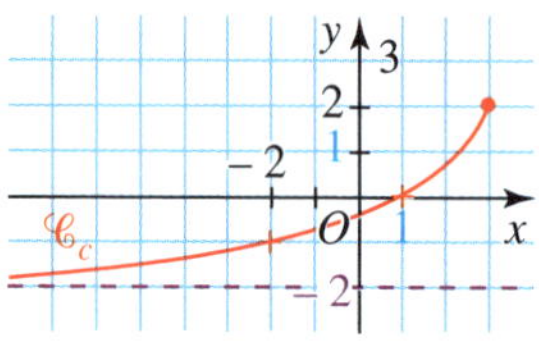

d)

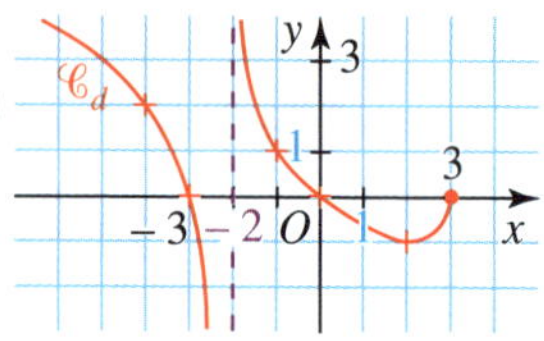

Associer à chaque courbe ci-dessus son ensemble de définition.

$\mathscr{D}_1 =]-\infty\,;-2[\ \cup\ ]-2\,;3]$; $\mathscr{D}_2 = \mathbb{R}$; $\mathscr{D}_3 =]-\infty\,;3]$; $\mathscr{D}_4 = \mathbb{R}$.

27 ★ 6 min (corrigés p. 53)

On considère la fonction f connue par sa courbe $\mathscr{C}_f$ ci-dessous.

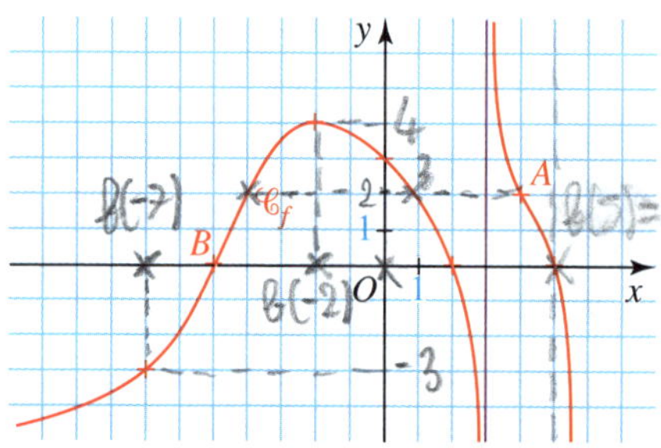

a) Lire son ensemble de définition.

b) Lire les images par f des réels –7 ; –2 ; 0 et 5.

c) La courbe $\mathscr{C}_f$ passe par le point B.

Interpréter cette information en parlant d'image.

d) Lire les antécédents de 2, en donner des valeurs approchées si nécessaire.

e) Quels sont les réels tels que $f(x) = 0$?

28 ★★ 10 min (corrigés p. 53)

Dans le plan muni d'un repère, Γ est la courbe de la fonction h définie par $h(x) = \dfrac{3x-4}{x}$. La lettre Γ se lit « gamma ».

Dire si les points suivants appartiennent ou non à la courbe Γ et justifier la réponse par un calcul :

$E(2\,;-1)$; $F\left(\dfrac{1}{3}\,;-9\right)$; $G(\sqrt{2}\,;3-2\sqrt{2})$.

+2 exo ↓

Sens de variation et extremum

29 ★ 4 min (corrigés p. 53)

On considère la fonction de l'exercice 27.
Dresser le tableau de variations de cette fonction et énoncer ces variations à l'aide de phrases. Donner le maximum de la fonction f sur l'intervalle $]-\infty\,;3[$.

x	$-\infty$	-2	3	$+\infty$
$f(x)$	↗	4	↘ ‖	↘

$\mathscr{C}_f$ est ↗ sur $]-\infty;-2[$ et ↘ sur $]-2;3[$, $]3;+\infty[$. $\mathscr{C}_f$ a un max. sur $]-\infty;3[$ qui est de 4.

30 ★★ 10 min (corrigés p. 54)

Les courbes représentent respectivement les fonctions définies par :

$f_1(x) = x^2 - 6x + 5$ sur $\mathbb{R}$;

$f_2(x) = -x^3 + 3x - 2$ sur $\mathbb{R}$;

$f_3(x) = x - 8 + \dfrac{4}{x-3}$ sur $]3\,;+\infty[$;

$f_4(x) = \dfrac{2x^2 + 2x - 10}{x^2 - 4x + 5}$ sur $[-6\,;+\infty[$.

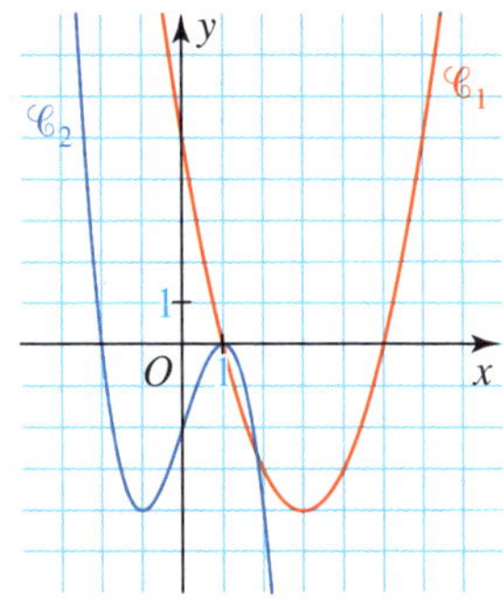

On admet que ces fonctions changent de variation en des valeurs entières.
Établir, pour chaque fonction, son tableau de variations en précisant la valeur des extremums et vérifier par un calcul les coordonnées des points où la variation change. On pourra utiliser une calculatrice graphique.

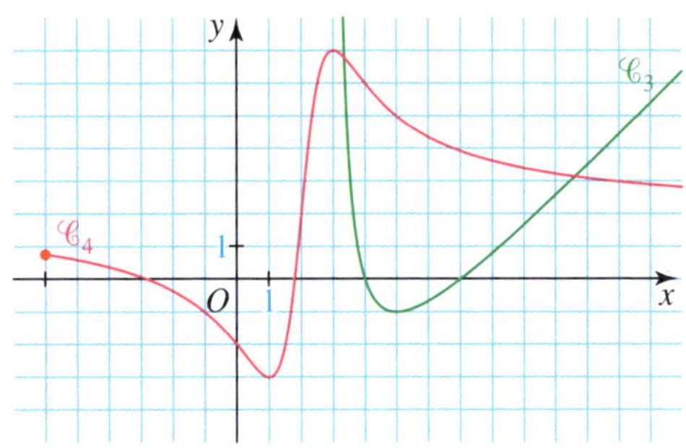

31 ★★ 20 min (corrigés p. 54)

Soit la fonction f définie sur $[-4\,;5]$ par $f(x) = x^3 - 5x^2 + 2x + 8$.

1. Visualiser la courbe $\mathscr{C}_f$ à l'écran de la calculatrice dans la fenêtre $X \in [-4\,;5]$ et $Y \in [-7\,;10]$.
Quel semble être le tableau de variations de la fonction f ?

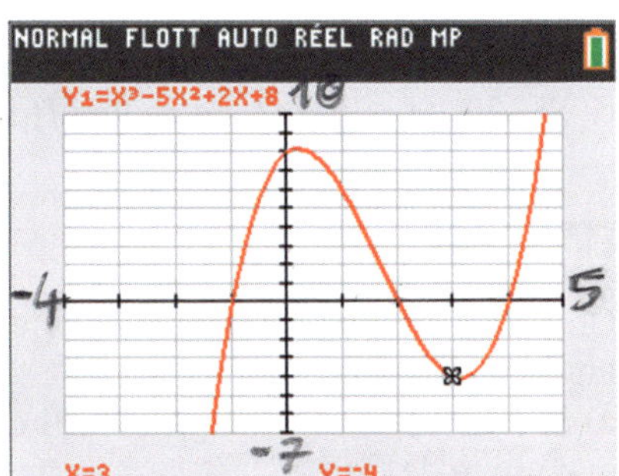

2. a) Calculer $f(3)$, puis $f(3{,}1)$, $f(2{,}9)$, $f(3{,}11)$, $f(3{,}12)$… ; on pourra utiliser les valeurs données par la calculatrice (voir exercice 25). $f(3)=-4$, $f(3{,}1)=-4{,}059$ $f(2{,}9)=-3{,}861$, $f(3{,}11)\approx-4{,}06$ $f(3{,}12)=$
Peut-on affirmer que $f(3)$ est le minimum de f sur $[2\,;5]$?
Non, on ne peut l'affirmer car il existe encore des valeurs $< f(3)$ sur $[2;5]$.

b) Procéder de même pour le maximum sur [– 4 ; 2].

3. À l'aide du tableau de valeurs, trouver les trois réels de [– 4 ; 5] tels que $f(x) = 0$ et vérifier par un calcul.

32 ★★ 10 min

(corrigés p. 56)

Dans une plaque rectangulaire, on découpe un carré de côté x, que l'on enlève.
On appelle f la fonction qui, au côté x du carré, associe l'aire de la plaque restante.

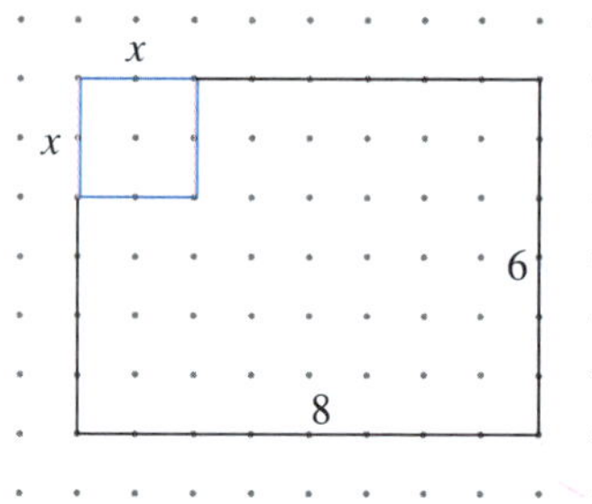

a) Quel est l'ensemble de définition de f ?
Quel est le sens de variation de f sur son ensemble de définition ?

b) Déterminer l'expression $f(x)$ en fonction de x, puis donner le tableau des variations de f.

Utiliser le sens de variation d'une fonction

33 ★ 10 min

(corrigés p. 56)

La fonction f est représentée par la courbe $\mathscr{C}_f$ ci-dessous.

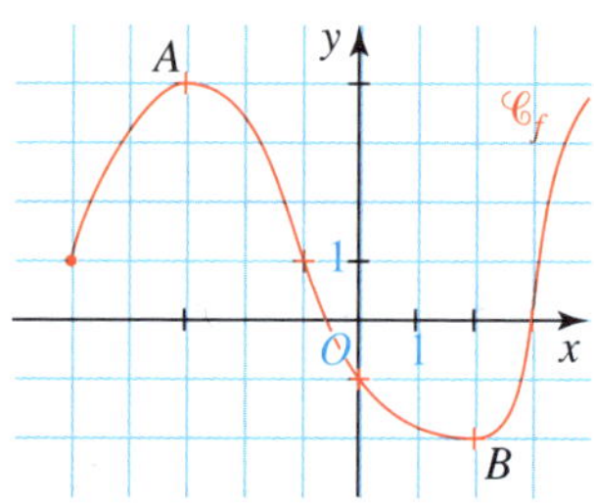

Ces affirmations sont-elles vraies ou fausses ? Justifier.

a) Sur [– 3 ; 2], la fonction f est décroissante.

b) Pour tous réels x_1 et x_2 de [– 5 ; – 3] tels que $x_1 \leqslant x_2$, on a $f(x_1) \geqslant f(x_2)$.

c) Pour tout réel x tel que $x \geqslant 2$, on a $f(x) \geqslant -2$.

d) Si $-3 < a \leqslant b < 2$, on a alors $f(a) \geqslant f(b)$.

34 ★★ 10 min

(corrigés p. 56)

On considère une fonction f définie sur $\mathbb{R}$. Ces affirmations sont-elles vraies ou fausses ? Justifier.

a) Si f est croissante sur $]-\infty ; 3]$ et décroissante sur $[3 ; +\infty[$, alors $f(3)$ est le maximum de f sur $\mathbb{R}$.

b) Si, pour tout réel x, on a $f(x) \leqslant M$, alors M est le maximum de f sur $\mathbb{R}$.

c) Si $f(x) - f(3)$ est positif (ou nul) pour tout réel x, alors la fonction f admet un minimum sur $\mathbb{R}$, atteint en 3.

35 ★ 5 min

(corrigés p. 56)

Établir le tableau des variations de la fonction f en tenant compte de toutes les informations suivantes.

- la fonction f est définie sur $[-4 ; 6]$;
- elle est croissante sur $[3 ; 6]$ et décroissante sur $[-4 ; 3]$;
- l'image de 6 par f est nulle et -5 est l'image de -4 par f ;
- le minimum de la fonction f sur $[-4 ; 6]$ est -7.

36 ★★★ 10 min

(corrigés p. 56)

Dans chacun des cas suivants, construire une courbe possible de la fonction f en tenant compte des informations données.

a) f est croissante sur $[-3 ; 4]$ et, pour tout x de cet intervalle, $-1 \leqslant f(x) \leqslant 5$ et, de plus, $f(0) > 3$.

b) f est décroissante sur $[0 ; 6]$ et, sur cet intervalle, $0 \leqslant f(x) \leqslant 5$ et, de plus, $f(2) > 3$.

c) f est croissante sur $[2 ; +\infty[$, mais $f(x)$ n'atteint jamais la valeur 3 ; le minimum de f est -4 et la courbe traverse l'axe des abscisses au point d'abscisse 4.

37 ★★ 15 min

(corrigés p. 57)

La fonction f est connue par sa courbe représentative ci-dessous.

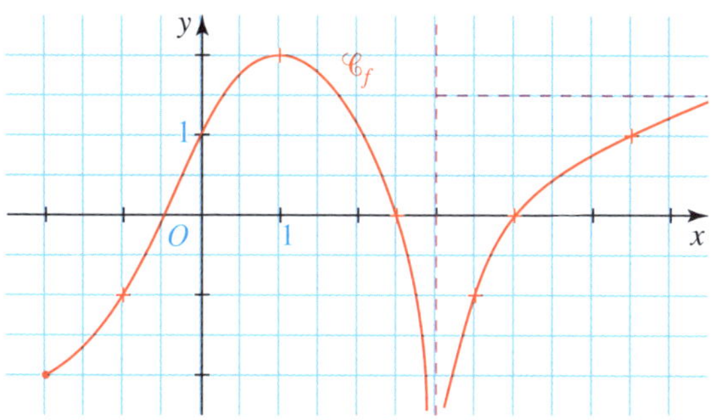

1. a) Donner l'ensemble de définition $\mathscr{D}$ de la fonction f et énoncer par une phrase le sens de variation de f.

b) Préciser le maximum de f sur $\mathscr{D}$ et indiquer en quelle valeur il est atteint.

2. a) Pour tous réels tels que $1 \leqslant x_1 \leqslant x_2 < 3$, comparer leurs images.

b) Pourquoi, pour tout réel x de $[-2 ; 1]$, obtient-on $f(x) \in [-2 ; 2]$?

c) Pourquoi, pour tout réel x de $[-2 ; 3[$, obtient-on $2 - f(x) \geqslant 0$?

EXERCICES

38 ★★ 20 min

(corrigés p. 57)

Le graphique ci-dessous présente deux graduations pour l'axe des ordonnées.

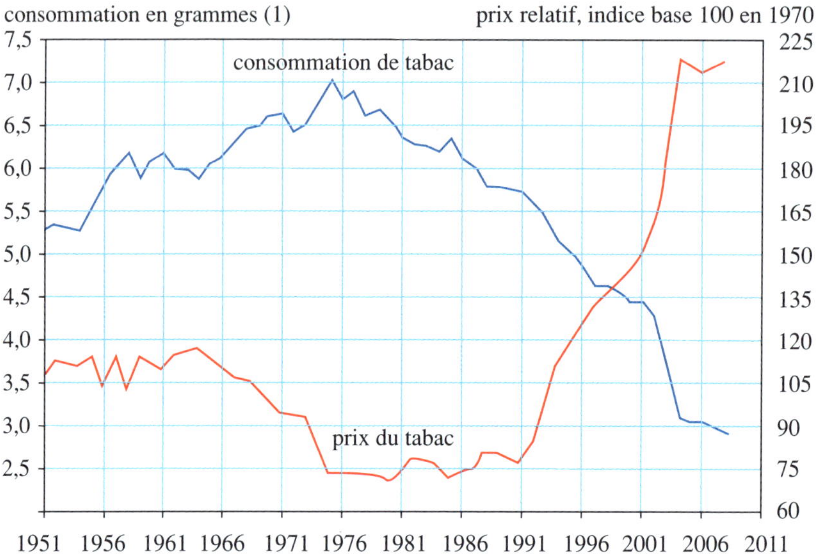

(1) : par adulte de 15 ans ou plus et par jour.
Champ : France.
Sources : Insee ; Institut Gustave Roussy.

1. Donner la signification de chacune de ces graduations, puis commenter les valeurs de l'année 1975 (faire une phrase).

2. a) Peut-on dire que la quantité de tabac consommée augmente entre 1951 et 1975 ?

b) Peut-on dire que la fonction représentée en rouge est croissante sur [1991 ; 2003] ?

c) Le point d'intersection des courbes a-t-il une signification ?

3. En 2006, le prix du tabac (au prix des cigarettes les plus consommées) est de 0,30 € le gramme.

a) Sur l'année 2006, calculer le prix de la consommation moyenne de tabac d'un adulte de 15 ans et plus.

b) Calculer le prix d'un gramme de tabac en 1975 (à 10^{-5} près), puis le prix d'un paquet de 20 cigarettes (une cigarette pèse un gramme) en 1975 et, enfin, le prix d'une année de consommation de tabac en 1975.

39 ★★★ 15 min

(corrigés p. 58)

Les courbes $\mathscr{C}_f$ et $\mathscr{C}_g$ ci-après représentent les recettes pour deux produits *F* et *G* dans un supermarché, en fonction des quantités vendues (k€ : kilo euros).

a) D'après ce graphique, pour quelles quantités l'étude a-t-elle été faite ?
b) Quelle est la recette en k€ pour une quantité de 60 kg vendue de produit F ? de produit G ? Lire $f(35)$ et $g(50)$, puis en donner une interprétation concrète.
c) Pour chaque produit, donner la quantité qui permet d'obtenir une recette de 700 000 €.

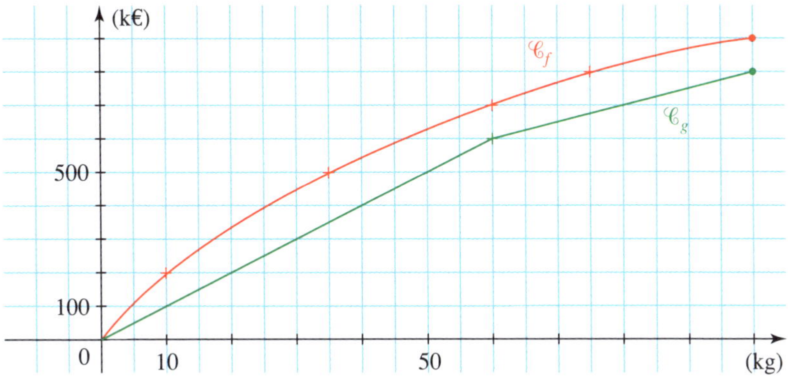

d) Pour chaque quantité q de produit F vendue, on vend 50 % de plus de produit G, soit 1,5 q.
Calculer la recette en produit G si on vend 20 kg de produit F et la recette totale.
De même pour 35 kg, puis 50 kg de produit F.

40 ★★★ 20 min *(corrigés p. 58)*

EXERCICES

Dans une entreprise de logistique, les coûts de stockage dépendent du nombre x de paquets placés par rayon.
On ne peut mettre plus de 100 paquets par rayon. Les coûts se décomposent de la manière suivante :
– 1,5 € par paquet,
– 800 € pour le salaire du personnel s'occupant du rayon,
– et 9 600 € de frais à répartir en moyenne sur les paquets.

1. a) Calculer le coût de stockage par rayon pour 40 paquets, puis pour 100 paquets.
b) Établir que le coût de stockage par rayon en fonction du nombre x de paquets est :

$$f(x) = 800 + \frac{9\,600}{x} + 1{,}5x.$$

2. a) Calculer le coût pour x variant de 10 à 90, tous les 10.
b) Pour quel nombre de paquets le coût semble-t-il minimal ? Soit m ce coût.
c) Vérifier que $1{,}5x^2 - 240x + 9\,600 = 1{,}5(x - 80)^2$.
Que peut-on en déduire pour le signe de $1{,}5x^2 - 240x + 9\,600$?
d) Calculer $f(x) - m$ et en déduire que m est bien le coût minimal.

Algorithme

41 ★★ 15 min (corrigés p. 59)

On considère l'algorithme ci-contre, où les variables X, A, B et C désignent des réels.

```
A ← X²
B ← 5 * X
C ← A – 2 * B + 25
```

1. La variable X contient la valeur 1 avant l'exécution de cet algorithme ; que contient la variable C à la fin de son exécution ?
De même pour X ← 3, puis X ← – 1.

2. Comment définir le contenu de la variable C uniquement en fonction du contenu de la variable X ?
En déduire que l'on peut écrire tous les résultats sous la forme d'un carré.

3. Quelles valeurs doit contenir X pour que la variable C contienne la valeur 25 à la fin de l'exécution ? et pour qu'elle contienne la valeur 81 à la fin de l'exécution ?

42 ★★★ 20 min (corrigés p. 60)

Soit f la fonction définie sur $[-4\ ;4]$ par $f(x) = -2x^2 + 4x + 3$.
On considère la variable y qui contient l'image $f(x)$.
L'algorithme suivant calcule le maximum de la variable y, lorsque la variable x prend toutes les valeurs entières de – 4 à 4, et indique pour quelle valeur de x ce maximum est atteint.

```
x0 ← – 4
m ← – 2*x0² + 4*x0 + 3
Pour x allant de – 3 à 4
   y ← – 2*x² + 4*x + 3
   si y > m , alors :
        x0 ← x
        m ← y
   Fin Si
Fin Pour
```

1. Faire fonctionner l'algorithme pas à pas.
Quelle valeur contient la variable x_0 à la fin de l'exécution de l'algorithme ? et la variable m ?

2. Peut-on affirmer que f admet 5 comme maximum sur l'intervalle $[-4\ ;4]$? Expliquer.

3. Démontrer que, pour tout réel $x \in [-4\ ;4]$, $5 - f(x) \geqslant 0$.
Que peut-on en déduire pour la fonction f ?

43 ★★★ 20 min (corrigés p. 60)

On considère une pyramide à base carrée de côté c et de hauteur h.
Écrire un algorithme qui, à partir des valeurs contenues dans deux variables C et H avant l'exécution de l'algorithme, calcule l'aire de la base de la pyramide et son volume. Ces deux résultats seront les valeurs contenues dans deux variables S et V à la fin de l'exécution.
Programmer cet algorithme en Python à l'aide d'une fonction que l'on nommera « pyramide ».
Donner le résultat retourné par l'exécution de la fonction **pyramide(10,12)**.

L'INTERROGATION ÉCRITE

60 minutes

Intervalles et inéquations

(corrigés p. 61)

Résoudre le système $\begin{cases} x+3 > 4x-6 \\ \dfrac{3}{2}x-1 \geqslant -x+4. \end{cases}$

Calcul numérique

(corrigés p. 61)

a) Soit $A = 1 + \dfrac{2}{3-\dfrac{4}{5+\dfrac{6}{7}}}$ et $B = 1 - \dfrac{2}{3+\dfrac{4}{5-\dfrac{6}{7}}}$.

Calculer à la main A et B, puis simplifier $\dfrac{A}{B}$ et garder le résultat sous forme de fraction en produit de facteurs premiers.

b) Soit $f(x) = (7+x)(7-x)\,[(7+x)+(7-x)]$. Calculer $f(2\sqrt{5})$.

Fonction, images et antécédents

(corrigés p. 62)

Soit $f(x) = -x^2 + 5x + 4$.

a) Calculer les images par f de $\dfrac{1}{3}$, de $-\sqrt{2}$ et de $2\sqrt{3}-1$.

b) Déterminer les antécédents de 4 par la fonction f.

c) Le point $A\left(-\dfrac{1}{2}\,;\,\dfrac{5}{4}\right)$ est-il un point de la courbe $\mathscr{C}_f$ représentant la fonction f ?

Lien entre variables et formule

(corrigés p. 62)

Soit ABC un triangle défini dans le quadrillage ci-contre.
Soit M un point mobile du segment $[AB]$.
Exprimer l'aire du triangle CMB en fonction de x.
Où placer le point M pour que cette aire soit de 7 carreaux ?

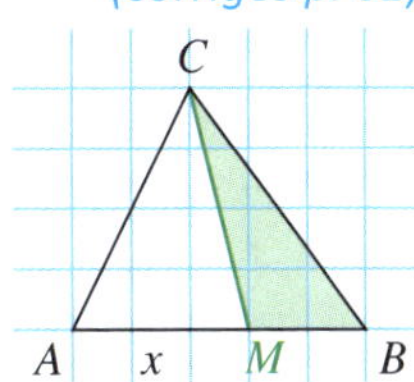

Fonction, représentation et sens de variation

(corrigés p. 63)

On considère la fonction f, définie sur $]-\infty\,;\,3[\,\cup\,]3\,;\,7\,]$, connue par sa courbe $\mathscr{C}$ ci-contre.

a) Dresser le tableau des variations de la fonction f.

b) Lire l'image de –2 par f.

c) Quels sont les antécédents de 0 par f ? de 2 ?

d) La fonction f admet-elle un maximum sur $]-\infty\,;\,3[$? Si oui, quel est ce maximum ?

e) Comparer $f(\sqrt{3}+2)$ et $f(2\sqrt{3})$.

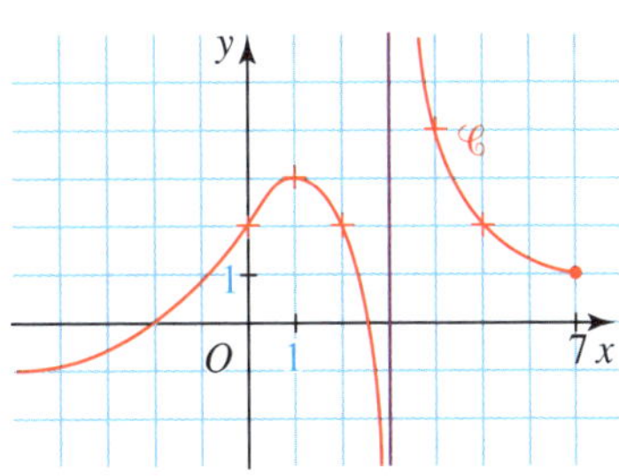

CORRIGÉS

1 a) $]-\infty\ ;\ 3[$; b) $]-2\ ;\ 5]$;
c) $[0\ ;\ +\infty[$; d) $]3\ ;\ 10]$; attention à l'ordre
e) $[5\ ;\ +\infty[$. Un crochet est comme une agrafe : si le crochet agrafe la borne, la borne est comprise, sinon elle est exclue. L'infini n'est pas un nombre, donc on ne peut pas l'inclure dans un ensemble de nombres.

2 a) $[3\ ;\ +\infty[$; b) $[0\ ;\ 2[$; c) $]-\infty\ ;\ -0{,}01[$; d) $]2\ ;\ 5]$;
e) $]3{,}4\ ;\ 3{,}6[$; f) $[-1\ ;\ 1]$; g) $]-\infty\ ;\ 0[$; h) $[3\ ;\ 3] = \{3\}$.

3 b) intervalle : $[-2\ ;\ 2]$ inégalité : $-2 \leqslant x \leqslant 2$
représentation :

c) intervalle : $[-2{,}7\ ;\ -1{,}3]$ inégalité : $-2{,}7 \leqslant x \leqslant -1{,}3$
représentation :

d) intervalle : $[-3\ ;\ 3[$ inégalité : $-3 \leqslant x < 3$
représentation :
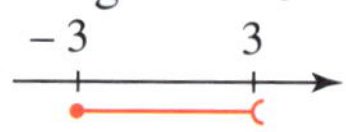

e) intervalle : $\left]-\infty\ ;\ -\frac{1}{3}\right] \cup \left[\frac{4}{7}\ ;\ +\infty\right[$ inégalité : $x \leqslant -\frac{1}{3}$ ou $x \geqslant \frac{4}{7}$
représentation :
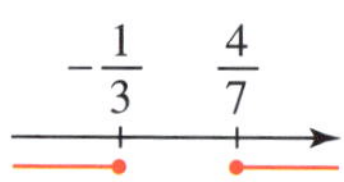

4 Sur les schémas, il n'y a pas de graduations, mais l'ordre des bornes est respecté.
a) $I =]-\infty\ ;\ 0]$ et $J = [-2\ ;\ 3[$.

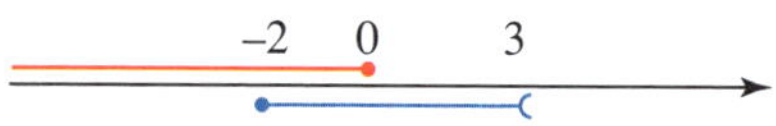

L'**intersection** est l'ensemble de tous les réels se trouvant dans les deux ensembles en même temps, donc tous les réels figurés en rouge et en bleu.

Ainsi, $I \cap J = [-2\ ;\ 0]$. on lit *I* inter *J*.
Toujours penser à associer le terme *intersection* avec *et*.

La **réunion** est l'ensemble de tous les réels se trouvant dans au moins l'un des ensembles, donc colorés au moins une fois ; ce sont donc tous les réels figurés en rouge ou en bleu.

Ainsi $I \cup J =]-\infty\ ;\ 3[$. on lit *I* union *J*.
Toujours penser à associer le terme *réunion* avec *ou*.
b) $I = [-5\ ;\ +\infty[$ et $J =]-\infty\ ;\ 4[$, $I \cap J = [-5\ ;\ 4[$ et $I \cup J = \mathbb{R}$.
c) $I =]-20\ ;\ 10[$ et $J = [-5\ ;\ +\infty[$, $I \cap J = [-5\ ;\ 10[$ et $I \cup J =]-20\ ;\ +\infty[$.
d) $I = [3\ ;\ 10[$ et $J =]0\ ;\ 6]$. $I \cap J = [3\ ;\ 6]$ et $I \cup J =]0\ ;\ 10[$.

5 a)
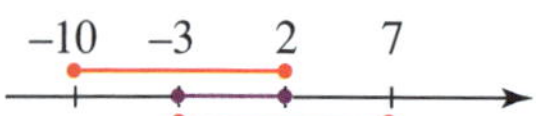

$I \cap J = [-3\ ;\ 2]$ et $I \cup J = [-10\ ;\ 7]$.

b)
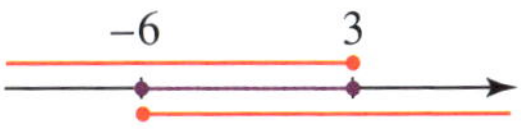

$I \cap J = [-6\,;3]$ et $I \cup J = \mathbb{R}$.

c)

$I \cap J = [7\,;+\infty[$ et $I \cup J = [-5\,;+\infty[$.

d)
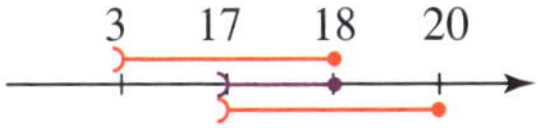

$I \cap J =]17\,;18]$ et $I \cup J =]3\,;20]$.

6 **a)** Pour comparer $\frac{3}{5}$ et $\frac{5}{7}$, on les réduit au même dénominateur et on compare les numérateurs :

$\frac{3}{5} = \frac{3 \times 7}{5 \times 7} = \frac{21}{35}$ et $\frac{5}{7} = \frac{5 \times 5}{7 \times 5} = \frac{25}{35}$, donc $\frac{3}{5} < \frac{5}{7}$.

On place les bornes sur un axe (sans forcément respecter une graduation), mais en suivant l'ordre des bornes.

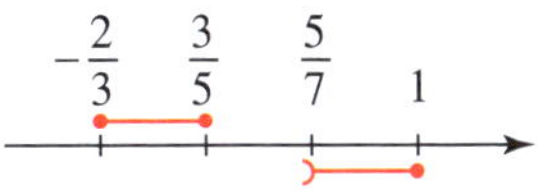

$I \cap J = \varnothing$ et $I \cup J = \left[-\frac{2}{3}\,;\frac{3}{5}\right] \cup \left]\frac{5}{7}\,;1\right]$.

b)
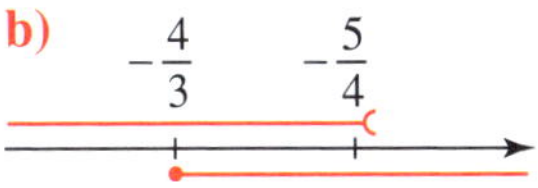

$I \cap J = \left[-\frac{4}{3}\,;-\frac{5}{4}\right[$ et $I \cup J = \mathbb{R}$.

c)
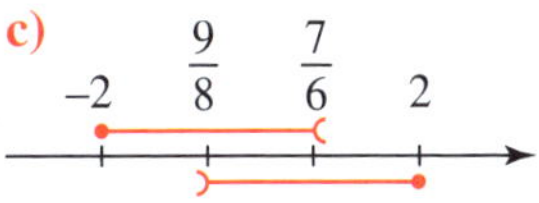

$I \cap J = \left]\frac{9}{8}\,;\frac{7}{6}\right[$ et $I \cup J = [-2\,;2]$.

7 **a)** On résout séparément chaque inéquation.

• $2x - 1 \geqslant 0$ — on ajoute 1 à chaque membre

$2x - 1 + 1 \geqslant 0 + 1$ — on réduit en $2x \geqslant 1$, on divise chaque membre par 2,

d'où $x \geqslant \frac{1}{2}$.

• $x + 3 \geqslant 0$ — on enlève 3 à chaque membre

d'où $x \geqslant -3$

On place ces deux ensembles sur le même axe et on lit leur intersection :

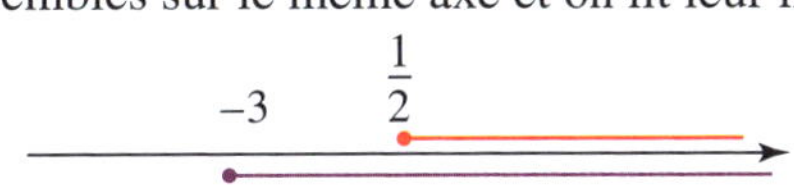

Penser à associer l'*accolade* du système avec *et* ainsi que *inter*.

$S = \left[\frac{1}{2}\,;+\infty\right[$.

b) $\begin{cases} 1 - x \geqslant 0 \\ x - 4 \geqslant 0 \end{cases}$, alors $\begin{cases} x \leqslant \frac{1}{4} \\ x \geqslant 4 \end{cases}$, d'où :
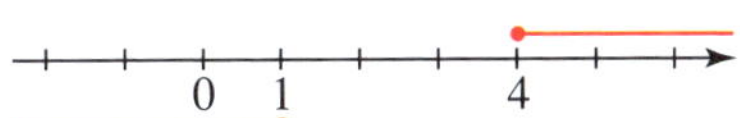

$S = \varnothing$

c) $\begin{cases} 1 - 4x > 0 \\ 4x > 0 \end{cases}$, alors $\begin{cases} x < \frac{1}{4} \\ x > 0 \end{cases}$, d'où :
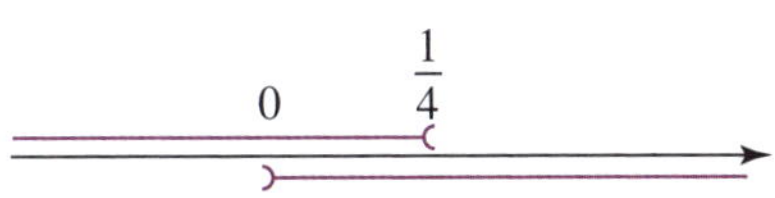

$S = \left]0\,;\frac{1}{4}\right[$.

d) • On résout la première inéquation.

$-3 \leqslant 1 - x \leqslant 2$ — on enlève 1 partout

CORRIGÉS

$-4 \leqslant -x \leqslant -1$ **on prend les opposés en changeant tous les signes**

$4 \geqslant x \geqslant -1$

$-1 \leqslant x \leqslant 4$ **on peut rétablir le sens de l'inégalité**

• On résout la seconde inéquation.

$-5 < 2x + 1 < 1$ **on enlève 1 partout**

$-6 < 2x < 0$ **on divise partout par 2**

$-3 < x < 0$ **0 divisé par 2 donne 0**

On place les deux ensembles sur le même axe et on lit leur intersection.

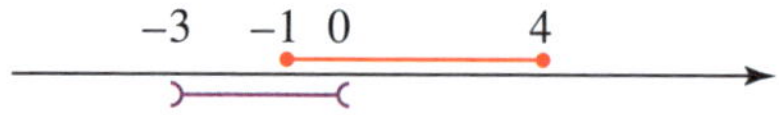

$S = [-1 ; 0[$.

8 a) **Faux.** $f(-3) = 0$ signifie que l'image de –3 est 0. b) **Vrai.** c) **Vrai.**

9 a) **Faux.** $B(2 ; 1) \in \mathscr{C}_f$ s'écrit $f(2) = 1$.
b) **Faux.** 5 est l'image de 3. c) **Vrai.**

10 On a $f(x) = x^2 - 3$.

a) Pour calculer $f(2)$, on remplace x par 2 :

$f(2) = 2^2 - 3 = 4 - 3 = 1$. **On remarque que 2 est un antécédent de 1.**

b) Pour vérifier que le point $A(-1 ; -2)$ appartient bien à $\mathscr{C}_f$, on vérifie que l'image de –1 par f est –2 ; pour cela, on remplace x par –1, on calcule et on doit trouver –2 comme résultat.

$f(-1) = 1 - 3 = -2$. **Penser que le carré de –1 est 1**

c) On vérifie que $f(-3) = 6$. En effet : $f(-3) = 9 - 3 = 6$. L'image de –3 est 6 ; donc –3 est un antécédent de 6.

d) On résout $f(x) = 1$, c'est-à-dire $x^2 - 3 = 1$.

L'équation $x^2 = 4$ a pour solutions –2 et 2. **voir *Test préliminaire***

Donc les antécédents de 1 par la fonction f sont –2 et 2.

11 On a $f(x) = -(x + 1)^2 + 4$.

a) Pour connaître le point A d'abscisse 4 de la courbe $\mathscr{C}_f$, on doit calculer son ordonnée, image de 4 par la fonction f. On calcule :

$f(4) = -(4 + 1)^2 + 4 = -(5)^2 + 4 = -25 + 4 = -21$.

Donc $A(4 ; -21)$.

b) On résout l'équation $f(x) = 5$.

$-(x + 1)^2 + 4 = 5$ **on enlève 4 à chaque membre**

$-(x + 1)^2 = 1$, or $-(x + 1)^2$ est négatif et 1 est positif, donc cette équation n'a pas de solution.

Ainsi, il n'y a pas de point de $\mathscr{C}_f$ qui ait pour ordonnée 5.

c) On résout l'équation $f(x) = 0$.

$-(x + 1)^2 + 4 = 0$ **on enlève 4 à chaque membre**

$-(x + 1)^2 = -4$ **on prend les opposés**

$(x + 1)^2 = 4$

On retrouve l'équation $(X)^2 = k$.

$x + 1 = -2$ ou $x + 1 = 2$ **on enlève 1 partout**

$x = -3$ ou $x = 1$.

Ainsi, les antécédents de 0 par f sont –3 et 1.

12 1. Dans un triangle équilatéral, tous les côtés ont la même longueur a et la hauteur coupe le côté au milieu.

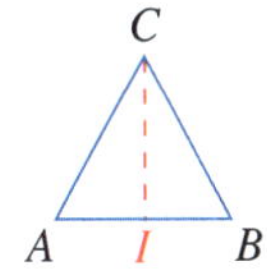

Donc $AC = a$ et $AI = \frac{a}{2}$. On pose $CI = h$.

Dans le triangle ACI, rectangle en I, par le théorème de Pythagore, $AC^2 = CI^2 + AI^2$.
Donc $CI^2 = AC^2 - AI^2$.

$h^2 = a^2 - \left(\frac{a}{2}\right)^2 = a^2 - \frac{a^2}{4} = \frac{4a^2 - a^2}{4} = \frac{3a^2}{4}$

Comme la hauteur est positive, on obtient la hauteur en fonction du côté dans un triangle équilatéral :

$$h = \sqrt{\frac{3a^2}{4}} = \sqrt{3} \times \frac{a}{2} = a\frac{\sqrt{3}}{2}$$

Règles de calcul sur les radicaux
a et b étant des réels positifs (non nul pour b) :
$\sqrt{a \times b} = \sqrt{a} \times \sqrt{b}$; $\sqrt{\frac{a}{b}} = \frac{\sqrt{a}}{\sqrt{b}}$ et $\sqrt{a^2} = a$.

On a $h = a\frac{\sqrt{3}}{2}$; pour obtenir a en fonction de h, on doit diviser par $\frac{\sqrt{3}}{2}$, donc on multiplie par l'inverse $\frac{2}{\sqrt{3}}$.

Ainsi, on obtient le côté en fonction de la hauteur dans un triangle équilatéral :

$a = h \times \frac{2}{\sqrt{3}} = h \times \frac{2\sqrt{3}}{\sqrt{3} \times \sqrt{3}} = h\frac{2\sqrt{3}}{3}$. Ces formules sont très utiles en géométrie !

2. L'aire d'un trapèze est donnée par : $\mathscr{A} = h \times \frac{b + B}{2}$.

a) Pour obtenir la hauteur, on divise l'aire par la demi-somme des bases. Donc :

$$h = \mathscr{A} \times \frac{2}{b + B} = \frac{2\mathscr{A}}{b + B}.$$

b) Dans $\mathscr{A} = h \times \frac{b + B}{2}$, on isole $b + B$ en multipliant par 2 et divisant par h :

$$b + B = \frac{2\mathscr{A}}{h} \text{ d'où } b = \frac{2\mathscr{A}}{h} - B.$$

13 Le quadrilatère est obtenu en enlevant au carré $ABCD$ (de côté 12) quatre triangles rectangles de côtés x et $12 - x$. quatre ne prend jamais de s !
Il est inutile de montrer que $LMNP$ est un carré !

Donc : $\mathscr{A}(LMNP) = \mathscr{A}(ABCD) - 4 \times \mathscr{A}(ALP) = AB^2 - 4 \times \frac{AL \times AP}{2}$

$= 12^2 - 4 \times \frac{x(12 - x)}{2} = 144 - 2x(12 - x) = 144 - 24x + 2x^2$.

Pour que le quadrilatère existe, il est nécessaire que L soit dans $[AB]$, donc $0 \leqslant AL \leqslant AB$. Donc $x \in [0 ; 12]$.

14 a) Faire le patron de la boîte.
voir *chapitre 8*, Géométrie dans l'espace

CORRIGÉS

La surface de la boîte est formée de deux rectangles de côtés L et h, de deux rectangles de côtés ℓ et h et d'un rectangle de côtés L et ℓ.
Donc : $S = 2 \times (L \times h) + 2 \times (\ell \times h) + L \times \ell = 2Lh + 2\ell h + L\ell$.
b) Si $L = 10$ et $\ell = 4$, alors S en fonction de h :
$S = 2 \times 10 \times h + 2 \times 4 \times h + 10 \times 4 = 28h + 40$.
c) Si $L = 10$ et $h = 5$, alors S en fonction de ℓ :
$S = 2 \times 10 \times 5 + 2 \times \ell \times 5 + 10 \times \ell = 20\ell + 100$.
d) Si $S = 180$ et $L = 10$, alors : $180 = 2 \times 10 \times h + 2\ell h + 10 \times \ell$.
On veut h en fonction de ℓ, cela signifie que l'on va isoler h dans la formule obtenue.
$h(20 + 2\ell) + 10\ell = 180$ **on enlève 10ℓ**
$h(20 + 2\ell) = 180 - 10\ell$ **on divise par $20 + 2\ell$**

$$h = \frac{180 - 10\ell}{20 + 2\ell} = \frac{2(90 - 5\ell)}{2(10 + \ell)} = \frac{90 - 5\ell}{10 + \ell}$$

on simplifie par 2

15 La partie évidée (en creux) est formée de deux disques de diamètres respectifs x et $5x$.
a) On peut faire un tout petit trou ! donc $x > 0$.
Mais on ne peut pas dépasser 80 de diamètre ! donc $6x < 2 \times 40$. Ainsi, $x < \frac{40}{3}$.
b)

Le **périmètre d'un disque** de rayon R est $2\pi R$, soit le produit du diamètre par π.

Donc $P(x) = \pi \times x + \pi \times 5x = 6\pi x$.
***Rappel* : par définition, depuis l'Antiquité, le nombre π est le rapport entre le périmètre d'un cercle et son diamètre.**
c)

L'**aire d'un disque** de rayon R est πR^2.

La pièce métallique est un disque de rayon 40, auquel on enlève un disque de rayon $\frac{x}{2}$ et un disque de rayon $\frac{5x}{2}$.
Cette pièce a pour aire :

$$\mathcal{A}(x) = \pi \times 40^2 - \pi \times \left(\frac{x}{2}\right)^2 - \pi \times \left(\frac{5x}{2}\right)^2 = \pi\left(1\,600 - \frac{x^2}{4} - \frac{25x^2}{4}\right) = \pi\left(1\,600 - \frac{26x^2}{4}\right).$$

16 **1.** On a $V = \frac{4a(8 - b)}{3}$
Pour isoler b, on va déjà isoler $(8 - b)$:
on multiplie par 3 $4a(8 - b) = 3V$
on divise par $4a$ $8 - b = \frac{3V}{4a}$
on enlève 8 $-b = \frac{3V}{4a} - 8$
et on prend les opposés $b = -\frac{3V}{4a} + 8$
2. On isole a en fonction des autres variables.
a) On a $3a + 2b - c = 4 \Leftrightarrow 3a = 4 - 2b + c \Leftrightarrow a = \frac{4 - 2b + c}{3}$.

b) On a $2(1-a)(5-k)=5$ **on isole (1 – *a*)**

$1-a=\dfrac{5}{2(5-k)}$ **on enlève 1**

$-a=\dfrac{5}{2(5-k)}-1$ **on prend les opposés**

$a=1-\dfrac{5}{2(5-k)}$.

Règle : $-(X-1)=1-X$.

c) On a $S=\dfrac{(2a+3)h}{2}$ **on isole (2*a* + 3)**

$(2a+3)h=2S$ **on divise par *h***

$2a+3=\dfrac{2S}{h}\Leftrightarrow 2a=\dfrac{2S}{h}-3\Leftrightarrow a=\dfrac{2S}{2h}-\dfrac{3}{2}=\dfrac{S}{h}-\dfrac{3}{2}$.

d) On a $V=\dfrac{2a-3}{a+1}$; il est nécessaire de regrouper les a intervenants :

$2a-3=aV+V$

$2a-aV=V+3$ **on met *a* en facteur**

$a(2-V)=V+3$ **on divise par 2 – *V***

$a=\dfrac{V+3}{2-V}$.

17 **Pour faire ces calculs rapidement, penser à calculer le carré dans sa tête et écrire juste le résultat. Voir *Test préliminaire* et exercice 10.**

a) On a $f(x)=-x^2+1$.

Attention ! $-x^2$ est toujours négatif.

$f(2)=-4+1=-3$.

$f(-1)=-1+1=0$.

Le carré de -3 est 9, donc $-x^2$ donne -9 ; d'où : $f(-3)=-9+1=-8$.

b) On a $g(x)=\dfrac{-x+4}{4x}$.

Comme **on ne peut pas diviser par zéro**, l'image de zéro par g n'existe pas.

$g(4)=\dfrac{-4+4}{4\times4}=\dfrac{0}{16}=0$.

$g(-4)=\dfrac{4+4}{4\times(-4)}=-\dfrac{8}{16}=-\dfrac{1}{2}$.

$g(2)=\dfrac{-2+4}{8}=\dfrac{2}{8}=\dfrac{1}{4}$.

18 **a)** • Pour $f(x)=-x^2+2x-5$,

$f(-1)=-1-2-5=-8$ **le carré de – 1 est 1**

$f(2)=-4+4-5=-5$.

$f(0)=0+0-5=-5$.

CORRIGÉS

• Pour $g(x) = \dfrac{x+3}{-x+2}$, $g(-1) = \dfrac{-1+3}{1+2} = \dfrac{2}{3}$; $g(0) = \dfrac{3}{2}$;
pour $x = 2$, le calcul du dénominateur donne $-2 + 2 = 0$, **donc l'image de 2 par *g* n'existe pas.**

• Pour $h(x) = \dfrac{(3x-2)x-1}{x^2-1}$,
pour $x = -1$, le calcul du dénominateur donne $1 - 1 = 0$, **donc l'image de –1 par *h* n'existe pas**.

$h(2) = \dfrac{(6-2)\times 2-1}{4-1} = \dfrac{8-1}{3} = \dfrac{7}{3}$.

$h(0) = \dfrac{(0-2)\times 0-1}{0-1} = 1$.

b) *f* est définie sur $\mathbb{R}$; *g* existe pour tous les réels sauf **2** (**valeur interdite**), donc $\mathcal{D}_g = \mathbb{R} \setminus \{2\}$, qui se lit « ensemble des réels **privé de 2** ».
Pour *h*, on cherche les réels qui donnent 0 au dénominateur :
on résout $x^2 - 1 = 0$
$x^2 = 1$
$x = -1$ ou $x = 1$ (**valeurs interdites**), donc $\mathcal{D}_h = \mathbb{R} \setminus \{-1 ; 1\}$.

19 On a $f(x) = 5 - x^2$.
a) $f(3) = 5 - 9 = -4$ et $f(0) = 5$.
$f(-4) = 5 - 16 = -11$. car le carré de – 4 est 16
b) $f(0{,}1) = 5 - 0{,}01 = 4{,}99$.
$f\left(-\dfrac{2}{3}\right) = 5 - \dfrac{4}{9} = \dfrac{5\times 9-4}{9} = \dfrac{41}{9}$.
$f(\sqrt{2}) = 5 - 2 = 3$.
$f(\sqrt{3} - 1) = 5 - (3 - 2\sqrt{3} + 1) = 5 - 3 + 2\sqrt{3} - 1 = 1 + 2\sqrt{3}$.

Ne pas oublier : $(a - b)^2 = a^2 - 2ab + b^2$; ici, $a = \sqrt{3}$ et $b = 1$.

20 On a $f(x) = \dfrac{5x-3}{x-6}$ sur l'intervalle $[-5 ; 5]$.

Attention à l'ensemble de définition !

a) • $f(-2) = \dfrac{-10-3}{-2-6} = \dfrac{13}{8}$.

• $f\left(\dfrac{1}{2}\right) = \dfrac{\frac{5}{2}-3}{\frac{1}{2}-6} = \dfrac{\frac{5-6}{2}}{\frac{1-12}{2}} = -\dfrac{1}{2} \times \dfrac{2}{-11} = \dfrac{1}{11}$.

Diviser par une fraction $-\dfrac{11}{2}$, c'est multiplier par son inverse $\dfrac{2}{-11}$.

Règles des signes
$\dfrac{\text{négatif}}{\text{négatif}}$ = positif et $\dfrac{\text{positif}}{\text{négatif}} = \dfrac{\text{négatif}}{\text{positif}}$ = négatif

• L'image de 6 n'existe pas, car $6 \notin [-5 ; 5]$.

Comme $6-\sqrt{3} \approx 4{,}27$, $f(6-\sqrt{3})$ existe.

Or $6-\sqrt{3}-6=-\sqrt{3}$, donc $f(6-\sqrt{3})=\dfrac{5(6-\sqrt{3})-3}{-\sqrt{3}}=-\dfrac{27-5\sqrt{3}}{\sqrt{3}}$.

On a un radical, seul au dénominateur, on multiplie numérateur ET dénominateur par ce radical :

$$f(6-\sqrt{3})=\frac{(-27+5\sqrt{3})\times\sqrt{3}}{\sqrt{3}\times\sqrt{3}}=\frac{-27\sqrt{3}+5\times 3}{3}=\frac{3\times(-9\sqrt{3}+5)}{3}=-9\sqrt{3}+5.$$

• $f(\sqrt{3})=\dfrac{5\sqrt{3}-3}{\sqrt{3}-6}$; on utilise l'expression conjuguée.

Lorsque l'on a une somme avec radical au dénominateur, on multiplie numérateur ET dénominateur par « l'expression conjuguée » du dénominateur.

$$f(\sqrt{3})=\frac{(5\sqrt{3}-3)\times(\sqrt{3}+6)}{(\sqrt{3}-6)\times(\sqrt{3}+6)}=\frac{5\times 3-3\sqrt{3}+30\sqrt{3}-18}{3-36}$$

$$=\frac{27\sqrt{3}-3}{-33}=-\frac{27}{33}\times\sqrt{3}+\frac{3}{33}=-\frac{9\sqrt{3}}{11}+\frac{1}{11}.$$

Expressions conjuguées

Deux expressions sont conjuguées lorsqu'elles sont formées des mêmes nombres avec un seul changement de signe :

$\sqrt{a}-b$ et $\sqrt{a}+b$ sont conjuguées.

• Comme $4\sqrt{2} \approx 5{,}66$, l'image n'existe pas.

b) Il suffit de calculer l'image de 3 par f.

$$f(3)=\frac{5\times 3-3}{3-6}=\frac{15-3}{-3}=\frac{12}{-3}=-4.$$

c) Il suffit de calculer l'image de 5 par f.

$$f(5)=\frac{5\times 5-3}{5-6}=\frac{25-3}{-1}=-22.$$

21 On a $f(x)=(2x-1)(x+1)$.

1. • $f(0)=(-1)\times(1)=-1$.

• $f(3)=5\times 4=20$.

• $f\left(\dfrac{-2}{3}\right)=\left(-\dfrac{4}{3}-1\right)\left(-\dfrac{2}{3}+1\right)=-\dfrac{7}{3}\times\dfrac{1}{3}=-\dfrac{7}{9}$.

• $f(\sqrt{3})=(2\sqrt{3}-1)(\sqrt{3}+1)=2\times 3+2\sqrt{3}-\sqrt{3}-1=5+\sqrt{3}$.

• $f(1-\sqrt{2})=(2(1-\sqrt{2})-1)(1-\sqrt{2}+1)=(2-2\sqrt{2}-1)(2-\sqrt{2})$

$=(1-2\sqrt{2})(2-\sqrt{2})=2-\sqrt{2}-4\sqrt{2}+2\times 2=6-5\sqrt{2}$.

2. a) **on développe la forme de la définition**

$f(x)=(2x-1)(x+1)=2x^2-x+2x-1=2x^2+x-1$

et on développe la forme proposée, mais on ne peut pas écrire au début $f(x)=\ldots$ car on ne le sait pas, on cherche à le montrer

$(2x+5)(x-2)+9=2x^2-4x+5x-10+9=2x^2+x-1=f(x)$.

CORRIGÉS

b) Pour trouver les antécédents de 9, on résout l'équation $f(x) = 9$, or vu la forme de la seconde expression, on enlève 9 à chaque membre et on se ramène à un produit nul.

> **Théorème**
> Un **produit** de facteurs est **nul** si, et seulement si, l'un des facteurs est nul.
> $$(A) \times (B) = 0 \Leftrightarrow A = 0 \text{ ou } B = 0$$

***Si et seulement si* se traduit par le symbole ⇔**

On résout $(2x + 5)(x - 2) + 9 = 9$. **on enlève 9**

$\Leftrightarrow (2x + 5)(x - 2) = 0$

on a un produit nul : $2x + 5 = 0$ ou $x - 2 = 0$

$$\Leftrightarrow x = -\frac{5}{2} \text{ ou } x = 2.$$

Donc les antécédents de 9 sont bien $-\dfrac{5}{2}$ et 2.

Remarque : si on vérifie que les images de $-\dfrac{5}{2}$ et de 2 sont égales à 9, cela ne suffit pas pour montrer que ce sont **les** antécédents de 9 ; cela montre que ce sont seulement **des** antécédents de 9.

Résultats obtenus sur une calculatrice formelle (TI-Nspire) :

1.1 — RAD AUTO RÉEL

$f1(x):=(2\cdot x-1)\cdot(x+1)$	*Terminé*
$f1(3)$	20
$f1\left(\frac{-2}{3}\right)$	$\frac{-7}{9}$
$f1(\sqrt{3})$	$\sqrt{3}+5$
$f1(1-\sqrt{2})$	$6-5\cdot\sqrt{2}$
expand$(f1(x),x)$	$2\cdot x^2+x-1$
expand$((2\cdot x+5)\cdot(x-2)+9,x)$	$2\cdot x^2+x-1$
solve$(f1(x)=9,x)$	$x=\frac{-5}{2}$ or $x=2$

22 On propose la correction sur une calculatrice ancien modèle.
Ne pas oublier les parenthèses au numérateur et au dénominateur.

```
Plot1 Plot2 Plot3
\Y1=(3X-2)/(-X+1
)
\Y2=(X^3-3X)/5-2
\Y3=X/(X²-1)-2(X
+1)
\Y4=
```

Tableau de valeurs sur TI83 PCE :

NORMAL FLOTT AUTO RÉEL RAD MP
[ENTRER] POUR MODIFIER

X	Y1	Y2	Y3
-2	$\frac{-8}{3}$	$\frac{-12}{5}$	$\frac{4}{3}$
-1	$\frac{-5}{2}$	$\frac{-8}{5}$	ERREUR
0	-2	-2	-2
1	ERREUR	$\frac{-12}{5}$	ERREUR
2	-4	$\frac{-8}{5}$	$\frac{-16}{3}$

$Y_2 = \frac{X^3-3X}{5}-2$

NORMAL FLOTT AUTO RÉEL RAD MP
[ENTRER] POUR MODIFIER

X	Y1	Y2	Y3
3	$\frac{-7}{2}$	$\frac{8}{5}$	$\frac{-61}{8}$
4	$\frac{-10}{3}$	$\frac{42}{5}$	$\frac{-146}{15}$
5	$\frac{-13}{4}$	20	$\frac{-283}{24}$
6	$\frac{-16}{5}$	$\frac{188}{5}$	$\frac{-484}{35}$

$Y_3 = \frac{X}{X^2-1}-2(X+1)$

Sur tableur :

	A	B	C	D
1	**Calculs de valeurs**			
2	x	f1(x)	f2(x)	f3(x)
3	-2	=(3*A3-2)/(-A3+1)	=(A3^3-3*A3)/5-2	=A3/(A3^2-1)-2*(A3+1)
4	=A3+1	=(3*A4-2)/(-A4+1)	=(A4^3-3*A4)/5-2	=A4/(A4^2-1)-2*(A4+1)

	A	B	C	D
1	**Calculs de valeurs**			
2	**x**	**f1(x)**	**f2(x)**	**f3(x)**
3	-2	-2,666666667	-2,4	1,333333333
4	-1	-2,5	-1,6	#DIV/0!
5	0	-2	-2	-2
6	1	#DIV/0!	-2,4	#DIV/0!
7	2	-4	-1,6	-5,333333333
8	3	-3,5	1,6	-7,625
9	4	-3,333333333	8,4	-9,733333333
10	5	-3,25	20	-11,79166667
11	6	-3,2	37,6	-13,82857143

23 S'il y a un dénominateur $D(x)$, **on ne peut pas diviser par 0**, donc on cherche les valeurs solutions de l'équation $D(x) = 0$.
Ces valeurs sont les **valeurs interdites**, à exclure de l'ensemble des réels $\mathbb{R}$.
S'il y a un radical, on ne peut pas calculer la racine carrée d'un nombre négatif.

a) $f(x) = 3\sqrt{x} - 2$ existe lorsque $x \geqslant 0$.
Donc $\mathcal{D}_f = [0\ ;+\infty[$.

b) $g(x) = \dfrac{2x-3}{3x}$; on résout $3x = 0 \Leftrightarrow x = 0$.
Donc $\mathcal{D}_g = \mathbb{R} \setminus \{0\}$.

c) $h(x) = \sqrt{4-x} + \sqrt{x}$ existe lorsque $4 - x \geqslant 0$ et $x \geqslant 0$; **voir exercice 7**
c'est-à-dire lorsque $x \leqslant 4$ et $x \geqslant 0$.

Donc $\mathcal{D}_h = [0\ ; 4]$.

24 $f_1(x) = \dfrac{-x^2+2x}{5-x} + 1$. $f_2(x) = -x^2 + \dfrac{2}{x+5} - (x+1)$.

$f_3(x) = -\dfrac{x^2+2x}{5-x} + 1$. $f_4(x) = -x^2 + \dfrac{2x}{5-x}$.

Pour $x = -1$, penser « le carré de -1 est 1 », donc $-x^2$ donne -1 et non 1 !

• $f_1(-1) = \dfrac{-1-2}{5+1} + 1 = -\dfrac{3}{6} + 1 = -\dfrac{1}{2} + 1 = \dfrac{1}{2}$.

$f_2(-1) = -1 + \dfrac{2}{-1+5} - (-1+1) = -1 + \dfrac{2}{4} = -1 + \dfrac{1}{2} = -\dfrac{1}{2}$.

$f_3(-1) = -\dfrac{1-2}{5+1} + 1 = \dfrac{1}{6} + 1 = \dfrac{7}{6}$.

$f_4(-1) = -1 + \dfrac{-2}{5+1} = -1 - \dfrac{2}{6} = -1 - \dfrac{1}{3} = -\dfrac{4}{3}$.

Pour $x = 2$, $-x^2 = -4$ négatif.

• $f_1(2) = \dfrac{-4+4}{5-2} + 1 = \dfrac{0}{3} + 1 = 1$.

$f_2(2) = -4 + \dfrac{2}{2+5} - (2+1) = -4 + \dfrac{2}{7} - 3 = -7 + \dfrac{2}{7} = -\dfrac{47}{7}$.

$f_3(2) = -\dfrac{4+4}{5-2} + 1 = -\dfrac{8}{3} + 1 = -\dfrac{5}{3}$.

$f_4(2) = -4 + \dfrac{4}{5-2} = -4 + \dfrac{4}{3} = -\dfrac{8}{3}$.

CORRIGÉS

Résultats obtenus sur calculatrice TI-82 Advanced :

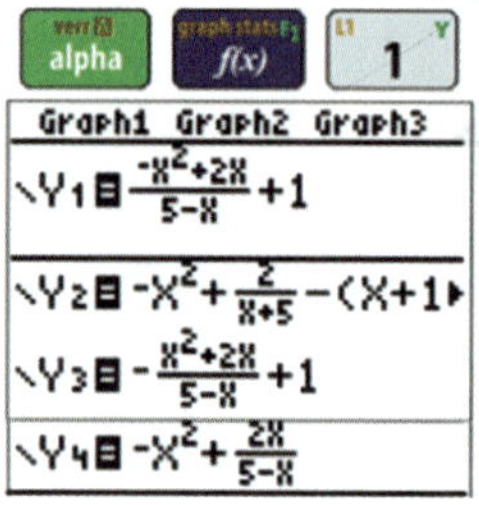

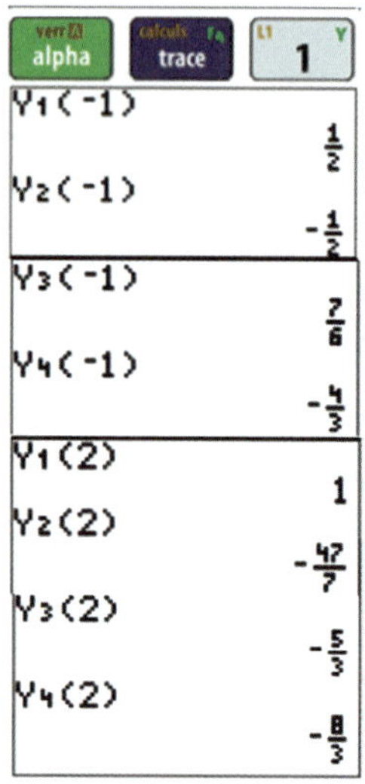

25 Entrer des fonctions :

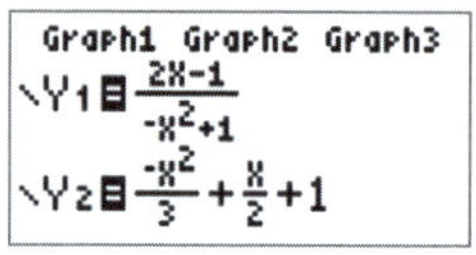

a)

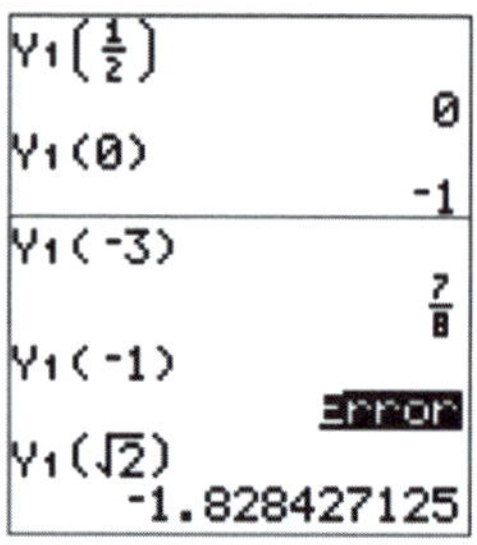

$f(-1)$ n'existe pas, car -1 est une valeur interdite.

b)

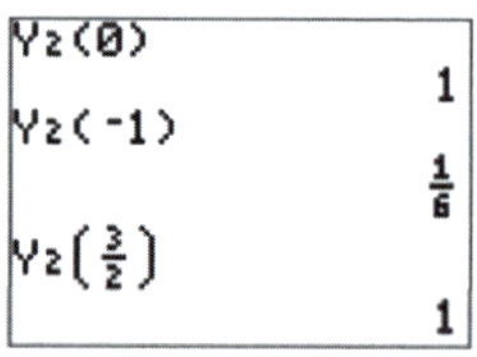

26 La courbe $\mathscr{C}_a$ est la représentation d'une fonction d'ensemble de définition $\mathscr{D}_2 = \mathbb{R}$.

Pour $\mathscr{C}_b$, également $\mathscr{D}_4 = \mathbb{R}$.

Pour $\mathscr{C}_c$, la courbe s'arrête au point d'abscisse 3 ; donc $\mathscr{D}_3 =]-\infty\,;3]$.

Pour $\mathscr{C}_d$, il n'y a pas de point d'abscisse -2 sur la courbe, mais une droite verticale, comme « un mur » que l'on ne peut franchir ; donc -2 est une valeur interdite à exclure.

La courbe s'arrête au point d'abscisse 3. Donc $\mathscr{D}_1 =]-\infty\,;-2[\,\cup\,]-2\,;3]$.

27 a) La droite verticale en $x = 3$ montre que 3 est une valeur interdite, donc :

$$\mathcal{D}_f = \mathbb{R} \setminus \{3\} =]-\infty\,;\,3[\cup]3\,;\,+\infty[.$$

b) L'image de -7 par f est l'ordonnée du point d'abscisse -7 sur la courbe $\mathcal{C}_f$:

$$f(-7) = -3.$$

De même, $f(-2) = 4$; $f(0) = 3$ (ordonnée du point d'intersection de la courbe avec l'axe des ordonnées)
et $f(5) = 0$ (le point de la courbe $\mathcal{C}_f$ d'abscisse 5 est sur l'axe des abscisses).

c) La courbe passe par $B(-5\,;\,0)$. Donc 0 est l'image de -5 par f.

d) Les **antécédents** de 2 par f sont les abscisses des points de la courbe ayant pour **ordonnée 2**.

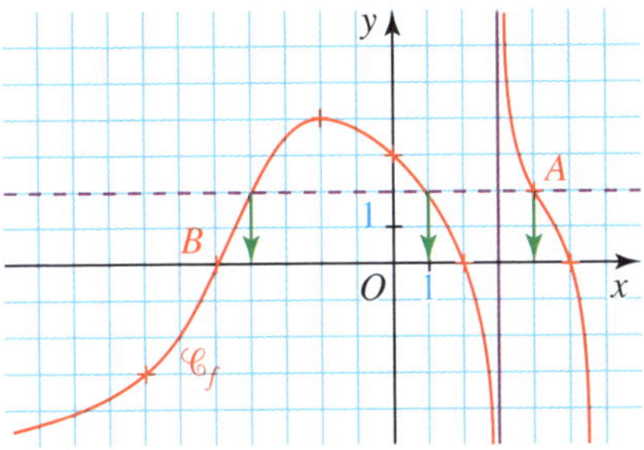

il y a trois points d'ordonnée 2 : on lit **leurs abscisses** -4 ; 1 ; 4.

e) Les réels cherchés sont les antécédents de 0, c'est-à-dire les abscisses des points de la courbe ayant pour **ordonnée 0** ; donc on lit les abscisses des points de la courbe **sur l'axe des abscisses** : -5 ; 2 et 5.

28 On a $h(x) = \dfrac{3x-4}{x}$.

• Pour le point $E(2\,;\,-1)$, on remplace x par l'abscisse de E :

$h(2) = \dfrac{3 \times 2 - 4}{2} = \dfrac{2}{2} = 1 \neq -1.$ Donc $E \notin \mathcal{C}_h$.

• Pour $F\left(\dfrac{1}{3}\,;\,-9\right)$, on calcule : $h\left(\dfrac{1}{3}\right) = \dfrac{3 \times \frac{1}{3} - 4}{\frac{1}{3}} = (1-4) \times \left(\dfrac{3}{1}\right) = -3 \times 3 = -9.$

On retrouve l'ordonnée de F. Donc $F \in \mathcal{C}_h$.

• Pour $G(\sqrt{2}\,;\,3 - 2\sqrt{2})$, on calcule :

$$h(\sqrt{2}) = \frac{3\sqrt{2}-4}{\sqrt{2}} = \frac{(3\sqrt{2}-4) \times \sqrt{2}}{\sqrt{2} \times \sqrt{2}} = \frac{3 \times 2 - 4\sqrt{2}}{2} = \frac{2 \times (3 - 2\sqrt{2})}{2} = 3 - 2\sqrt{2}.$$

On a simplifié par 2. On retrouve l'ordonnée de G. Donc $G \in \mathcal{C}_h$.

29 Tableau de variations :

3 est valeur interdite, ce que l'on traduit par une **double barre** dans le tableau.

x	$-\infty$		-2		3		$+\infty$
$f(x)$		↗	4	↘	‖	↘	

Sur $]-\infty\,;\,-2[$, la fonction f est croissante. Sur $]-2\,;\,3[$ et sur $]3\,;\,+\infty[$, la fonction f est décroissante.

CORRIGÉS

Attention ! On ne peut pas dire que f est décroissante sur $]-2 ; 3[\cup]3 ; +\infty[$ car, si on prend deux réels de cette réunion, on peut avoir les images dans le même ordre ! Par exemple, on a $2 < 4$ et $f(2) < f(4)$.

Sur l'intervalle $]-\infty ; 3[$, le maximum est 4. C'est l'ordonnée du point le plus haut de la première partie de la courbe.

30 Entrer les fonctions à la calculatrice graphique.

x	$-\infty$		3		$+\infty$
$f_1(x)$		↘	-4	↗	

$f_1(3) = 9 - 6 \times 3 + 5 = 9 - 18 + 5 = -4$.
Donc -4 est le minimum de f_1. Il est atteint en 3.

x	$-\infty$		-1		1		$+\infty$
$f_2(x)$		↘	-4	↗	0	↘	

$f_2(-1) = -(-1)^3 - 3 - 2 = 1 - 5 = -4$ et $f_2(1) = -1 + 3 - 2 = 0$.
Il n'y a pas d'extremum absolu (sur $\mathbb{R}$), mais des extremums locaux.
Ainsi, le minimum sur $]-\infty ; 1]$ est -4 et le maximum sur $[-1 ; +\infty[$ est 0.

x	3		5		$+\infty$
$f_3(x)$	‖	↘	-1	↗	

Comme 3 est exclu de l'ensemble de définition, on met une **double barre** dans le tableau de variations.

$f_3(5) = 5 - 8 + \dfrac{4}{5-3} = -3 + \dfrac{4}{2} = -3 + 2 = -1$.

Sur $]3 ; +\infty[$, le minimum de f_3 est -1.

x	-6		1		3		$+\infty$
$f_4(x)$		↘	-3	↗	7	↘	

$f_4(1) = \dfrac{2+2-10}{1-4+5} = -\dfrac{6}{2} = -3$.

$f_4(3) = \dfrac{2\times 9 + 2\times 3 - 10}{9 - 4\times 3 + 5} = \dfrac{18+6-10}{9-12+5} = \dfrac{14}{2} = 7$.

Sur $[-6 ; +\infty[$, le minimum est -3 et le maximum est 7 (si on admet que la courbe ne descend pas en dessous de 2 vers la droite).

31 On a $f(x) = x^3 - 5x^2 + 2x + 8$.

1. On entre la fonction sur calculatrice ; on choisit la fenêtre : $X \in [-4 ; 5]$ et $Y \in [-7 ; 10]$.

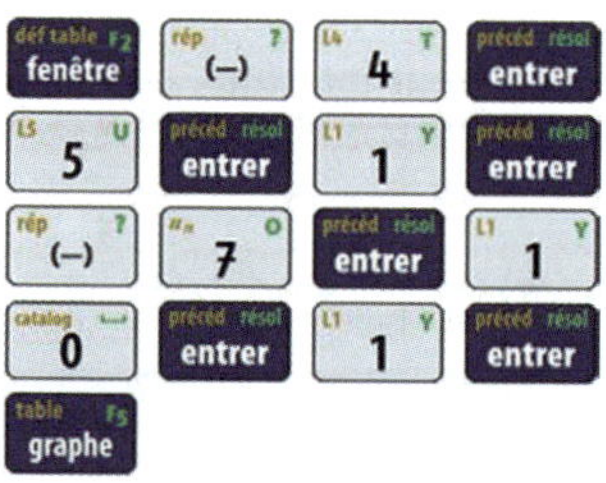

Le tableau de variations semble être le suivant :

x	-4		0		3		5
$f(x)$		↗	8	↘	-4	↗	

2. a) Calculs autour de $x = 3$:

```
Y1(3)
                -4
Y1(3.1)
            -4.059
Y1(2.9)
            -3.861
```

On trouve $f(3{,}1) < -4$, donc -4 n'est pas le minimum.

```
Y1(3.11)
         -4.060269
Y1(3.12)
         -4.060672
Y1(3.13)
         -4.060203
```

On trouve des valeurs encore plus petites ; donc $f(3)$ n'est pas le minimum.

b) Calculs autour de 0 :

NORMAL FLOTT AUTO RÉEL RAD MP
[ENTRER] POUR MODIFIER

X	Y1
.12	8.1697
.13	8.1777
.14	8.1847
.15	8.1909
.16	8.1961
.17	8.2004
.18	8.2038
.19	8.2064
.2	8.208
.21	8.2088
.22	8.2086

Y1=X³−5X²+2X+8

On trouve des valeurs encore plus grandes ; donc $f(0)$ n'est pas le maximum.

On peut utiliser les fonctionnalités des calculatrices :

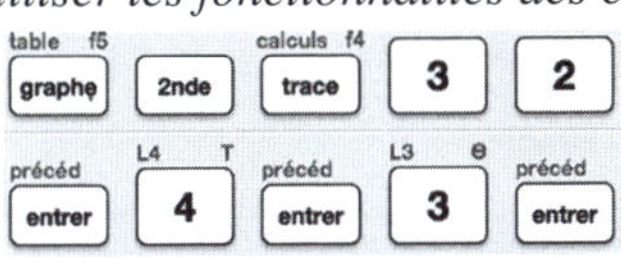

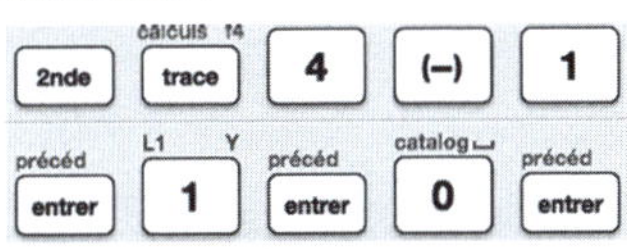

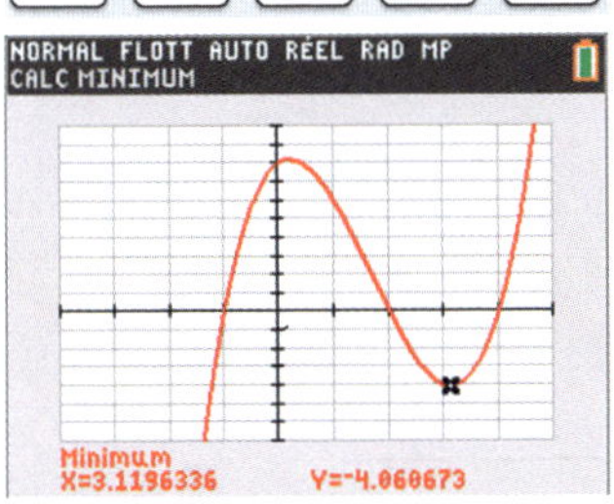

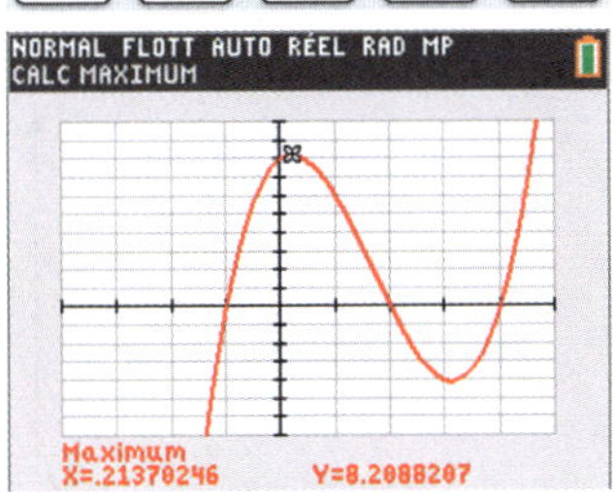

3. Les réels tels que $f(x) = 0$ sont -1, 2 et 4.
Ce sont les abscisses des points de la courbe situés sur l'axe des abscisses.

voir aussi exercice 21

NORMAL FLOTT AUTO RÉEL RAD MP
[ENTRER] POUR MODIFIER

X	Y1
-3	-70
-2	-24
-1	0
0	8
1	6
2	0
3	-4
4	0
5	18
6	56
7	120

Y1=X³−5X²+2X+8

CORRIGÉS

32 a) Pour pouvoir découper le carré, il est nécessaire que x soit inférieur ou égal à 6 (dimension la plus petite). Donc $\mathcal{D}_f = [0 ; 6]$.
Comme on enlève une partie, l'aire restante $f(x)$ diminue quand le côté x augmente. Donc la fonction f est décroissante.
b) $f(x) = 8 \times 6 - x^2 = 48 - x^2$.

x	0		6
$f(x)$	48	↘	12

33 a) **Vrai.** Car la courbe descend entre A et B.
b) **Faux.** Car sur l'intervalle $[-5 ; -3]$, la fonction f est croissante, donc les réels et leurs images sont dans le même ordre.
c) **Vrai.** Sur $[2 ; +\infty[$, la fonction f est croissante. Si $x \geqslant 2$, alors $f(x) \geqslant f(2)$.
Or $f(2) = -2$ donc on a bien $f(x) \geqslant -2$.
d) **Vrai.** Sur $[-3 ; 2]$, la fonction f est décroissante, donc les réels et leurs images sont rangés dans l'ordre contraire.
Si $-3 < a \leqslant b < 2$, alors $f(-3) > f(a) \geqslant f(b) > f(2)$.

34 a) **Vrai.** En 3, commun aux deux intervalles, il n'y a qu'une seule image. La fonction étant croissante, puis décroissante, en 3 elle atteint son maximum $f(3)$.
b) **Faux.** Le maximum d'une fonction doit être une image, il n'est pas indiqué qu'il existe un réel α tel que $f(\alpha) = M$.
c) **Vrai.** Si $f(x) - f(3) \geqslant 0$ pour tout réel x, alors $f(x) \geqslant f(3)$ pour tout $x \in \mathbb{R}$, ce qui signifie que $f(3)$ est le minimum de f sur $\mathbb{R}$.

35

x	-4		3		6
$f(x)$	-5	↘	-7	↗	0

36 a) $f(-3) = -1$ et $f(4) = 5$.
$f(0) > 3$ signifie que la courbe traverse l'axe des ordonnées au-dessus de la graduation 3.

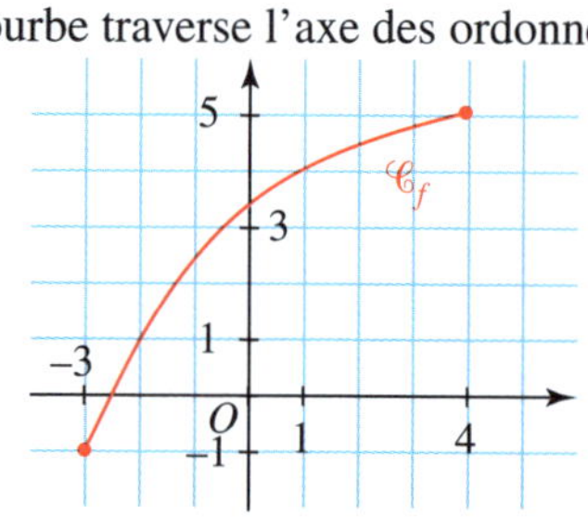

b) $f(0) = 5$ et $f(6) = 0$.
$f(2) > 3$ signifie que le point d'abscisse 2 de la courbe est au-dessus du point $B(2 ; 3)$.

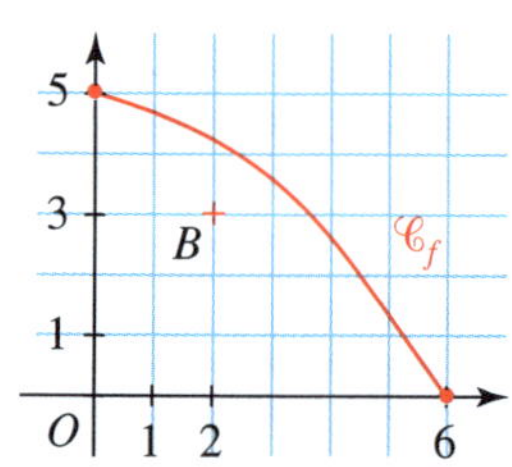

c) On a toujours $f(x) < 3$, donc la courbe $\mathscr{C}_f$ ne passe pas au-dessus de la droite horizontale d'équation $y = 3$ (on dit que la courbe est plafonnée et la fonction est bornée par 3). $f(2)$ est le minimum, donc $f(2) = -4$.
La courbe traverse l'axe des abscisses en 4, donc la courbe passe par $C(4 ; 0)$.

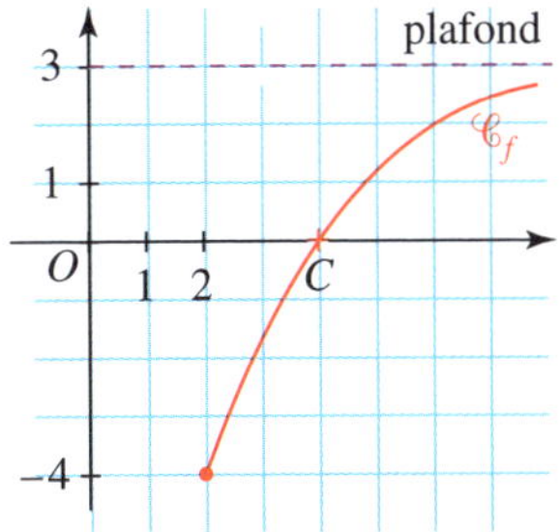

37 **1. a)** Il n'y a pas de point d'abscisse 3 sur la courbe, 3 est une valeur interdite. Donc $\mathscr{D} = [-2 ; 3[\cup]3 ; +\infty[$.
Sur $[-2 ; 1]$ et sur $]3 ; +\infty[$, la fonction f est croissante et, sur $[1 ; 3[$, la fonction f est décroissante.
b) Le maximum de f sur $\mathscr{D}$ est 2, atteint en 1, car, vers $+\infty$, la courbe plafonne à 1,5.
2. a) Sur $[1 ; 3[$, la fonction f est décroissante, donc les images sont rangées dans l'ordre contraire : $f(1) \geqslant f(x_1) \geqslant f(x_2)$.
b) Sur $[-2 ; 1]$, la fonction f est croissante, donc si $-2 \leqslant x \leqslant 1$, alors $f(-2) \leqslant f(x) \leqslant f(1)$.
Comme $f(-2) = -2$ et $f(1) = 2$ alors on obtient $f(x) \in [-2 ; 2]$.
c) Sur $[-2 ; 3[$, le maximum est 2, ce qui se traduit par : pour tout x de $[-2 ; 3[$, on obtient $2 \geqslant f(x)$; **on enlève $f(x)$**
$2 - f(x) \geqslant 0$.

38 **1.** • Sur l'axe de gauche, c'est le nombre de grammes de tabac consommé par jour en moyenne et par adulte de plus de 15 ans.
Sur l'axe de droite, c'est l'indice du prix du tabac par rapport au prix du tabac à l'année 1970.
• En 1975, la consommation de tabac pour un adulte de 15 ans et plus est de **7 grammes** par jour en moyenne et le prix relatif, base 100 en 1970, est de **75**, c'est-à-dire 75 % du prix du tabac en 1970.
2. a) Non, car il y a des baisses plusieurs années. La croissance est globale.
b) Oui, le prix du tabac ne cesse d'augmenter sur cette période.
c) Le point d'intersection n'a aucune signification, puisque les ordonnées sont lues de façons différentes.
3. a) En 2006, la consommation moyenne par jour est de 3 g, au prix de 0,30 € le gramme, soit une dépense totale en 2006 de 328,5 € : $3 \times 365 \times 0,3 = 328,5$.
b) L'indice du prix du tabac est passé de 75 en 1975 à 215 en 2006.
Donc le prix d'un gramme de tabac en 1970 était de $\dfrac{0,3}{215} \times 75 = 0,104\ 65$ €.
Le prix d'un paquet de 20 cigarettes de 1 g était donc de $20 \times 0,104\ 65 \approx 2,09$ €.
La consommation était de 7 g en moyenne par jour, au prix de 0,104 65 € le g ; donc une dépense totale en 1975 de 267,38 € : $7 \times 0,104\ 65 \times 365 = 267,38$.
Remarque **: donner la variation d'un prix à l'aide d'un indice permet de « gommer » l'inflation annuelle et de faire de réelles comparaisons.**

CORRIGÉS

39 a) Les quantités sont, en abscisses, de 0 à 100 kg.
b) • Pour 60 kg, la recette du produit F est de 700 k€, soit 700 000 €, car $f(60) = 700$. Et, pour le produit G, de 600 k€.
• $f(35) = 500$ et $g(50) = 500$. La même recette de 500 000 € est obtenue en vendant 35 kg de produit F ou bien 50 kg de produit G.
c) On cherche les antécédents de 700 par f et par g : on lit l'abscisse 60 sur $\mathscr{C}_f$ et 80 sur $\mathscr{C}_g$. Donc 60 kg de produit F ou bien 80 kg de produit G donnent une recette de 700 000 €.
d) • La vente de 20 kg de produit F donne une recette de 330 000 € et une vente de $20 \times 1,5 = 30$ kg de produit G, soit une recette de 300 000 €, donc une recette totale de 630 000 €.
• Pour 35 kg de produit F, $f(35) = 500$ et $g(35 \times 1,5) = g(52,5) = 525$.
D'où une recette totale de 1 025 000 €.
• Pour 50 kg de produit F, $f(50) = 625$ et $g(50 \times 1,5) = g(75) = 775$.
D'où une recette totale de 1 400 000 €.

40 1. a) • Pour 40 paquets, le coût est de 1,5 € par paquet, soit $40 \times 1,5 = 60$ €, auxquels on ajoute les 800 € de salaire du personnel et les frais à répartir,

soit $\dfrac{9\,600}{40} = 240$ €.

Le coût est alors, pour 40 paquets, de $60 + 800 + 240 = 1\,100$ €.

• Pour 100 paquets : $100 \times 1,5 + 800 + \dfrac{9\,600}{100} = 1\,046$ €.

b) Le coût pour x paquets, à raison de 1,5 € par paquet, est $1,5x$ auxquels on ajoute les 800 € de salaire et les frais à répartir sur x paquets, soit $\dfrac{9\,600}{x}$.

On retrouve la forme donnée. Le nombre x de paquets est dans [0 ; 100].
2. a) On utilise la calculatrice pour le tableau de valeurs.

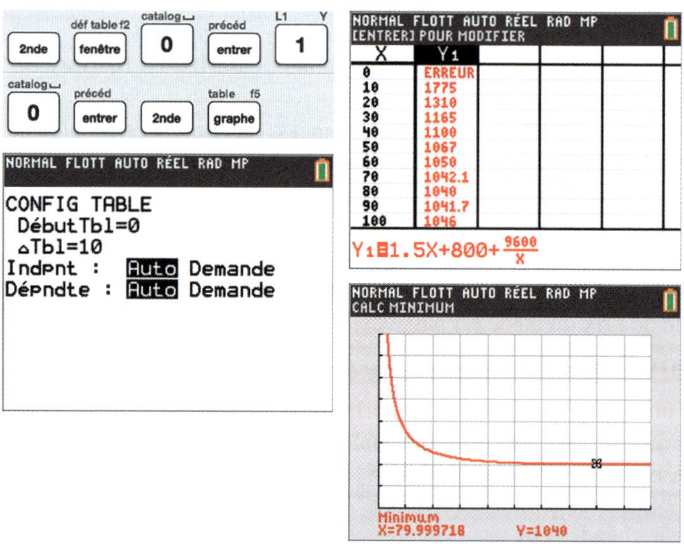

b) Le coût semble minimal si on stocke 80 paquets pour un coût de $m = 1\ 040$ €.

voir exercice 31

c) Pour vérifier une égalité $A(x) = B(x)$, on part d'un des membres $A(x)$ ou $B(x)$, où il y a du calcul à faire, et on retrouve l'autre ; ici, on part de $B(x) = 1{,}5(x - 80)^2$ et on développe le carré :

$(a - b)^2 = a^2 - 2 \times a \times b + b^2$

$$B(x) = 1{,}5(x^2 - 2 \times 80 + 80^2) = 1{,}5(x^2 - 160x + 6\ 400)$$
$$= 1{,}5x^2 - 1{,}5 \times 160x + 1{,}5 \times 6\ 400$$
$$= 1{,}5x^2 - 240x + 9\ 600$$

et on retrouve $A(x)$.

Comme un carré est toujours positif ou nul, on en déduit que l'expression est toujours positive ou nulle pour $x = 80$, ce qui s'écrit :

$$A(x) \geqslant 0 \text{ et } A(80) = 0.$$

d) $f(x) - m = 800 + \dfrac{9\ 600}{x} + 1{,}5x - 1\ 040$;

on réduit au même dénominateur :

$f(x) - m = \dfrac{9\ 600 + 1{,}5x^2 - 240x}{x}$;

on retrouve la forme factorisée précédente.

Donc $f(x) - m = \dfrac{A(x)}{x}$.

Comme x est une quantité, positive, $f(x) - m$ est un quotient de nombres positifs, donc est positif ou nul pour $x = 80$.

Ainsi, pour tout réel x de $]0\ ;\ 100]$, on a $f(x) - m \geqslant 0$, c'est-à-dire $f(x) \geqslant m$ et $f(80) = m$.

Donc m est le minimum, atteint pour $x = 80$.

1 040 € est donc bien le coût minimum.

D'autres problèmes semblables aux exercices 38 à 40 sont proposés aux chapitres 3 et 4.

41 **1.** X contient la valeur 1, donc la variable A contient $1^2 = 1$; B contient $5 \times 1 = 5$ et C contient $1 - 2 \times 5 + 25 = 16$.

Si X contient la valeur 3 , alors C contient : $3^2 - 2 \times 5 \times 3 + 25 = 4$.

Si $X \leftarrow -1$: la variable C contient : $(-1)^2 - 2 \times (5 \times (-1)) + 25 = 36$.

Algorithme en langage Python :

```
A=X**2
B=5*X
C=A-2*B+25
```

2. On peut réduire l'algorithme à : $C \leftarrow X^2 - 2 * 5 * X + 25$.

Alors les résultats s'écrivent $(X - 5)^2$.

3. • On résout l'équation :

$(x - 5)^2 = 25 \Leftrightarrow x - 5 = 5$ ou $x - 5 = -5 \Leftrightarrow x = 10$ ou $x = 0$.

Ainsi pour obtenir 25, il faut choisir 0 ou 10 comme entrée.

• On résout $(x - 5)^2 = 81 \Leftrightarrow x - 5 = 9$ ou $x - 5 = -9 \Leftrightarrow x = 14$ ou $x = -4$.

Pour obtenir 81, il faut choisir –4 ou 14 comme entrée.

CORRIGÉS

42 **1.** On peut penser à faire fonctionner l'algorithme pas à pas pour avoir une idée.

Étapes	x	y	m
Calcul de m			– 45
Entrée dans la boucle *Pour* : on affecte –3 à x ; on affecte à y : $-2 \times (-3)^2 + 4 \times (-3) + 3$ On teste la proposition « $y > m$ » : elle est vraie. On affecte la valeur de y à m et la valeur de x à x_0	– 3	– 27	– 27
On affecte automatiquement –2 à x ; on affecte à y : $-2 \times (-2)^2 + 4 \times (-2) + 3 = -13$ On teste la proposition « $y > m$ » : elle est vraie. On affecte la valeur de y à m et la valeur de x à x_0	–2	– 13	– 13
On continue	–1	–3	–3
	0	3	3
	1	5	5
	2	3	5
	3	–3	5
	4	– 13	5
On sort de la boucle *pour* et l'on affiche : « le maximum sur les entiers est 5, il est atteint en 1. »			

L'algorithme détermine de proche en proche la plus grande image des entiers entre –4 et 4.

Algorithme en langage Python :

```
x0=-4
m=-2*x0**2+4*x0+3
for x in range(-3,5):
    y=-2*x**2+4*x+3
    if y>m:
        x0=x
        m=y
print(x0,m)
```

2. Non, rien n'assure qu'il n'existe pas un réel (non entier) de [–4 ; 4] ayant une image supérieure à 5.

3. $5 - f(x) = 5 - (-2x^2 + 4x + 3) = 2x^2 - 4x + 2 = 2(x^2 - 2x + 1) = 2(x - 1)^2$.
On en déduit que, pour tout réel $x \in [-4 ; 4]$, $5 - f(x) \geqslant 0$; cela signifie que la fonction f admet 5 comme maximum sur l'intervalle [–4 ; 4].

43 La base carrée a pour aire le carré du côté.

Le volume d'une pyramide de hauteur H est $\frac{1}{3} \times H \times$ Base.

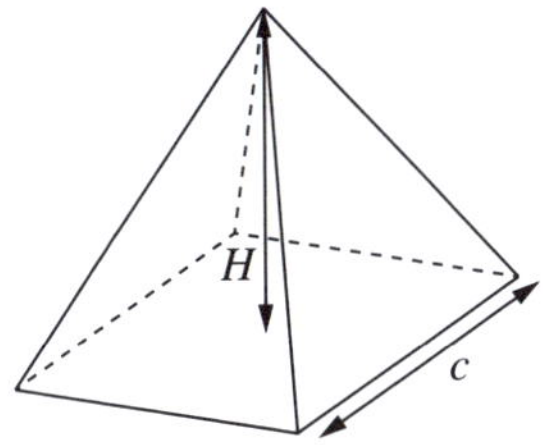

Algorithme :

$S \leftarrow C^2$
$V \leftarrow S * H / 3$

Algorithme en Python :

```
def pyramide(c,h):
    S=c**2
    V=S*h/3
    return S,V
```

pyramide(10,12) retourne **S = 100 et V = 400.**

L'INTERROGATION ÉCRITE

Intervalles et inéquations

On résout la première inéquation, puis la seconde. L'ensemble solution est l'intersection des deux ensembles solution.

• $x + 3 > 4x - 6$ **on isole les x**

$x - 4x > -6 - 3$

$-3x > -9$ **on divise par –3**

$x < 3$ **l'ordre change**

$S_1 =]-\infty\ ; 3[$.

• $\frac{3}{2}x - 1 \geqslant -x + 4$ **on multiplie par 2**

$3x - 2 \geqslant -2x + 8$ **on isole les x**

$5x \geqslant 10$ **on divise par 5**

$x \geqslant 2$

$S_2 = [2\ ; +\infty[$.

• On cherche l'intersection : $S = S_1 \cap S_2 = [2\ ; 3[$.

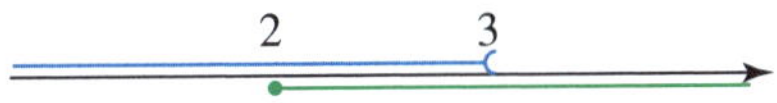

Calcul numérique

a) Diviser par une fraction, c'est multiplier par son inverse.

• $5 + \frac{6}{7} = \frac{41}{7}$; $3 - 4 \times \frac{7}{41} = \frac{123 - 28}{41} = \frac{95}{41}$; $1 + 2 \times \frac{41}{95} = \frac{177}{95} = \frac{3 \times 59}{5 \times 19} = A$.

• $5 - \frac{6}{7} = \frac{29}{7}$; $3 + 4 \times \frac{7}{29} = \frac{87 + 28}{29} = \frac{115}{29}$;

$1 - 2 \times \frac{29}{115} = \frac{115 - 58}{115} = \frac{57}{115} = \frac{3 \times 19}{5 \times 23} = B$.

D'où $\frac{A}{B} = \frac{3 \times 59}{5 \times 19} \times \frac{5 \times 23}{3 \times 19} = \frac{59 \times 23}{19^2}$.

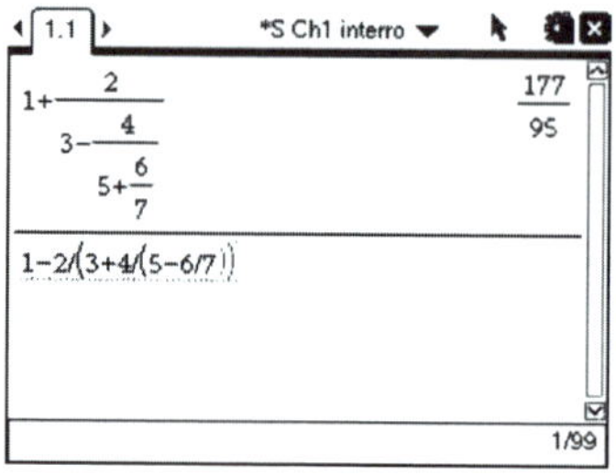

b) $f(x) = (7 + x)(7 - x)(7 + x + 7 - x) = (49 - x^2)(14) = 14 \times 49 - 14x^2$.
D'où $f(2\sqrt{5}) = 686 - 14 \times 4 \times 5 = 686 - 280 = 406$.

Remarque : $49 \times 14 = (50 - 1) \times 14 = 700 - 14 = 686$.

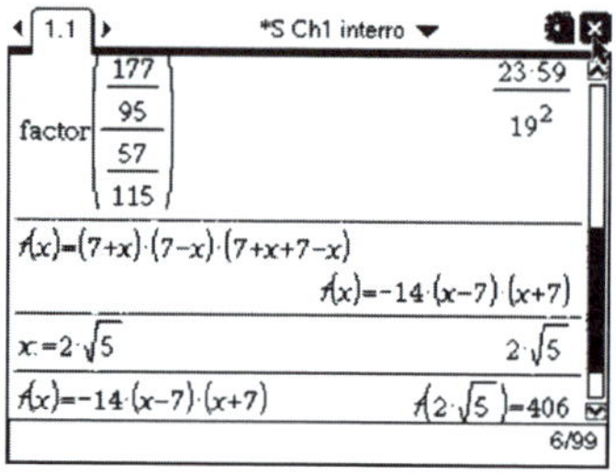

Fonction, images et antécédents

Soit $f(x) = -x^2 + 5x + 4$.

a) • $f\left(\dfrac{1}{3}\right) = -\dfrac{1}{9} + \dfrac{5}{3} + 4 = \dfrac{-1 + 15 + 36}{9} = \dfrac{50}{9}$.

Attention ! $-x^2 = -(x)^2$.

• $f(-\sqrt{2}) = -2 - 5\sqrt{2} + 4 = 2 - 5\sqrt{2}$.

• $f(2\sqrt{3} - 1) = -(2\sqrt{3} - 1)^2 + 5(2\sqrt{3} - 1) + 4$

or $(2\sqrt{3} - 1)^2 = 4 \times 3 - 4\sqrt{3} + 1 = 13 - 4\sqrt{3}$.

D'où $f(2\sqrt{3} - 1) = -13 + 4\sqrt{3} + 10\sqrt{3} - 5 + 4 = 14\sqrt{3} - 14$.

b) Pour obtenir les antécédents de 4 par f, on résout l'équation $f(x) = 4$, c'est-à-dire
$-x^2 + 5x + 4 = 4$

$\Leftrightarrow -x^2 + 5x = 0$ **on met x en facteur**

$\Leftrightarrow x(-x + 5) = 0$ **produit nul**

$\Leftrightarrow x = 0$ ou $x = 5$.

Les antécédents de 4 par f sont 0 et 5.

c) Comme $f\left(-\dfrac{1}{2}\right) = -\dfrac{1}{4} - \dfrac{5}{2} + 4 = \dfrac{-1 - 10 + 16}{4} = \dfrac{5}{4} = y_A$, alors le point A est un point de la courbe $\mathscr{C}_f$.

Lien entre variables et formule

Comme $M \in [AB]$, alors $0 \leqslant AM \leqslant AB$; d'où $0 \leqslant x \leqslant 5$.

$\mathscr{A}(CMB) = \dfrac{1}{2} \times MB \times CH = \dfrac{1}{2}(5 - x) \times 4 = 10 - 2x$,

où CH est la hauteur du triangle ABC.
On cherche x tel que $\mathscr{A}(CMB) = 7$.
On résout l'équation $10 - 2x = 7 \Leftrightarrow 2x = 3 \Leftrightarrow x = \dfrac{3}{2}$.

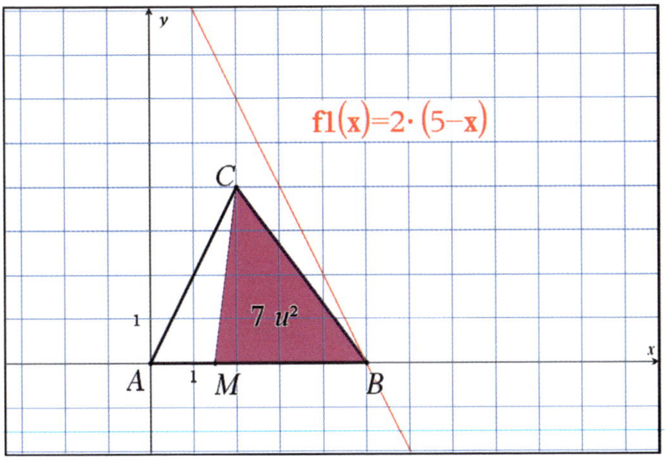

Fonction, représentation et sens de variation

a) Tableau des variations :

x	$-\infty$		1		3		7
$f(x)$		↗	3	↘	‖	↘	

b) L'image de -2 par f est l'ordonnée du point de la courbe d'abscisse -2 : d'où $f(-2) = 0$. **car ce point est sur l'axe des abscisses, donc son ordonnée est 0**

c) **Les antécédents de 0 par *f* sont les abscisses des points de la courbe ayant pour ordonnée 0 : ces points sont sur l'axe des abscisses. Il y a deux points, leurs abscisses sont -2 et $\approx 2{,}5$.**

Donc -2 et $\approx 2{,}5$ sont les antécédents de 0 par f.
Les antécédents de 2 par f sont 0 ; 2 et 5.

d) La fonction f admet comme maximum 3 sur l'intervalle $]-\infty\ ;\ 3[$.

e) On a $2\sqrt{3} > 3$ et $\sqrt{3} + 2 > 2\sqrt{3}$.
Donc $2\sqrt{3}$ et $\sqrt{3} + 2$ sont dans l'intervalle $]3\ ;\ 7]$.
Or, sur cet intervalle, la fonction f est décroissante ; donc $f(\sqrt{3} + 2) < f(2\sqrt{3})$.

Chapitre 3

Fonctions de référence et étude de fonctions

TEST PRÉLIMINAIRE

20 min (corrigés p. 68)

TEST

Vrai Faux

1 La fonction f définie sur $\mathbb{R}$ par $f(x) = \dfrac{3-x}{2}$ est une fonction affine de coefficient $-\dfrac{1}{2}$. .... ☐ ☐

2 Une droite représente toujours une fonction affine. .... ☐ ☐

3 Si f est une fonction affine telle que $f(3) = -5$ et $f(-1) = 7$, alors $f(x) = -3x + 4$. .... ☐ ☐

4 La courbe représentative de la fonction carré est une hyperbole. .... ☐ ☐

5 Si $-1 \leqslant x \leqslant 3$, alors $1 \leqslant x^2 \leqslant 9$. .... ☐ ☐

6 Le polynôme $-3x^2 + 6x - 1$ s'écrit aussi $-3(x+1)^2 + 2$. .... ☐ ☐

7 La fonction f définie sur $\mathbb{R}$ par $f(x) = -x^2 + 4$ est décroissante sur l'intervalle $]-\infty\,;0]$. .... ☐ ☐

8 La fonction inverse est toujours décroissante. .... ☐ ☐

9 L'expression $\dfrac{5x-3}{x+1}$ a pour valeur interdite -1

et s'écrit aussi $5 - \dfrac{8}{x+1}$. .... ☐ ☐

10 Pour tout réel x de l'ensemble $\mathbb{R} \setminus \{0\,;-1\}$, on a :

$\dfrac{1}{x+1} - \dfrac{3}{x} = \dfrac{-2x+1}{x(x+1)}$. .... ☐ ☐

COURS

Reconnaître une fonction affine

Une **fonction affine** est une fonction définie sur les réels $\mathbb{R}$ telle que $f(x) = ax + b$, où a et b sont deux réels connus.

Représenter une fonction affine

Une fonction affine telle que $f(x) = ax + b$ est représentée par une **droite $\mathscr{D}$ de coefficient directeur a**.

$$a = \frac{\Delta y}{\Delta x} = \frac{\text{différence des ordonnées}}{\text{différence des abscisses}}$$

Elle passe par $P(0\,;\,b)$.
b est l'ordonnée à l'origine.

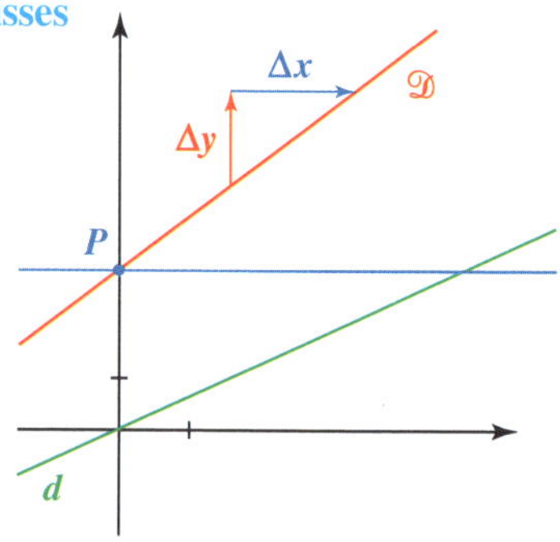

ou une fonction linéaire ou une fonction constante

Lorsque $b = 0$ alors $f(x) = ax$ et la fonction est **linéaire** : la **droite d** passe par l'origine.
Lorsque $a = 0$, alors $f(x) = b$ et la fonction est **constante** sur $\mathbb{R}$: la droite est **horizontale**.

Déterminer le sens de variation de la fonction affine telle que $f(x) = ax + b$

Si a est **positif**, la fonction affine est croissante sur $\mathbb{R}$.
La droite $\mathscr{D}$ monte :

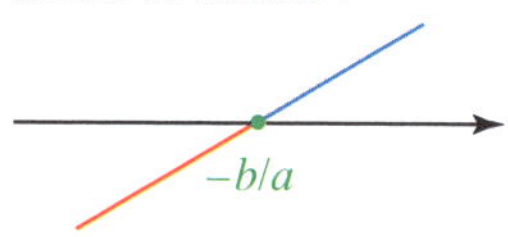

et le signe de $ax + b$ sur $\mathbb{R}$

x	$-\infty$		$\frac{-b}{a}$		$+\infty$
signe de $ax + b$		$-$	0	$+$	

Si a est **négatif**, la fonction affine est décroissante sur $\mathbb{R}$.
La droite $\mathscr{D}$ descend :

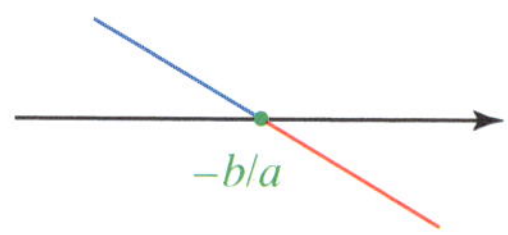

x	$-\infty$		$\frac{-b}{a}$		$+\infty$
signe de $ax + b$		$+$	0	$-$	

Connaître la représentation de la fonction carré

La fonction carré est définie sur les réels $\mathbb{R}$ par $f(x) = x^2$.
Sa représentation est une **parabole de sommet l'origine O**.

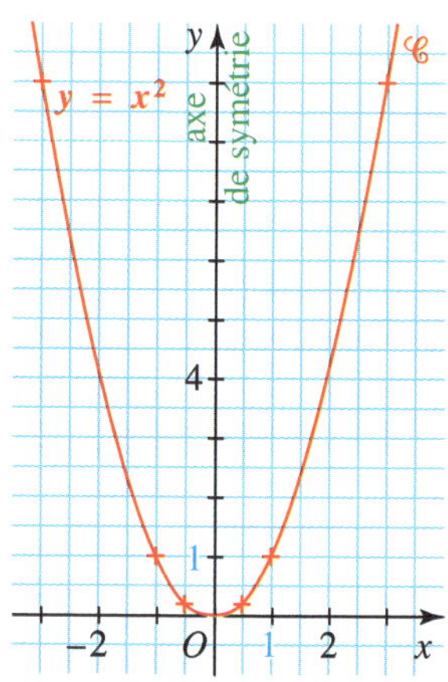

son sens de variation

Son tableau de variations :

x	$-\infty$	0	$+\infty$
$f(x)$	↘	0	↗

et l'appliquer

Deux **réels positifs** et leurs carrés sont dans le même ordre.
Deux **réels négatifs** et leurs carrés sont rangés en ordre contraire.

Factoriser des expressions polynomiales

Une forme factorisée est une forme produit :
- $P(x) = ax^2 + bx = x(ax + b)$, on met x en facteur ;
- $P(x) = ax^2 + c$ se factorise si a et c sont de signes contraires ;
- $(A)^2 - (B)^2 = (A + B)(A - B)$. Identité remarquable.

Étudier une fonction polynôme de degré 2

Une fonction polynôme de degré 2 peut s'écrire sous la forme canonique : $f(x) = a(x - \alpha)^2 + \beta$.
Sa représentation est une **parabole de sommet $S(\alpha ; \beta)$**.

Si a est **positif**, la parabole est tournée vers **le haut**.

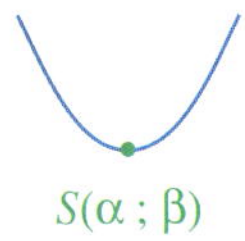

Si ***a* est négatif**, la parabole est tournée vers **le bas**.

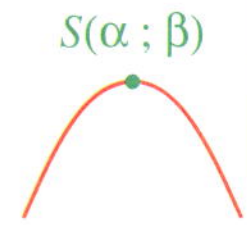

Connaître la représentation de la fonction inverse et son sens de variation

La fonction inverse est définie par $f(x) = \dfrac{1}{x}$ sur l'ensemble des réels privé de zéro, noté $\mathbb{R} \setminus \{0\}$. **0 est valeur interdite.**
Sa représentation est une **hyperbole de centre *O*.**
Tableau de variations :

x	$-\infty$	0	$+\infty$
$\dfrac{1}{x}$	↘	‖	↘

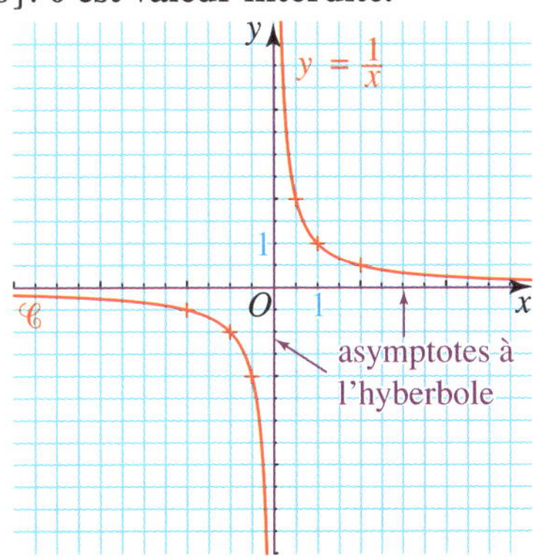

Étudier une fonction associée à la fonction inverse

Soit une fonction qui peut s'écrire $f(x) = \dfrac{k}{x - \alpha} + \beta$.
α est la valeur interdite et f est définie sur $\mathbb{R} \setminus \{\alpha\}$.
Sa représentation est une **hyperbole de centre $C(\alpha ; \beta)$**.

Si k est **positif** :

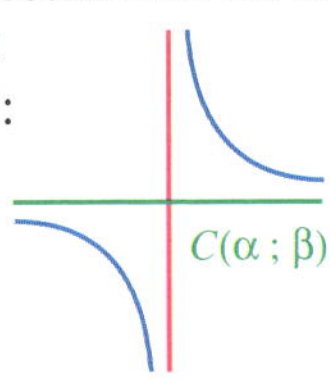

Si k est **négatif** :

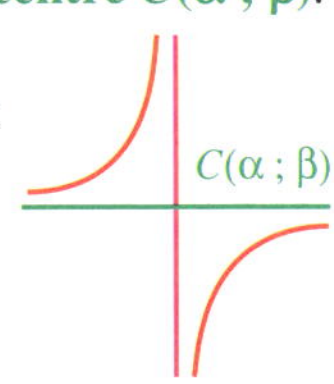

Élaborer un enchaînement pour passer de la variable *x* à son image *f*(*x*)

On « habille » la variable x pour obtenir l'image $f(x)$.

► Pour $f(x) = -x^2$: $x \mapsto (x)^2 = x^2 \mapsto -(x^2) = -x^2$;
on élève au carré, puis on prend l'**opposé**.

► Pour $f(x) = \dfrac{2}{x-3} + 1$: $x \mapsto x - 3 \mapsto \dfrac{1}{x-3} \mapsto \dfrac{2}{x-3} \mapsto \dfrac{2}{x-3} + 1$;
on enlève 3, on prend l'**inverse**, on multiplie par 2, on ajoute 1.

CORRIGÉS DU TEST

(énoncés p. 65)

1 **Vrai.** Une fonction affine est définie sur $\mathbb{R}$ par $f(x) = ax + b$.

Comme $\dfrac{3-x}{2} = \dfrac{3}{2} - \dfrac{x}{2} = -\dfrac{1}{2} \times x + \dfrac{3}{2}$,

alors $a = -\dfrac{1}{2}$ et $b = \dfrac{3}{2}$.

→Exercice 1

2 **Faux.** Les droites verticales ne sont pas des représentations de fonctions affines. Une droite verticale a pour équation $x = c$, où c est un réel. Ainsi, **l'axe des ordonnées** a pour équation $\boldsymbol{x = 0}$.

→Exercices 7 et 8

3 **Vrai.** Attention à l'ordre du raisonnement : on sait que f est une fonction affine telle que $f(3) = -5$ et $f(-1) = 7$. Donc on calcule le coefficient :

$$a = \frac{\Delta y}{\Delta x} = \frac{f(-1) - f(3)}{-1-3}$$
$$= \frac{7+5}{-4} = -\frac{12}{4} = -3$$

On applique $f(x) = a(x - x_1) + y_1$.

$f(x) = -3(x-3) - 5 = -3x + 9 - 5$
$f(x) = -3x + 4$.

→Exercices 3 à 6

4 **Faux.** La courbe de la fonction carré est une parabole. C'est la courbe de la fonction inverse qui est une hyperbole. Ces deux courbes sont deux des trois coniques (ellipse, parabole, hyperbole) intersections d'un cône de révolution avec un plan.

→Exercice 21

5 **Faux.** Ne pas tomber dans le piège d'élever au carré les inégalités sans réfléchir. Le mieux est de dessiner le tableau de variations de la fonction carré sur [–1 ; 3] et lire le **minimum** et le **maximum**.

On obtient $0 \leqslant x^2 \leqslant 9$.

x	-1		0		3
x^2	1	↘	0	↗	9

→Exercices 18 à 20

6 **Faux.** On vérifie en développant la forme donnée (appelée **forme canonique**, car x n'intervient qu'une seule fois)

$3(x+1)^2 + 2 = -3(x^2 + 2x + 1) + 2$
$= -3x^2 - 6x - 3 + 2 = -3x^2 - 6x - 1$.

→Exercices 32 et 33

7 **Faux.** La parabole de la fonction f définie sur $\mathbb{R}$ par $f(x) = -x^2 + 4$ est **tournée vers le bas** car son coefficient est $\boldsymbol{a = -1}$, **négatif** et 0 est l'abscisse du sommet.

Donc f est croissante sur $]-\infty ; 0]$.

→Exercices 34 à 39

8 **Faux.** C'est une erreur classique (quand on énonce vite le sens de variation de l'inverse). La fonction inverse est décroissante sur $]-\infty ; 0[$ et sur $]0 ; +\infty[$.

→Exercices 42 à 45

9 **Vrai.** Le dénominateur vaut 0 en $\boldsymbol{x = -1}$. Et on vérifie :

$$5 - \frac{8}{x+1} = \frac{5x+5-8}{x+1} = \frac{5x-3}{x+1}$$

→Exercices 52 et 53

10 **Faux. –1 et 0 sont valeurs interdites.** On vérifie :

$$\frac{1}{1+x} - \frac{3}{x} = \frac{1 \times x}{x(x+1)} - \frac{3(x+1)}{x(x+1)}$$
$$= \frac{x - 3x - 3}{x(x+1)} = \frac{-2x-3}{x(x+1)},$$

ce n'est pas $\dfrac{-2x+1}{x(x+1)}$.

→Exercices 54 à 56

EXERCICES

Fonctions affines

1 ★ 5 min (corrigés p. 86)

Reconnaissance d'une fonction affine : Vrai ou Faux ?

a) Le coefficient de la fonction : $x \mapsto \dfrac{1-2x}{3}$ est $\dfrac{1}{3}$.

b) Le coefficient de la fonction : $x \mapsto \dfrac{1}{3}x - \dfrac{2}{9}x + 1$ est $\dfrac{1}{9}$.

c) La fonction : $x \mapsto -2x + 3(x+1)$ est affine.

d) La fonction : $x \mapsto -2x(x+1)$ est affine.

2 ★ 8 min (corrigés p. 86)

Sens de variation des fonctions affines : Vrai ou Faux ?

a) La fonction : $x \mapsto 5 - x$ est croissante sur $\mathbb{R}$.

b) La fonction : $x \mapsto 10^{-3}x$ est croissante sur $\mathbb{R}$.

c) La fonction : $x \mapsto x^2 - (x-1)^2$ est une fonction affine croissante sur $\mathbb{R}$.

d) La fonction : $x \mapsto \dfrac{x-1}{2} - \dfrac{3x+1}{3}$ est une fonction affine décroissante sur $\mathbb{R}$.

3 ★ 10 min (corrigés p. 86)

Déterminer les fonctions affines f et g telles que :

a) $f(1) = 7$ et $f(2) = 10$

b) $g(-2) = 4$ et $g(1) = \dfrac{11}{2}$.

4 ★★ 10 min (corrigés p. 86)

Déterminer les fonctions affines f et g telles que :

a) $f(-3) = 9$ et $f(2) = -1$

b) $g(207) = -70$ et $g(-192) = 196$.

5 ★★ 10 min (corrigés p. 87)

Dans une culture bactérienne, la population initiale est de 4 200 bactéries (lorsque $x = 0$).
On inocule alors un milieu nutritif et, au bout de 4 h 30, la population passe à 5 010 individus (lorsque $x = 4{,}5$).
La population de bactéries, en fonction de la durée x en heure, est modélisée par une fonction affine.
Exprimer le nombre d'individus $f(x)$ en fonction de la durée x écoulée depuis l'injection.
Quel effectif peut-on prévoir au bout de 7 h 30 si le modèle reste valable ?

6 ★★★ 15 min

(corrigés p. 87)

Dans une ville, de 2002 à 2006, le prix du m^3 d'eau est passé de 2,65 € à 3,53 €. On modélise le prix, en euros, du m^3 d'eau par une fonction affine f, en fonction de l'année x.

a) Calculer le coefficient a ; donner alors l'augmentation moyenne du prix du m^3 d'eau par an.

Le coefficient a est appelé **l'accroissement moyen par an**.

b) Exprimer $f(x)$ en fonction de x et calculer le prix du m^3 d'eau en 2011 si le modèle se poursuit.

7 ★★ 20 min

(corrigés p. 87)

Dans le repère ci-contre sont tracées des droites représentant les fonctions affines f_1, f_2 et f_3.

a) Déterminer les fonctions affines.

b) Calculer les images de $-\dfrac{2}{3}$ et de $1 - \sqrt{2}$ par ces fonctions.

c) Déterminer les antécédents de 0 par ces fonctions.

d) Puis déterminer les antécédents de $-\dfrac{1}{2}$.

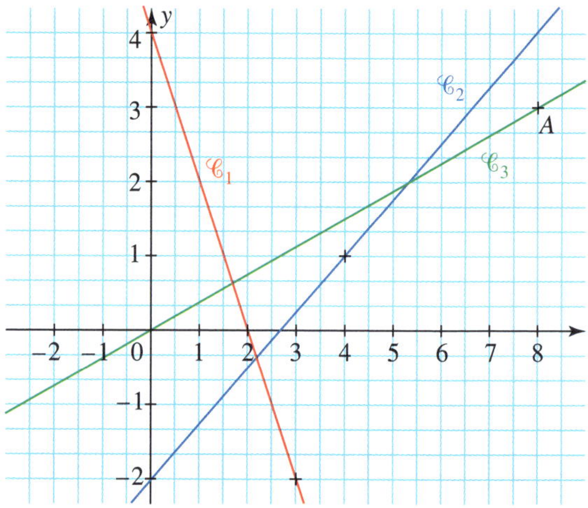

8 ★ 20 min

(corrigés p. 89)

Pour chaque droite tracée, représentation de fonction affine, lire son équation.

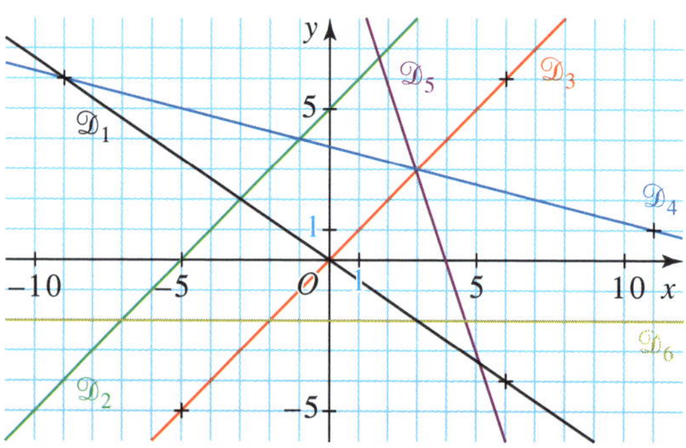

9 ★ 10 min

(corrigés p. 89)

Sur un même graphique, dans un repère orthonormal, tracer les représentations graphiques des fonctions affines f_1, f_2, f_3 et f_4 de coefficients respectifs :

$\frac{3}{2}$; -2 ; $\frac{1}{2}$ et $\frac{-1}{4}$ en sachant que l'image de 2 est toujours 1.
Donner les fonctions affines correspondantes.

10 ★★ 45 min (corrigés p. 90)

Points à coordonnées entières d'une droite

1. Étude préliminaire

Soit f une fonction affine telle que $f(x) = ax + b$ et $\mathcal{D}$ sa droite représentative.
a) On suppose que les coefficients a et b sont entiers (relatifs). Si x est entier (relatif), quelle est la nature de son image $f(x)$?
b) Soit $f(x) = -\frac{5}{3}x + 4$. Le coefficient a est rationnel et b est entier. Comment choisir x pour que l'image $f(x)$ soit un entier ?
Trouver deux points à coordonnées entières de la droite $\mathcal{D}$.

2. Étude de cas plus généraux

a) Soit $f(x) = \frac{4x-1}{7}$.
À quelle condition sur le numérateur, $f(x)$ est-il un entier ?
Trouver un entier x_1 tel que son image $f(x_1)$ soit entière.
Quelle est la nature de l'image $f(x_1 + 7)$?
b) Soit $f(x) = \frac{1}{2}x + \frac{1}{3}$. Vérifier que $f(1)$, $f(2)$ et $f(3)$ ne sont pas entiers.
Si x est un entier, $f(x)$ peut-il être entier ?
c) Pour toute fonction affine telle que $f(x) = ax + b$, où a et b sont rationnels, existe-t-il toujours des points à coordonnées entières ?

3. Recherche à la calculatrice

a) Soit $f(x) = \frac{-5x+3}{6}$.
Entrer la fonction dans l'éditeur d'équation Y = ou $f(x)$ =
Visualiser le tableau des valeurs en commençant à $x = 0$, avec un pas de 1.
Lire deux valeurs de x ayant leurs images y également entières.

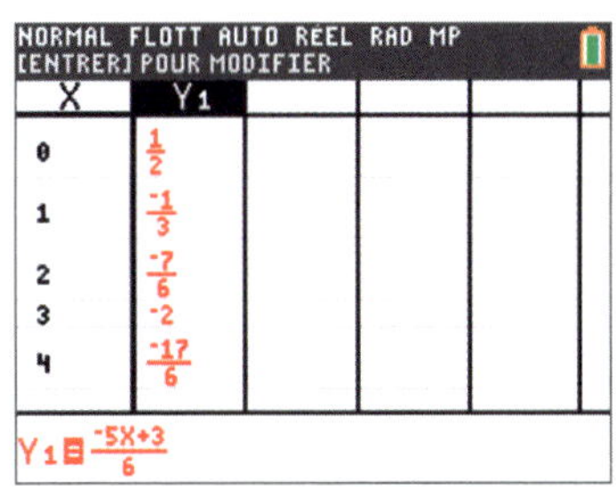

b) Pour chacune des fonctions affines, si possible, trouver deux points à coordonnées entières de leur droite représentative :

$$f(x) = \frac{-3x+4}{5} \; ; \; g(x) = \frac{5}{4}x - \frac{1}{5} \; ; \; h(x) = 0{,}1x + 2{,}3.$$

11 ★★ 15 min (corrigés p. 91)

Sur un même graphique, représenter les fonctions affines définies sur $\mathbb{R}$ par :

$$f(x) = \frac{3x-7}{5} \; ; \; g(x) = \frac{-x+5}{4} \; ; \; h(x) = -\frac{5}{6}x + \frac{1}{3}.$$

12 ★★★ 20 min (corrigés p. 92)

On considère la fonction f définie par morceaux :

$$\begin{cases} f(x) = x - 2 & \text{sur }]-\infty\,;\,2] \\ f(x) = \dfrac{x}{2} & \text{sur }]2\,;\,4[\\ f(x) = -x + 6 & \text{sur } [4\,;\,+\infty[. \end{cases}$$

a) Déterminer les images des réels –2 ; 3 et 5 par cette fonction.

b) Représenter cette fonction dans un repère. La courbe est-elle **raccordée** en 2 et en 4 ?

c) Déterminer les antécédents de 1 et de –2 par cette fonction.

13 ★★★ 30 min (corrigés p. 93)

On considère la fonction f représentée par la ligne brisée $ABCDEF$ ci-dessous :

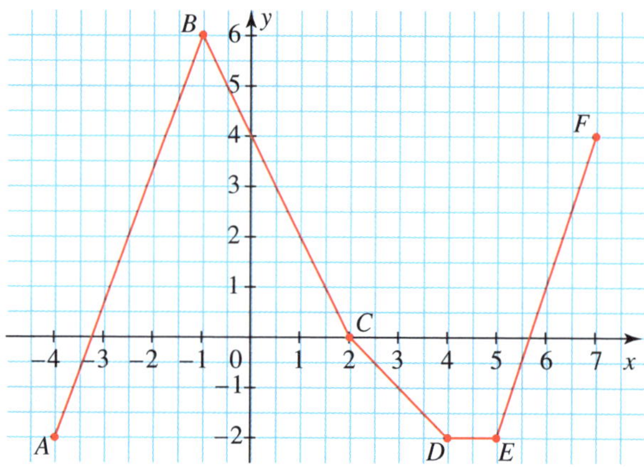

1. Dresser le tableau des variations de f.
2. Sur chaque intervalle, déterminer rapidement l'expression $f(x)$.
On utilisera une lecture graphique du coefficient directeur.
3. Calculer les images de $1 - \sqrt{3}$ et $1 + \sqrt{3}$ par cette fonction.
4. Déterminer les antécédents de 2 par cette fonction.

Signe de $ax + b$

14 ★ 15 min (corrigés p. 94)

Pour chacune des fonctions affines f définies par $f(x) = ax + b$: déterminer l'abscisse du point d'intersection de sa courbe $\mathscr{C}_f$ avec l'axe des abscisses ; donner le sens de variation de la fonction f et l'allure de $\mathscr{C}_f$; en déduire le signe de $ax + b$ suivant les valeurs de x (présenter le résultat dans un tableau).

a) $f(x) = 6x - 3$ b) $f(x) = -x - 3$ c) $f(x) = \dfrac{x}{3} + 3$

d) $f(x) = -\dfrac{3}{5}x$ e) $f(x) = 3$ f) $f(x) = x - \dfrac{1}{2}$.

15 ★★ 20 min (corrigés p. 95)

Étudier le signe de chaque expression dans un tableau.

a) $-\dfrac{x}{3}-5$ **b)** $-\dfrac{4}{7}x+\dfrac{2}{21}$ **c)** $-\dfrac{5x}{4}$ **d)** $-12x-28$ **e)** $\dfrac{3}{4}x$.

16 ★★ 20 min (corrigés p. 95)

Étudier le signe des produits suivants dans un tableau :
$A(x)=(-2x+1)(-1-x)$; $B(x)=(4x-1)(-x+5)$;
$C(x)=3x(x-2)$; $D(x)=2x(3+x)(4-x)$.

17 ★★ 15 min (corrigés p. 96)

Étudier le signe des produits suivants :

$E(x)=\dfrac{3}{4}(x-3)\left(\dfrac{x}{4}+1\right)$; $F(x)=-5x\left(\dfrac{1}{2}-x\right)$; $G(x)=x(3x-1)$.

18 ★★ 20 min (corrigés p. 97)

Étudier le signe des quotients suivants :

$A(x)=\dfrac{2x-3}{3-x}$; $B(x)=\dfrac{x-5}{2x}$; $C(x)=\dfrac{x(-2x+1)}{x+1}$; $D(x)=\dfrac{1-x}{3x(x+3)}$.

Fonction carré

19 ★ 10 min (corrigés p. 98)

Vrai ou faux ? Justifier la réponse.
a) $\forall x \in \mathbb{R}$, alors $x^2=-x^2$.
b) $\forall x \in \mathbb{R}$, on a $x^2 \geqslant x$.
c) Deux nombres et leurs carrés sont rangés dans le même ordre.
d) Si $x \geqslant 3$, alors $x^2 \geqslant 9$. **e)** Si $x \leqslant 5$, alors $x^2 \leqslant 25$.

20 ★★ 15 min (corrigés p. 98)

En utilisant les variations de la fonction carré, déterminer l'encadrement de x^2 dans chacun des cas suivants :

a) $2 \leqslant x \leqslant 5$ **b)** $-3 \leqslant x \leqslant -1$ **c)** $-4 \leqslant x \leqslant 2$ **d)** $-\dfrac{1}{3}<x<\dfrac{3}{5}$.

21 ★★★ 20 min (corrigés p. 99)

Dans un repère, on considère la parabole d'équation $y=x^2$.
Suivant les conditions données pour x, déterminer l'ensemble, sous forme d'intervalle, dans lequel y prend ces valeurs.
a) $x \in [-5\,;-1]$ **b)** $x \in [1\,;6]$ **c)** $x \in]-8\,;2]$ **d)** $x \in]2\,;+\infty[$
e) $x \in]-\infty\,;-3]$ **f)** $x \in]-2\,;+\infty[$.

EXERCICES

22 ★★ 10 min (corrigés p. 100)

Représenter la fonction carré $f : x \mapsto x^2$ sur l'intervalle [– 40 ; 40] dans un repère orthogonal d'unités 1 cm pour 10 en abscisse et 1 cm pour 200 en ordonnée.
Peut-on dire que la fonction carré est linéaire ? Pourquoi ?

Calcul algébrique sur les polynômes

23 ★★ 15 min (corrigés p. 100)

Développer, réduire et ordonner :
$A(x) = 3x\,(x - 4) - (x + 3)\,(x - 1) + (x - 3)^2$;
$B(x) = 1 - 2x\,(x + 1) + 3\,(x^2 - 1) - (x - 1)\,(x - 2)$.

24 ★★ 15 min (corrigés p. 100)

Développer, réduire et ordonner :

$C(x) = (2x + 1)^2 - 2(x - 1)^2$; $D(x) = 3\left(x - \dfrac{2}{3}\right)(5x + 1)$.

25 ★★★ 20 min (corrigés p. 101)

Développer, réduire et ordonner :
$E(x) = \left(x + \dfrac{3}{4}\right)^2 - \left(\dfrac{1}{4} - 2x\right)^2$;
$F(x) = (x - 4)(x + 3)(x + 2)$;
$G(x) = 2x - 5\,(x + 3) - (3x - 2)^2 + (-x - 3)^2$.

26 ★ 5 min (corrigés p. 101)

Factoriser si cela est possible.
a) $1 - x^2$ **b)** $1 + x^2$ **c)** $x^2 - 3x$ **d)** $x^2 - 3$ **e)** $-x^2 - 3$.

27 ★ 5 min (corrigés p. 102)

Lorsque cela est possible, factoriser les polynômes suivants.
a) $4x^2 + 9$ **b)** $9x^2 - 6x + 1$ **c)** $-x^2 + 5$ **d)** $4x^2 - x$.

28 ★ 8 min (corrigés p. 102)

Lorsque cela est possible, factoriser les polynômes suivants.
a) $-3x^2 + 4$ **b)** $9x^2 - x$ **c)** $4x^2 + 12x + 9$ **d)** $-x^2 - 1$.

29 ★★ 8 min (corrigés p. 102)

Factoriser le plus possible les polynômes.
a) $(4x^2 - 3)\,(2x - 3)$ **b)** $2x\,(1 - x^2)$ **c)** $(5x^2 - 4x)\,(-4x - 2)$.

30 ★★ 15 min (corrigés p. 102)

Factoriser le plus possible les polynômes.

a) $-5\,(4x+12)\,(4x^2-x)$

b) $(2x-1)^2-(5x+4)^2$

c) $4\,(2x-3)^2-x^2$

d) $-3\,(x-2)(x+3)-(x^2-9)$.

31 ★★★ 20 min (corrigés p. 102)

Factoriser : faire apparaître un facteur commun ou développer.

a) $(x-1)\,(2x-3)-(1-x)^2$

b) $(2x+3)\,(x-1)+(x+1)\,(4-5x)$

c) $(x+3)\,(x-1)-(x-3)(x+1)$

d) $2\,(4x-5)^2-5x\,(5-4x)$

e) $(3x-1)\,(x+2)-4\,(x+2)^2+x+2$

f) $(6x-3)\,(x+1)-(2x-1)\,(x-1)+(1-2x)^2$.

32 ★ 8 min (corrigés p. 103)

Dans chaque cas, montrer que les trois expressions sont égales :

a) x^2-6x+8 ; $(x-3)^2-1$; $(x-2)\,(x-4)$.

b) $4x^2+8x-5$; $4(x+1)^2-9$; $(2x-1)\,(2x+5)$.

33 ★★ 15 min (corrigés p. 103)

Même exercice que le précédent.

a) $-2\left[\left(x-\frac{5}{4}\right)^2-\frac{1}{16}\right]$; $-2x^2+5x-3$; $(x-1)(-2x+3)$.

b) $-\frac{1}{2}(x+1)^2+\frac{9}{2}$; $-\frac{1}{2}(x+4)\,(x-2)$; $\left(1-\frac{x}{2}\right)(x+4)$.

EXERCICES

Fonction polynôme du second degré

34 ★ 15 min (corrigés p. 103)

Vrai ou faux ? Justifier la réponse.

Soit $P(x)=-3x^2-6x+1$, pour $x \in \mathbb{R}$, et $\mathscr{C}$ sa courbe représentative dans un repère.

a) La forme canonique de $P(x)$ est $-3(x+1)^2+4$.

b) La parabole $\mathscr{C}$ est tournée vers le bas.

c) La fonction P change de variation en 1.

d) La parabole $\mathscr{C}$ a pour sommet le point $S(-1\,;4)$.

e) La fonction P est décroissante sur $[-1\,;+\infty[$.

35 ★★ 15 min (corrigés p. 103)

On considère la fonction f définie sur $\mathbb{R}$ par $f(x)=-2x^2+4x+1$.

Cette fonction est représentée graphiquement dans un repère par la parabole $\mathscr{P}$.

a) Montrer que $f(x)=-2\,(x-1)^2+3$.

b) Préciser les coordonnées du sommet S de la parabole $\mathscr{P}$.

c) Préciser les coordonnées du point d'intersection de $\mathscr{P}$ avec l'axe des ordonnées.

d) Dresser le tableau des variations de la fonction f et indiquer par un schéma l'allure de la parabole.

e) Préciser les points d'intersection de la parabole avec l'axe des abscisses.

36 ★★ 20 min (corrigés p. 104)

Même exercice pour les fonctions g et h définies sur $\mathbb{R}$ par :

$$g(x) = 0{,}02x^2 - 0{,}4x + 4 \text{ et } h(x) = -x^2 + 3x + 10.$$

On vérifiera les formes canoniques ci-dessous :

$$g(x) = 0{,}02(x - 10)^2 + 2 \ ; \ h(x) = -\left(x - \frac{3}{2}\right)^2 + \frac{49}{4}.$$

37 ★ 15 min (corrigés p. 105)

On donne les fonctions trinômes du second degré suivantes, notées f_1, f_2, f_3 et f_4, définies sur $\mathbb{R}$ par :

$$f_1(x) = x^2 - 6x + 7 \ ; \ f_2(x) = -2x^2 + 4x + 1 \ ;$$
$$f_3(x) = x^2 + 4x + 5 \ ; \ f_4(x) = -x^2 + 8x - 16.$$

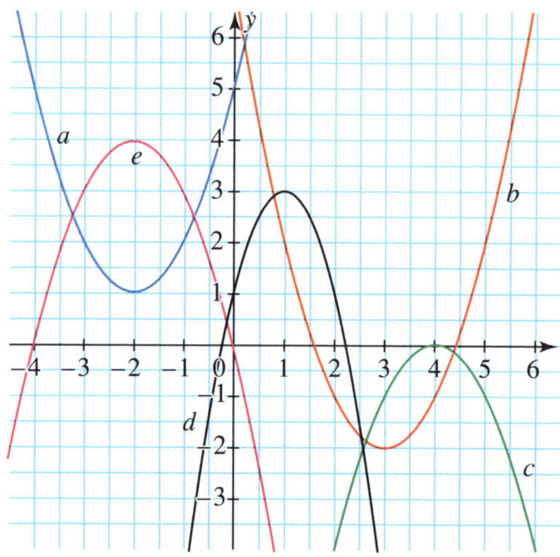

Associer à chaque fonction sa courbe représentative parmi les courbes ci-dessus et écrire sa forme canonique.

38 ★★ 15 min (corrigés p. 105)

On a pu établir que le coût horaire d'utilisation d'une machine, en fonction du temps t en heures, est donné, en euros, par :

$$f(t) = -0{,}5t^2 + 40t + 100, \text{ pour } t \in [20 \ ; 80].$$

a) Calculer $f(40)$ et l'interpréter.

b) Exprimer $f(t) - f(40)$ en fonction de t ; mettre $-0{,}5$ en facteur et en déduire la forme canonique de $f(t)$.

c) Déterminer le sens de variation de la fonction f et dresser son tableau des variations, en précisant les valeurs aux bornes.

d) Justifier que, pour tout réel t de $[20 \ ; 80]$, on a : $f(t) \in [100 \ ; 900]$.

39 ★★★ 20 min

(corrigés p. 105)

Le coût de fabrication de x objets, tous identiques, est donné par :
$f(x) = 2x^2 + 0{,}5x + 8$, $f(x)$ étant exprimé en euros.

a) Justifier que, pour tout réel $x > 0$, on a $f(x)$ positif.

b) Calculer l'accroissement de coût du x-ième et dernier objet fabriqué $f(x) - f(x-1)$, en fonction de x. Étudier son signe.

c) Vérifier que $f(x) = 2\left(x + \frac{1}{8}\right)^2 + \frac{255}{32}$.

En déduire le sens de variation de la fonction f sur $[0\ ;+\infty[$.

40 ★★★ 45 min

(corrigés p. 106)

Pour aller plus loin : **recherche de la forme canonique**

1. Question préliminaire

Soit $f(x) = 2x^2 + 8x - 3$, polynôme du second degré défini sur $\mathbb{R}$.
On note $a = 2$ (coefficient de x^2), $b = 8$ (coefficient de x) et $c = -3$.

Calculer $\alpha = \frac{-b}{2a}$, puis $f(\alpha)$. Vérifier que l'on peut écrire :
$f(x) = 2\,(x - \alpha)^2 + f(\alpha)$, pour tout réel x.

2. Début du développement d'un carré

a) Compléter les écritures suivantes afin d'obtenir le développement d'un carré :
$x^2 + 2x + \ldots$; $x^2 + 4x + \ldots$; $x^2 - 6x + \ldots$; $x^2 + 3x + \ldots$; $x^2 - 5x + \ldots$

b) D'après ce qui précède, compléter, de même :
$x^2 + bx + \ldots$ et $x^2 - bx + \ldots$

c) Compléter pour faire apparaître le développement d'un carré :
$2x^2 + 4x + \ldots = 2\,(x^2 + 2x + \ldots)$; $3x^2 - 12x + \ldots = 3(x^2 - 4x + \ldots)$;
$-2x^2 + 3x + \ldots = -2\,(x^2 - \ldots x + \ldots)$;

d) Compléter pour obtenir la forme canonique :
$x^2 - 4x + 3 = (x - \ldots)^2 + \ldots$ et $x^2 + 6x + 13 = (x + \ldots)^2 + \ldots$

3. Détermination directe

Soit $f(x) = ax^2 + bx + c$, un polynôme du second degré.

On note $\alpha = \frac{-b}{2a}$. Calculer $f(\alpha)$ en fonction des réels a, b et c.

Vérifier que l'on peut écrire :
$f(x) = a(x - \alpha)^2 + f(\alpha)$, pour tout réel x.

4. Applications du 3.

Déterminer la forme canonique des polynômes suivants :

a) $f(x) = 2x^2 + 8x + 17$

b) $f(x) = -x^2 + 3x + 2$

c) $f(x) = 0{,}5x^2 + 3x - 2$

d) $f(x) = 3x^2 + 4x - 15$.

41 ★★★ 20 min

(corrigés p. 107)

On considère la fonction f définie sur $\mathbb{R}$ par $f(x) = 3x^2 + 4x - 15$.

a) Retrouver sa forme canonique.

En déduire le sens de variation de la fonction f.

b) Factoriser $f(x)$ à l'aide de la forme canonique.
c) En déduire les points où la parabole représentant la fonction f traverse l'axe des abscisses.
d) Étudier le signe de $f(x)$ suivant les valeurs de x.
D'autres exercices plus complets sont proposés au chapitre 4.

Fonction inverse et associée

42 ★ 5 min
(corrigés p. 108)

Vrai ou faux ? Justifier après avoir traduit symboliquement la phrase.
a) L'inverse d'un nombre réel positif est négatif.
b) Tout réel x admet un inverse.
c) Si deux réels sont dans un ordre, leurs inverses sont en ordre contraire.
d) L'inverse d'un nombre réel proche de zéro et positif est un grand nombre positif.
e) L'inverse de l'opposé d'un nombre réel non nul est l'opposé de l'inverse de ce réel.

43 ★ 8 min
(corrigés p. 108)

En traçant l'allure de l'hyperbole d'équation $y = \frac{1}{x}$, comparer sans aucun calcul :

a) $\frac{1}{2,5}$ et $\frac{1}{3,5}$ **b)** $\frac{1}{0,1}$ et $\frac{1}{0,2}$ **c)** $\frac{1}{-3}$ et $\frac{1}{-4}$ **d)** $\frac{1}{10^4}$ et $\frac{1}{10^{-2}}$ **e)** $\frac{1}{3}$ et $\frac{1}{-2}$.

44 ★★ 15 min
(corrigés p. 109)

Vrai ou faux ? Justifier à l'aide de la variation de la fonction inverse.

a) Si $x \geqslant \frac{1}{2}$, alors $\frac{1}{x} \leqslant 2$.

b) $\frac{1}{x} \leqslant \frac{2}{3} \Leftrightarrow x \geqslant \frac{3}{2}$.

c) $-3 < x \leqslant 1 \Leftrightarrow -\frac{1}{3} > \frac{1}{x} \geqslant 1$.

d) Si $x \in \left[-\frac{2}{3}\,;0\right[$, alors $\frac{1}{x} \in \left[-\frac{3}{2}\,;0\right[$.

e) Si $x \in \left]0\,;5\right]$, alors $\frac{1}{x} \in \left[\frac{1}{5}\,;+\infty\right[$.

45 ★★★ 15 min
(corrigés p. 109)

En s'aidant de la représentation de la fonction inverse, donner l'ensemble des images $\frac{1}{x}$ lorsque x est dans l'intervalle donné :

a) $x \in [-2\,;-0,1]$ **b)** $x \in [0,01\,;10]$ **c)** $x \in \left]-\infty\,;-2\right]$
d) $x \in \left]0\,;0,25\right]$ **e)** $x \in \left]4\,;+\infty\right[$ **f)** $x \in [-2\,;1] \setminus \{0\}$.

46 ★ 5 min

(corrigés p. 110)

Les courbes ci-dessous sont les représentations de fonctions associées à la fonction inverse.
Attribuer à chaque courbe son équation parmi les équations suivantes :

a) $y = \dfrac{1}{x}$ **b)** $y = -\dfrac{4}{x}$ **c)** $y = \dfrac{2}{x}$ **d)** $y = -\dfrac{1}{x}$.

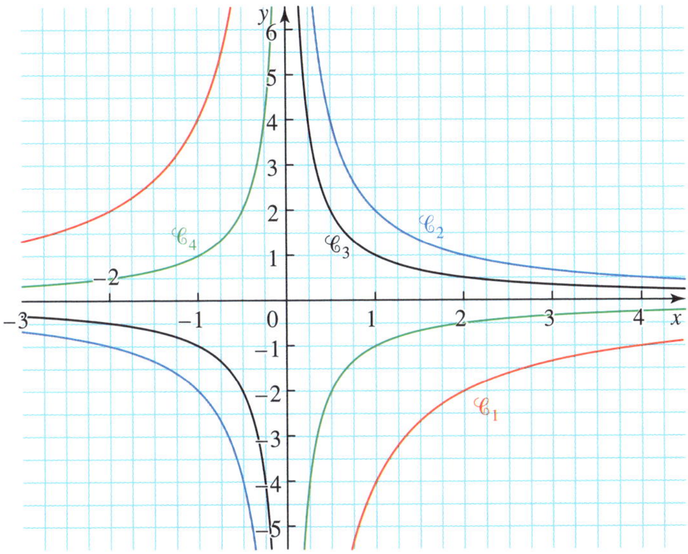

47 ★★ 10 min

(corrigés p. 110)

Étudier le sens de variation des fonctions suivantes :

a) $f(x) = \dfrac{1}{x} - 3$ **b)** $f(x) = \dfrac{1}{x-3}$ **c)** $f(x) = -3 - \dfrac{1}{x}$.

48 ★★ 10 min

(corrigés p. 111)

Soit f la fonction définie sur l'intervalle $]2\,;+\infty[$ par $f(x) = \dfrac{x-1}{x-2}$.

a) Vérifier que $f(x) = 1 + \dfrac{1}{x-2}$, pour tout réel x de $]2\,;+\infty[$.

b) Justifier chaque étape du raisonnement.
On a : $2 < a \leqslant b$
Étape 1 : $0 < a - 2 \leqslant b - 2$
Étape 2 : $\dfrac{1}{a-2} \geqslant \dfrac{1}{b-2}$
Étape 3 : $1 + \dfrac{1}{a-2} \geqslant 1 + \dfrac{1}{b-2}$
En déduire le sens de variation de la fonction f sur $]2\,;+\infty[$.

EXERCICES

49 ★★ 15 min *(corrigés p. 111)*

Soit f la fonction donnée par $f(x) = \dfrac{1}{x-5} - 4$, pour $x \neq 5$.

À l'aide d'un raisonnement analogue à celui de l'exercice précédent, déterminer le sens de variation de f sur $]5\,;+\infty[$, puis sur $]-\infty\,;5[$.
Dresser alors le tableau des variations de la fonction f.

50 ★★★ 15 min *(corrigés p. 112)*

Pour aller plus loin : **variations d'une fonction homographique**

Soit la fonction f donnée par $f(x) = \dfrac{-2x-7}{x+2}$.

a) Préciser l'ensemble de définition de cette fonction.

b) Déterminer les réels k et β tels que $f(x) = \dfrac{k}{x+2} + \beta$.

c) En déduire le sens de variation de la fonction f et dresser le tableau des variations de f. (On peut visualiser la courbe sur une calculatrice.)

51 ★★★ 15 min *(corrigés p. 112)*

À l'aide de la méthode de l'exercice précédent, étudier les variations de la fonction f définie sur $\mathbb{R} \setminus \{1\}$ par $f(x) = \dfrac{6-2x}{x-1}$

Calcul algébrique sur les expressions rationnelles

52 ★ 8 min *(corrigés p. 113)*

Pour chaque expression, donner la forme qui lui est égale :

1. $\dfrac{x^2+1}{x}$ **a)** $x+1$ **b)** $x+\dfrac{1}{x}$ **c)** $2x+1$.

2. $\dfrac{3x}{x+6}$ **a)** $\dfrac{x}{x+2}$ **b)** $3+\dfrac{x}{2}$ **c)** $\dfrac{x}{\dfrac{x}{3}+2}$.

3. $5-\dfrac{x+1}{3-x}$ **a)** $\dfrac{-6x+14}{3-x}$ **b)** $\dfrac{16-6x}{3-x}$ **c)** $\dfrac{4x-16}{3-x}$.

53 ★★ 8 min *(corrigés p. 113)*

Pour chaque expression, préciser les valeurs interdites, puis réduire au même dénominateur et écrire sous forme d'un quotient.

a) $\dfrac{1}{x}+3$ **b)** $\dfrac{1}{x}+\dfrac{4}{3}$ **c)** $\dfrac{3}{x}+\dfrac{1}{3x}$ **d)** $\dfrac{5}{x}-\dfrac{2}{x+2}$ **e)** $\dfrac{x+1}{x}-\dfrac{x-1}{2x}$.

54 ★★ 10 min (corrigés p. 114)

Écrire les expressions suivantes sous forme d'un seul quotient.

$A(x) = \dfrac{x+3}{x} - \dfrac{x+1}{x+2}$; $B(x) = \dfrac{1}{x} - \dfrac{1+x}{x^2} + 1$; $C(x) = x - 2 - \dfrac{x-4}{x+2}$.

55 ★★★ 15 min (corrigés p. 114)

Écrire les expressions suivantes sous la forme d'un quotient factorisé, après avoir précisé les valeurs interdites.

$A(x) = \dfrac{1}{4} - \dfrac{1}{(x-1)^2}$; $B(x) = 1 - \dfrac{9}{(x+2)^2}$; $C(x) = \dfrac{x-2(x-2)}{(x+3)(x-2)}$;

$D(x) = \dfrac{1}{x} - \dfrac{5x+2}{x+1} + 1$; $E(x) = \dfrac{4}{x} - \dfrac{2x-3}{x+1} - 7$; $F(x) = \dfrac{2x}{3} - \dfrac{3}{2x}$.

56 ★★★ 20 min (corrigés p. 115)

Pour chaque expression, préciser les valeurs interdites, puis réduire en un seul quotient, simplifié s'il y a lieu.

a) $\dfrac{2}{x} - \dfrac{2-x}{2x} + \dfrac{1}{2}$

b) $3 - \dfrac{x+4}{x-1} + 2x$

c) $\dfrac{4x}{x+1} - \dfrac{3x-1}{2} - 3$

d) $\dfrac{1}{3} - \dfrac{x}{2} + \dfrac{x^2+1}{2x}$

e) $\dfrac{2+x^2}{3x} - \dfrac{x-1}{3} + \dfrac{1}{x}$

f) $\dfrac{5}{3x} - \dfrac{2x-1}{x+1} + 2$.

Enchaînement et étude de sens de variation de fonction

57 ★ 8 min (corrigés p. 115)

Associer une formule à chacun des programmes de calcul suivant :

a) Choisir un nombre ;
ajouter 2 ;
mettre au carré ;
prendre l'opposé.

b) Choisir un nombre ;
prendre l'opposé ;
mettre au carré ;
ajouter 2.

c) Choisir un nombre ;
mettre au carré ;
ajouter 2 ;
prendre l'opposé.

d) Choisir un nombre ;
prendre l'opposé ;
ajouter 2 ;
mettre au carré.

58 ★★ 8 min (corrigés p. 115)

Associer un enchaînement à chacune des formules suivantes :

a) $2(x-3)^2 + 5$

b) $-x^2 + 5$

c) $-\left(\dfrac{1}{x} + 1\right)^2$

d) $\dfrac{-3}{(-x)^2} + 5$.

EXERCICES

59 ★★ 10 min

(corrigés p. 116)

On considère deux réels a et b tels que $a \leqslant b < 5$.
Suivre l'algorithme indiqué afin d'étudier le sens de variation d'une fonction (que l'on précisera) sur l'intervalle $]-\infty ; 5[$:
« enlever 5, élever au carré, prendre l'inverse, multiplier par –2, ajouter 1 ».

60 ★★★ 20 min

(corrigés p. 116)

On considère la fonction f définie sur $\mathbb{R}$ par $f(x) = -\dfrac{4}{x^2+1} + 2$.

a) Vérifier que, pour tout réel x, on a $f(-x) = f(x)$.
b) En utilisant un enchaînement pour passer de x à $f(x)$, déterminer le sens de variation de cette fonction f sur $[0 ; +\infty[$.
c) Conclure par un tableau des variations.
Que peut-on en déduire pour l'image de 0 par cette fonction ?

61 ★★ 15 min

(corrigés p. 117)

Pour aller plus loin
On considère la **fonction cube** $f : x \mapsto x^3$ définie sur $\mathbb{R}$.
On se propose de démontrer le sens de variation de cette fonction.
Soit a et b deux réels tels que $a \leqslant b$.
a) Vérifier que $b^3 - a^3 = (b - a)(b^2 + ab + a^2)$.
b) Justifier que, si les deux réels a et b ont le même signe, alors a^2, b^2 et ab sont tous positifs. Que peut-on dire de $a^2 + ab + b^2$?
c) En déduire que, si a et b appartiennent à l'intervalle $[0 ; +\infty[$, alors $a^3 \leqslant b^3$.
d) De même dans l'intervalle $]-\infty ; 0]$.
e) Conclure.

62 ★★ 15 min

(corrigés p. 117)

Pour aller plus loin
On considère la **fonction racine carrée** $x \mapsto \sqrt{x}$.
a) Indiquer son ensemble de définition.
b) Justifier que, pour tous réels a et b positifs tels que $a < b$, alors

$$\sqrt{b} - \sqrt{a} = \frac{b-a}{\sqrt{b}+\sqrt{a}}.$$

c) En déduire le sens de variation de la fonction racine carrée.

63 ★★★ 20 min

(corrigés p. 118)

Étudier le sens de variation de la fonction f définie sur $[0{,}5 ; +\infty[$ par

$f(x) = 4\sqrt{2 - \dfrac{1}{x}} - 1$.

64 ★★★ 15 min (corrigés p. 118)

Étudier le sens de variation de la fonction f définie sur $[2\ ;+\infty[$ par $f(x) = -\sqrt{x^3 - 8}$.

Problèmes

65 ★★★ 15 min (corrigés p. 119)

Dans un rectangle $ABCD$, on considère le quadrilatère $MNPQ$ tel que :
$AM = BN = CP = DQ = x$.
On a $AB = 8$ et $AD = 4$.
Soit f la fonction qui, à la distance x, associe l'aire du quadrilatère $MNPQ$.

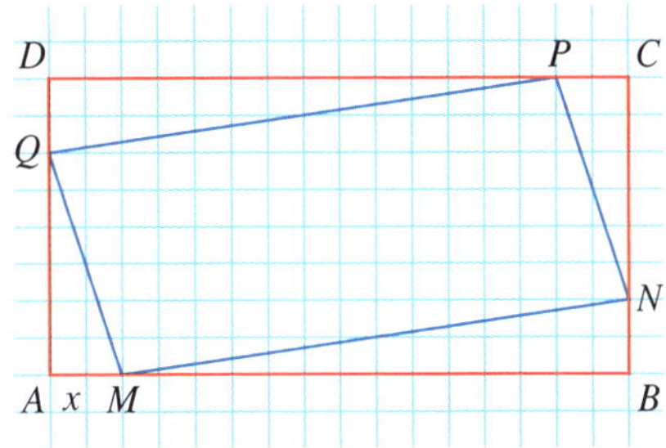

1. a) Pour quelles valeurs de x peut-on calculer $f(x)$?
b) Déterminer l'expression $f(x)$ et vérifier que $f(x) = 2x^2 - 12x + 32$.
2. Dresser le tableau des variations de la fonction f sur son ensemble de définition. En déduire la valeur de x telle que l'aire du quadrilatère $MNPQ$ soit minimale et calculer cette aire minimale.

66 ★★★ 20 min (corrigés p. 119)

Dans un repère orthonormal $(O\ ; I, J)$, on a tracé les courbes :
$\mathscr{C}_1$ d'équation $y = \dfrac{2}{x}$ pour $x > 0$
et $\mathscr{C}_2$ d'équation $y = -\dfrac{2}{x}$ pour $x < 0$.
Pour tout réel $x > 0$, on a placé les points $M(x\ ; 0)$ et $N(x\ ; 0)$.

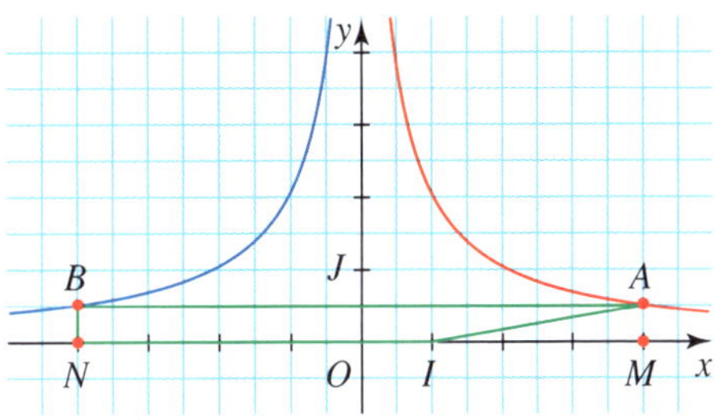

1. Soit x un réel strictement positif.
Donner l'ordonnée du point A d'abscisse x, tel que $A \in \mathscr{C}_1$, et l'ordonnée du point B d'abscisse $-x$, tel que $B \in \mathscr{C}_2$.
2. On désigne par f la fonction, définie sur $]0\ ;+\infty[$, qui à x associe l'aire $f(x)$ du trapèze $IABN$.
Déterminer l'expression $f(x)$ et vérifier que $f(x) = 3 + \dfrac{1}{x}$.
3. D'après le sens de variation de la fonction inverse sur $]0\ ;+\infty[$, que peut-on dire de la variation de l'aire du trapèze $IABN$?
Quel semble être le seuil minimal de cette aire ?

L'INTERROGATION ÉCRITE

1 heure 30 minutes

Fonctions affines

(corrigés p. 120)

On considère un repère orthonormé ci-contre.

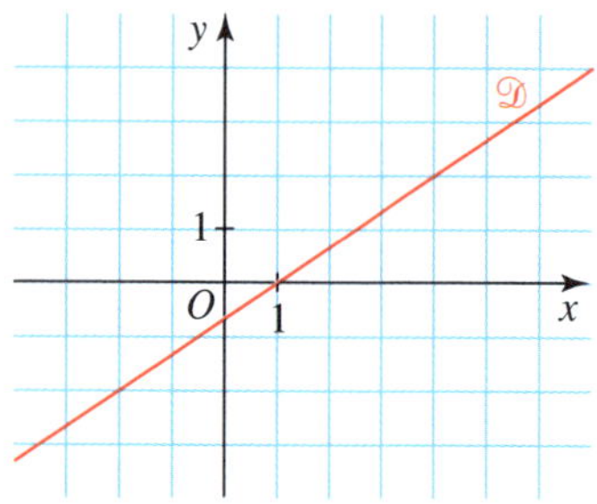

a) Déterminer la fonction affine f représentée par la droite $\mathscr{D}$.

b) Déterminer la fonction affine g telle que $g(3) = 5$ et $g(-12) = 25$.

c) Représenter la fonction h définie par $h(x) = \dfrac{-4x+3}{5}$, sur $]-\infty\,;2]$ et $h(x) = x - 3$ sur $]2\,;+\infty[$.

d) Résoudre l'équation $f(x) = h(x)$.

Étude de signe

(corrigés p. 121)

On considère les expressions $A(x) = (2x - 3)(-x + 2)$, $B(x) = -3x(3x + 1)$ et $C(x) = \dfrac{2-x}{x(2x-1)}$. Étudier le signe de ces expressions.

Calcul algébrique

(corrigés p. 121)

a) Développer, réduire et ordonner :
$S(x) = 3(x + 2)^2 + 4(x - 1)^2 + (x - 4)^2 + 2(x - 5)^2$.

b) Factoriser $P(x) = x^2(3x - 2) + (8 - 12x)(x - 6)^2$.

c) Factoriser $R(x) = (2x + 3)(5x - 4) - 3(2x + 3)(x + 2) + (4x + 6)(-2x + 3)$.

d) Réduire en un seul quotient dont le dénominateur est le plus petit possible
$Q(x) = \dfrac{5}{x-1} - \dfrac{3x+2}{x^2-x} - \dfrac{1}{x}$.

Polynôme du second degré

(corrigés p. 122)

On considère la fonction f définie sur $\mathbb{R}$ par $f(x) = -\dfrac{x^2}{2} + 3x + 1$, représentée par la courbe $\mathscr{C}_f$ dans un repère orthogonal.

a) Résoudre l'équation $f(x) = 1$.

b) Soit m la moyenne des deux solutions de cette équation. Exprimer $f(x) - f(m)$ en fonction de x. En déduire la forme canonique de $f(x)$.

c) Déterminer le sens de variation de cette fonction f.

d) Déterminer les coordonnées des points d'intersection de $\mathscr{C}_f$ avec l'axe des abscisses.

Fonction définie par morceaux

(corrigés p. 123)

On considère la fonction f telle que :

pour $x \in\,]-\infty\,;0]$, $f(x) = x^2$ et pour $x \in\,]0\,;+\infty[$, $f(x) = \dfrac{1}{x+1} - 1$.

1. Définir cette fonction à l'aide du langage Python.

2. a) Soit a et b deux réels tels que $0 < a \leqslant b$. Comparer leurs images $f(a)$ et $f(b)$.
b) En déduire le sens de variation de la fonction f sur $]0\,;+\infty[$.
c) Dresser le tableau des variations de la fonction f sur $\mathbb{R}$.
d) Visualiser la représentation de f à l'écran d'une calculatrice (voir exercice 12 de ce *chapitre*).

3. Calculer les images de $\frac{2}{3}$; 0 ; $-2\sqrt{3}$ et $\sqrt{3}$ par la fonction f.

CORRIGÉS

1 a) **Faux.** $\dfrac{1-2x}{3} = -\dfrac{2}{3}x + \dfrac{1}{3}$. Donc le coefficient est $-\dfrac{2}{3}$.

b) **Vrai.** $\dfrac{1}{3}x - \dfrac{2}{9}x + 1 = \dfrac{3}{9}x - \dfrac{2}{9}x + 1 = \dfrac{1}{9}x + 1$. Donc le coefficient est $\dfrac{1}{9}$.

c) **Vrai.** $-2x + 3(x+1) = -2x + 3x + 3 = x + 3$.

d) **Faux.** $-2x(x+1) = -2x^2 - 2x$. Ce n'est pas de la forme $ax + b$.

2 a) **Faux.** La fonction $x \mapsto 5 - x$ est **décroissante** sur $\mathbb{R}$, car le coefficient est **-1**, **négatif**.

b) **Vrai.** $x \mapsto 10^{-3}x = 0{,}001x$. Donc le coefficient est **0,001**, **positif**.

c) **Vrai.** Comme $x^2 - (x-1)^2 = x^2 - x^2 + 2x - 1 = 2x - 1$, la fonction est bien affine, de coefficient **2**, donc croissante sur $\mathbb{R}$.

d) **Vrai.** Comme $\dfrac{x-1}{2} - \dfrac{3x+1}{3} = \dfrac{3(x-1) - 2(3x+1)}{6} = \dfrac{3x - 3 - 6x - 2}{6}$

$= \dfrac{-3x-5}{6} = -\dfrac{3}{6}x - \dfrac{5}{6} = -\dfrac{1}{2}x - \dfrac{5}{6}$, la fonction est bien affine, de coefficient $-\dfrac{1}{2}$ **négatif**, donc la fonction est décroissante sur $\mathbb{R}$.

3

Soit deux réels x_1 et x_2 et leurs images y_1 et y_2 par une fonction affine f, alors la droite $\mathcal{D}$ représentative passe par les points $A(x_1\,;\,y_1)$ et $B(x_2\,;\,y_2)$.
Le coefficient directeur a de $\mathcal{D}$ est :
$a = \dfrac{\Delta y}{\Delta x} = \dfrac{y_2 - y_1}{x_2 - x_1}$, et on applique la formule : $f(x) = a(x - x_1) + y_1$.
f est représentée par la droite d'équation $y = a(x - x_1) + y_1$.

a) On cherche la fonction affine f telle que : $f(1) = 7$ et $f(2) = 10$.

On calcule le coefficient : $a = \dfrac{\Delta y}{\Delta x} = \dfrac{f(2) - f(1)}{2 - 1} = \dfrac{10 - 7}{1} = 3$.

On applique $f(x) = a(x - x_1) + y_1$ avec $f(1) = 7$.
D'où $f(x) = 3(x - 1) + 7 = \mathbf{3x + 4}$.

b) $g(-2) = 4$ et $g(1) = \dfrac{11}{2}$.

x	-2	1
y	4	$\dfrac{11}{2}$

$a = \dfrac{\dfrac{11}{2} - 4}{1 - (-2)}$

D'où $a = \dfrac{11 - 8}{2} \times \dfrac{1}{3} = \dfrac{3}{2} \times \dfrac{1}{3} = \dfrac{1}{2}$. Et $g(x) = \dfrac{1}{2}(x + 2) + 4 = \mathbf{\dfrac{1}{2}x + 5}$.

4 a) $f(-3) = 9$ et et $f(2) = -1$.

x	-3	2
y	9	-1

$a = \dfrac{-1-9}{2+3} = -2$

D'où $f(x) = -2(x - 2) - 1 = \mathbf{-2x + 3}$.

b) $g(207) = -70$ et $g(-192) = 196$.

x	207	– 192
y	– 70	196

$$a = \frac{196+70}{-192-207} = \frac{266}{-399} = -\frac{2}{3}$$

D'où : $g(x) = -\frac{2}{3}(x - 207) - 70 = -\frac{2}{3}x + 68$.

5 Il faut bien analyser l'énoncé et mettre les données dans un tableau.

Durée x en heure	0	4,5	7,5
Population $f(x)$	**4 200**	5 010	?

Comme f est une fonction affine, on calcule le coefficient :

$$a = \frac{\Delta y}{\Delta x} = \frac{5\,010 - 4\,200}{4{,}5 - 0} = \frac{810}{4{,}5} = 180.$$

L'ordonnée à l'origine est $b = 4\,200$, donc $f(x) = 180x + 4\,200$.

L'effectif au bout de 7 h 30, si le modèle reste valable, est :

$f(7{,}5) = 180 \times 7{,}5 + 4\,200 = 5\,550$, soit 5 550 bactéries.

6 On résume les données dans un tableau.

Année x	2002	2006
Prix $f(x)$ en euros	2,65	3,53

a) Coefficient $a = \frac{3{,}53 - 2{,}65}{2006 - 2002} = 0{,}22$.

Cela signifie que, en moyenne, le prix du m^3 d'eau a augmenté de 0,22 € par an entre 2002 et 2006.

b) Comme on modélise le prix par une fonction affine, alors :

$f(x) = 0{,}22(x - 2002) + 2{,}65$.

Il est inutile de développer cette expression, l'ordonnée à l'origine *b* n'aurait pas de signification : en l'année 0, naissance du Christ, le prix n'existait pas !

En 2011, $f(2011) = 0{,}22(2011 - 2002) + 2{,}65 = 0{,}22 \times 9 + 2{,}65 = 4{,}63$.

Le prix du m^3 d'eau serait 4,63 €.

7 **Attention au repère : 3 carreaux en ordonnée et 2 carreaux en abscisse.**

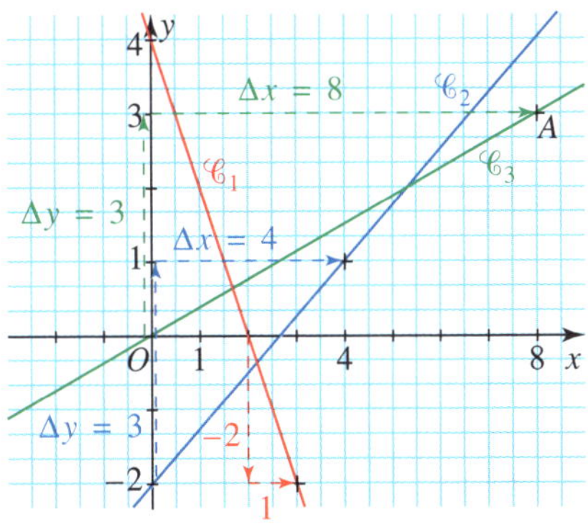

CORRIGÉS

a) • Pour f_1 : $a = \dfrac{-2}{1} = -2$ et $b = 4$. D'où $f_1(x) = -2x + 4$.

• Pour f_2 : $a = \dfrac{3}{4}$ et $b = -2$. D'où $f_2(x) = \dfrac{3}{4}x - 2$.

• Pour f_3 : $a = \dfrac{3}{8}$ et $b = 0$, car la courbe $\mathscr{C}_3$ passe par l'origine : f_3 est une fonction linéaire. D'où $f_3(x) = \dfrac{3}{8}x$.

b) • $f_1\left(-\dfrac{2}{3}\right) = -2 \times \dfrac{-2}{3} + 4 = \dfrac{4+12}{3} = \dfrac{16}{3}$.

$f_1(1 - \sqrt{2}) = -2(1 - \sqrt{2}) + 4 = 2\sqrt{2} + 2$.

• $f_2\left(-\dfrac{2}{3}\right) = \dfrac{3}{4} \times \dfrac{-2}{3} - 2 = -\dfrac{1}{2} - 2 = -\dfrac{5}{2}$.

Ne pas oublier de simplifier AVANT d'effectuer.

$f_2(1 - \sqrt{2}) = \dfrac{3}{4}(1 - \sqrt{2}) - 2 = -\dfrac{3}{4}\sqrt{2} + \dfrac{3}{4} - \dfrac{8}{4} = -\dfrac{3}{4}\sqrt{2} - \dfrac{5}{4}$.

• $f_3\left(-\dfrac{2}{3}\right) = \dfrac{3}{8} \times \dfrac{-2}{3} = -\dfrac{1}{4}$.

$f_3(1 - \sqrt{2}) = \dfrac{3}{8}(1 - \sqrt{2}) = \dfrac{3}{8} - \dfrac{3\sqrt{2}}{8}$.

c) Chercher les antécédents de 0, c'est résoudre l'équation $f(x) = 0$.

• $f_1(x) = 0 \Leftrightarrow -2x + 4 = 0 \Leftrightarrow -2x = -4 \Leftrightarrow x = 2$.

2 est l'antécédent de 0 par la fonction f_1. La droite $\mathscr{C}_1$ passe par $(2 ; 0)$.

• $f_2(x) = 0 \Leftrightarrow \dfrac{3}{4}x - 2 = 0$

$\Leftrightarrow \dfrac{3}{4}x = 2$

$\Leftrightarrow x = 2 \times \dfrac{4}{3}$

diviser par $\dfrac{3}{4}$, c'est multiplier par $\dfrac{4}{3}$.

$\dfrac{8}{3}$ est l'antécédent de 0 par la fonction f_2. La droite $\mathscr{C}_2$ passe par $\left(\dfrac{8}{3} ; 0\right)$.

• $f_3(x) = 0 \Leftrightarrow \dfrac{3}{8}x = 0 \Leftrightarrow x = 0$

> **Attention !** L'équation $ax = 0$ a pour seule solution $x = 0$, car 0 divisé par a donne 0.

0 est l'antécédent de 0 par f_3. La droite $\mathscr{C}_3$ passe par l'origine $O(0 ; 0)$.

d) Chercher les antécédents de $-\dfrac{1}{2}$, c'est résoudre l'équation $f(x) = -\dfrac{1}{2}$.

• $f_1(x) = -\dfrac{1}{2} \Leftrightarrow -2x + 4 = -\dfrac{1}{2} \Leftrightarrow -4x + 8 = -1$ **en multipliant tout par 2**

$\Leftrightarrow -4x = -9 \Leftrightarrow x = \dfrac{9}{4}$.

$\dfrac{9}{4}$ est l'antécédent de $-\dfrac{1}{2}$ par f_1.

• $f_2(x) = -\dfrac{1}{2} \Leftrightarrow \dfrac{3}{4}x - 2 = -\dfrac{1}{2}$

$\Leftrightarrow 3x - 8 = -2$ **en multipliant tout par 4**

$\Leftrightarrow 3x = 6 \Leftrightarrow x = 2$

2 est l'antécédent de $-\dfrac{1}{2}$ par f_2.

• $f_3(x) = -\dfrac{1}{2} \Leftrightarrow \dfrac{3}{8}x = -\dfrac{1}{2} \Leftrightarrow x = -\dfrac{1}{2} \times \dfrac{8}{3} = -\dfrac{4}{3}$ est l'antécédent de $-\dfrac{1}{2}$ par f_3.

8 • Pour $\mathscr{D}_1$: $\mathscr{D}_1$ passe par l'origine, elle représente donc une fonction linéaire, de coefficient $a_1 = -\dfrac{2}{3}$. D'où l'équation de $\mathscr{D}_1$: $y = -\dfrac{2}{3}x$.

• Pour $\mathscr{D}_2$: $a_2 = 1$ et $b_2 = 5$. D'où l'équation de $\mathscr{D}_2$: $y = x + 5$.

• Pour $\mathscr{D}_3$: $a_3 = 1$ et $b_3 = 0$, car $\mathscr{D}_3$ passe par l'origine. On remarque que $\mathscr{D}_2$ et $\mathscr{D}_3$ sont parallèles. D'où l'équation de $\mathscr{D}_3$: $y = x$.

Cette droite est **remarquable** : c'est la **première bissectrice** dans un repère orthonormé ; elle représente la fonction $x \mapsto f(x) = x$.

• Pour $\mathscr{D}_4$: $a_4 = -\dfrac{1}{4}$, mais l'ordonnée à l'origine b_4 n'est pas lisible. On utilise la formule avec le point $A(-1 ; 4)$, par exemple : $y = a(x - x_A) + y_A$.

D'où : $y = -\dfrac{1}{4}(x + 1) + 4 \Leftrightarrow y = -\dfrac{1}{4}x + \dfrac{15}{4}$.

• Pour $\mathscr{D}_5$: $a_5 = -3$ et $\mathscr{D}_5$ passe par $B(3 ; 3)$. D'où $y = -3(x - 3) + 3 \Leftrightarrow y = -3x + 12$.

• Pour $\mathscr{D}_6$: cette droite est horizontale. Son coefficient est $a = 0$. Tous les points ont la même ordonnée -2. D'où $y = -2$.

9 Comme l'image de 2 est toujours 1, alors toutes les droites représentant ces fonctions affines passent par $A(2 ; 1)$.

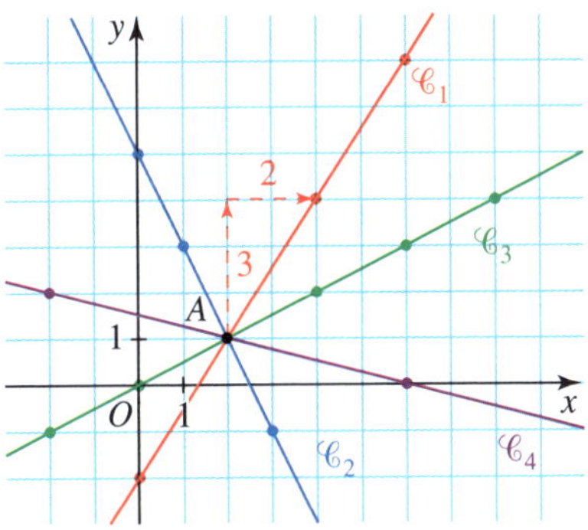

Pour chaque droite, on interprète le coefficient.

• $a_1 = \dfrac{\Delta y}{\Delta x} = \dfrac{3}{2}$; à partir de A, on monte de 3 unités et on décale de 2 unités en abscisse.

D'où $f_1(x) = \dfrac{3}{2}(x - 2) + 1 = \dfrac{3}{2}x - \dfrac{3}{2} \times 2 + 1 = \dfrac{3}{2}x - 2$.

• $f_2(x) = -2(x-2) + 1 = -2x + 5$.

• $f_3(x) = \dfrac{1}{2}(x-2) + 1 = \dfrac{1}{2}x$. $\mathscr{C}_3$ passe par l'origine.

• $f_4(x) = -\dfrac{1}{4}(x-2) = -\dfrac{1}{4}x + \dfrac{3}{2}$.

10 Points à coordonnées entières d'une droite. On parle ici d'entiers relatifs.

1. Soit $f(x) = ax + b$.

a) Si a et b sont des entiers, $a \in \mathbb{Z}$ et $b \in \mathbb{Z}$, et si x est aussi un entier, alors le produit ax est entier et la somme $ax + b$ est un nombre entier : $ax + b \in \mathbb{Z}$. L'image d'un entier sera un entier.

b) Soit $f(x) = -\dfrac{5}{3}x + 4$, alors $a = -\dfrac{5}{3} \in \mathbb{Q}$ et $4 \in \mathbb{Z}$.

Pour que l'image $f(x)$ soit un entier, il suffit que x soit un multiple de 3.

Dans ce cas, $-\dfrac{5}{3}x$ se simplifie par 3.

Si $x = 3 \times n$, $n \in \mathbb{Z}$, alors $-\dfrac{5}{3}x = -\dfrac{5}{3} \times 3n = -5n \in \mathbb{Z}$.

Donc $f(x) = -5n + 4 \in \mathbb{Z}$.

Par exemple : $f(3) = -\dfrac{5}{3} \times 3 + 4 = -5 + 4 = -1$ et $f(9) = -\dfrac{5}{3} \times 9 + 4 = -15 + 4 = -11$.

La droite $\mathscr{D}$ passe par $A(3\,;-1)$ et $B(9\,;-11)$.

2. a) Soit $f(x) = \dfrac{4x-1}{7}$.

$f(x)$ est un entier si $4x - 1$ est multiple de 7.
Par exemple, si $x = 2$, alors $4x - 1 = 4 \times 2 - 1 = 7$.

D'où $f(2) = \dfrac{4 \times 2 - 1}{7} = \dfrac{7}{7} = 1$.

Ainsi, si $x_1 = 2$, alors $f(x_1) \in \mathbb{Z}$.

$f(x_1 + 7) = f(2 + 7) = f(9) = \dfrac{4 \times 9 - 1}{7} = \dfrac{36 - 1}{7} = \dfrac{35}{7} = 5 \in \mathbb{Z}$.

D'une façon générale :

$f(x + 7) = \dfrac{4(x+7) - 1}{7} = \dfrac{4x + 28 - 1}{7} = \dfrac{4x - 1}{7} + \dfrac{28}{7} = f(x) + 4$.

Ainsi, si x est tel que $f(x) \in \mathbb{Z}$, alors $f(x + 7) \in \mathbb{Z}$.

b) Soit $f(x) = \dfrac{1}{2}x + \dfrac{1}{3}$.

$f(1) = \dfrac{1}{2} + \dfrac{1}{3} = \dfrac{5}{6} \notin \mathbb{Z}$.

$f(2) = \dfrac{1}{2} \times 2 + \dfrac{1}{3} = 1 + \dfrac{1}{3} = \dfrac{4}{3} \notin \mathbb{Z}$.

$f(3) = \dfrac{1}{2} \times 3 + \dfrac{1}{3} = \dfrac{11}{6} \notin \mathbb{Z}$.

Si $x \in \mathbb{Z}$, $f(x)$ ne peut pas être entier : $f(x) = \dfrac{x}{2} + \dfrac{1}{3} = \dfrac{3x + 2}{6}$.

En effet, si $f(x)$ était entier, alors il existerait un entier n tel que :

$3x + 2 = 6n \Leftrightarrow 6n - 3x = 2 \Leftrightarrow 3(2n - x) = 2 \Leftrightarrow 2n - x = \dfrac{2}{3}$, or $2n - x \in \mathbb{Z}$ et $\dfrac{2}{3} \notin \mathbb{Z}$.

Donc cette égalité est impossible. Par suite, $f(x)$ ne peut pas être entier.

La droite $\mathscr{D}$ d'équation $y = \dfrac{1}{2}x + \dfrac{1}{3}$ n'a aucun point à coordonnées entières.

c) Non, la question **b)** précédente donne l'exemple d'un cas où la fonction affine telle que $f(x) = ax + b$, avec $a \in \mathbb{Q}$ et $b \in \mathbb{Q}$, n'a pas de point à coordonnées entières.

3. a) Pour $f(x) = \dfrac{-5x+3}{6}$, on trouve :

x	3	−3	9
$y = f(x)$	−2	3	−7

b) • Pour $f(x) = \dfrac{-3x+4}{5}$, on trouve :

x	3	−2	8
$y = f(x)$	−1	2	−4

• Pour $g(x) = \dfrac{5}{4}x - \dfrac{1}{5}$, il n'y a aucun point à coordonnées entières.

• Pour $h(x) = 0{,}1x + 2{,}3$, on trouve :

x	7	−3
$y = h(x)$	3	2

11 On peut chercher, à la calculatrice, des points à coordonnées entières afin de tracer ces droites avec précision.

• Pour $\mathscr{C}_f$:

x	4	−1
y	1	−2

• Pour $\mathscr{C}_g$:

x	1	5
y	1	0

• Pour $\mathscr{C}_h$:

x	4	−2
y	−3	2

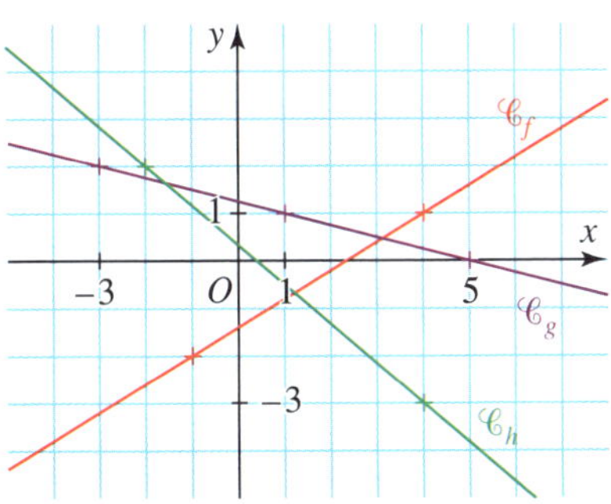

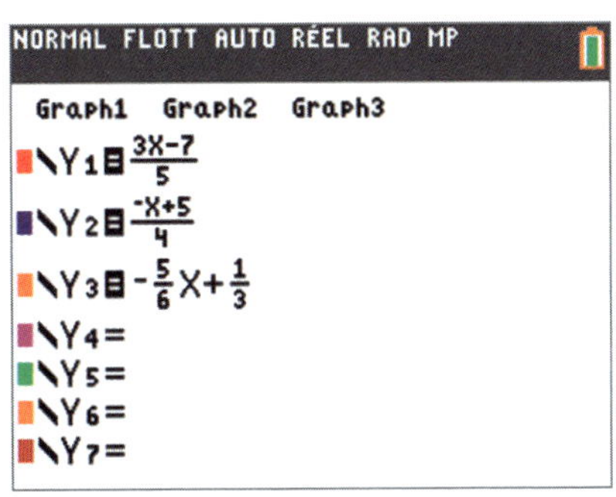

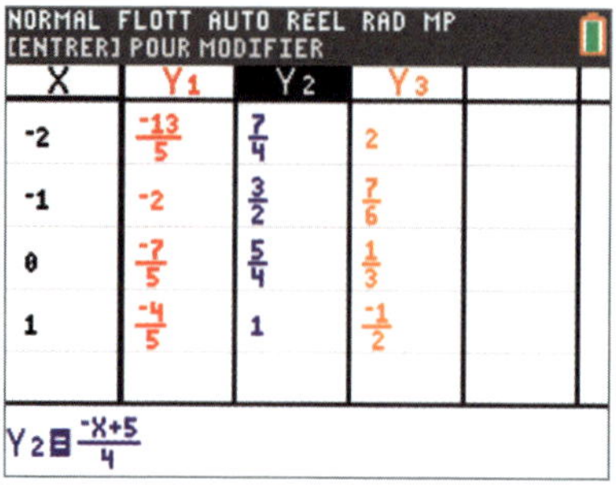

NORMAL FLOTT AUTO RÉEL RAD MP
[ENTRER] POUR MODIFIER

X	Y1	Y2	Y3
-2	$\frac{-13}{5}$	$\frac{7}{4}$	2
-1	-2	$\frac{3}{2}$	$\frac{7}{6}$
0	$\frac{-7}{5}$	$\frac{5}{4}$	$\frac{1}{3}$
1	$\frac{-4}{5}$	1	$\frac{-1}{2}$

$Y_2 = \frac{-X+5}{4}$

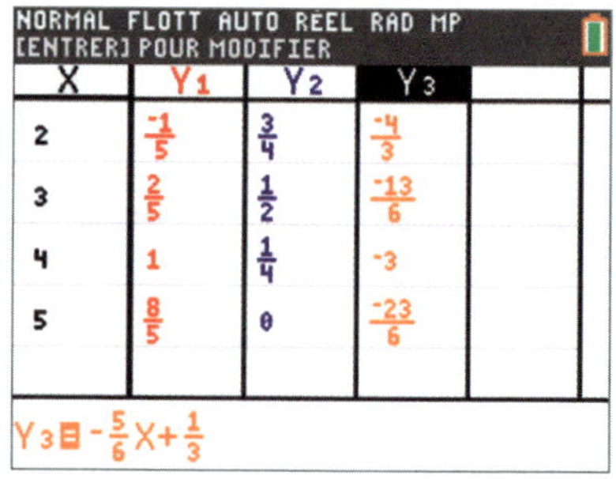

NORMAL FLOTT AUTO RÉEL RAD MP
[ENTRER] POUR MODIFIER

X	Y1	Y2	Y3
2	$\frac{-1}{5}$	$\frac{3}{4}$	$\frac{-4}{3}$
3	$\frac{2}{5}$	$\frac{1}{2}$	$\frac{-13}{6}$
4	1	$\frac{1}{4}$	-3
5	$\frac{8}{5}$	0	$\frac{-23}{6}$

$Y_3 = -\frac{5}{6}X + \frac{1}{3}$

En zoom décimal : [format F3 zoom] [L4 T 4]

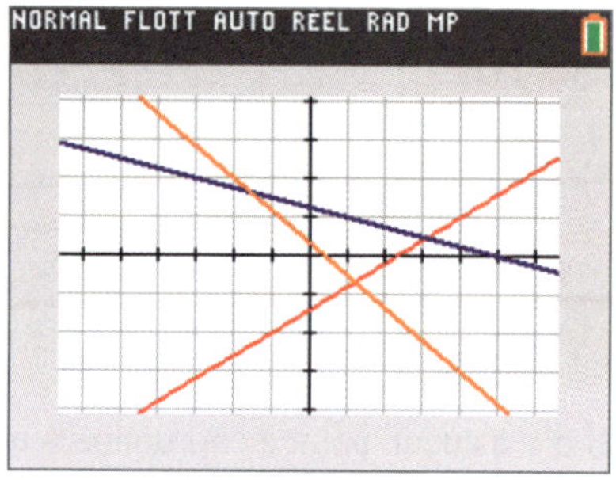

12 Pour représenter une fonction affine par morceaux (on parle aussi de **fonction affine par intervalles**), on doit tracer chaque partie.

a) Comme $-2 \in]-\infty\ ;\ 2]$, on calcule $f(-2)$ dans $f(x) = x - 2$: $f(-2) = -2 - 2 = -4$.

$3 \in]2\ ;\ 4[$, donc $f(3) = \frac{3}{2}$. $5 \in [4\ ;\ +\infty[$, donc $f(5) = -5 + 6 = 1$.

b)

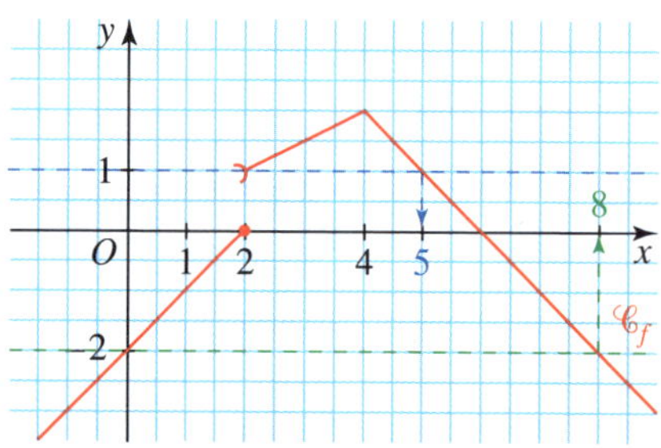

La courbe est raccordée en 4, mais pas en 2.

À l'aide de la calculatrice : les inégalités <, ⩾, >, ⩽ s'obtiennent dans [tests A math].

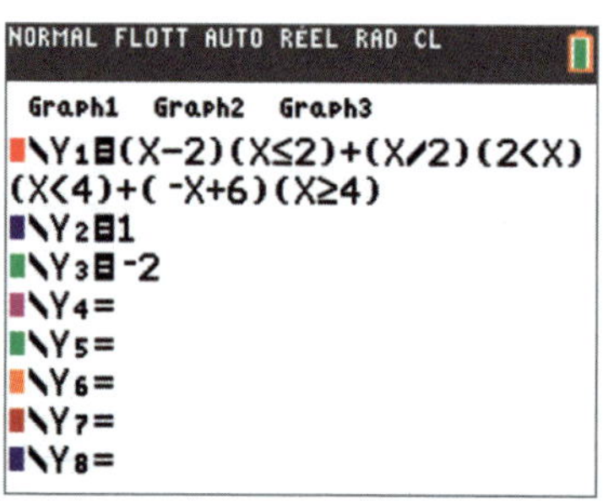

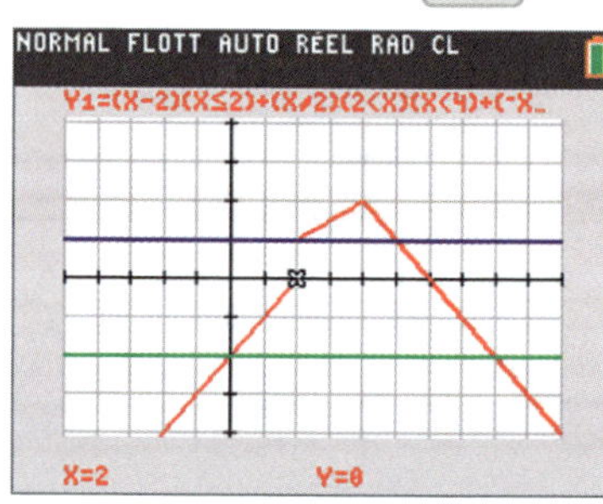

c) D'après la courbe, 1 n'a qu'un seul antécédent dans $[4\ ;+\infty[$.
On résout $f(x) = 1$ dans $[4\ ;+\infty[$
$\Leftrightarrow -x + 6 = 1 \Leftrightarrow x = 5$
5 est l'antécédent de 1 par f.
Attention : $f(2) = 0$ et non 1! Le point $A(2\ ;1)$ est exclu de la courbe.
D'après la courbe, –2 a deux antécédents.
Dans $]-\infty\ ;2\ ]$, on résout $f(x) = -2 \Leftrightarrow x - 2 = -2 \Leftrightarrow x = 0$.
Dans $[4\ ;+\infty[$, on résout $f(x) = -2 \Leftrightarrow -x + 6 = -2 \Leftrightarrow x = 8$.
0 et 8 sont les deux antécédents de –2 par f.

13 **1.** Tableau des variations de f :

x	-4		-1		4		5		7
$f(x)$	-2	↗	6	↘	-2	→	-2	↗	4

2. Sur $[-4\ ;-1]$: $f(x) = \dfrac{8}{3}(x+1) + 6 = \dfrac{8}{3}x + \dfrac{26}{3}$.

Sur $[-1\ ;2]$: $f(x) = -\dfrac{6}{3}(x+1) + 6 = -2x + 4$.

Sur $[2\ ;4]$: $f(x) = -\dfrac{2}{2}(x-2) + 0 = -x + 2$.

Sur $[4\ ;5]$: $f(x) = -2$.

Sur $[5\ ;7]$: $f(x) = \dfrac{6}{2}(x-5) - 2 = 3x - 17$.

Remarque : on peut donner les intervalles fermés, car la courbe est bien raccordée en –1, 2, 4 et 5.
On dit que la fonction f est **continue**.

3. • Comme $1 - \sqrt{3} \approx 1 - 1{,}732 = -0{,}732 \in [-1\ ;2]$, alors :
$f(1-\sqrt{3}) = -2(1\ \sqrt{3}) + 4 = 2\sqrt{3} + 2$.
• Comme $1 + \sqrt{3} \approx 1 + 1{,}732 = 2{,}732 \in [2\ ;4]$, alors :
$f(1+\sqrt{3}) = -(1+\sqrt{3}) + 2 = -\sqrt{3} + 1$.
4. D'après la courbe, 2 a trois antécédents.
• Dans $[-4\ ;-1]$, on résout $f(x) = 2$
$\Leftrightarrow \dfrac{8}{3}x + \dfrac{26}{3} = 2$ ($\times 3$)
$\Leftrightarrow 8x + 26 = 6$
$\Leftrightarrow 8x = -20 \Leftrightarrow x = -\dfrac{20}{8} = -\dfrac{5}{2}$.
• Dans $[-1\ ;2]$, on résout $f(x) = 2 \Leftrightarrow -2x + 4 = 2 \Leftrightarrow x = 1$.
• Dans $[5\ ;7]$, on résout $f(x) = 2 \Leftrightarrow 3x - 17 = 2 \Leftrightarrow 3x = 19 \Leftrightarrow x = \dfrac{19}{3}$.

Ainsi, $-\dfrac{5}{2}$, 1 et $\dfrac{19}{3}$ sont les antécédents de 2 par f.

14

Chercher l'abscisse du point d'intersection de la courbe $\mathscr{C}_f$ avec l'axe des abscisses, c'est résoudre l'équation $f(x) = 0$.

a) $f(x) = 6x - 3$.

On résout $6x - 3 = 0 \Leftrightarrow x = \dfrac{3}{6} = \dfrac{1}{2}$.

$a = 6$, positif, donc la fonction affine est croissante.
On résume par l'allure de la droite :

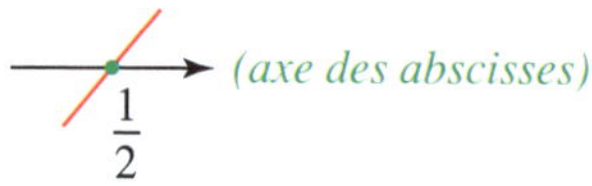

Et on dresse le tableau de signes :

x	$\frac{1}{2}$
$6x - 3$	$-$ **0** $+$

ligne des abscisses x ; ligne des signes

La droite commence dans le **négatif**, **traverse l'axe des abscisses** en $\dfrac{1}{2}$, puis continue dans le **positif**.

b) $f(x) = -x - 3$; $a = -1$, négatif. $-x - 3 = 0 \Leftrightarrow -x = 3 \Leftrightarrow x = -3$.

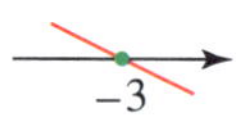

x	-3
$-x - 3$	$+$ **0** $-$

c) $f(x) = \dfrac{x}{3} + 3$; $a = \dfrac{1}{3}$, positif.

$\dfrac{x}{3} + 3 = 0 \Leftrightarrow x + 9 = 0 \Leftrightarrow x = -9$.

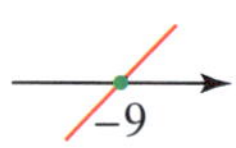

x	-9
$\frac{x}{3} + 3$	$-$ **0** $+$

d) $f(x) = -\dfrac{3}{5}x$; $a = \dfrac{-3}{5}$, négatif. $-\dfrac{3}{5}x = 0 \Leftrightarrow x = 0$. **Équation $ax = 0$**

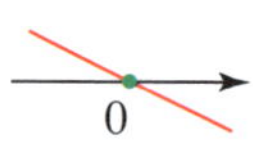

x	0
$-\frac{3}{5}x$	$+$ **0** $-$

e) $f(x) = 3$: fonction constante, toujours strictement positive.
La courbe $\mathscr{C}_f$ ne traverse jamais l'axe des abscisses.

f) $f(x) = x - \dfrac{1}{2}$; $a = 1$ positif. $x - \dfrac{1}{2} = 0 \Leftrightarrow x = \dfrac{1}{2}$.

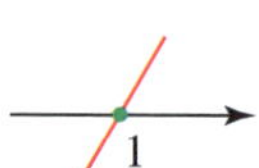

x	$\frac{1}{2}$
$x - \frac{1}{2}$	$-$ **0** $+$

15 a) $-\dfrac{x}{3}-5=0 \Leftrightarrow -x-15=0 \Leftrightarrow x=-15.$

$a=-\dfrac{1}{3}$

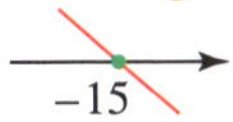

x		-15	
$-\dfrac{x}{3}-5$	+	0	–

b) $-\dfrac{4}{7}x+\dfrac{2}{21}=0 \Leftrightarrow -4\times 3x+2=0$ on multiplie par 21

$\Leftrightarrow x=\dfrac{2}{12}=\dfrac{1}{6}.$

$a=\dfrac{-4}{7}$

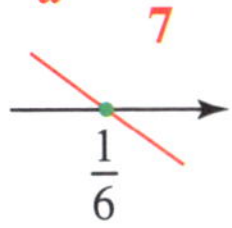

x		$\dfrac{1}{6}$	
$-\dfrac{4}{7}x+\dfrac{2}{21}$	+	0	–

c) $-\dfrac{5x}{4}=0 \Leftrightarrow x=0$

$a=\dfrac{-5}{4}$

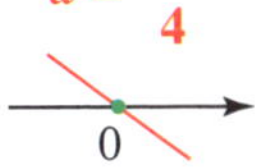

x		0	
$-\dfrac{5}{4}x$	+	0	–

d) $-12x-28=0 \Leftrightarrow -12x=28 \Leftrightarrow x=-\dfrac{28}{12}=-\dfrac{4\times 7}{4\times 3}=-\dfrac{7}{3}.$

$a=-12$

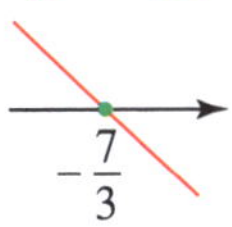

x		$-\dfrac{7}{3}$	
$-12x-28$	+	0	–

e) $\dfrac{3}{4}x=0 \Leftrightarrow x=0$

$a=\dfrac{3}{4}$

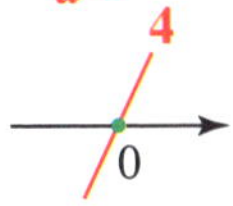

x		0	
$\dfrac{3}{4}x$	–	0	+

16 **Signe d'un produit**

Pour étudier le signe d'un produit, on étudie le signe de chaque facteur dans un tableau, puis on applique la règle des signes d'un produit à la dernière ligne du tableau.

• $A(x)=(-2x+1)(-1-x)$

$-2x+1=0 \Leftrightarrow x=\dfrac{1}{2}$

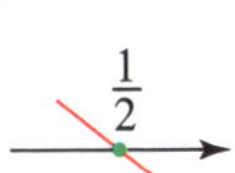

$-1-x=0 \Leftrightarrow x=-1$

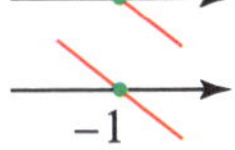

x		-1		$\frac{1}{2}$	
$-2x+1$	+		+	0	–
$-1-x$	+	0	–		–
$A(x)$	+	0	–	0	+

Attention ! Bien **respecter l'ordre des x** sur la première ligne, sinon tout est faux ! **Ne pas oublier les 0** en dernière ligne pour le produit : ils ont autant d'importance que les signes.

• $B(x) = (4x-1)(-x+5)$

$4x-1=0 \Leftrightarrow x=\frac{1}{4}$

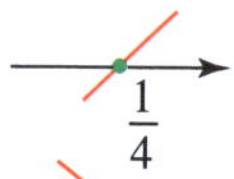

$-x+5=0 \Leftrightarrow x=5$

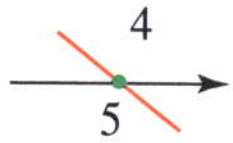

x		$\frac{1}{4}$		5	
$4x-1$	–	0	+		+
$-x+5$	+		+	0	–
$B(x)$	–	0	+	0	–

• $C(x) = 3x\,(x-2)$

$3x=0 \Leftrightarrow x=0$

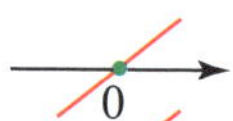

$x-2=0 \Leftrightarrow x=2$

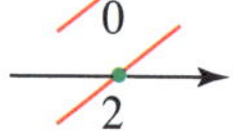

x		0		2	
$3x$	–	0	+		+
$x-2$	–		–	0	+
$C(x)$	+	0	–	0	+

• $D(x) = 2x\,(3+x)\,(4-x)$

$2x=0 \Leftrightarrow x=0$

$3+x=0 \Leftrightarrow x=-3$

$4-x=0 \Leftrightarrow x=4$

x		-3		0		4	
$2x$	–		–	0	+		+
$3+x$	–	0	+		+		+
$4-x$	+		+		+	0	–
$D(x)$	+	0	–	0	+	0	–

17 • $E(x) = \frac{3}{4}(x-3)\left(\frac{x}{4}+1\right)$

$\frac{3}{4}$ est un nombre toujours positif.

x		-4		3	
$\frac{3}{4}$	$+$		$+$		$+$
$x-3$	$-$		$-$	0	$+$
$\frac{x}{4}+1$	$-$	0	$+$		$+$
$E(x)$	$+$	0	$-$	0	$+$

• $F(x) = -5x\left(\frac{1}{2} - x\right)$

x		0		$\frac{1}{2}$	
$-5x$	$+$	0	$-$		$-$
$\frac{1}{2}-x$	$+$		$+$	0	$-$
$F(x)$	$+$	0	$-$	0	$+$

• $G(x) = x\,(3x - 1)$

x		0		$\frac{1}{3}$	
x	$-$	0	$+$		$+$
$3x-1$	$-$		$-$	0	$+$
$G(x)$	$+$	0	$-$	0	$+$

Voir aussi *chapitre 4*, exercices 25 et 26.

18 Signe d'un quotient

Pour étudier le signe d'un quotient, on étudie le signe du numérateur et du dénominateur dans un tableau, puis on applique la règle des signes d'un quotient à la dernière ligne du tableau, sans oublier les valeurs interdites.

• $A(x) = \dfrac{2x-3}{3-x}$

$2x - 3 = 0 \Leftrightarrow x = \frac{3}{2}$

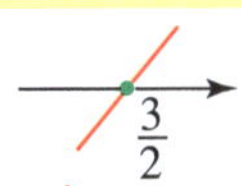

$3 - x = 0 \Leftrightarrow x = 3$

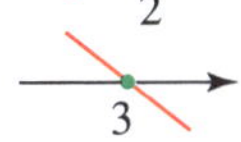

x		$\frac{3}{2}$		3	
$2x-3$	$-$	0	$+$		$+$
$3-x$	$+$		$+$	0	$-$
$A(x)$	$-$	0	$+$	‖	$-$

Attention ! $\frac{3}{2}$ annule le numérateur (« en haut »), donc on écrit 0 (« zéro »).
3 annule le dénominateur (« en bas »), donc on écrit ‖ (« double barre ») car c'est une valeur interdite (voir exercice 29 du chapitre 2).

• $B(x) = \dfrac{x-5}{2x}$

x		0		5	
$x-5$	$-$		$-$	0	$+$
$2x$	$-$	0	$+$		$+$
$B(x)$	$+$	$\|\|$	$-$	0	$+$

• $C(x) = \dfrac{x(-2x+1)}{x+1}$

x		-1		0		$\frac{1}{2}$	
x	$-$		$-$	0	$+$		$+$
$-2x+1$	$+$		$+$		$+$	0	$-$
$x+1$	$-$	0	$+$		$+$		$+$
$C(x)$	$+$	$\|\|$	$-$	0	$+$	0	$-$

• $D(x) = \dfrac{1-x}{3x(x+3)}$

x		-3		0		1	
$1-x$	$+$		$+$		$+$	0	$-$
$3x$	$-$		$-$	0	$+$		$+$
$x+3$	$-$	0	$+$		$+$		$+$
$D(x)$	$+$	$\|\|$	$-$	$\|\|$	$+$	0	$-$

19 $\forall$ signifie « quel que soit ».

a) **Faux.** $x^2 = -x^2$ seulement lorsque $x = 0$!

En revanche : **$\forall x \in \mathbb{R}$, alors $(-x)^2 = x^2$** est une phrase vraie.

b) **Faux.** Par exemple, si $x = 0{,}5$, alors $x^2 = 0{,}25$ et $0{,}25 < 0{,}5$!

En revanche : **$\forall x \in [1 ; +\infty[$, alors $x^2 \geqslant x$** est une phrase vraie.

c) **Faux.** On a $-3 < 2$ et $(-3)^2 = 9$, $2^2 = 4$. Or $9 > 4$, donc la phrase est fausse.

En revanche : **deux nombres positifs et leurs carrés sont rangés dans le même ordre.**

d) **Vrai.** Si $x \geqslant 3$, on élève au carré des réels positifs, leurs carrés sont dans le même ordre, alors $x^2 \geqslant 9$.

e) **Faux.** On a $-6 \leqslant 5$ et $(-6)^2 = 36$. Or $36 \geqslant 25$.

Donc il existe au moins un réel tel que $x \leqslant 5$, mais $x^2 \geqslant 25$.

En revanche : **si $0 \leqslant x \leqslant 5$, alors $x^2 \leqslant 25$** est une phrase vraie.

20 a) On a $2 \leqslant x \leqslant 5$. Or, sur $[2 ; 5]$, la fonction carré est croissante.

x	2		5
x^2	4	$\nearrow$	25

Donc $4 \leqslant x^2 \leqslant 25$, encadrement de x^2.

b) On a $-3 \leqslant x \leqslant -1$. Or, sur $[-3\ ;-1]$, la fonction carré est décroissante.

x	-3		-1
x^2	**9**	↘	1

Donc $1 \leqslant x^2 \leqslant 9$.

c) On a $-4 \leqslant x \leqslant 2$.

Attention, 0 est entre – 4 et 2.

x	-4		0		2
x^2	**16**	↘	**0**	↗	4

Au minimum, x^2 vaut **0**, et, au maximum, x^2 vaut **16**.
Donc $0 \leqslant x^2 \leqslant 16$.

d) On a $-\dfrac{1}{3} < x < \dfrac{3}{5}$.

x	$-\dfrac{1}{3}$		0		$\dfrac{3}{5}$
x^2	$\dfrac{1}{9}$	↘	**0**	↗	$\dfrac{9}{25}$

Le minimum est 0, et $\dfrac{9}{25}$ est la borne supérieure, mais elle n'est pas atteinte, car x n'est pas égal à $\dfrac{3}{5}$.

Donc $0 \leqslant x^2 < \dfrac{9}{25}$.

21 **a)** $x \in [-5\ ;-1]$, donc $x^2 \in [1\ ;25]$.

x	-5		-1
x^2	25	↘	1

b) $x \in [1\ ;6]$, donc $x^2 \in [1\ ;36]$.

c) $x \in]-8\ ;2]$, donc $x^2 \in [0\ ;64[$.

x	-8		0		2
x^2	64	↘	**0**	↗	4

d) $x \in]2\ ;+\infty[$, donc $x^2 \in]4\ ;+\infty[$.

x	2		$+\infty$
x^2	4	↗	

CORRIGÉS

e) $x \in \,]-\infty\,;-3]$, donc $x^2 \in [9\,;+\infty[$.

x	$-\infty$		-3
x^2		↘	9

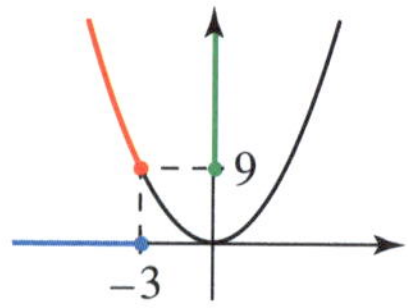

f) $x \in \,]-2\,;+\infty[$.

x	-2		0		$+\infty$
x^2	4	↘	0	↗	

Donc $x^2 \in [0\,;+\infty[$.

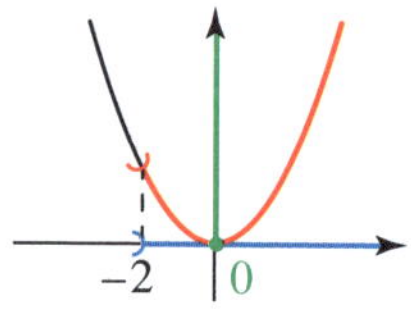

22 $\mathscr{C}_f$ est la parabole d'équation $y = x^2$ pour $x \in [-40\,;40]$.

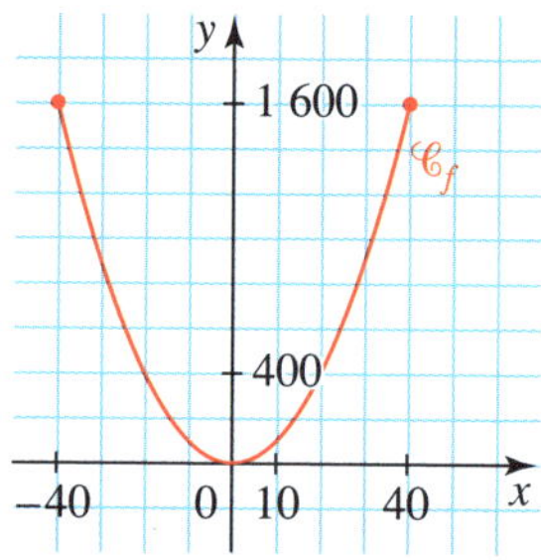

La fonction carré n'est pas **linéaire**, car sa courbe n'est pas une droite passant par l'origine.

Il y a une définition algébrique d'une fonction **linéaire** :
Pour tous réels a, b et k, $f(a+b) = f(a) + f(b)$ et $f(ka) = kf(a)$.

Or, si $f(x) = x^2$, alors $f(a+b) = (a+b)^2 = a^2 + 2ab + b^2$, et $f(a) + f(b) = a^2 + b^2$.
Il n'y a pas égalité.
De même : $f(ka) = (ka)^2 = k^2 \times a^2 \times ka^2 \neq kf(a)$.

23 • $A(x) = 3x(x-4) - (x+3)(x-1) + (x-3)^2$
$= 3x^2 - 12x - (x^2 - x + 3x - 3) + x^2 - 6x + 9$
$= 3x^2 - 12x - x^2 + x - 3x + 3 + x^2 - 6x + 9 = \mathbf{3x^2 - 20x + 12}$.

• $B(x) = 1 - 2x(x+1) + 3(x^2 - 1) - (x-1)(x-2)$
$= 1 - 2x^2 - 2x + 3x^2 - 3 - (x^2 - 2x - x + 2) = x^2 - 2x - 2 - x^2 + 2x + x - 2$
$= \mathbf{x - 4}$.

24 • $C(x) = (2x+1)^2 - 2(x-1)^2 = 4x^2 + 4x + 1 - 2(x^2 - 2x + 1)$
$= 4x^2 + 4x + 1 - 2x^2 + 4x - 2 = \mathbf{2x^2 + 8x - 1}$.

• $D(x) = 3\left(x - \dfrac{2}{3}\right)(5x+1) = (3x-2)(5x+1) = 15x^2 + 3x - 10x - 2$
$= \mathbf{15x^2 - 7x - 2}$.

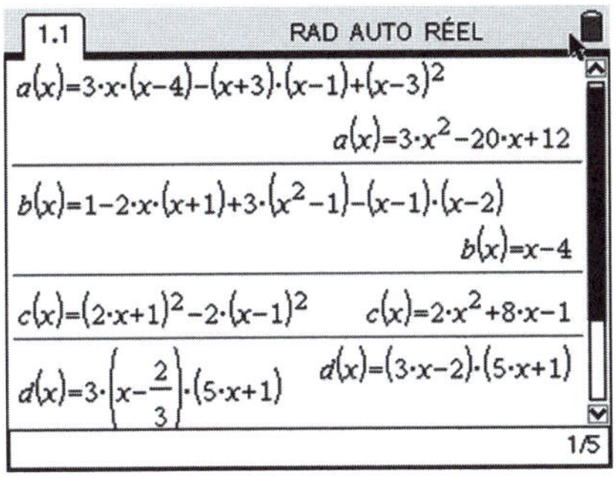

25 • $E(x) = \left(x + \frac{3}{4}\right)^2 - \left(\frac{1}{4} - 2x\right)^2$ voir exercice 19 du *chapitre 2*

$$= x^2 + \frac{3}{2}x + \frac{9}{16} - \left(\frac{1}{16} - x + 4x^2\right)$$

$$= x^2 + \frac{3}{2}x + \frac{9}{16} - \frac{1}{16} + x - 4x^2$$

$$= -3x^2 + \frac{5}{2}x + \frac{1}{2}.$$

Toujours penser à simplifier.

• $F(x) = (x - 4)(x + 3)(x + 2)$
$= (x^2 - 4x + 3x - 12)(x + 2) = (x^2 - x - 12)(x + 2)$
$= x^3 + 2x^2 - x^2 - 2x - 12x - 24$
$= x^3 + x^2 - 14x - 24.$

• $G(x) = 2x - 5(x + 3) - (3x - 2)^2 + (-x - 3)^2$

$(-x - 3)^2 = (x + 3)^2 = x^2 + 6x + 9$

$(a + b)^2 = a^2 + 2ab + b^2$

$G(x) = 2x - 5x - 15 - (9x^2 - 12x + 4) + x^2 + 6x + 9$
$= -3x - 15 - 9x^2 + 12x - 4 + x^2 + 6x + 9$
$= -8x^2 + 15x - 10.$

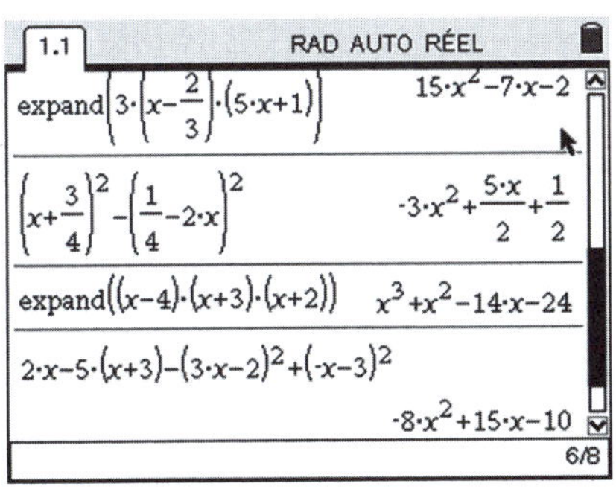

26 **a)** $1 - x^2 = (1 + x)(1 - x)$. Forme $A^2 - B^2 = (A + B)(A - B)$.

b) $1 + x^2$ ne se factorise pas.

c) $x^2 - 3x = x(x - 3)$. Forme $ax^2 + bx = x(ax + b)$: on met x en facteur.

d) $x^2 - 3 = (x + \sqrt{3})(x - \sqrt{3})$ Ne pas oublier : $3 = (\sqrt{3})^2$.

e) $-x^2 - 3 = -(x^2 + 3)$ ne se factorise pas.

CORRIGÉS

27 **a)** $4x^2 + 9$ ne se factorise pas.

b) $9x^2 - 6x + 1 = (3x - 1)^2$. $9x^2$ est le carré de $3x$; 1 est le carré de 1 ; $6x = 2 \times 3x \times 1$

On reconnaît le développement d'un carré : $a^2 - 2ab + b^2 = (a - b)^2$.

c) $-x^2 + 5 = 5 - x^2 = (\sqrt{5} + x)(\sqrt{5} - x)$.

d) $4x^2 - x = x(4x - 1)$.

28 **a)** $-3x^2 + 4 = 4 - 3x^2 = (2 + x\sqrt{3})(2 - x\sqrt{3})$. car $3x^2 = (\sqrt{3} \times x)^2 = (x\sqrt{3})^2$

b) $9x^2 - x = x(9x - 1)$.

c) $4x^2 + 12x + 9 = (2x + 3)^2$ car $12x = 2 \times 2x \times 3$

d) $-x^2 - 1 = -(x^2 + 1)$ ne se factorise pas.

29 **a)** $(4x^2 - 3)(2x - 3) = (2x + \sqrt{3})(2x - \sqrt{3})(2x - 3)$.

b) $2x(1 - x^2) = 2x(1 + x)(1 - x)$.

c) $(5x^2 - 4x)(-4x - 2) = x(5x - 4)(-2)(2x + 1) = -2x(5x - 4)(2x + 1)$.

Ne pas oublier les parenthèses, sinon c'est une différence, et non un produit !

30 **a)** $-5(4x + 12)(4x^2 - x) = -5 \times 4(x + 3)(x)(4x - 1) = -5 \times 4(x)(x + 3)(4x - 1)$

$= -20x(x + 3)(4x - 1)$.

b) $(2x - 1)^2 - (5x + 4)^2$ forme $A^2 - B^2 = (A + B)(A - (B))$

$= (2x - 1 + 5x + 4)(2x - 1 - 5x - 4) = (7x + 3)(-3x - 5)$.

Éviter de mettre trop de parenthèses !

Faire le calcul de $-(B)$ dans la tête et écrire directement le résultat.

c) $4(2x - 3)^2 - x^2 = [4x - 6]^2 - (x)^2 = (4x - 6 + x)(4x - 6 - x) = (5x - 6)(3x - 6)$.

On remarque que $4(2x - 3)^2$ est le carré de $2(2x - 3) = 4x - 6$

d) $-3(x - 2)(x + 3) - (x^2 - 9) = -3(x - 2)(x + 3) - (x + 3)(x - 3)$.

On met $(x + 3)$ en facteur commun aux deux termes.

D'où $(x + 3)(-3(x - 2) - (x - 3)) = (x + 3)(-3x + 6 - x + 3) = (x + 3)(-4x + 9)$.

On recopie, dans les secondes parenthèses, ce qui « reste » quand on a pris le facteur commun.

31 **a)** $(x - 1)(2x - 3) - (1 - x)^2 = (x - 1)(2x - 3) - (x - 1)^2$ car $(-A)^2 = (A)^2$

$= (x - 1)(2x - 3 - (x - 1)) = (x - 1)(2x - 3 - x + 1) = (x - 1)(x - 2)$.

b) $(2x + 3)(x - 1) + (x + 1)(4 - 5x)$

pas de facteur commun apparent, donc on développe :

$2x^2 - 2x + 3x - 3 + 4x - 5x^2 + 4 - 5x = -3x^2 + 1 = 1 - 3x^2$ forme $A^2 - B^2$

$= (1 + x\sqrt{3})(1 - x\sqrt{3})$.

c) $(x + 3)(x - 1) - (x - 3)(x + 1) = x^2 + 3x - x - 3 - (x^2 + x - 3x - 3) = 4x$.

d) $2(4x - 5)^2 - 5x(5 - 4x)$ $-a(b) = +a(-b)$

$= 2(4x - 5)^2 + 5x(4x - 5) = (4x - 5)(2(4x - 5) + 5x) = (4x - 5)(8x - 10 + 5x)$

$= (4x - 5)(13x - 10)$.

e) $(3x - 1)(x + 2) - 4(x + 2)^2 + x + 2$ On fait apparaître $(x + 2)$.

$= (3x - 1)(x + 2) - 4(x + 2)(x + 2) + 1(x + 2) = (x + 2)(3x - 1 - 4x - 8 + 1)$

$= (x + 2)(-x - 8)$.

f) $(6x - 3)(x + 1) - (2x - 1)(x - 1) + (1 - 2x)^2$

$= 3(2x - 1)(x + 1) - (2x - 1)(x - 1) + (2x - 1)^2$ voir *chapitre 3*, exercice 25

$= (2x - 1)(3(x + 1) - (x - 1) + 2x - 1) = (2x - 1)(3x + 3 - x + 1 + 2x - 1)$

$= (2x - 1)(4x + 3)$.

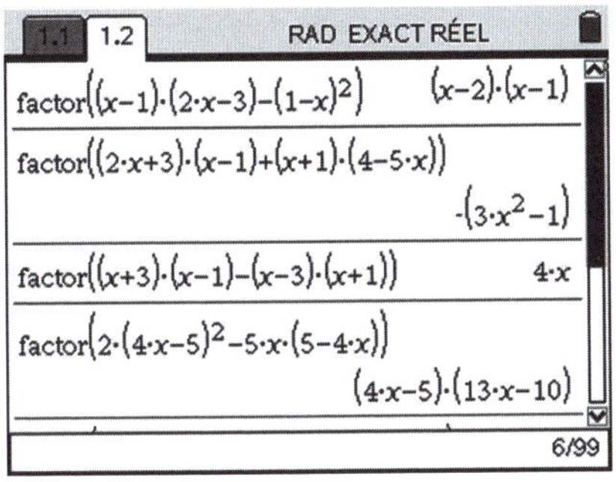

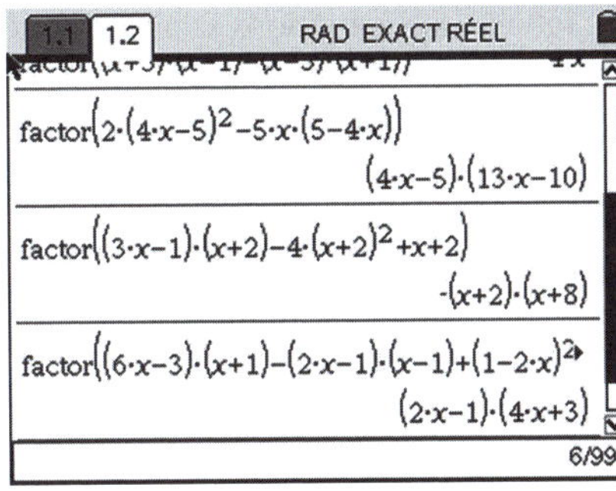

32 On part toujours d'une forme avec parenthèses, puis on développe pour retrouver la forme réduite.

a) $(x-3)^2-1 = x^2-6x+9-1 = x^2-6x+8$.
$(x-2)(x-4) = x^2-4x-2x+8 = x^2-6x+8$.

b) $4(x+1)^2-9 = 4(x^2+2x+1)-9 = 4x^2+8x+4-9 = 4x^2+8x-5$.
$(2x-1)(2x+5) = 4x^2+10x-2x-5 = 4x^2+8x-5$.

33 **a)** Forme canonique :

$$-2\left[\left(x-\frac{5}{4}\right)^2-\frac{1}{16}\right] = -2\left(x^2-\frac{5}{2}x+\frac{25}{16}-\frac{1}{16}\right) = -2\left(x^2-\frac{5}{2}x+\frac{3}{2}\right)$$
$= -2x^2+5x-3$.

Toujours penser à simplifier au fur et à mesure ! $\frac{24}{16} = \frac{3}{2}$; $2 \times \frac{5}{2} = 5$...

$(x-1)(-2x+3) = -2x^2+3x+2x-3 = -2x^2+5x-3$.

b) Forme canonique :

$$-\frac{1}{2}(x+1)^2+\frac{9}{2} = -\frac{1}{2}(x^2+2x+1)+\frac{9}{2} = -\frac{1}{2}x^2-x-\frac{1}{2}+\frac{9}{2} = -\frac{1}{2}x^2-x+4.$$

$$-\frac{1}{2}(x+4)(x-2) = -\frac{1}{2}(x^2+4x-2x-8) = -\frac{1}{2}x^2-x+4.$$

$$\left(1-\frac{x}{2}\right)(x+4) = x-\frac{x^2}{2}+4-2x = -\frac{x^2}{2}-x+4.$$

34 **a) Vrai**. Car $-3(x+1)^2+4 = -3x^2-6x+1$.

b) Vrai. Car $a = -3$ négatif.

c) Faux. La valeur qui annule le carré est -1 : $(x+1)^2 = 0 \Leftrightarrow x = -1$.

d) Vrai. Car $P(-1) = -3(-1+1)^2+4 = -3 \times 0+4 = 4$ et, en -1, la fonction est maximale.

e) Vrai. Car la parabole est tournée vers le bas.

35 **a)** $-2(x-1)^2+3 = -2(x^2-2x+1)+3 = -2x^2+4x-2+3 = -2x^2+4x+1 = f(x)$.

On retrouve bien $f(x)$. Attention : ne pas commencer par écrire «$f(x) = ...$»

b) Comme $a = 2$ négatif, la parabole est tournée vers le bas.
Son sommet est $S(1\ ;\ 3)$, car $f(1) = 3$.

c) Intersection de $\mathcal{P}$ avec l'axe des ordonnées : c'est le point d'abscisse 0.
Donc on calcule $f(0)$. $f(0) = -2 \times 0^2+4 \times 0+1 = 1$.
D'où le point $(0\ ;\ 1)$.

d) Tableau des variations et allure de $\mathcal{P}$:

x	$-\infty$	1	$+\infty$
$f(x)$	↗	3	↘

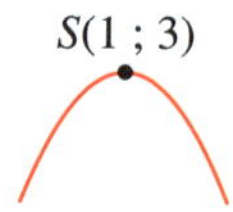

e) Intersection de $\mathcal{P}$ avec l'axe des abscisses : ce sont les points d'ordonnée 0.
Donc on résout l'équation $\boldsymbol{f(x) = 0}$.
On utilise ici la forme canonique :

$-2(x-1)^2+3=0$ **on isole le carré**

$\Leftrightarrow (x-1)^2=\dfrac{3}{2}$ **équation $(X)^2 = k$**

$\Leftrightarrow x-1=-\sqrt{\dfrac{3}{2}}$ ou $x-1=\sqrt{\dfrac{3}{2}} \Leftrightarrow x=1-\sqrt{\dfrac{3}{2}}$ ou $x=1+\sqrt{\dfrac{3}{2}}$.

D'où $\left(1-\sqrt{\dfrac{3}{2}}\,;0\right)$ et $\left(1+\sqrt{\dfrac{3}{2}}\,;0\right)$.

36 • On développe
$0{,}02(x-10)^2+2=0{,}02(x^2-20x+100)+2=0{,}02x^2-0{,}4x+4$.
$a=0{,}02$, positif, donc la parabole est tournée vers le haut ; le sommet est $S(10\,;2)$.

x	$-\infty$	10	$+\infty$
$g(x)$	↘	2	↗

$g(0)=4$, donc la parabole coupe l'axe des ordonnées en $(0\,;4)$.
$g(x)=0 \Leftrightarrow 0{,}02(x-10)^2+2=0 \Leftrightarrow (x-10)^2=-100$.
L'équation n'a pas de solution, donc la parabole ne traverse pas l'axe des abscisses.
Le minimum est positif.

• On développe $-\left(x-\dfrac{3}{2}\right)^2+\dfrac{49}{4}=-\left(x^2-3x+\dfrac{9}{4}\right)+\dfrac{49}{4}=-x^2+3x+10$.

$a=-1$, négatif, donc la parabole est tournée vers le bas ; le sommet est $S\left(\dfrac{3}{2}\,;\dfrac{49}{4}\right)$.

x	$-\infty$	$\dfrac{3}{2}$	$+\infty$
$h(x)$	↗	$\dfrac{49}{4}$	↘

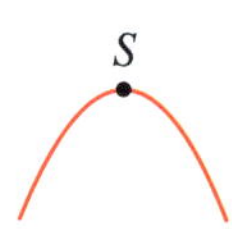

$h(0)=10$, donc la parabole coupe l'axe des ordonnées en $(0\,;10)$.

$h(x)=0 \Leftrightarrow -\left(x-\dfrac{3}{2}\right)^2+\dfrac{49}{4}=0$ **on isole le carré**

$\Leftrightarrow \left(x-\dfrac{3}{2}\right)^2=\left(\dfrac{7}{2}\right)^2$

$\Leftrightarrow x-\dfrac{3}{2}=-\dfrac{7}{2}$ ou $x-\dfrac{3}{2}=\dfrac{7}{2}$ **$+\dfrac{3}{2}$**

$\Leftrightarrow x=-2$ ou $x=5$

La parabole traverse l'axe des abscisses en $(-2\,;0)$ et en $(5\,;0)$.

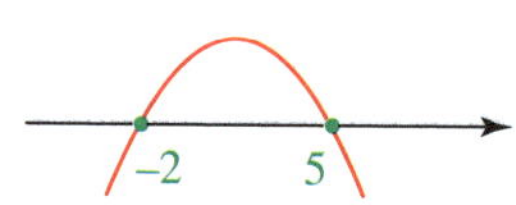

37 Pour retrouver les courbes, on repère le coefficient a (positif ou négatif) et l'ordonnée à l'origine (où la courbe coupe l'axe des ordonnées).

fonction	f_1	f_2	f_3	f_4
a	1	–2	1	–1
$f(0)$	7	1	5	–16
courbe	b	d	a	c
sommet	(3 ; –2)	(1 ; 3)	(–2 ; 1)	(4 ; 0)

$f_1(x) = (x-3)^2 - 2$ $\quad$ $f_2(x) = -2(x-1)^2 + 3$

$f_3(x) = (x+2)^2 + 1$ $\quad$ $f_4(x) = -(x-4)^2$.

Ne pas oublier les carrés dans la forme canonique !

38 On a $f(t) = -0{,}5t^2 + 40t + 100$, pour $t \in [20 ; 80]$.

a) $f(40) = -0{,}5 \times 40^2 + 40 \times 40 + 100 = 900$.

Pour 40 heures, le coût horaire est de 900 €.

b) $f(t) - f(40) = -0{,}5t^2 + 40t + 100 - 900 = -0{,}5t^2 + 40t - 800$

$= -0{,}5(t^2 - 80t + 1\,600) = -0{,}5(t-40)^2$.

D'où $f(t) = -0{,}5(t-40)^2 + f(40) = -0{,}5(t-40)^2 + 900$.

Ce type de calcul est classique : pour obtenir la forme canonique, on fait apparaître un carré parfait en mettant le coefficient de t^2 en facteur.

c) Comme $a = -0{,}5$, la parabole est tournée vers le bas.

D'où le tableau des variations :

t	20	40	80
$f(t)$	700 ↗	900	↘ 100

d) Sur [20 ; 80], le minimum est 100 et le maximum est 900. Donc $f(t) \in [100 ; 900]$.

39 On a $f(x) = 2x^2 + 0{,}5x + 8$.

x étant le nombre d'objets fabriqués, x est dans l'intervalle $]0 ; +\infty[$.

a) $f(x)$ est la somme de nombres positifs, donc $f(x)$ est positif pour tout $x > 0$.

b) Accroissement de coût du x-ième objet :

$f(x) - f(x-1) = 2x^2 + 0{,}5x + 8 - (2(x-1)^2 + 0{,}5(x-1) + 8)$

$= 2x^2 + 0{,}5x + 8 - (2x^2 - 4x + 2 + 0{,}5x - 0{,}5 + 8) = 4x - 1{,}5$.

$4x - 1{,}5$ est positif pour $x \geqslant 1$.

Ainsi, l'accroissement de coût est positif ; donc le coût est croissant.

c) On développe

$$2\left(x + \frac{1}{8}\right)^2 + \frac{255}{32} = 2\left(x^2 + \frac{1}{4}x + \frac{1}{64}\right) + \frac{255}{32} = 2x^2 + \frac{x}{2} + \frac{1}{32} + \frac{255}{32}$$

$$= 2x^2 + 0{,}5x + \frac{256}{32} = 2x^2 + 0{,}5x + 8.$$

Comme $a = 2$, positif, on obtient le tableau des variations sur $\mathbb{R}$, que l'on réduit à $[0 ; +\infty[$.

Donc la fonction est croissante sur $[0 ; +\infty[$.

x	$-\infty$		$-\frac{1}{8}$		0		$+\infty$
$f(x)$		↘		↗	1	↗	

40 Recherche de la forme canonique

1. $f(x) = 2x^2 + 8x - 3$.

$\alpha = \dfrac{-b}{2a} = -\dfrac{8}{2 \times 2} = -2$.

$f(\alpha) = f(-2) = 2 \times 4 + 8 \times (-2) - 3 = -11$.

$2(x - \alpha)^2 + f(\alpha) = 2(x + 2)^2 - 11 = 2(x^2 + 4x + 4) - 11 = 2x^2 + 8x + 8 - 11$
$= 2x^2 + 8x - 3 = f(x)$.

Donc $2(x - \alpha)^2 + f(\alpha)$ est la forme canonique de $f(x)$.

2. a) $x^2 + 2x + 1 = (x + 1)^2$; $x^2 + 4x + 4 = (x + 2)^2$;

$x^2 - 6x + 9 = (x - 3)^2$; $x^2 + 3x + \dfrac{9}{4} = \left(x + \dfrac{3}{2}\right)^2$;

$x^2 - 5x + \dfrac{25}{4} = \left(x - \dfrac{5}{2}\right)^2$ voir *chapitre 3*, exercice 26.

b) $x^2 + bx + \dfrac{b^2}{4} = \left(x + \dfrac{b}{2}\right)^2$ et $x^2 - bx + \dfrac{b^2}{4} = \left(x - \dfrac{b}{2}\right)^2$.

c) $2x^2 + 4x + 2 = 2(x^2 + 2x + 1) = 2(x + 1)^2$.

$3x^2 - 12x + 12 = 3(x^2 - 4x + 4) = 3(x - 2)^2$.

$-2x^2 + 3x - \dfrac{9}{8} = -2\left(x^2 - \dfrac{3}{2}x + \dfrac{9}{16}\right) = -2\left(x - \dfrac{3}{4}\right)^2$.

Il faut être astucieux !

d) $x^2 - 4x + 3 = (x - 2)^2 - 4 + 3 = (x - 2)^2 - 1$.

$x^2 + 6x + 13 = (x + 3)^2 - 9 + 13 = (x + 3)^2 + 4$.

3. $f(x) = ax^2 + bx + c$ et $\alpha = -\dfrac{b}{2a}$.

Donc $f(\alpha) = a\left(\dfrac{b^2}{4a^2}\right) + b \times \left(\dfrac{-b}{2a}\right) + c = \dfrac{b^2}{4a} - \dfrac{b^2}{2a} + c = \dfrac{b^2 - 2b^2}{4a} + c = \dfrac{-b^2}{4a} + c$.

D'où : $a(x - \alpha)^2 + f(\alpha) = a\left(x + \dfrac{b}{2a}\right)^2 + \dfrac{-b^2}{4a} + c = a\left(x^2 + \dfrac{b}{a}x + \dfrac{b^2}{4a^2}\right) - \dfrac{b^2}{4a} + c$

$= ax^2 + bx + \dfrac{b^2}{4a} - \dfrac{b^2}{4a} + c = ax^2 + bx + c = f(x)$.

4. Application directe de la forme :

① On calcule $\alpha = \dfrac{-b}{2a}$.

② On calcule $f(\alpha) = \beta$.

③ On écrit la forme : $f(x) = a(x - \alpha)^2 + \beta$.

a) $f(x) = 2x^2 + 8x + 17$.

$\alpha = \dfrac{-b}{2a} = \dfrac{-8}{2 \times 2} = -2$ et $\beta = f(-2) = 2 \times 4 + 8(-2) + 17 = 9$.

D'où $f(x) = 2(x+2)^2 + 9$.

b) $f(x) = -x^2 + 3x + 2$.

$\alpha = \dfrac{-b}{2a} = \dfrac{-3}{2 \times (-1)} = \dfrac{3}{2}$ et $\beta = f\left(\dfrac{3}{2}\right) = -\dfrac{9}{4} + \dfrac{9}{2} + 2 = \dfrac{17}{4}$.

D'où $f(x) = -\left(x - \dfrac{3}{2}\right)^2 + \dfrac{17}{4}$.

c) $f(x) = 0{,}5x^2 + 3x - 2$.

$\alpha = \dfrac{-b}{2a} = \dfrac{-3}{2 \times 0{,}5} = -3$ et $\beta = f(-3) = 0{,}5 \times 9 + 3 \times (-3) - 2 = -6{,}5$,

d'où $f(x) = 0{,}5(x+3)^2 - 6{,}5$.

d) $f(x) = 3x^2 + 4x - 15$.

$\alpha = \dfrac{-b}{2a} = \dfrac{-4}{2 \times 3} = -\dfrac{2}{3}$ et $\beta = f\left(-\dfrac{2}{3}\right) = 3 \times \dfrac{4}{9} + 4 \times \left(-\dfrac{2}{3}\right) - 15 = -\dfrac{49}{3}$.

D'où $f(x) = 3\left(x + \dfrac{2}{3}\right)^2 - \dfrac{49}{3}$.

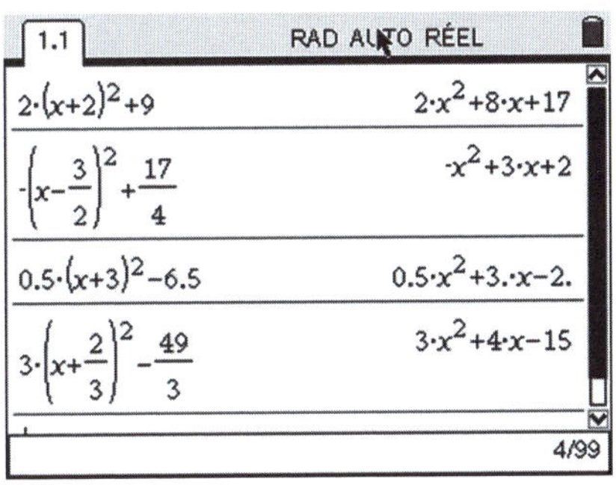

41 Soit $f(x) = 3x^2 + 4x - 15$.

a) D'après l'exercice précédent : $f(x) = 3\left(x + \dfrac{2}{3}\right)^2 - \dfrac{49}{3}$.

D'où les variations :

x	$-\infty$	$-\dfrac{2}{3}$	$+\infty$
$f(x)$	↘	$-\dfrac{49}{3}$	↗

b) Comme le minimum est négatif, la parabole traverse l'axe des abscisses.

$f(x) = 3\left[\left(x + \dfrac{2}{3}\right)^2 - \dfrac{49}{9}\right] = 3\left[\left(x + \dfrac{2}{3} + \dfrac{7}{3}\right)\left(x + \dfrac{2}{3} - \dfrac{7}{3}\right)\right] = 3(x+3)\left(x - \dfrac{5}{3}\right)$.

c) On résout $f(x) = 0$ en utilisant la forme factorisée :

$3(x+3)\left(x - \dfrac{5}{3}\right) = 0$ **produit nul**

$\Leftrightarrow x + 3 = 0$ ou $x - \dfrac{5}{3} = 0 \Leftrightarrow x = -3$ ou $x = \dfrac{5}{3}$.

CORRIGÉS

La parabole traverse l'axe des abscisses aux points (–3 ; 0) et $\left(\frac{5}{3}\,;0\right)$.

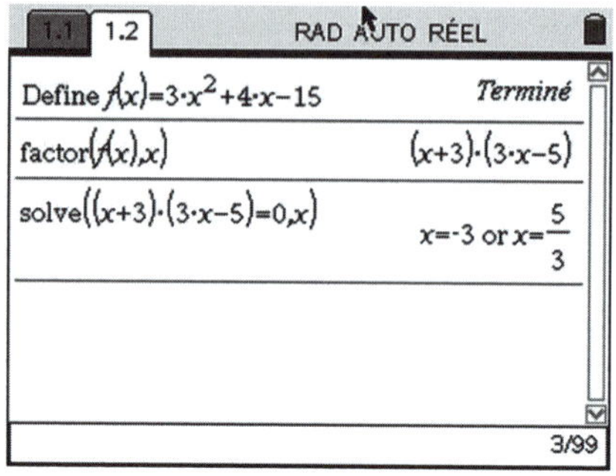

d) On dresse un tableau de signes à l'aide de la parabole.

x		-3		$\frac{5}{3}$	
$f(x)$	$+$	0	$-$	0	$+$

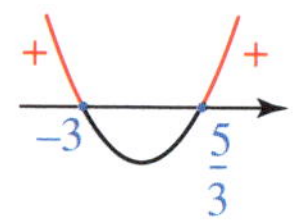

42 **a)** **Faux**. « Si $x > 0$, alors $\frac{1}{x} < 0$ » est une phrase fausse, car un nombre et son inverse ont le même signe.

b) **Faux**. «$\forall x \in \mathbb{R}$, $\frac{1}{x}$ existe » est une phrase fausse, car il existe un réel, zéro, qui n'admet pas d'inverse.

c) **Faux**. « Si $x > y$, alors $\frac{1}{x} < \frac{1}{y}$ » est une phrase fausse, car, par exemple, on a $2 > -3$, mais $\frac{1}{2} > -\frac{1}{3}$.

d) **Vrai**. « Si $x \approx 0$, avec $x > 0$, alors $\frac{1}{x} > 0$ et $\frac{1}{x}$ très grand » car, si on divise 1 par un petit nombre, proche de zéro, on obtient un grand nombre.

e) **Vrai**. « Si $x \neq 0$, $\frac{1}{-x} = -\left(\frac{1}{x}\right)$. »

43 **a)** $2{,}5 < 3{,}5$; donc $\frac{1}{2{,}5} > \frac{1}{3{,}5}$.

b) $0{,}1 < 0{,}2$; donc $\frac{1}{0{,}1} > \frac{1}{0{,}2}$.

c) $-3 > -4$; donc $\frac{1}{-3} < \frac{1}{-4}$.

d) $10^4 > 10^{-2}$; donc $\frac{1}{10^4} < \frac{1}{10^{-2}}$.

e) 3 est positif, donc $\frac{1}{3}$ reste positif et –2 est négatif,

donc $\frac{1}{-2}$ est négatif.

Donc $\frac{1}{3} > \frac{1}{-2}$.

Figure de a)

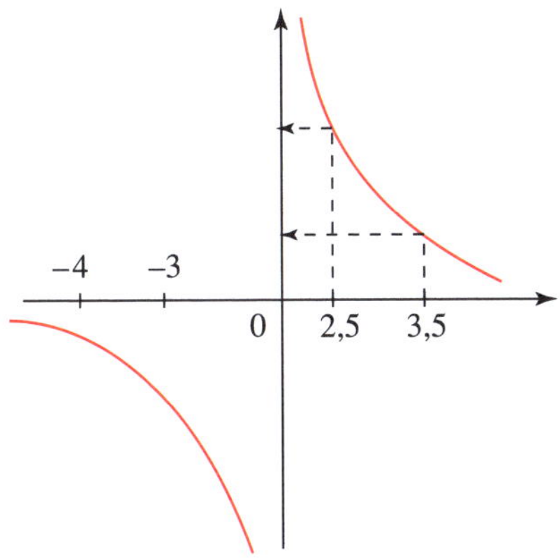

44 a) **Vrai**. (Mais pas équivalent.)

x	0	$\frac{1}{2}$	
$\frac{1}{x}$	‖	2 (décroissante)	↘

si $x \geqslant \frac{1}{2}$,

alors $\frac{1}{x} \leqslant 2$.

b) **Faux**. On a $x \geqslant \frac{3}{2} \Rightarrow \frac{1}{x} \leqslant \frac{2}{3}$; mais pas la réciproque.

Contre-exemple : pour $x = -2$, on a $\frac{1}{-2} \leqslant \frac{2}{3}$, mais $-2 \leqslant \frac{3}{2}$.

c) **Faux**. Contre-exemple : pour $x = 0$, l'inverse n'existe pas.

d) **Faux.**

x	$-\frac{2}{3}$		0
$\frac{1}{x}$	$-\frac{3}{2}$	↘	‖

Si $x \in \left[-\frac{2}{3} ; 0\right[$,

alors $\frac{1}{x} \in \left]-\infty ; -\frac{3}{2}\right]$.

e) **Vrai.**

x	0		5
$\frac{1}{x}$	‖	↘	$\frac{1}{5}$

Si $x \in \left]0 ; 5\right]$,

alors $\frac{1}{x} \in \left[\frac{1}{5} ; +\infty\right[$.

45 On ne trace que l'allure de l'hyperbole, juste pour placer les valeurs.

a) $x \in [-2 ; -0{,}1] \Leftrightarrow \frac{1}{x} \in \left[-10 ; -\frac{1}{2}\right]$.

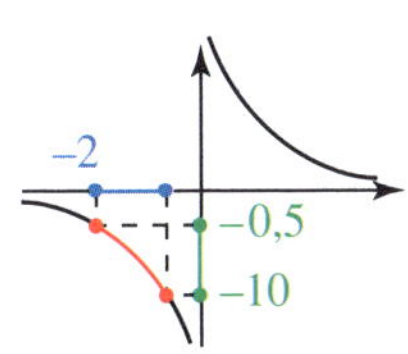

b) $x \in [0{,}01 ; 10] \Leftrightarrow \dfrac{1}{x} \in [0{,}1 ; 100]$.

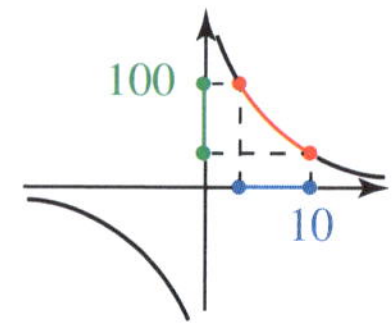

c) $x \in]-\infty ; -2] \Leftrightarrow \dfrac{1}{x} \in \left[-\dfrac{1}{2} ; 0\right[$..

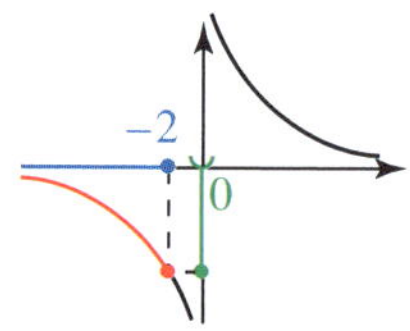

d) $x \in]0 ; 0{,}25] \Leftrightarrow \dfrac{1}{x} \in [4 ; +\infty[$.

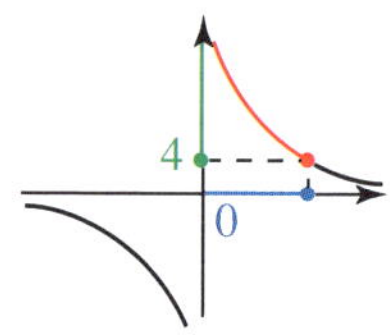

e) $x \in]4 ; +\infty[\Leftrightarrow \dfrac{1}{x} \in \left]0 ; \dfrac{1}{4}\right[$.

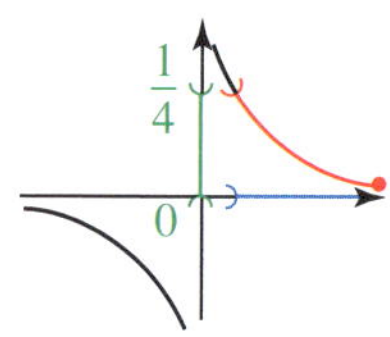

f) $x \in [-2 ; 1] \setminus \{0\} \Leftrightarrow \dfrac{1}{x} \in \left]-\infty ; -\dfrac{1}{2}\right] \cup [1 ; +\infty[$.

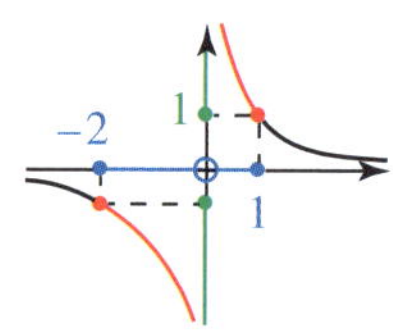

46 Il faut regarder le coefficient k et l'image de 1, car $f(x) = \dfrac{k}{x}$, donc $f(1) = k$.

Équation $y = \dfrac{k}{x}$	$y = \dfrac{1}{x}$	$y = \dfrac{-4}{x}$	$y = \dfrac{2}{x}$	$y = \dfrac{-1}{x}$
Point (1 ; k)	(1 ; 1)	(1 ; − 4)	(1 ; 2)	(1 ; −1)
Courbe	$\mathscr{C}_3$	$\mathscr{C}_1$	$\mathscr{C}_2$	$\mathscr{C}_4$

47 **a)** $f(x) = \dfrac{1}{x} - 3$ $\qquad \mathscr{D} = \mathbb{R} \setminus \{0\}$

x	$-\infty$		0		$+\infty$
$f(x)$		↘	‖	↘	

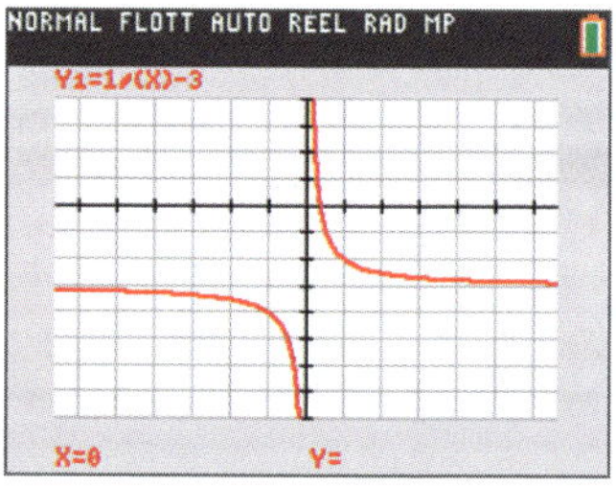

b) $f(x) = \dfrac{1}{x-3}$ $\mathscr{D} = \mathbb{R} \setminus \{3\}$

x	$-\infty$	3	$+\infty$
$f(x)$	↘	‖	↘

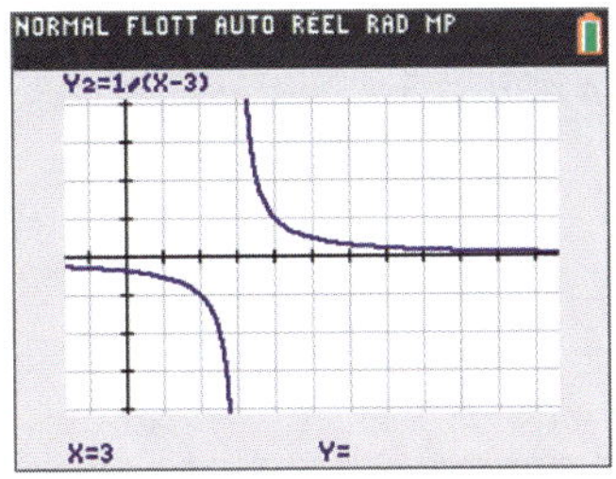

c) $f(x) = -3 - \dfrac{1}{x}$ $\mathscr{D} = \mathbb{R} \setminus \{0\}$

x	$-\infty$	0	$+\infty$
$f(x)$	↗	‖	↗

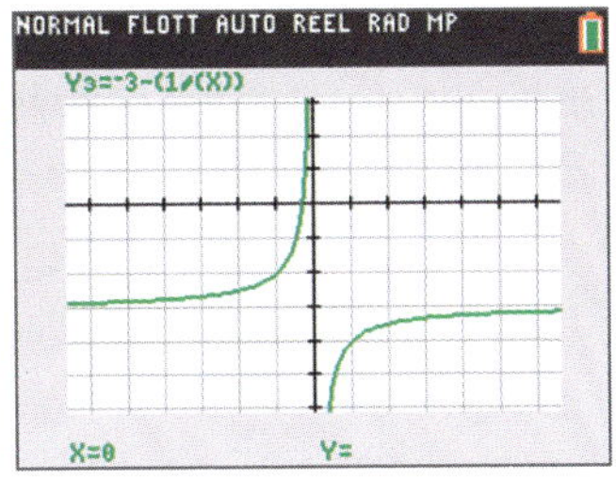

48 Soit $f(x) = \dfrac{x-1}{x-2}$ sur $]2\ ;+\infty[$.

a) « Vérifier » signifie que l'on part de la forme indiquée pour retrouver la forme du texte, au début.

$1 + \dfrac{1}{x-2} = \dfrac{x-2+1}{x-2} = \dfrac{x-1}{x-2} = f(x)$.

b) On a : $2 < a \leqslant b$ on soustrait 2

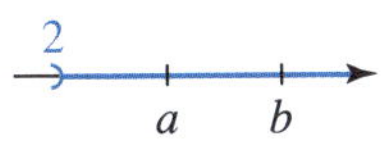

$0 < a-2 \leqslant b-2$

La fonction inverse est décroissante sur les positifs, donc l'inégalité change de sens en appliquant la fonction inverse.

$\dfrac{1}{a-2} \geqslant \dfrac{1}{b-2}$ on ajoute 1

$1 + \dfrac{1}{a-2} \geqslant 1 + \dfrac{1}{b-2}$

On trouve : $f(a) \geqslant f(b)$.

c) On a montré que, pour tous réels a et b de $]2\ ;+\infty[$ tels que $a \leqslant b$, alors $f(a) \geqslant f(b)$. Cela démontre que la fonction f est décroissante sur $]2\ ;+\infty[$.

49 Soit $f(x) = \dfrac{1}{x-5} - 4$, pour $x \neq 5$.

• Sur $]5\ ;+\infty[$, on prend :

$5 < a \leqslant b$ -5

$0 < a-5 \leqslant b-5$ La fonction inverse est décroissante sur les positifs.

$\dfrac{1}{a-5} \geqslant \dfrac{1}{b-5}$ -4

$\dfrac{1}{a-5} - 4 \geqslant \dfrac{1}{b-5} - 4$

On trouve $f(a) \geqslant f(b)$; donc la fonction f est décroissante sur $]5\ ;+\infty[$.

CORRIGÉS

• Sur $]-\infty\,;5[$, on prend :

$a \leqslant b < 5$ — -5

$a-5 \leqslant b-5 < \mathbf{0}$ — La fonction inverse est décroissante sur les négatifs.

$\dfrac{1}{a-5} \geqslant \dfrac{1}{b-5}$ — -4

$\dfrac{1}{a-5} - 4 \geqslant \dfrac{1}{b-5} - 4$

On trouve $f(a) \geqslant f(b)$; donc la fonction f est décroissante sur $]-\infty\,;5[$.

x	$-\infty$		5		$+\infty$
$f(x)$	↘		‖	↘	

50 Soit $f(x) = \dfrac{-2x-7}{x+2}$.

a) La valeur interdite est solution de $x + 2 = 0 \Leftrightarrow x = -2$.
Donc l'ensemble de définition de f est $\mathcal{D} = \mathbb{R} \setminus \{-2\}$.

b) On cherche k et β tels que $f(x) = \dfrac{k}{x+2} + \beta$: pour cela, on part de cette forme, on réduit au même dénominateur et on identifie à la forme de l'énoncé.

$\dfrac{k}{x+2} + \beta = \dfrac{k + \beta x + 2\beta}{x+2} = \dfrac{\beta \boldsymbol{x} + k + 2\beta}{x+2}$ que l'on identifie à $\dfrac{-2\boldsymbol{x} - 7}{x+2}$.

D'où $\begin{cases} \beta = -2 \\ k + 2\beta = -7 \end{cases} \Leftrightarrow \begin{cases} \beta = -2 \\ k = -7 - 2\beta = -7 + 4 = \mathbf{-3}. \end{cases}$

Donc $f(x) = -2 + \dfrac{\mathbf{-3}}{x+2} = -2 - \dfrac{3}{x+2}$.

c) Comme $\boldsymbol{k = -3}$, négatif, la fonction f est croissante sur $]-\infty\,;-2[$ et sur $]-2\,;+\infty[$.

x	$-\infty$		-2		$+\infty$
$f(x)$	↗		‖	↗	

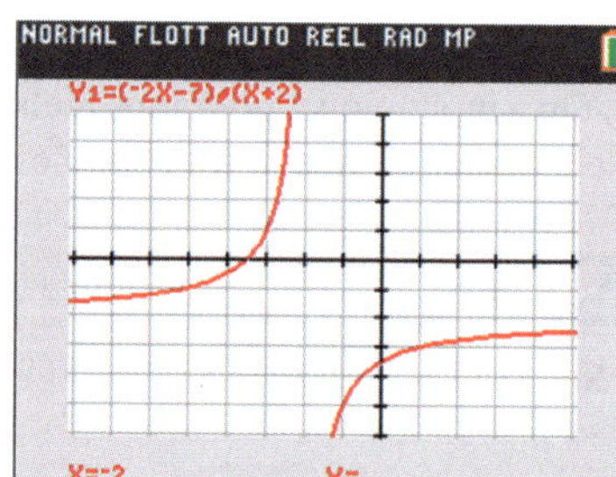

51 Soit $f(x) = \dfrac{6-2x}{x-1}$ définie sur $\mathbb{R} \setminus \{1\}$.

$\dfrac{k}{x-1} + \beta = \dfrac{k + \beta x - \beta}{x-1} = \dfrac{\beta x + k - \beta}{x-1}$ que l'on identifie à $\dfrac{6-2x}{x-1}$. D'où :

$\begin{cases} \beta = -2 \\ k - \beta = 6 \end{cases} \Leftrightarrow \begin{cases} \beta = -2 \\ k = 6 + \beta = 6 - 2 = 4. \end{cases}$

Donc $f(x) = \dfrac{4}{x-1} - 2$ sur $\mathbb{R} \setminus \{1\}$.

Comme $k = 4$, positif, la fonction f est décroissante sur $]-\infty\,;\,1[$ et sur $]1\,;\,+\infty[$.

x	$-\infty$		1		$+\infty$
$f(x)$		↘	‖	↘	

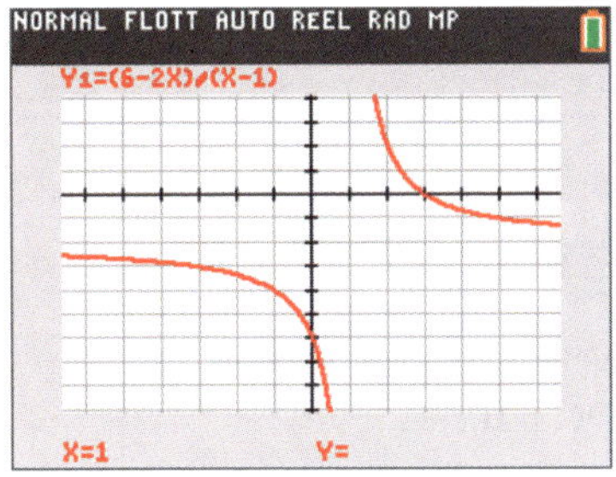

52

Règles (voir *chapitre* 2, exercice 24) :

$$\frac{a+b}{d} = \frac{a}{d} + \frac{b}{d}\ ;\ \frac{a \times c}{d \times c} = \frac{a}{d}\ ;\ \frac{a}{d} = \frac{a \div c}{d \div c}$$

1. $\dfrac{x^2+1}{x} = \dfrac{x^2}{x} + \dfrac{1}{x} = x + \dfrac{1}{x}$.

2. $\dfrac{3x}{x+6} = \dfrac{3x \div 3}{(x+6) \div 3} = \dfrac{x}{\dfrac{x}{3}+2}$.

3. $5 - \dfrac{x+1}{3-x} = \dfrac{15-5x-x-1}{3-x} = \dfrac{14-6x}{3-x}$.

Attention, $-\dfrac{N}{D} = \dfrac{-(N)}{D}$; le « – » porte sur tout le numérateur, et pas sur le dénominateur.

53

Pour obtenir un seul quotient :
① on donne les valeurs interdites qui annulent les dénominateurs ;
② on réduit au même dénominateur (que l'on garde factorisé) ;
③ on calcule et réduit le numérateur.

a) $\dfrac{1}{x} + 3$. Valeur interdite : 0. $\dfrac{1}{x} + 3 = \dfrac{1+3x}{x}$.

b) $\dfrac{1}{x} + \dfrac{4}{3} = \dfrac{1 \times 3 + 4 \times x}{3x} = \dfrac{3+4x}{3x}$. Valeur interdite : 0.

c) $\dfrac{3}{x} + \dfrac{1}{3x}$. Valeur interdite : 0.

Le dénominateur commun est $DC = 3x$, et non $3x^2$!

$\dfrac{3}{x} + \dfrac{1}{3x} = \dfrac{3 \times 3 + 1}{3x} = \dfrac{9+1}{3x} = \dfrac{10}{3x}$.

d) $\dfrac{5}{x} - \dfrac{2}{x+2}$. Valeurs interdites : 0 et –2.

Le dénominateur commun est $DC = x(x+2)$.

$$\frac{5}{x}-\frac{2}{x+2}=\frac{5(x+2)-2\times x}{x(x+2)}=\frac{5x+10-2x}{x(x+2)}=\frac{3x+10}{x(x+2)}.$$

e) $\frac{x+1}{x}-\frac{x-1}{2x}$. Valeur interdite : 0.

$$\frac{(x+1)\times 2-(x-1)}{2x}=\frac{2x+2-x+1}{2x}=\frac{x+3}{2x}.$$

54 • $A(x)=\frac{x+3}{x}-\frac{x+1}{x+2}$.

Valeurs interdites : 0 et –2.

$DC = x(x+2)$.

$$A(x)=\frac{(x+3)(x+2)-(x+1)\times x}{x(x+2)}=\frac{x^2+3x+2x+6-x^2-x}{x(x+2)}=\frac{4x+6}{x(x+2)}.$$

On développe le numérateur, pour le réduire, mais JAMAIS le dénominateur, car il est factorisé.

• $B(x)=\frac{1}{x}-\frac{1+x}{x^2}+1$.

Valeur interdite : 0. $B(x)=\frac{1\times x-(1+x)+\ 1\times x^2}{x^2}=\frac{x-1-x+x^2}{x^2}=\frac{x^2-1}{x^2}$.

Attention, on ne peut pas simplifier par x^2 ! mais on peut factoriser le numérateur.

• $C(x)=x-2-\frac{x-4}{x+2}$.

Valeur interdite : –2.

$$C(x)=\frac{x(x+2)-2(x+2)-(x-4)}{x+2}=\frac{x^2+2x-2x-4-x+4}{x+2}=\frac{x^2-x}{x+2}.$$

L'étape, mise en couleurs, peut être faite de tête pour gagner en rapidité ! C'est ce qui sera fait dans la suite, si possible.

55 • $A(x)=\frac{1}{4}-\frac{1}{(x-1)^2}$. Valeur interdite : 1.

$$A(x)=\frac{(x-1)^2-4}{4(x-1)^2}=\frac{(x-1+2)(x-1-2)}{4(x-1)^2}=\frac{(x+1)(x-3)}{4(x-1)^2}.$$

• $B(x)=1-\frac{9}{(x+2)^2}$. Valeur interdite : –2.

$$B(x)=\frac{(x+2)^2-9}{(x+2)^2}=\frac{(x+2+3)(x+2-3)}{(x+2)^2}=\frac{(x+5)(x-1)}{(x+2)^2}.$$

• $C(x)=\frac{x-2(x-2)}{(x+3)(x-2)}$. Valeurs interdites : –3 et 2.

$$C(x)=\frac{x-2x+4}{(x+3)(x-2)}=\frac{-x+4}{(x+3)(x-2)}.$$

• $D(x)=\frac{1}{x}-\frac{5x+2}{x+1}+1$. Valeurs interdites : 0 et –1.

$$D(x)=\frac{x+1-5x^2-2x+x^2+x}{x(x+1)}=\frac{-4x^2+1}{x(x+1)}=\frac{(1+2x)(1-2x)}{x(x+1)}.$$

• $E(x) = \frac{4}{x} - \frac{2x-3}{x+1} - 7$. Valeurs interdites : 0 et –1.

$E(x) = \frac{4x+4-2x^2+3x-7x^2-7x}{x(x+1)} = \frac{-9x^2+4}{x(x+1)} = \frac{(2+3x)(2-3x)}{x(x+1)}$.

• $F(x) = \frac{2x}{3} - \frac{3}{2x}$. Valeur interdite : 0.

$F(x) = \frac{(2x)^2-9}{6x} = \frac{(2x+3)(2x-3)}{6x}$.

56 **a)** $\frac{2}{x} - \frac{2-x}{2x} + \frac{1}{2}$. Valeur interdite : 0.

$\frac{2\times 2 - 2 + x + 1\times x}{2x} = \frac{2x+2}{2x} = \frac{\cancel{2}(x+1)}{\cancel{2}\times x} = \frac{x+1}{x}$.

b) $3 - \frac{x+4}{x-1} + 2x$. Valeur interdite : 1.

$\frac{3x-3-x-4+2x^2-2x}{x-1} = \frac{2x^2-7}{x-1}$.

c) $\frac{4x}{x+1} - \frac{3x-1}{2} - 3$. Valeur interdite : –1.

$\frac{8x-(x+1)(3x-1)-6(x+1)}{2(x+1)} = \frac{8x-3x^2+x-3x+1-6x-6}{2(x+1)} = \frac{-3x^2-5}{2(x+1)}$.

d) $\frac{1}{3} - \frac{x}{2} + \frac{x^2+1}{2x}$. Valeur interdite : 0.

$\frac{2x-3x^2+3x^2+3}{6x} = \frac{2x+3}{6x}$.

e) $\frac{2+x^2}{3x} - \frac{x-1}{3} + \frac{1}{x}$. Valeur interdite : 0.

$\frac{2+x^2-x^2+x+3}{3x} = \frac{x+5}{3x}$.

f) $\frac{5}{3x} - \frac{2x-1}{x+1} + 2$. Valeurs interdites : 0 et –1.

$\frac{5(x+1)+3x(2x-1)+6x(x+1)}{3x(x+1)} = \frac{5x+5-6x^2+3x+6x^2+6x}{3x(x+1)} = \frac{14x+5}{3x(x+1)}$.

57 **a)** $x \xmapsto{+2} x+2 \xmapsto{\text{au carré}} (x+2)^2 \xmapsto{\text{opposé}} -(x+2)^2$.

b) $x \xmapsto{\text{opposé}} -x \xmapsto{\text{au carré}} (-x)^2 \xmapsto{+2} (-x)^2+2$.

c) $x \xmapsto{\text{au carré}} x^2 \xmapsto{+2} x^2+2 \xmapsto{\text{opposé}} -(x^2+2)$.

d) $x \xmapsto{\text{opposé}} -x \xmapsto{+2} -x+2 \xmapsto{\text{au carré}} (-x+2)^2$.
Tous les résultats sont différents.

58 **a)** $x \xmapsto{-3} x-3 \xmapsto{\text{carré}} (x-3)^2 \xmapsto{\times 2} 2(x-3)^2 \xmapsto{+5} 2(x-3)^2+5$.

b) $x \xmapsto{\text{carré}} x^2 \xmapsto{\text{opp.}} -x^2 \xmapsto{+5} -x^2+5$.

CORRIGÉS

c) $x \xmapsto{\text{inverse}} \dfrac{1}{x} \xmapsto{+1} \dfrac{1}{x}+1 \xmapsto{\text{carré}} \left(\dfrac{1}{x}+1\right)^2 \xmapsto{\text{opp.}} -\left(\dfrac{1}{x}+1\right)^2.$

d) $x \xmapsto{\text{opp.}} -x \xmapsto{\text{carré}} (-x)^2 \xmapsto{\text{inverse}} \dfrac{1}{(-x)^2} \xmapsto{\times(-3)} \dfrac{-3}{(-x)^2} \xmapsto{+5} \dfrac{-3}{(-x)^2}+5.$

59 Montage pour préciser la fonction :

$x \xmapsto{-5} x-5 \xmapsto{\text{carré}} (x-5)^2 \xmapsto{\text{inverse}} \dfrac{1}{(x-5)^2} \xmapsto{\times(-2)} \dfrac{-2}{(x-5)^2} \xmapsto{+1} \dfrac{-2}{(x-5)^2}+1.$

On prend $a \leqslant b < 5$

− 5

$a-5 \leqslant b-5 < 0$

La fonction carré est décroissante sur les négatifs.

$(a-5)^2 \geqslant (b-5)^2 > 0$

La fonction inverse est décroissante sur les positifs.

$\dfrac{1}{(a-5)^2} \leqslant \dfrac{1}{(b-5)^2}$

× (−2) change l'ordre

$\dfrac{-2}{(a-5)^2} \geqslant \dfrac{-2}{(b-5)^2}$

+ 1

$\dfrac{-2}{(a-5)^2}+1 \geqslant \dfrac{-2}{(b-5)^2}+1$

On trouve $f(a) \geqslant f(b)$. Donc la fonction f est décroissante sur $]-\infty\ ;\ 5[$.

60 Soit $f(x) = \dfrac{-4}{x^2+1}+2$ définie sur $\mathbb{R}$, car x^2+1 n'est jamais nul.

a) $\forall x \in \mathbb{R}, f(-x) = \dfrac{-4}{(-x)^2+1}+2 = \dfrac{-4}{x^2+1}+2 = f(x).$

Donc la fonction f est **paire** : le point $M'(-x\ ;\ f(-x))$ est le symétrique du point $M(x\ ;\ f(x))$ par rapport à l'axe des ordonnées.

Ainsi, la courbe de la fonction f est symétrique par rapport à l'axe des ordonnées.

b) $x \xmapsto{\text{carré}} x^2 \xmapsto{+1} x^2+1 \xmapsto{\text{inverse}} \dfrac{1}{x^2+1} \xmapsto{\times(-4)} \dfrac{-4}{x^2+1} \xmapsto{+2} f(x).$

On prend $0 \leqslant a \leqslant b$

fonction carré sur [0 ; +∞[

$0 \leqslant a^2 \leqslant b^2$

+ 1

$1 \leqslant a^2+1 \leqslant b^2+1$

fonction inverse sur [1 ; +∞[

$\dfrac{1}{1} \geqslant \dfrac{1}{a^2+1} \geqslant \dfrac{1}{b^2+1}$

× (−4) ; on change le sens

$-4 \leqslant \dfrac{-4}{a^2+1} \leqslant \dfrac{-4}{b^2+1}$

+ 2

$-2 \leqslant \dfrac{-4}{a^2+1}+2 \leqslant \dfrac{-4}{b^2+1}+2$

On trouve $-2 \leqslant f(a) \leqslant f(b)$, donc la fonction f est **croissante** sur $[0\ ;\ +\infty[$.

c) Comme la fonction est paire, par symétrie, f est **décroissante** sur $]-\infty\ ;\ 0]$.

x	$-\infty$	0	$+\infty$
$f(x)$	↘	-2	↗

et $f(0) = \dfrac{-4}{0^2+1} + 2 = -4 + 2 = -2$.

L'image de 0 est le minimum de la fonction sur $\mathbb{R}$.

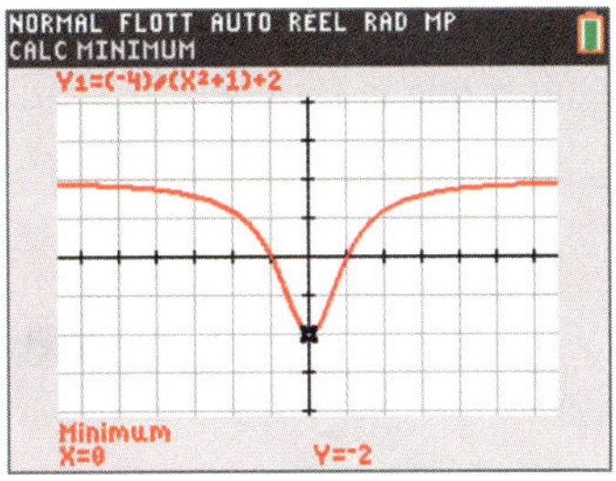

61 Soit $f(x) = x^3$ sur $\mathbb{R}$.

a) $(b-a)(b^2+ab+a^2) = b^3 + ab^2 + a^2b - ab^2 - a^2b - a^3 = b^3 - a^3$.

b) Si a et b sont deux réels de même signe, leur produit est positif, donc ab est positif. a^2 et b^2 sont des carrés, donc positifs.

La somme de positifs est positive.

Donc $a^2 + ab + b^2$ est toujours positif lorsque a et b sont de même signe.

c) Si $a \in [0\,;+\infty[$ et $b \in [0\,;+\infty[$, avec $a \leqslant b$, alors $0 \leqslant a \leqslant b$, donc $b - a$ est positif et $a^2 + ab + b^2$ est positif, d'après **b)**.

Ainsi, le produit $(b-a)(b^2+ab+a^2)$ est positif ;

par suite, $b^3 - a^3$ est positif, c'est-à-dire $b^3 - a^3 \geqslant 0 \Leftrightarrow a^3 \leqslant b^3$.

Donc la fonction cube est croissante sur $[0\,;+\infty[$.

d) Dans l'intervalle $]-\infty\,;0\,]$, on a $a \leqslant b \leqslant 0$; donc $b - a \geqslant 0$.

Et $b^2 + ab + a^2 \geqslant 0$ d'après **b)**. Donc $(b-a)(b^2+ab+a^2) \geqslant 0$.

Ainsi, $b^3 - a^3 \geqslant 0 \Leftrightarrow a^3 \leqslant b^3$.

Donc la fonction cube est croissante sur $]-\infty\,;0\,]$.

e) En conclusion, **la fonction cube est croissante sur $\mathbb{R}$.**

x	$-\infty$	0	$+\infty$
x^3	↗	0	↗

On remarque qu'**un nombre et son cube ont le même signe.**

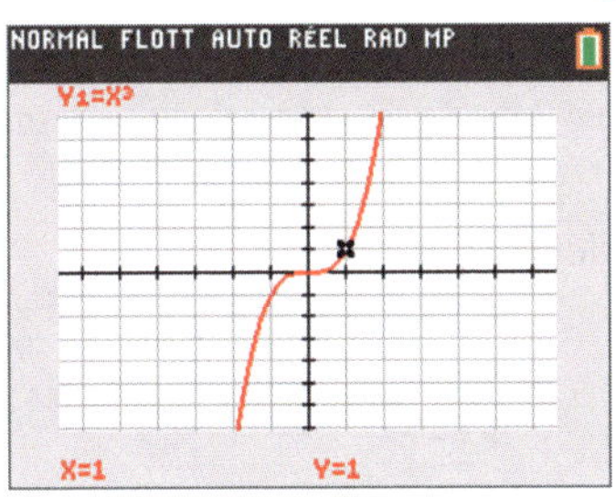

62 Soit $f(x) = \sqrt{x}$.

a) Par définition, la racine carrée d'un réel existe lorsque ce réel est positif : $x \geqslant 0$.

Donc $\mathcal{D}_f = [0\,;+\infty[$. voir *Test préliminaire du chapitre 2*

b) $\sqrt{b}-\sqrt{a}=\dfrac{(\sqrt{b}-\sqrt{a})(\sqrt{b}+\sqrt{a})}{\sqrt{b}+\sqrt{a}}=\dfrac{b-a}{\sqrt{b}+\sqrt{a}}$ voir *chapitre 2*, exercice 20

Il suffit de multiplier numérateur et dénominateur par l'**expression conjuguée**.

c) Soit $0 \leqslant a \leqslant b$, alors $b-a \geqslant 0$.

Et $\sqrt{a}$ et $\sqrt{b}$ sont positifs ainsi que la somme $\sqrt{b}+\sqrt{a}$ (non nulle si $a \neq b \neq 0$).

Ainsi, le quotient $\dfrac{b-a}{\sqrt{b}+\sqrt{a}}$ est positif ; donc $\sqrt{b}-\sqrt{a} \geqslant 0$.

On en déduit que la **fonction racine carrée est croissante sur [0 ; +∞[.**

x	0		$+\infty$
$\sqrt{x}$	0	↗	

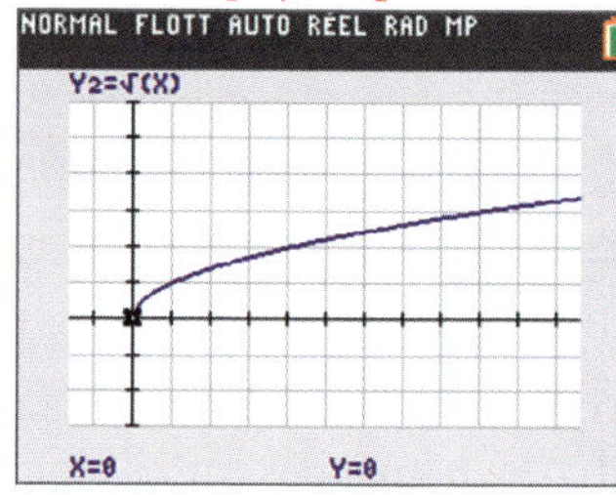

63 Soit $f(x)=4\sqrt{2-\dfrac{1}{x}}-1$ définie sur $\left[\dfrac{1}{2}\,;+\infty\right[$.

On prend $\dfrac{1}{2} \leqslant a \leqslant b$

fonction inverse sur $\left[\dfrac{1}{2}\,;+\infty\right[$

$2 \geqslant \dfrac{1}{a} \geqslant \dfrac{1}{b}$

opposé

$-2 \leqslant -\dfrac{1}{a} \leqslant -\dfrac{1}{b}$

+ 2

$0 \leqslant 2-\dfrac{1}{a} \leqslant 2-\dfrac{1}{b}$

fonction racine carrée sur [0 ; +∞[

$0 \leqslant \sqrt{2-\dfrac{1}{a}} \leqslant \sqrt{2-\dfrac{1}{b}}$

× 4

$0 \leqslant 4\sqrt{2-\dfrac{1}{a}} \leqslant 4\sqrt{2-\dfrac{1}{b}}$

− 1

$-1 \leqslant 4\sqrt{2-\dfrac{1}{a}}-1 \leqslant 4\sqrt{2-\dfrac{1}{b}}-1$

On trouve $-1 \leqslant f(a) \leqslant f(b)$, donc la fonction f est croissante sur $\left[\dfrac{1}{2}\,;+\infty\right[$.

64 Soit $f(x)=-\sqrt{x^3-8}$ définie sur $[2\,;+\infty[$.

On prend $2 \leqslant a \leqslant b$

fonction cube, croissante sur $\mathbb{R}$

$8 \leqslant a^3 \leqslant b^3$

− 8

$0 \leqslant a^3-8 \leqslant b^3-8$

fonction racine carrée sur [0 ; + ∞[

$0 \leqslant \sqrt{a^3-8} \leqslant \sqrt{b^3-8}$

opposé

$0 \geqslant -\sqrt{a^3-8} \geqslant -\sqrt{b^3-8}$

On trouve $0 \geqslant f(a) \geqslant f(b)$, donc la fonction f est décroissante sur $[2\,;+\infty[$.

65 **1. a)** D'après la figure, $M \in [AB]$, donc $AA \leqslant AM \leqslant AB \Leftrightarrow 0 \leqslant x \leqslant 8$ et $N \in [BC]$, donc $BN \leqslant BC \Leftrightarrow 0 \leqslant x \leqslant 4$.
Donc, pour $x \in [0 ; 4]$, on peut calculer $f(x)$.
b) $\mathcal{A}(MNPQ) = \mathcal{A}(ABCD) - 2 \times \mathcal{A}(AMQ) - 2 \times \mathcal{A}(MBN)$.
Or $\mathcal{A}(ABCD) = AB \times AD = 8 \times 4 = 32$.
$\mathcal{A}(AMQ) = \dfrac{1}{2} AM \times AQ = \dfrac{x(4-x)}{2}$. $\qquad \mathcal{A}(MBN) = \dfrac{1}{2} BN \times MB = \dfrac{x(8-x)}{2}$.
D'où :
$$f(x) = 32 - \cancel{2} \times \frac{x(4-x)}{\cancel{2}} - \cancel{2} \times \frac{x(8-x)}{\cancel{2}} = 32 - 4x + x^2 - 8x + x^2 = 2x^2 - 12x + 32.$$
2. D'après la calculatrice, le minimum semble être 14, atteint en 3.
Ainsi, la forme canonique, à vérifier, est $2(x-3)^2 + 14$.
Or $2(x-3)^2 + 14 = 2(x^2 - 6x + 9) + 14 = 2x^2 - 12x + 18 + 14 = 2x^2 - 12x + 32$.
On retrouve bien $f(x)$. D'où le tableau des variations sur $[0 ; 4]$.

x	0	3	4
$f(x)$	32 ↘	14	↗ 16

Ainsi, l'aire du quadrilatère $MNPQ$ est minimale lorsque $x = 3$ et l'aire minimale est $f(3) = 14$.

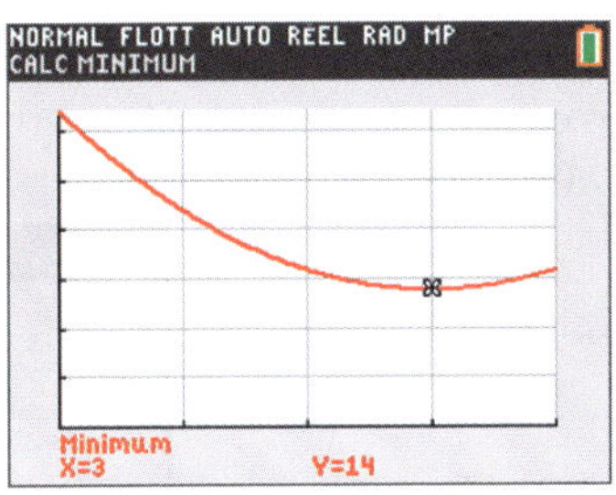

66 On a $\mathscr{C}_1$ d'équation $y = \dfrac{2}{x}$ pour $x > 0$ et $\mathscr{C}_2$ d'équation $y = \dfrac{-2}{x}$ pour $x < 0$.
Les courbes $\mathscr{C}_1$ et $\mathscr{C}_2$ sont symétriques par rapport à l'axe des ordonnées.
1. On a $A \in \mathscr{C}_1$, donc $A\left(x ; \dfrac{2}{x}\right)$ et $B \in \mathscr{C}_2$, donc $B\left(-x ; \dfrac{2}{x}\right)$ car $\dfrac{-2}{-x} = \dfrac{2}{x}$.
2. L'aire du trapèze $IABN$ est : $\dfrac{1}{2} BN \times (IN + AB)$.
Or $BN = y_B = \dfrac{2}{x}$; $IN = IO + ON = 1 + x$ et $AB = x_A - x_B = 2x$.
Donc $\mathcal{A}(IABN) = \dfrac{1}{2} \times \dfrac{2}{x} \times (1 + x + 2x) = \dfrac{1}{x}(1 + 3x) = \dfrac{1}{x} + 3$.
3. Soit $f(x) = \dfrac{1}{x} + 3$ sur $]0 ; +\infty[$. f est la somme de la fonction inverse et d'une fonction constante, donc la fonction f est décroissante sur $]0 ; +\infty[$.
Le seuil minimal de cette aire est 3.

CORRIGÉS

L'INTERROGATION ÉCRITE

Fonctions affines

a) La droite $\mathcal{D}$ passe par $A(1\ ;\ 0)$ et $B(4\ ;\ 2)$. Son coefficient directeur est :

$$a = \frac{\Delta y}{\Delta x} = \frac{y_B - y_A}{x_B - x_A} = \frac{2-0}{4-1} = \frac{2}{3}.$$

Donc $f(x) = a(x - x_A) + y_A = \frac{2}{3}(x-1) + 0 = \frac{2}{3}x - \frac{2}{3}$.

Remarque **: on peut faire une lecture directe du coefficient directeur.**

b) On peut résumer les données dans un tableau.

x	3	–12
$g(x)$	5	25

$$a = \frac{25-5}{-12-3} = \frac{20}{-15} = -\frac{4}{3}.$$

D'où : $g(x) = \frac{-4}{3}(x-3) + 5 = \frac{-4}{3}x + 4 + 5 = -\frac{4}{3}x + 9$.

c) La fonction h est en deux morceaux. Sur $]-\infty\ ;\ 2]$, on cherche deux points :

$h(2) = \frac{-4 \times 2 + 3}{5} = \frac{-8+3}{5} = -1$: d'où le point $(2\ ;\ -1)$.

$h(-3) = \frac{-4 \times (-3) + 3}{5} = \frac{12+3}{5} = 3$: d'où le point $(-3\ ;\ 3)$.

Sur $]2\ ;\ +\infty[$, on remarque que : si $x = 2$, alors $x - 3 = 2 - 3 = -1$; on retrouve le point $(2\ ;\ -1)$, donc les deux morceaux sont raccordés ; la courbe $\mathcal{C}_h$ est continue.
On cherche un autre point $h(4) = 4 - 3 = 1$: point $(4\ ;\ 1)$.

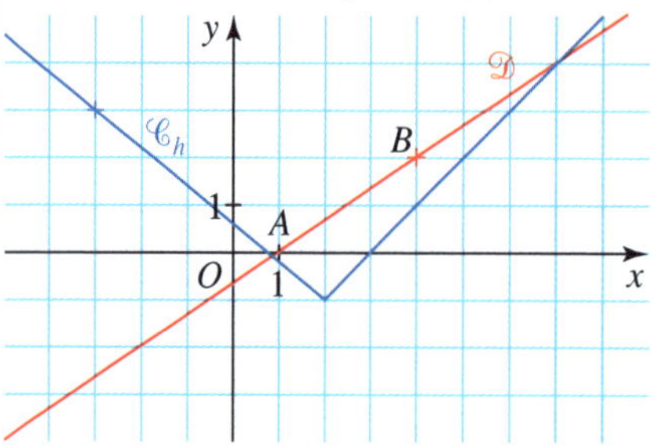

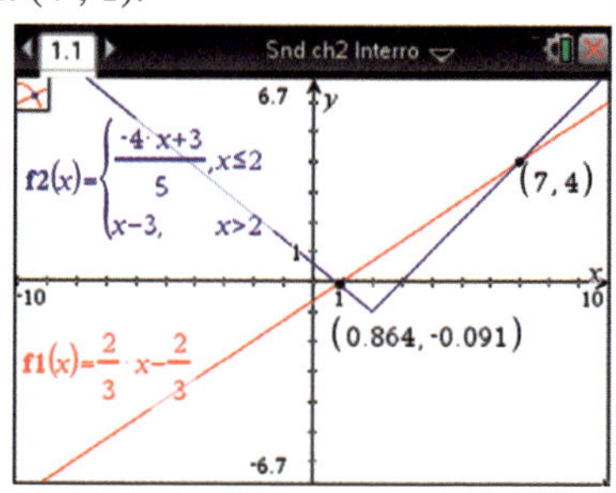

d) Pour résoudre l'équation $f(x) = h(x)$, on résout une première équation sur $]-\infty\ ;\ 2]$:

$\frac{2}{3}x - \frac{2}{3} = \frac{-4x+3}{5}$ **on multiplie par 15**

$10x - 10 = -12x + 9$

$22x = 19$

$x = \frac{19}{22}$ qui est bien inférieur à 2.

On résout une seconde équation sur $]2\ ;\ +\infty[$:

$\frac{2}{3}x - \frac{2}{3} = x - 3$ **on multiplie par 3**

$2x - 2 = 3x - 9$

$-x = -7$

$x = 7$ qui est bien supérieur à 2. Donc $S = \left\{\frac{19}{22}\ ;\ 7\right\}$.

Étude de signe

• $A(x) = (2x - 3)(-x + 2)$, produit.

x		$\frac{3}{2}$		2	
$2x - 3$	$-$	0	$+$		$+$
$-x + 2$	$+$		$+$	0	$-$
$A(x)$	$-$	0	$+$	0	$-$

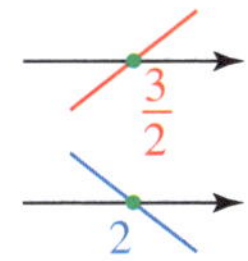

• $B(x) = -3x(3x + 1)$.

Attention, $-3x = 0 \Leftrightarrow x = 0$, car diviser 0 par -3 donne 0 !

x		$-\frac{1}{3}$		0	
$-3x$	$+$		$+$	0	$-$
$3x + 1$	$-$	0	$+$		$+$
$B(x)$	$-$	0	$+$	0	$-$

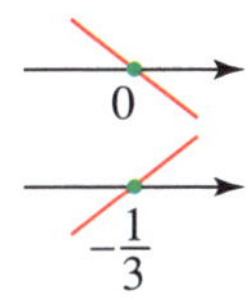

• $C(x) = \dfrac{2 - x}{x(2x - 1)}$, c'est un quotient.

Les valeurs 0 et $\frac{1}{2}$ sont interdites, car solutions de l'équation $x(2x - 1) = 0$.

x		0		$\frac{1}{2}$		2	
$2 - x$	$+$		$+$		$+$	0	$-$
x	$-$	0	$+$		$+$		$+$
$2x - 1$	$-$		$-$	0	$+$		$+$
$C(x)$	$+$	‖	$-$	‖	$+$	0	$-$

Calcul algébrique

a) Développement : $(a - b)^2 = a^2 - 2ab + b^2$

$S(x) = 3(x^2 + 4x + 4) + 4(x^2 - 2x + 1) + (x^2 - 8x + 16) + 2(x^2 - 10x + 25)$
$= 3x^2 + 12x + 12 + 4x^2 - 8x + 4 + x^2 - 8x + 16 + 2x^2 - 20x + 50 = 10x^2 - 24x + 82$.

b) Factorisation ; bien regarder pour faire apparaître un facteur commun :
ici, $8 - 12x = 4(2 - 3x) = -4(\mathbf{3x - 2})$. **car $a \times (-b) = -a \times b$**

$P(x) = x^2(3x - 2) - 4(3x - 2)(x - 6)^2$
$= (3x - 2)(x^2 - 4(x - 6)^2)$ **différence de deux carrés car $4(x - 6)^2 = (2(x - 6))^2$**
$= (3x - 2)(x + 2x - 12)(x - 2x + 12) = (3x - 2)(3x - 12)(-x + 12)$.

c) Factorisation : comme $4x + 6 = 2(2x + 3)$, $2x + 3$ est le facteur commun.

$R(x) = (\mathbf{2x + 3})(5x - 4) - 3(\mathbf{2x + 3})(x + 2) + 2(\mathbf{2x + 3})(-2x + 3)$
$= (2x + 3)(5x - 4 - 3(x + 2) + 2(-2x + 3))$
on écrit ce qui reste quand on a pris le facteur commun
$= (2x + 3)(5x - 4 - 3x - 6 - 4x + 6) = (2x + 3)(-2x - 4)$.

d) Réduction : il faut trouver le **D**énominateur **C**ommun.

DC $= (x - 1)x$, car $x^2 - x = x(x - 1)$.

Les valeurs interdites sont 0 et 1.

CORRIGÉS

$$Q(x) = \frac{5 \times x - (3x+2) - 1 \times (x-1)}{x(x-1)}$$ **écrire tout de suite tout sur le même dénominateur**

$$= \frac{5x - 3x - 2 - x + 1}{x(x-1)} = \frac{x-1}{x(x-1)} = \frac{1}{x}$$ **on simplifie par $x - 1$**

mais les valeurs interdites restent **0** et **1**.

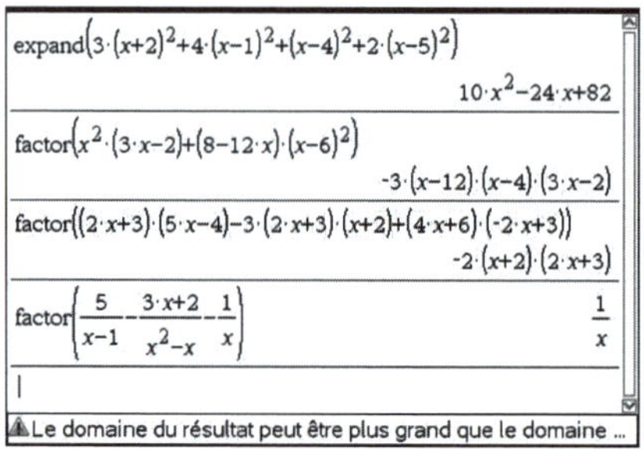

Polynôme du second degré

Soit $f(x) = -\frac{x^2}{2} + 3x + 1$ sur $\mathbb{R}$.

a) Résoudre l'équation $f(x) = 1$

$\Leftrightarrow -\frac{x^2}{2} + 3x + 1 - 1 = 0 \Leftrightarrow x\left(-\frac{x}{2} + 3\right) = 0$

$\Leftrightarrow x = 0$ ou $-\frac{x}{2} + 3 = 0 \Leftrightarrow x = 0$ ou $x = 6$

$S = \{0\,;6\}$.

b) La moyenne des deux solutions est : $m = \frac{0+6}{2} = 3$ et $f(3) = -\frac{9}{2} + 9 + 1 = \frac{11}{2}$.

D'où $f(x) - f(m) = -\frac{x^2}{2} + 3x + 1 - \frac{11}{2} = -\frac{x^2}{2} + 3x - \frac{9}{2}$.

On cherche la forme canonique de $f(x)$; donc on cherche à faire apparaître un carré parfait, en mettant $-\frac{1}{2}$ en facteur :

$f(x) - \frac{11}{2} = -\frac{1}{2}(x^2 - 6x + 9) = -\frac{1}{2}(x-3)^2$.

D'où $f(x) = -\frac{1}{2}(x-3)^2 + \frac{11}{2}$.

c) D'après la forme canonique, la fonction f change de variation en 3, et comme $a = -\frac{1}{2}$, négatif, la parabole $\mathscr{C}_f$ est tournée vers le bas.

D'où le sens de variation de la fonction f :

x	$-\infty$		3		$+\infty$
$f(x)$		↗	$\frac{11}{2}$	↘	

d) Pour déterminer les points d'intersection de la courbe $\mathscr{C}_f$ avec l'axe des abscisses, on résout l'équation $f(x) = 0$.

On utilise la forme canonique :

$$-\frac{1}{2}(x-3)^2 + \frac{11}{2} = 0 \Leftrightarrow (x-3)^2 = 11$$

$\Leftrightarrow x - 3 = \sqrt{11}$ ou $x - 3 = -\sqrt{11}$

$\Leftrightarrow x = 3 + \sqrt{11}$ ou $x = 3 - \sqrt{11}$.

Les points d'intersection avec l'axe des abscisses sont :

$A(3 - \sqrt{11}\ ; 0)$ et $B(3 + \sqrt{11}\ ; 0)$.

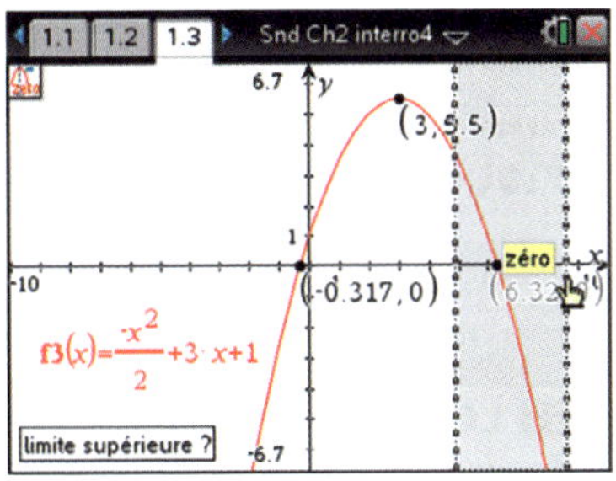

Fonction définie par morceaux

On considère la fonction f telle que :

sur $]-\infty : 0]$, $f(x) = x^2$

et sur $]0\ ; +\infty[$, $f(x) = \dfrac{1}{x+1} - 1$.

1. Définition de la fonction f écrite en langage Python :

```
def f(x):
    if x<=0:
        return x**2
    else:
        return 1/(x+1)-1
```

2. a) On remarque que, pour x appartenant à l'intervalle $]0\ ; +\infty[$, $f(x)$ s'obtient par le montage : $x \mapsto x+1 \mapsto \dfrac{1}{x+1} \mapsto \dfrac{1}{x+1} - 1$.

On considère deux réels a et b de $]0\ ; +\infty[$

$0 < a \leqslant b$

on ajoute 1

$1 < a + 1 \leqslant b + 1$

la fonction inverse est décroissante sur $]1\ ; +\infty[$: l'ordre change

$\dfrac{1}{a+1} \geqslant \dfrac{1}{b+1} > 1$

on ajoute – 1

$\dfrac{1}{a+1} - 1 \geqslant \dfrac{1}{b+1} - 1 > 0$

On obtient $f(a) \geqslant f(b)$.

b) Les images $f(a)$ et $f(b)$ sont rangées dans l'ordre contraire des réels a et b strictement positifs, donc la fonction f est décroissante sur $]0\ ; +\infty[$.

c) Sur $]-\infty\,;0]$, la fonction f est la fonction carrée, décroissante.
D'où le tableau des variations :

x	$-\infty$		0		$+\infty$
$f(x)$		↘	0	↘	

On remarque que, en $x = 0$: $\dfrac{1}{x+1} - 1$ vaut $\dfrac{1}{0+1} - 1 = 1 - 1 = 0$.

Ainsi, la fonction f est décroissante sur $\mathbb{R}$.

d) Visualisation sur calculatrice :

On entre la fonction :

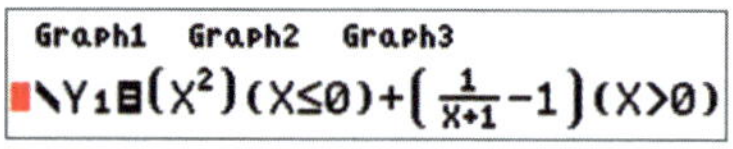

On obtient $\leqslant$ et $>$ par 2nde math

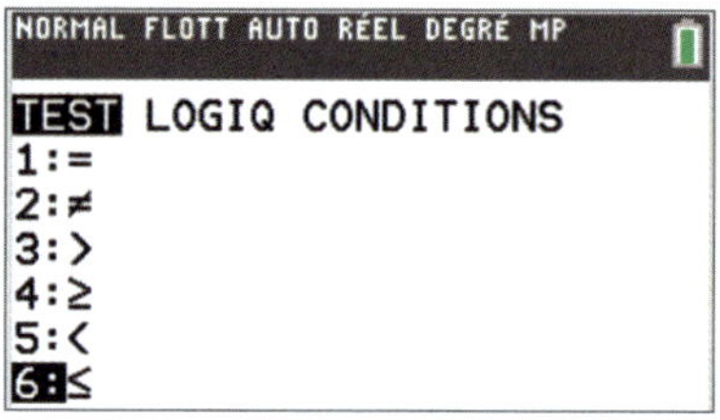

On peut prendre pour fenêtre : $X \in [-1{,}5\,;5]$

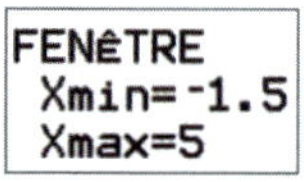

et utiliser zoom 0

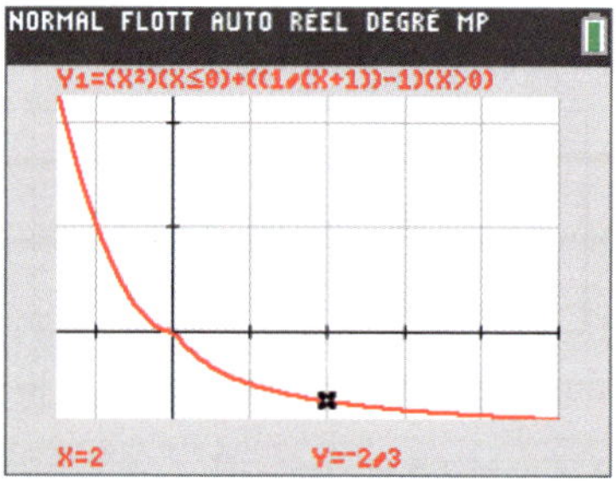

On remarque que les deux parties de la courbe « se raccordent » en $x = 0$: on parle de fonction *continue en 0*.

3. *Calcul d'images « à la main » :*

Comme $\dfrac{2}{3} > 0$, $f\left(\dfrac{2}{3}\right) = \dfrac{1}{\dfrac{2}{3}+1} - 1 = \dfrac{1}{\dfrac{5}{3}} - 1 = \dfrac{3}{5} - 1 = \dfrac{3-5}{5} = \dfrac{-2}{5}$.

Comme $0 \in]-\infty\,;0]$, alors $f(0) = 0^2 = 0$.

Comme $-2\sqrt{3} \in]-\infty\,;0]$, alors $f(-2\sqrt{3}) = (-2\sqrt{3})^2 = 4 \times 3 = 12$.

Comme $\sqrt{3} > 0$, alors $f(\sqrt{3}) = \dfrac{1}{\sqrt{3}+1} - 1$.

On peut utiliser l'expression conjuguée pour ne pas avoir de radical au dénominateur (voir exercice 20 du *chapitre* 2).

$$f(\sqrt{3}) = \frac{\left(\sqrt{3}-1\right)\times 1}{\left(\sqrt{3}+1\right)\left(\sqrt{3}-1\right)} - 1 = \frac{\sqrt{3}-1}{3-1} - 1 = \frac{\sqrt{3}-1-2}{2} = \frac{\sqrt{3}-3}{2}.$$

Calculs d'images à l'aide de TI83 :

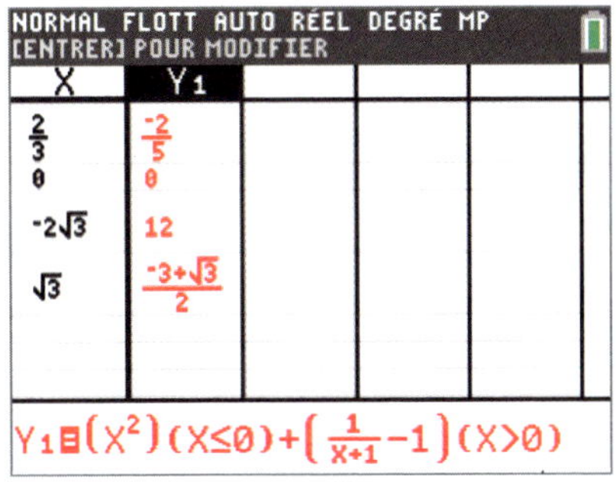

Calculs d'images en langage Python :

```python
from math import sqrt

def f(x):
    if x<=0:
        return x**2
    else:
        return 1/(x+1)-1


print("f(2/3)=",f(2/3))
print("f(0)=",f(0))
print("f(-2racine(3))=",f(-2*sqrt(3)))
print("f(racine(3))=",f(sqrt(3)))
```

et visualisation des résultats obtenus :

```
f(2/3)= -0.3999999999999999
f(0)= 0
f(-2racine(3))= 11.999999999999998
f(racine(3))= -0.6339745962155614
```

On remarque que les valeurs sont décimales, et pas toujours exactes. Python sait très bien gérer les calculs sur les entiers, beaucoup moins sur les rationnels et irrationnels.

CORRIGÉS

Chapitre 4

Équations, inéquations et problèmes

TEST PRÉLIMINAIRE

20 min *(corrigés p. 130)*

Pour les questions 1 à 5, on utilise la représentation de la fonction f ci-contre.

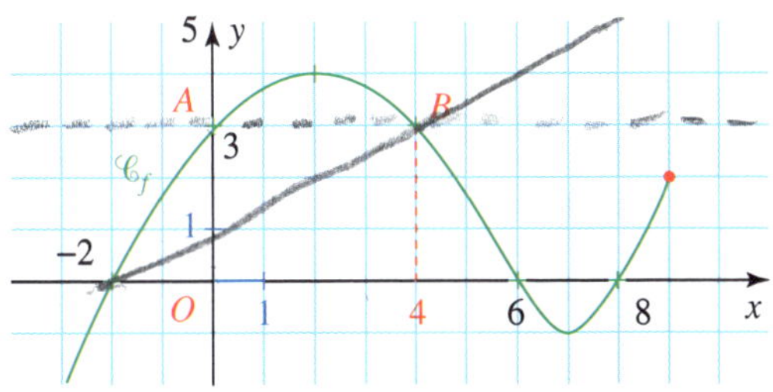

		Vrai	Faux
1	Les solutions de l'équation $f(x) = 3$ sont les points A et B.	☐	☒
2	L'équation $f(x) = 0$ a pour ensemble solution $S = \{-2 ; 6 ; 8\}$.	☒	☐
3	L'inéquation $f(x) > 3$ a pour ensemble solution $S = [0 ; 4]$.	☐	☒
4	$f(x)$ est négatif ou nul pour tout réel x de $]-\infty ; -2] \cup [6 ; 8]$.	☒	☐
5	Pour résoudre l'équation $f(x) = 0{,}5x + 1$, on trace la droite d'équation $y = 0{,}5x + 1$.	☒	☐
6	L'équation $(x-3)^2 - 3(x-3)(x-2) = x^2 - 9$ est équivalente à l'équation $(x-3)(-3x-12) = 0$.	☐	☐
7	L'inéquation $\dfrac{x^2}{x+3} \leqslant x - 2$ est équivalente à $\dfrac{-x+6}{x+3} \leqslant 0$.	☐	☐
8	Pour résoudre $\dfrac{-x+6}{x+3} \leqslant 0$, on résout $\begin{cases} -x+6 \leqslant 0 \\ x+3 \leqslant 0. \end{cases}$	☐	☐
9	Soit ABC un triangle de base $5 - x$ et de hauteur 3. Chercher x tel que l'aire de ce triangle est au plus de 3 unités d'aire se traduit par l'inéquation $\dfrac{(5-x) \times 3}{2} > 3$.	☐	☐
10	Une condition nécessaire pour que l'inéquation $\sqrt{x-3} < 2$ ait des solutions est $x - 3 \geqslant 0$.	☐	☐

COURS

Résoudre graphiquement une équation $f(x) = b$, où b est un nombre réel donné	Les **solutions sont les abscisses** des points de la courbe $\mathscr{C}_f$ dont **l'ordonnée est le nombre b**. Ce sont les **antécédents** du nombre b par la fonction f. On trace la **droite horizontale d'équation $y = b$** et on lit les **abscisses** des points d'intersection de cette droite avec la courbe $\mathscr{C}_f$ représentative de la fonction f.
Résoudre graphiquement l'équation $f(x) = 0$	Les solutions sont les **abscisses** des points où la courbe $\mathscr{C}_f$ **traverse l'axe des abscisses** : l'ensemble solution se compose de valeurs isolées : $S = \{ x_1 ; x_2 ; x_3 \}$. 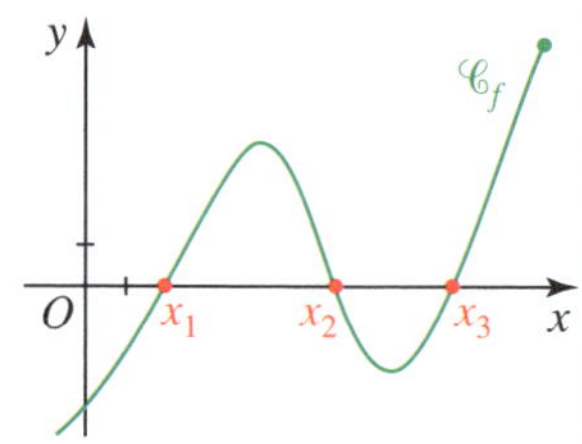
Résoudre graphiquement l'équation $f(x) = g(x)$ ou $f(x) = ax + b$	► Les solutions de l'équation $f(x) = g(x)$ sont les **abscisses** des points d'intersection des deux courbes $\mathscr{C}_f$ et $\mathscr{C}_g$. ► Pour résoudre l'équation $f(x) = ax + b$, on trace la droite $\mathscr{D}$ d'équation $y = ax + b$.
Résoudre graphiquement l'inéquation $f(x) > b$	Les solutions sont les **abscisses** des points de la courbe $\mathscr{C}_f$ situés **au-dessus** de la droite d'équation $y = b$. L'ensemble solution se compose d'intervalles : $S =]x_1 ; x_2[$. 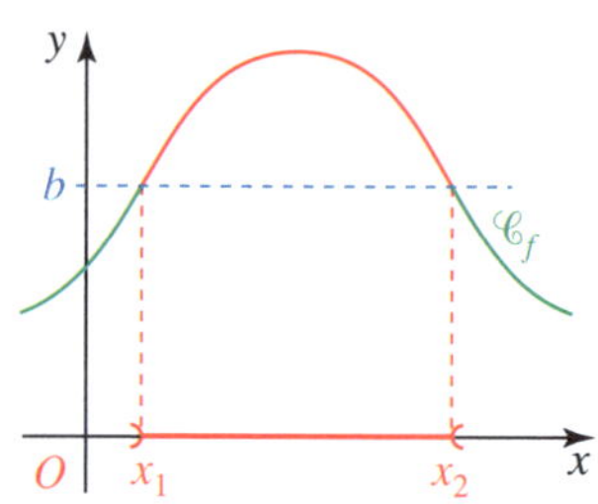
Résoudre graphiquement $f(x) > 0$	Les solutions sont les **abscisses** des points de la courbe $\mathscr{C}_f$ situés **au-dessus de l'axe des abscisses**. Ce sont aussi les valeurs de x telles que $f(x)$ est **strictement positif**.
Déterminer graphiquement le signe de $f(x)$	► Lorsque la courbe $\mathscr{C}_f$ est située **au-dessus** de l'axe des abscisses, alors **$f(x)$ est strictement positif.** ► Lorsque $\mathscr{C}_f$ est **en dessous** de l'axe des abscisses, alors **$f(x)$ est strictement négatif**. On peut alors dresser un tableau de signes de $f(x)$.

Encadrer une racine ou solution d'une équation	C'est trouver, par un graphique ou à l'aide de la calculatrice, un **encadrement par deux valeurs approchées** de la **solution** d'une équation que l'on ne peut pas résoudre algébriquement. (Voir le solveur des calculatrices, exercice 9.)
Résoudre algébriquement une équation se ramenant au 1er degré	Pour résoudre l'équation $f(x) = g(x)$, on procède en trois étapes : ① on se ramène à un **second membre nul** : $f(x) - g(x) = 0$; ② on cherche à **factoriser** le 1er membre pour se ramener à un **produit nul** $A \times B = 0$, où les facteurs sont du 1er degré ; ③ on résout le produit nul : $A = 0$ ou $B = 0$.
Résoudre algébriquement d'autres équations	► Pour une équation du **second degré**, penser aux factorisations de base, à la forme canonique vue aux chapitres 2 et 3. ► Pour un quotient, penser au **quotient nul** si, et seulement si, le numérateur est nul, mais pas le dénominateur (on détermine les **valeurs interdites** qui annulent le dénominateur).
Modéliser algébriquement une inéquation	Il faut savoir traduire certains mots en inégalités : **dépasser** A $(\ldots > A)$, **être plafonné** à B $(\ldots \leqslant B)$; **au moins** A $(\ldots \geqslant A)$, **au plus** B $(\ldots \leqslant B)$; **moins de** B $(\ldots < B)$, **plus de** A $(\ldots > A)$; **être positif** $(\ldots \geqslant 0)$, **être négatif** $(\ldots \leqslant 0)$.
Résoudre algébriquement une inéquation par étude de signes avec produit ou quotient	On ramène l'inéquation à une **comparaison à zéro**, c'est-à-dire avec **second membre nul**. ► Si le premier membre peut se factoriser en un **produit**, on étudie le signe de ce produit dans un tableau de signes. ► Si le premier membre comporte des quotients, on cherche les valeurs interdites, on se ramène à un seul **quotient** factorisé, on étudie le signe de ce quotient. ► Si c'est une **somme**, on ne fait pas de tableau de signes !
Résoudre un problème à une inconnue	① Indiquer ce que représente l'inconnue et dans quel ensemble elle prend ses valeurs. ② Modéliser le problème en une équation ou inéquation. ③ Résoudre algébriquement l'équation ou l'inéquation. ④ Vérifier que les solutions conviennent et conclure.

COURS

CORRIGÉS DU TEST

(énoncés p. 127)

1 **Faux.** Les solutions de l'équation $f(x) = 3$ sont **les abscisses** des points A et B de la courbe, d'ordonnée 3.
$S = \{0 ; 4\}$.

→Exercices 1 et 2

2 **Vrai.** Les solutions de l'équation $f(x) = 0$ sont **les abscisses** des points de la courbe **situés sur l'axe des abscisses.**

→Exercices 1 à 3

3 **Faux.** Les bornes 0 et 4 sont à exclure, car l'inéquation est stricte.
Les solutions de l'inéquation $f(x) > 3$ sont les abscisses des points de la courbe $\mathscr{C}$ dont l'ordonnée est **supérieure à 3**.

→Exercices 4 à 6

4 **Vrai.** L'image $f(x)$ est négative ou nulle lorsque la courbe est située en dessous ou sur l'axe des abscisses.

→Exercices 4 à 6

5 **Vrai.** Les solutions de l'équation $f(x) = 0{,}5x + 1$ sont les abscisses des points de la courbe $\mathscr{C}_f$ situés sur la **droite $\mathscr{D}$** d'équation $y = 0{,}5x + 1$.
Cette droite $\mathscr{D}$ passe par $C(-2 ; 0)$ et par $B(4 ; 3)$, points d'intersection de $\mathscr{D}$ et $\mathscr{C}_f$.
Donc $S = \{-2 ; 4\}$.

→Exercices 6, 32 à 34

6 **Faux.** Pour résoudre l'équation, il est nécessaire de se ramener à un **produit nul**. Pour cela, on factorise :
$(x-3)^2 - 3(x-3)(x-2) = x^2 - 9$
$(x-3)(x-3) - 3(x-3)(x-2) - (x+3)(x-3) = 0$
on met $(x-3)$ en facteur :
$(x-3)(x-3-3(x-2) - (x+3)) = 0$
$(x-3)(x-3-3x+6-x-3) = 0$
$(x-3)(-3x) = 0$. **Produit nul**.
$\Leftrightarrow x-3 = 0$ ou $-3x = 0$
$\Leftrightarrow x = 3$ ou $x = 0$
$S = \{3 ; 0\}$.

→Exercices 11 à 19

7 **Vrai.** Pour résoudre l'inéquation, il est nécessaire de ramener le **second membre à 0**.

$$\frac{x^2}{x+3} \leqslant x-2 \Leftrightarrow \frac{x^2}{x+3} - x + 2 \leqslant 0$$

Puis réduire au même dénominateur :
la valeur interdite est –3.

$$\frac{x^2 - x^2 - 3x + 2x + 6}{x+3} \leqslant 0$$

$$\Leftrightarrow \frac{-x+6}{x+3} \leqslant 0.$$

→Exercices 20 à 24

8 **Faux.** Il est nécessaire d'étudier le signe de ce quotient par un tableau de signes, puis de prendre les valeurs de x qui rendent le quotient négatif ou nul.

→Exercices 25 à 31

9 **Faux.** La formule de l'aire est :

$$\frac{(5-x)\times 3}{2}.$$

Mais « **au plus** de 3 unités d'aire » signifie que cette aire est **inférieure ou égale** à 3.

→Exercices 35 à 43

10 **Vrai.** Pour avoir des solutions à l'inéquation $\sqrt{x-3} < 2$, il est nécessaire que la **racine carrée existe** :
$x - 3$ **positif ou nul**, c'est-à-dire $x \geqslant 3$.
Pour trouver les solutions, on élève au carré les deux membres :
$x - 3 < 4 \Leftrightarrow x < 7$, avec $x \geqslant 3$.
D'où $S = [3 ; 7[$.

EXERCICES

Résolution graphique d'équations et d'inéquations

1 ★ 5 min

(corrigés p. 144)

La fonction f est représentée ci-contre par la courbe $\mathscr{C}_f$.

Vrai ou faux ?

a) L'équation $f(x) = 5$ a pour solutions les antécédents de 5 par f.

b) -4 est la seule solution à l'équation $f(x) = 0$.

c) L'équation $f(x) = 4$ a deux solutions, l'une exacte et l'autre approchée.

d) L'intervalle $[-2\ ;\ 3]$ est l'ensemble solution de l'équation $f(x) = 7$.

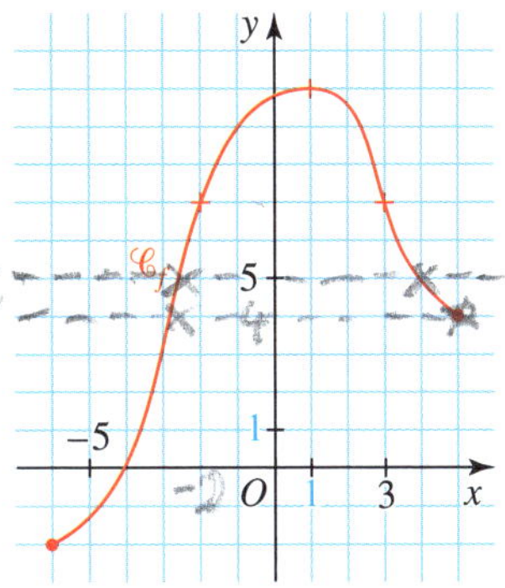

2 ★★ 10 min

(corrigés p. 144)

On considère la fonction f connue par sa courbe ci-dessous.

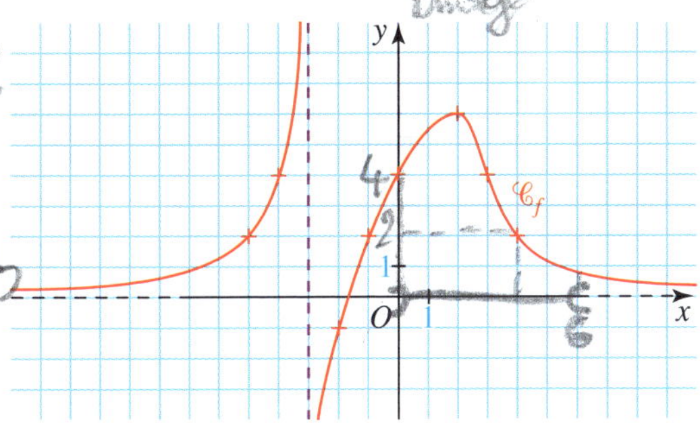

1. Donner l'ensemble de définition et dresser le tableau de variations.

2. a) Lire l'image de 4 par f, puis $f(0)$.

b) Lire les antécédents de 2 par f, puis ceux de -1.

3. Résoudre graphiquement les équations :

a) $f(x) = 4$ **b)** $f(x) = -1$ **c)** $f(x) = 2$.

4. Justifier que, pour tout réel k de l'intervalle $]0\ ;\ 6[$, l'équation $f(x) = k$ admet trois solutions.

3 ★★★ 10 min

(corrigés p. 144)

Deux fonctions f et g sont représentées par les courbes en rouge et en bleu.

1. Dresser le tableau de variations de ces fonctions.

2. Résoudre graphiquement les équations :

a) $f(x) = 0$ **b)** $g(x) = 0$ **c)** $f(x) = 2{,}5$ **d)** $g(x) = 1$.

3. De quelle équation 0 et 3,5 sont-elles les seules solutions ?

4. Résoudre l'équation $f(x) = g(x)$.

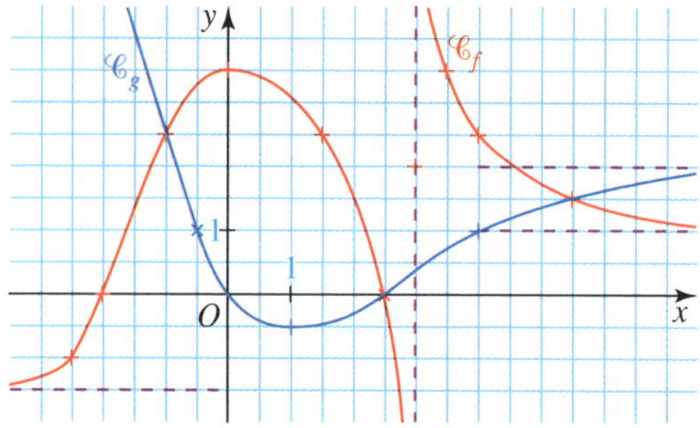

4 ★ 5 min

(corrigés p. 145)

La fonction f est représentée ci-contre.

Vrai ou faux ?

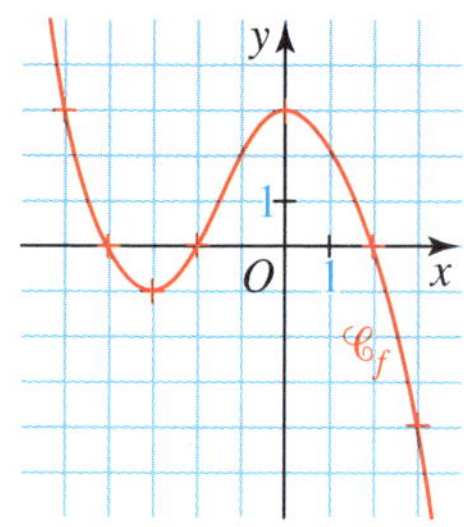

a) Les solutions de $f(x) < 3$ sont $[-5 ; +\infty[$.

b) $f(x)$ est négatif ou nul sur $[-4 ; -2] \cup [2 ; +\infty[$.

c) L'inéquation $f(x) \geqslant 0$ a pour ensemble solution $S = \{-5 ; -4 ; -2 ; 0 ; 2\}$.

d) Pour tout réel x de $[-3 ; +\infty[$, on a $3 - f(x)$ positif ou nul.

5 ★★ 10 min

(corrigés p. 145)

La fonction f définie sur $\mathbb{R}$ est représentée ci-dessous.

Résoudre graphiquement les inéquations :

a) $f(x) \leqslant 1{,}5$ b) $f(x) \geqslant -1$

c) $f(x) \leqslant 0$ d) $f(x) > 0$.

En déduire le signe de $f(x)$ selon les valeurs de x.

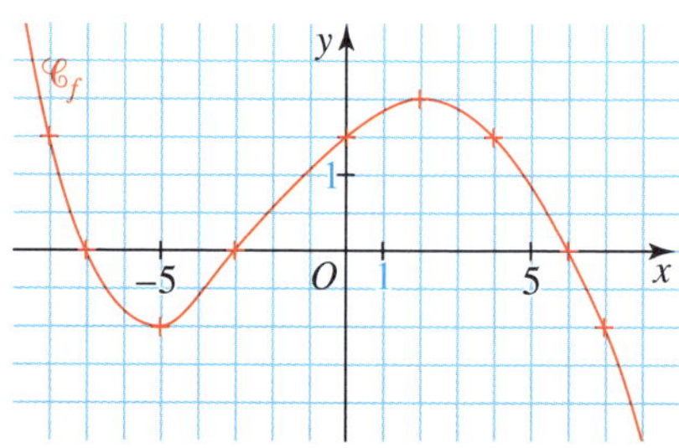

6 ★★★ 20 min

(corrigés p. 145)

On considère les fonctions f et g de l'**exercice 3**.

1. Résoudre graphiquement les inéquations :

a) $f(x) \geqslant 0$ b) $f(x) \leqslant 2{,}5$ c) $g(x) > 0$ d) $f(x) \leqslant g(x)$.

2. Tracer sur le graphique la **droite d'équation $y = x$**

Combien a-t-on de solutions pour l'équation $f(x) = x$? En donner les valeurs approchées permises par le graphique.

3. Résoudre $g(x) \leqslant -\dfrac{5}{7}\left(x - \dfrac{5}{2}\right)$. Expliquer par une phrase la lecture graphique.

7 ★★ 25 min (corrigés p. 146)

La fonction f est représentée par la ligne brisée $ABCDEF$ définie par les points $A(-4\,;3)$; $B(-2\,;-3)$; $C(2\,;-3)$; $D(5\,;6)$; $E(7\,;4)$ et $F(10\,;-2)$.

1. Construire la courbe $\mathscr{C}_f$ dans un repère orthonormal. Marquer par une croix les points à coordonnées entières.

2. Résoudre graphiquement :

a) $f(x) = 0$ **b)** $f(x) = 3$ **c)** $f(x) = -3$

3. Étudier le signe de $f(x)$ suivant les valeurs de x.

4. Soit $G(6\,;3)$ et $H(0\,;-3)$. La droite (GH) est la représentation de la fonction g.

a) Tracer la droite (GH) dans le même repère que $\mathscr{C}_f$. Déterminer la fonction g.

b) Résoudre graphiquement $f(x) = g(x)$ et $f(x) \leqslant g(x)$.

Résolution approchée d'équations

8 ★★ 15 min (corrigés p. 146)

Soit la fonction f définie sur $[-2\,;2]$ par $f(x) = 4x^3 + x - 3$.

a) Visualiser la courbe $\mathscr{C}$ à la calculatrice dans la fenêtre $X \in [-2\,;2]$ et $Y \in [-10\,;10]$.

b) Quel semble être le sens de variation de la fonction f sur $[-2\,;2]$?

c) D'après la courbe, quel est le nombre de solutions à l'équation $f(x) = 0$?

d) Par lecture graphique, donner un encadrement à l'unité près de la solution α de l'équation $f(x) = 0$.

e) Choisir le tableau de valeurs tous les 0,1 à partir de 0,5 et en déduire un encadrement de α à 0,1 près.

f) Utiliser le solveur de la calculatrice pour trouver une valeur approchée de la solution à l'équation $f(x) = 0$ à 0,001 près.

9 ★★ 20 min (corrigés p. 147)

On considère la fonction f définie sur $\mathbb{R}$ par $f(x) = -\dfrac{1}{4}x^3 + 3x - 1$.

1. Programmer cette fonction sur calculatrice et visualiser la courbe en choisissant la fenêtre $X \in [-4{,}7\,;4{,}7]$ et $Y \in [-6\,;6]$.

2. On admet que la fonction f change de sens de variation en des valeurs entières.

a) D'après la courbe, dresser le tableau des variations de f.

b) D'après la courbe, quel est le nombre de solutions à l'équation $f(x) = 0$?
Utiliser le solveur de la calculatrice pour résoudre cette équation de façon approchée à 0,01 près.

3. On se propose de résoudre l'équation $f(x) = 3$.

a) D'après la courbe, quel est le nombre de solutions à l'équation $f(x) = 3$?

b) Réaliser le tableau de valeurs pour toutes les unités à partir de $x = -4$.
Quelles valeurs entières ont pour image 3 ?

c) Conclure pour l'équation $f(x) = 3$.

10 ★ 10 min (corrigés p. 148)

À l'aide d'une calculatrice formelle, résoudre l'équation :

$$x^2(6x+7) = 9x-2.$$

Faire de même pour les équations de l'exercice précédent.

Équations se ramenant au premier degré

11 ★ 10 min (corrigés p. 148)

Résoudre les équations suivantes, le plus rapidement possible (sans calculatrice) !

1. a) $4x^2-3x=0$ **b)** $5x^2=x$ **c)** $x^2-4x=4-x$

2. a) $-3x(x-3)(-3x+1)=0$ **b)** $(x^2-9x)(x+2)^2=0$.

12 ★★ 20 min (corrigés p. 149)

Dans les équations suivantes, factoriser le **premier membre**, puis résoudre :

a) $(2x-1)(x+1)+(2x-1)(3x-7)=0$

b) $(3x+1)^2-(5x+8)(6x+2)=0$

c) $3(x-1)^2+2x-2=0$

d) $3(x+2)^2(x-1)-(x+2)(x-1)^2=0$.

13 ★★ 20 min (corrigés p. 149)

Résoudre les équations suivantes, à l'**aide d'une factorisation** s'il y a lieu.

a) $(2x-1)^2=4x-2$ **b)** $\dfrac{3x+1}{3}-\dfrac{2x+1}{2}=\dfrac{1}{6}$

c) $2(6-3x)=(6x-3)(x-4)$ **d)** $3(2x-3)^2=2x(3-2x)$

e) $(3x-4)(x+1)=3x^2+4$ **f)** $\left(\dfrac{x-45}{2}\right)^2=12x-540$.

14 ★★ 15 min (corrigés p. 150)

Que peut-on dire de **deux carrés égaux $A^2=B^2$** ?

Résoudre les équations :

a) $(2x+3)^2=(x-1)^2$ **b)** $9(x+3)^2=(x-1)^2$

c) $(5x+3)^2=4x^2$ **d)** $-4(3x-1)^2+(2x+3)^2=0$.

15 ★★★ 15 min (corrigés p. 151)

Résoudre les équations (bien regarder la forme) :

a) $2x^2-5x=(2x-5)(2x+4)$ **b)** $4x^2-9=3(2x+3)^2$

c) $(x-3)^2-1=3(x-2)^2$ **d)** $\dfrac{x}{3}(4x^2-1)^2=0$

e) $-x^2+4=(x-3)(x+1)+(x+1)$.

16 ★★ 8 min (corrigés p. 151)

a) Démontrer l'égalité suivante, quel que soit le réel x :

$$x^3 + 8x^2 + 5x - 50 = (x-2)(x+5)^2.$$

b) Résoudre l'équation $x^3 + 8x^2 + 5x - 50 = 0$.

c) Résoudre l'équation $\frac{x^2}{5}(x+8) = 10 - x$.

17 ★★ 10 min (corrigés p. 152)

Démontrer que, quelle que soit la valeur de a, on a toujours :

$$a^2 - a + \frac{1}{2} = \left(a - \frac{1}{2}\right)^2 + \frac{1}{4}.$$

Résoudre l'équation $a^2 - a + \frac{1}{2} = \frac{1}{2}$, puis l'équation $a^2 - a + \frac{1}{2} = \frac{5}{4}$.

18 ★★ 8 min (corrigés p. 152)

On désigne par f la fonction définie sur $\mathbb{R}$ par : $f(x) = 2x^2 - 8x + 15$.

Démontrer que $f(x) = 2(x-2)^2 + 7$ pour tout réel x.

Déterminer les antécédents de 9 par la fonction f.

19 ★★ 10 min (corrigés p. 152)

On considère la fonction f définie sur $\mathbb{R}$ par $f(x) = -2(x-3)^2 + 18$.

1. Vérifier que $f(x) = -2x^2 + 12x$. Factoriser $f(x)$.

2. Choisir la bonne forme pour résoudre :

a) l'équation $f(x) = 0$

b) l'équation $f(x) = 18$

c) l'équation $f(x) = (x-6)(4x+1)$.

Équations avec expression rationnelle

20 ★ 8 min (corrigés p. 153)

Résoudre les équations suivantes sans oublier les valeurs interdites :

1. a) $\frac{4x-3}{x-1} = 0$ **b)** $\frac{x^2 - 2x}{2+x} = 0$.

2. a) $\frac{(x-3)^2 - 25}{x-8} = 0$ **b)** $\frac{-x^2 + (2x-1)^2}{2x-1} = 0$.

21 ★★ 15 min
(corrigés p. 153)

Pour chaque équation, indiquer la **valeur interdite** et résoudre.

1. a) $\dfrac{3}{x+1} = 4$ **b)** $\dfrac{x+2}{2x-3} = 1$ **c)** $\dfrac{x^2-9}{3x} = 0$.

2. a) $\dfrac{2}{x-1} = \dfrac{3}{2}$ **b)** $\dfrac{2-x}{x+4} = 2$ **c)** $\dfrac{x+2}{-2x} = \dfrac{5}{4}$.

22 ★★★ 20 min
(corrigés p. 154)

Résoudre ces équations, en indiquant les valeurs interdites :

1. a) $\dfrac{5x-3}{x-1} = \dfrac{-3}{x}$ **b)** $\dfrac{3}{x+2} = \dfrac{1}{3x}$.

2. a) $\dfrac{x-3}{x+3} = \dfrac{x-1}{x-3}$ **b)** $\dfrac{2}{x} + \dfrac{1}{2} = \dfrac{5}{2x}$.

3. a) $\dfrac{2}{x} = \dfrac{3}{x+1} + \dfrac{1}{x(x+1)}$ **b)** $2x - 7 = \dfrac{4}{2x-7}$.

23 ★★★ 15 min
(corrigés p. 155)

a) Démontrer l'égalité $\dfrac{5-\sqrt{2}}{23} = \dfrac{1}{5+\sqrt{2}}$.

Sachant que $x \neq -5$, résoudre l'équation $\dfrac{5-x}{23} = \dfrac{1}{5+x}$.

b) Résoudre l'équation $\dfrac{3+x}{4} = \dfrac{1}{3-x}$;

en déduire une écriture sans radical au dénominateur pour $\dfrac{1}{3-\sqrt{5}}$.

24 ★★ 15 min
(corrigés p. 155)

Écrire sous la forme d'un quotient $A(x) = \dfrac{-1}{2x-1} - \dfrac{x^2-4}{4x^2-2x} - 1$.

En déduire les solutions de $A(x) = 0$.

Inéquations avec étude de signe

25 ★ 15 min
(corrigés p. 155)

Résoudre les inéquations :

a) $(5x-1)(1-x) \geqslant 0$ **b)** $-3x(x-3) < 0$

c) $x(1+3x) > 0$ **d)** $2x(1-x)(-5-x) \leqslant 0$.

26 ★★ 8 min (corrigés p. 156)

Étudier le signe des expressions suivantes (bien regarder les formes).

a) $25(x-2)^2+1$ **b)** $\sqrt{x^2+4}$ **c)** $-\sqrt{x}$.

27 ★★ 20 min (corrigés p. 156)

Étudier le signe des quotients suivants :

a) $\dfrac{x^2+1}{3-4x}$ **b)** $\dfrac{-9(2-x)^2-1}{x^2}$ **c)** $\dfrac{-5}{3x^2+1}$.

28 ★★ 15 min (corrigés p. 157)

Résoudre les inéquations suivantes en s'aidant d'un tableau de signes.

a) $(4x-1)^2 > x^2+1$ **b)** $2(x-1) < x^2-2$.

29 ★★★ 15 min (corrigés p. 158)

Résoudre, en se ramenant à l'étude du signe d'un quotient.

a) $\dfrac{x-5}{2-x} \leqslant 2$ **b)** $\dfrac{2x+1}{2-x} - \dfrac{3}{4-2x} \geqslant 1$.

30 ★★★ 15 min (corrigés p. 158)

Résoudre en se ramenant à une étude de signe.

a) $(x-3)(1-2x) \leqslant (x-3)^2$ **b)** $\dfrac{-x^2+(2x-1)^2}{2x-1} \leqslant 0$.

31 ★★★ 15 min (corrigés p. 159)

Résoudre les inéquations :

a) $\dfrac{x^2-2}{x^2-1} \geqslant 2$ **b)** $\dfrac{(x+1)^2}{2x} \geqslant 0$ **c)** $\dfrac{3x^2}{x^2+1} \geqslant 2$.

Changement de cadre : algébrique et graphique

32 ★ 10 min (corrigés p. 160)

La courbe $\mathscr{C}_f$ ci-contre est celle de la fonction f définie sur $\mathbb{R}$ par :

$$f(x) = x^2(2-x).$$

Tracer la courbe de la fonction affine g telle que

$$g(x) = 2-x.$$

Résoudre graphiquement :

$$f(x) < g(x).$$

Résoudre algébriquement :

$$x^2(2-x) < 2-x.$$

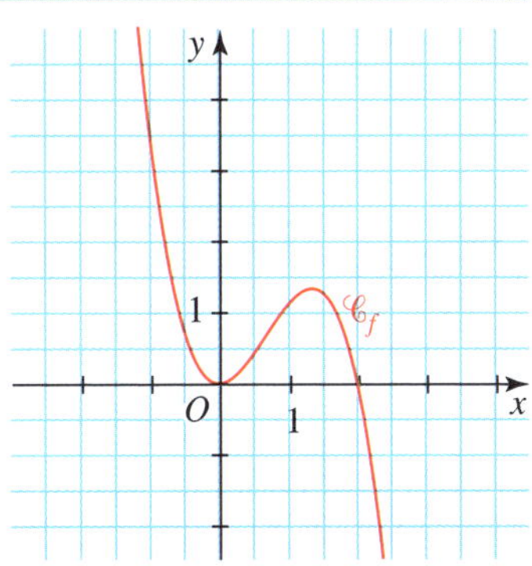

33 ★★ 20 min

(corrigés p. 160)

La fonction carré f est représentée par la parabole $\mathscr{P}$ ci-dessous et la courbe $\mathscr{C}$ est celle d'une fonction g définie sur $\mathbb{R}$ par $g(x) = -x^2 + 2x + 4$.

Les droites $\mathscr{D}_1$ et $\mathscr{D}_2$ sont les représentations de deux fonctions affines respectivement h et k.

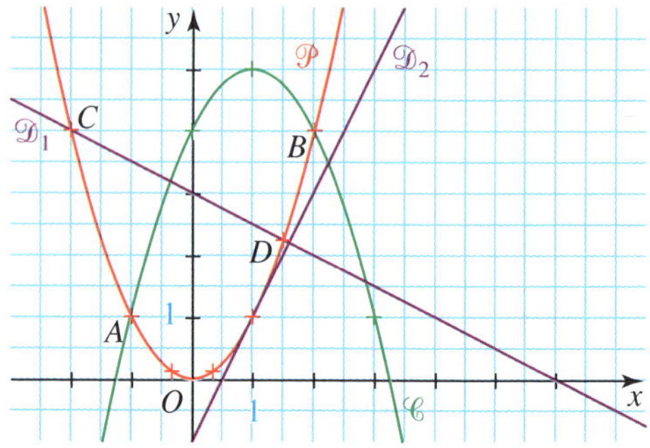

1. Résoudre graphiquement :

a) $f(x) \leqslant g(x)$

b) $f(x) = h(x)$

c) $f(x) \geqslant k(x)$.

2. a) Déterminer les fonctions affines h et k.

b) Vérifier que :

$f(x) - h(x) = (x+2)\left(x - \dfrac{3}{2}\right)$. En déduire la résolution algébrique de $f(x) = h(x)$.

c) Exprimer $f(x) - k(x)$ en fonction de x.

En déduire les solutions de l'inéquation $f(x) \geqslant k(x)$.

34 ★★★ 20 min

(corrigés p. 161)

Soit la fonction f définie sur $\mathbb{R}$ par :

$$f(x) = \frac{-4}{x^2+1}$$

et $\mathscr{C}_f$ sa courbe représentative dans un repère orthonormé.

$\mathscr{D}$ est la droite d'équation $y = x - 3$.

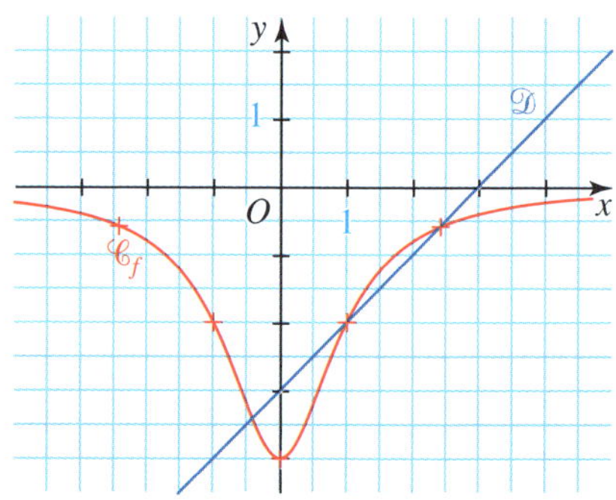

1. a) Étudier le sens de variations de f sur $[0 ; +\infty[$.

Par symétrie, établir le tableau de variations de f.

b) Démontrer que, pour tout réel x, on obtient $-4 \leqslant f(x) < 0$.

Résoudre algébriquement l'équation $f(x) = -1$.

En donner une interprétation graphique.

a) Vérifier que $x^3 - 3x^2 + x + 1 = (x-1)((x-1)^2 - 2)$.

b) Résoudre l'inéquation $f(x) \leqslant x - 3$.

En donner une interprétation graphique.

Modélisation d'équations et d'inéquations

35 ★ 10 min

(corrigés p. 162)

a) Trouver un nombre qui, multiplié par 3, augmente de 30.

b) Trouver un nombre qui, multiplié par 3, diminue de 30.

c) Trouver un nombre qui, divisé par 3, diminue de 30.

36 ★★ 15 min (corrigés p. 162)

Une mère de famille consacre le tiers de son salaire mensuel pour le logement et les impôts divers, les deux tiers de ce qui reste pour la nourriture, la moitié de ce qui reste pour les loisirs et l'habillement, et elle économise le reste, c'est-à-dire 200 euros. Calculer son salaire.

37 ★★ 20 min (corrigés p. 162)

ABCD est un rectangle de longueur $AB = 5$ cm et de largeur $AD = 3$ cm.
M est un point du segment [*AB*].
On pose $AM = x$.

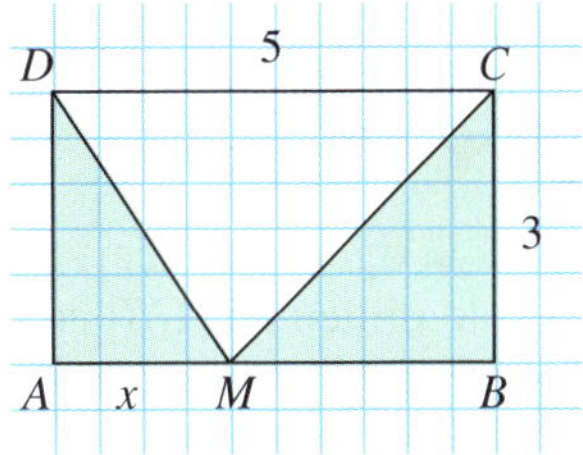

1. Déterminer x pour que l'aire du triangle *AMD* soit au moins égale au tiers de l'aire du triangle *BMC*.

2. Déterminer x pour que l'aire du triangle *AMD* représente plus de 75 % de l'aire du triangle *BMC*.

38 ★ 15 min (corrigés p. 163)

a) Trouver les nombres dont le carré est égal à leur triple.
b) Trouver les nombres dont le triple du carré est égal au double du nombre.

39 ★★★ 15 min (corrigés p. 163)

Si l'on retranche 1805 au produit de deux entiers consécutifs, on trouve la somme de ces deux entiers. Trouver ces deux nombres entiers.
Indication : développer $(n - 43)(n + 42)$.

40 ★★ 20 min (corrigés p. 163)

Le triangle *ABC* est découpé dans un carré de côté x.

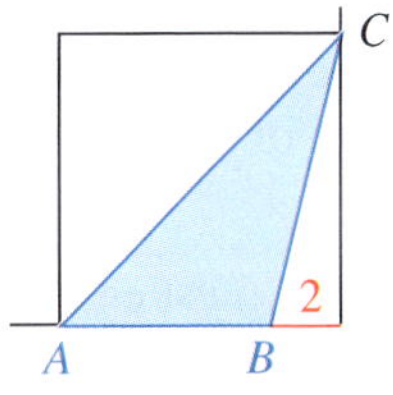

1. Déterminer x afin que l'aire de ce triangle soit moins du tiers de l'aire du carré.

2. Déterminer x afin que l'aire de ce triangle soit égale à l'aire d'un rectangle de côtés $x - 3$ et $x - 2$.

41 ★ 10 min (corrigés p. 164)

Une personne dépense dans un club sportif 75 € d'abonnement par mois et 8,50 € par heure d'activité pratiquée. À combien d'heures peut-elle s'inscrire si elle veut dépenser au plus 160 € par mois ?

42 ★★ 20 min (corrigés p. 164)

Dans un repère orthonormal $(O ; I, J)$, on donne les points $A(0 ; 6)$ et $B(8 ; 0)$.
À tout point *M* du segment [*OB*], on associe le point *N* du segment [*AB*] tel que les droites (*MN*) et (*OA*) sont parallèles. Faire une figure.
On s'intéresse à l'aire du triangle *AMN* et on pose $x = OM$.

EXERCICES

a) À quel intervalle appartient le réel x ? Exprimer la longueur MN en fonction de x.
b) Déterminer l'aire du triangle AMN en fonction de x. On note $f(x)$ cette aire et $\mathscr{D}_f$ son ensemble de définition.

Vérifier que $f(x) = -\frac{3}{8}(x-4)^2 + 6, \forall x \in \mathscr{D}_f$.

c) Étudier les variations de la fonction f et préciser la position du point M pour que l'aire du triangle AMN soit maximale.
d) Où faut-il placer le point M pour que l'aire du triangle AMN soit égale à 4,5 ? Donner l'équation qui permet de répondre à la question, puis la résoudre.

43 ★★★ 30 min (corrigés p. 165)

Dans la figure donnée, ABC est un triangle isocèle rectangle de côté 6.
I est le milieu de $[CB]$ et J celui de $[AC]$.
Le point M est un point libre sur le segment $[AB]$ et $AMPN$ est un rectangle.
On admet que MIN est isocèle rectangle.
On pose $AM = x$.
a) Calculer IJ, puis exprimer JN en fonction de x.
b) Exprimer l'aire du triangle MIN en fonction de x.
On note $f(x)$ cette aire.
c) Démontrer que l'aire du triangle MIN est minimale pour une position du point M à déterminer.

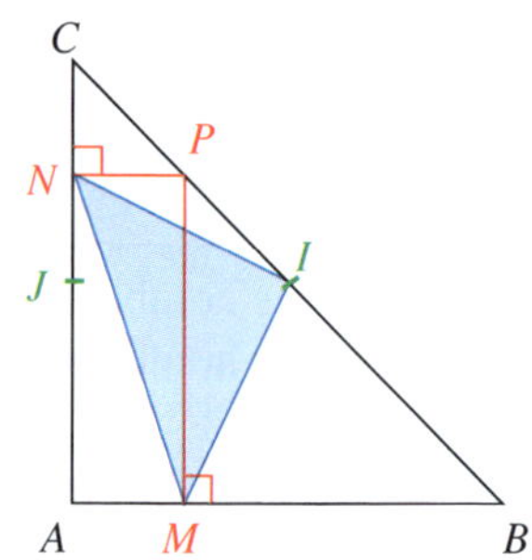

44 ★★ 20 min (corrigés p. 166)

On rappelle que le bénéfice d'une entreprise est donné par :

bénéfice = **recette totale** – **coût total**.

Une entreprise fabrique et commercialise des copies d'œuvres d'art. Le **coût total de fabrication** pour x milliers d'œuvres identiques est :

$$C(x) = x^3 - 5x^2 + 9x,$$

où $C(x)$ est en milliers d'euros et $x \in [0 ; 4,5]$.
Chaque copie fabriquée est vendue 5 € l'unité.

1. Donner la **recette totale $R(x)$** en fonction de x, en milliers d'euros.

2. Visualiser à la calculatrice la courbe de coût total $\mathscr{C}$ et la droite de recette totale $\mathscr{D}$. On prendra $X \in [0 ; 4,5]$ et $Y \in [0 ; C(4,5)]$.
D'après le graphique, donner les quantités x pour lesquelles la recette totale semble être égale au coût total.

3. a) Démontrer que le **bénéfice** s'écrit $\mathbf{B(x) = -x^3 + 5x^2 - 4x}$.
b) Vérifier que $B(x) = -x(x-1)(x-4)$.
Étudier le signe de $B(x)$ et en déduire l'ensemble des quantités à produire afin que l'entreprise réalise un bénéfice : $B(x) \geqslant 0$.

45 ★★★ 30 min

(corrigés p. 167)

Un véhicule part d'une ville A pour rejoindre une ville B : sa vitesse moyenne sur ce parcours est de 90 km/h.
Au retour, de B vers A, sa vitesse moyenne est de x km/h.
Déterminer pour quelles valeurs de x la **vitesse moyenne** du parcours aller-retour est supérieure à 80 km/h.

46 ★★ 30 min

(corrigés p. 168)

Dans un repère orthonormé $(O\,;\,I,\,J)$, on considère le cercle $\mathscr{C}$ de centre O et de rayon 5. Le programme ci-dessous est écrit en langage Python :

```
for x in range(6):
    for y in range(6):
        if x**2+y**2==25:
            print(x,y)
```

On rappelle que « for x in range (6) » signifie que x prend les valeurs entières 0 ; 1 ; 2 ; 3 ; 4 ; 5.
On peut répondre aux questions sans avoir programmé cet algorithme.

a) Après exécution de ce programme, quel(s) affichage(s) obtient-on ?

b) Faire le lien entre ces affichages et les points du cercle $\mathscr{C}$.

47 ★★★ 10 min

(corrigés p. 168)

Sur le site d'un théâtre, on peut lire :
« Un abonnement, c'est trois spectacles (ou plus). Choisissez vos trois premiers spectacles et bénéficiez ensuite d'un tarif abonné sur tous les spectacles. »
L'abonnement coûte 27 € pour trois spectacles, puis 6 € par spectacle.
Yann reçoit un chèque culture de 65 €. S'il s'abonne à ce théâtre, quel est le nombre maximal de spectacles auxquels il peut assister avec ce budget ?
Pour répondre, Yann utilise un programme écrit en Python.

a) Un seul de ces quatre programmes affiche le résultat souhaité : lequel ?

①
```
n=0
S=27
while S<65:
    n=n+3
    S=S+6
print(n)
```

②
```
n=3
S=27
while S>65:
    n=n+1
    S=S+6
print(n)
```

③
```
n=3
S=27
while S<=65:
    n=n+1
    S=S+6
print(n-1)
```

④
```
n=3
S=27
while S<=65:
    n=n+1
    S=S+6
print(n)
```

b) Écrire l'inéquation que Yann doit poser pour résoudre ce problème.

EXERCICES

L'INTERROGATION ÉCRITE

2 heures

Lectures graphiques : équations et inéquations

(corrigés p. 168)

On considère la fonction f définie sur $\mathbb{R}\setminus\{6\}$ et g définie sur $\mathbb{R}$, représentées par les courbes $\mathscr{C}_f$ et $\mathscr{C}_g$ ci-contre.

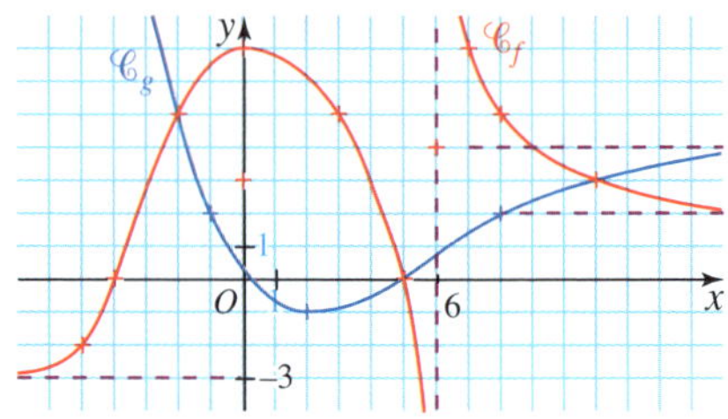

Par lecture graphique, résoudre :

a) l'équation $f(x) = 5$

b) l'équation $g(x) = 0$

c) l'inéquation $f(x) > 0$

d) l'inéquation $f(x) \geqslant g(x)$.

e) Pour quelles valeurs de m l'équation $f(x) = m$ possède-t-elle exactement trois solutions ?

Résoudre algébriquement les équations ou inéquations

(corrigés p. 169)

a) $(x-4)(2x-1) = (2x-8)^2$

b) $(-3x+4)(7x+11) \geqslant 0$

c) $\dfrac{2}{1-x} - \dfrac{3}{1+x} = \dfrac{2+x}{1-x^2}$

d) $\dfrac{5x+1}{3x-7} \leqslant 2$

e) $(2x-3)^2 - (5x+4)(3-2x) = 4x^2 - 6x$.

Fonction rationnelle : lien entre courbe et fonction

(corrigés p. 170)

Soit $f(x) = \dfrac{x-4}{2} - \dfrac{2x-8}{x^2+1}$ et $\mathscr{C}_f$ la courbe d'équation $y = f(x)$.

a) Quel est l'ensemble de définition de la fonction f ?

b) Calculer les images par f des réels 3, $\dfrac{1}{3}$ et $\sqrt{3}$.

c) Donner la forme quotient factorisée de $f(x)$. En déduire les coordonnées des points d'intersection de la courbe $\mathscr{C}_f$ avec les axes du repère.

d) Étudier le signe de $f(x)$.

e) Soit $\mathscr{D}$ la droite d'équation $y = x - 4$. Déterminer algébriquement les points d'intersection de la courbe $\mathscr{C}_f$ avec la droite $\mathscr{D}$.

Modélisation et problème

(corrigés p. 172)

Soit ABC un triangle rectangle en A ; on construit le triangle ANM isocèle tel que $AM = AN$ et la parallèle à (AC) passant par M coupe l'hypoténuse $[BC]$ en P. On s'intéresse à l'aire de $MNCP$, l'unité d'aire étant le carreau. $AB = 8$ unités et $AC = 6$ unités.

On note $AM = x$ et $f(x)$ l'aire de ce quadrilatère.

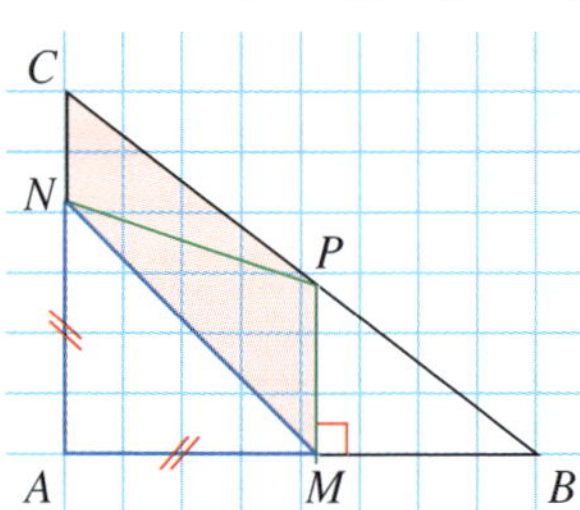

a) Déterminer $f(x)$ en fonction de x.

Quel est l'ensemble de définition de cette fonction ?

b) Étudier le sens de variation de cette fonction f.
Pour quelle valeur de x l'aire de ce quadrilatère est-elle maximale ?
À l'aide de la calculatrice, compléter le tableau de valeurs de la fonction f, arrondies à 0,1, et tracer la courbe $\mathscr{C}_f$ dans un repère orthonormé.

x	0	1	2	3	4	5	6
$f(x)$							

c) Déterminer, par un calcul algébrique, en quelles valeurs de x l'aire de $MNCP$ est égale à $\dfrac{17}{2}$ carreaux. On pourra s'appuyer sur une étude graphique.

CORRIGÉS

1 a) **Vrai.** Chercher les antécédents de 5 par la fonction f, c'est résoudre l'équation $f(x) = 5$.

Voir *chapitre 2*, § Notion de fonction : image et antécédent, courbe.

b) **Vrai.** Un seul point de la courbe a pour ordonnée 0.

c) **Vrai.** Deux points de la courbe ont pour ordonnée 4 : $\approx -2{,}8$ et 5.

d) **Faux.** $S = \{-2, 3\}$.

Ne pas confondre intervalle (avec des crochets) et valeurs isolées (avec accolades).

2 Voir chapitre 1, § Lectures sur la courbe représentative.

1. La droite verticale en $x = -3$ signifie que **la valeur –3 est interdite**.

$\mathcal{D}_f =]\infty ; -3[\cup]-3 ; +\infty[$.

Tableau de variations :

x	$-\infty$		**-3**		2		$+\infty$
$f(x)$	0	↗	$+\infty$ ‖ $-\infty$	↗	6	↘	**0**

On remarque que, lorsque x devient très grand (à droite sur l'axe des abscisses), l'ordonnée du point de la courbe est presque égale à zéro. De même lorsque x devient très grand, mais négatif (à gauche sur l'axe des abscisses).

2. a) $f(4) = 2$. $f(0) = 4$, car $(0 ; 4)$ est le point d'intersection de la courbe $\mathcal{C}_f$ avec **l'axe des ordonnées, d'équation $x = 0$.**

b) -5 ; -1 et 4 sont les antécédents de 2 par f. -2 est l'unique antécédent de -1 par f.

3. a) Équation $f(x) = 4$: $S = \{-4 ; 0 ; 3\}$. Ce sont les abscisses des points de la courbe $\mathcal{C}_f$ d'ordonnée 4.

b) Équation $f(x) = 1$: $S = \{-2\}$.

c) Équation $f(x) = 2$: $S = \{-5 ; -1 ; 4\}$.

4. Le réel k varie de 0 exclu à 6 exclu ; on place ce nombre sur l'axe des ordonnées et on trace la droite horizontale d'équation $y = k$: cette droite coupe la courbe trois fois. Donc l'équation $f(x) = k$ admet trois solutions.

3 1. Tableaux de variations :

x	$-\infty$		0		**3**		$+\infty$
$f(x)$	**$-1{,}5$**	↗	$3{,}5$	↘	$-\infty$ ‖ $+\infty$	↘	**1**

x	$-\infty$		1		$+\infty$
$g(x)$	$+\infty$	↘	$-0{,}5$	↗	**2**

On peut seulement indiquer les ordonnées des points où la fonction change de variation.

2. a) Équation $f(x) = 0$: $S = \{-2 ; 2{,}5\}$.

b) Équation $g(x)$: $S = \{0 ; 2{,}5\}$.

c) Équation $f(x) = 2{,}5$: $S = \{-1 ; 1{,}5 ; 4\}$.

d) Équation $g(x) = 1$: $S = \{-0{,}5 ; 4\}$.

3. Les réels 0 et 3,5 sont les solutions de l'équation $f(x) = 3{,}5$.

4. Équation $f(x) = g(x)$: $S = \{-1 ; 2,5 ; 5,5\}$.
Les solutions sont les abscisses des points d'intersection des courbes $\mathscr{C}_f$ et $\mathscr{C}_g$.

4 **a) Faux.** Il faut exclure –5 et 0, car $f(-5) = 3$ et $f(0) = 3$
Donc $S =]5 ; 0[\cup]0 ; +\infty[$.
b) Vrai. Sur $[-4 ; -2]$ et sur $[2 ; +\infty[$, la courbe $\mathscr{C}_f$ est située en dessous de l'axe des abscisses.
c) Faux. Il ne faut pas citer les entiers, mais les intervalles !

$$S =]-\infty ; -4] \cup [-2 ; 2].$$

d) Vrai. Sur $[-3 ; +\infty[$, le maximum de f est 3, ce qui signifie que :
$\forall x \in [-3 ; +\infty[$, alors $f(x) \leqslant 3 \Leftrightarrow 3 - f(x) \geqslant 0$.

5 **a)** Inéquation $f(x) \leqslant 1,5$: $S = [-8 ; 0] \cup [4 ; +\infty[$.
b) Inéquation $f(x) \geqslant -1$: $S =]-\infty ; 7]$.
c) Inéquation $f(x) \leqslant 0$: $S = [-7 ; -3] \cup [6 ; +\infty[$.
d) Inéquation $f(x) > 0$: $S =]-\infty ; -7[\cup]-3 ; 6[$.

x		–7		–3		6	
signe de $f(x)$	+	0	–	0	+	0	–

6 **1. a)** $f(x) \geqslant 0$: $S =]-2 ; 2,5] \cup]3 ; +\infty[$.
Attention, il faut lire les abscisses des points de la courbe situés **au-dessus ou sur l'axe des abscisses**.
b) $f(x) \leqslant 2,5$: $S =]-\infty ; -1] \cup [1,5 ; 3[\cup [4 ; +\infty[$.
c) $g(x) > 0$: $S =]-\infty ; 0[\cup]2,5 ; +\infty[$.
d) $f(x) \leqslant g(x)$: $S =]-\infty ; -1] \cup [2,5 ; 3[\cup [5,5 ; +\infty[$.
Les solutions sont les abscisses des points de la courbe $\mathscr{C}_f$ situés **en dessous ou sur** la courbe $\mathscr{C}_g$.
2. La droite $\mathscr{D}$ d'équation $y = x$ est diagonale du repère, à ne pas confondre avec **l'axe des abscisses**, d'équation $\boldsymbol{y = 0}$!
La droite $\mathscr{D}$ coupe la courbe $\mathscr{C}_f$ en B et D. Donc il y a deux solutions à l'équation $f(x) = x$: $S = \{\approx 1,8 ; 3,5\}$.
3. On trace la droite Δ d'équation $y = -\dfrac{5}{7}\left(x - \dfrac{5}{2}\right)$.

x	–1	2,5	6
y	2,5	0	–2,5

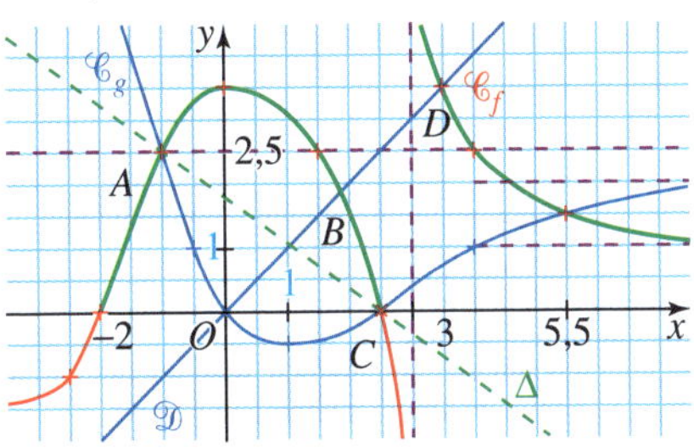

La droite Δ coupe la courbe $\mathscr{C}_g$ en A et C.
Les solutions de l'inéquation :

$$g(x) \leqslant -\frac{5}{7}\left(x - \frac{5}{2}\right)$$

sont les abscisses des points de la courbe $\mathscr{C}_g$ situés en dessous ou sur la droite Δ d'équation $y = -\dfrac{5}{7}\left(x - \dfrac{5}{2}\right)$. $S = [-1 ; 2,5]$.

Revoir *chapitre 3*, § Fonctions affines.

CORRIGÉS

7

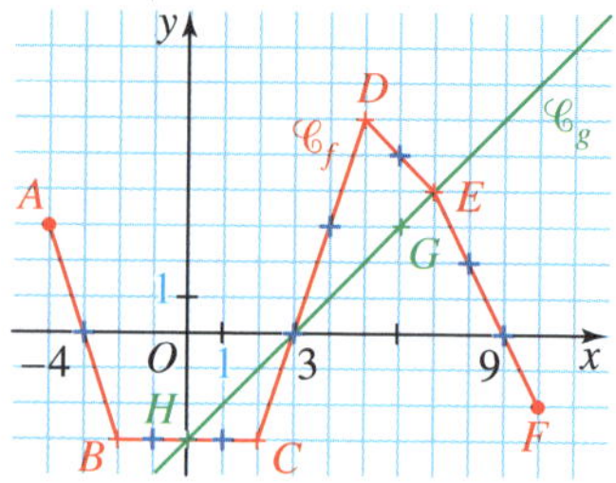

1. Les points en bleu sont les points de coordonnées entières de la courbe, autres que *A, B, C, D, E, F*.

a) $f(x) = 0 : S = \{-3 ; 3 ; 9\}$.

b) $f(x) = 3 : S = \{-4 ; 4 ; 7{,}5\}$.

c) $f(x) = -3 : S = [-2 ; 2]$.

3.

x	-4		-3		3		9		10
signe de $f(x)$		+	0	−	0	+	0	−	

4. a) La droite (GH) est la représentation d'une fonction affine :

$$a = \frac{\Delta y}{\Delta x} = \frac{-3-3}{0-6} = 1.$$

D'où $g(x) = 1(x - 0) - 3 = x - 3$.

b) $f(x) = g(x) : S = \{0 ; 3 ; 7\}$;

$f(x) \leqslant g(x) : S = [0 ; 3] \cup [7 ; 10]$.

8 **a)** Voir *chapitre 2*, exercice 31.

b) La fonction f semble croissante sur $[-2 ; 2]$.

c) La courbe traverse une seule fois l'axe des abscisses, donc l'équation $f(x) = 0$ possède une unique solution α dans $[-2 ; 2]$.

d) D'après la courbe, α est entre 0 et 1 :

$$\mathbf{0 \leqslant \alpha \leqslant 1}.$$

L'encadrement est une double inégalité.

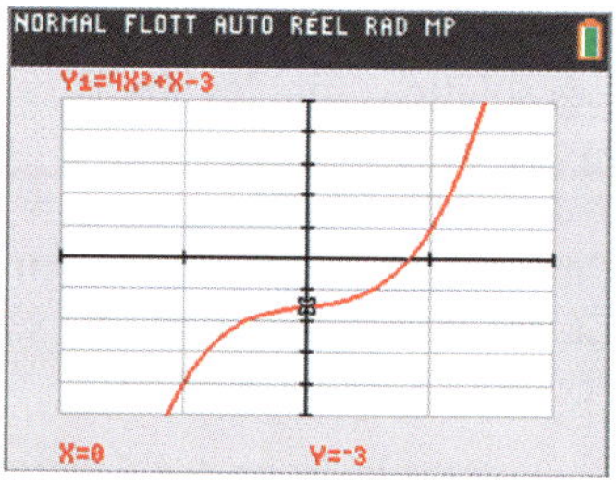

e) D'après le tableau de valeurs, on obtient $\mathbf{0{,}8 \leqslant \alpha \leqslant 0{,}9}$.

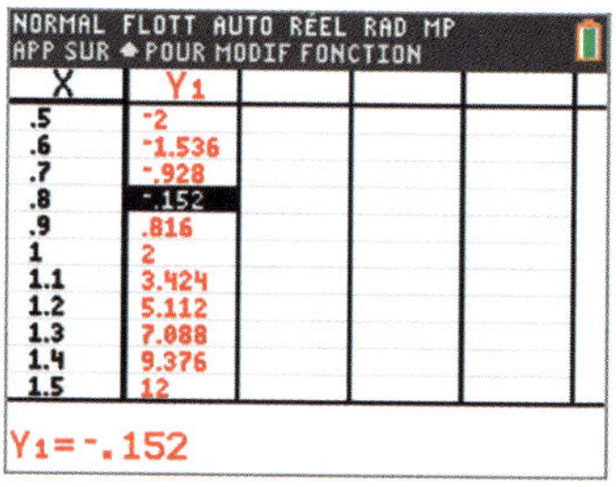

f) Une méthode utilisant le solveur graphique, en prenant en **Borne Inf** = 0 et **Borne Sup** = 1, et **Valeur Init** = 0,5, est donnée ci-après.

On obtient $\boldsymbol{\alpha} \approx \mathbf{0{,}817}$.

Tracer la courbe [graphe]
Entrer dans les calculs [2nde] [trace]
Choisir la recherche des zéros [2]
Indiquer la borne inférieure [0] [enter]
Indiquer la borne supérieure [1] [enter]
Indiquer une valeur proche de la solution
[0] [.] [5] [enter]

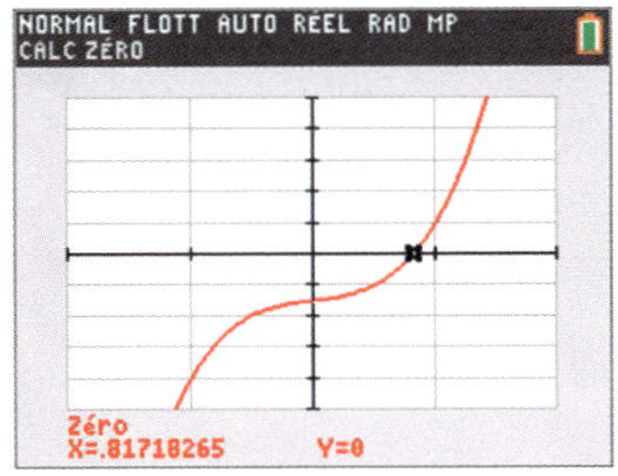

La calculatrice donne une valeur approchée de la solution de l'équation $f(x) = 0$ entre Borne Inf et Borne Sup.

9 **1.**

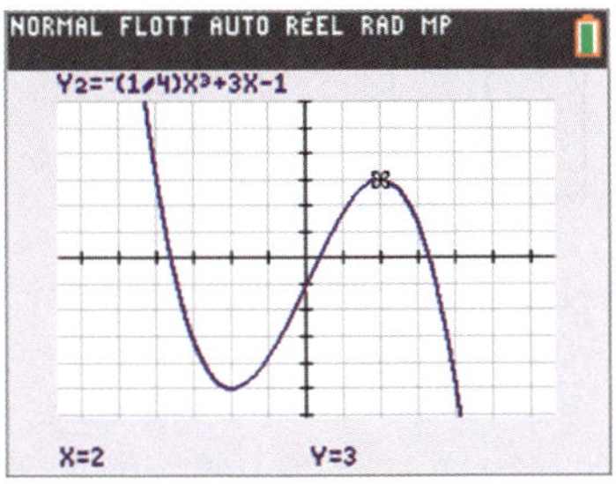

2. a) Tableau de variations :

x	$-\infty$		-2		2		$+\infty$
$f(x)$		↘	-5	↗	3	↘	

On peut faire la lecture par la touche [trace]

b) D'après la courbe, l'équation $f(x) = 0$ a trois solutions :

$\alpha \approx -3{,}62$; $\beta \approx 0{,}34$; $\gamma \approx 3{,}28$. α entre –4 et –3 ; β entre 0 et 1 ; γ entre 3 et 4

On peut s'inspirer du procédé vu à l'exercice 8.

On peut aussi utiliser le solveur de la calculatrice :

[math] [▲] B:Résoudre...

SOLVEUR EQUATION
eqn:0=Y1

Entrer $f(x)$ qui est en Y1 [alpha] [trace] [entrer]

Y1=0
X=-4
bornes={-1E99,...

Entrer la première borne Inf [(–)] [4]

et demander la résolution [alpha] [enter]

On obtient le premier résultat :

Y1=0
▪X=-3.620075858...

Entrer la seconde borne Inf [0] et « Solveur » [alpha] [enter]

Y1=0
▪X=.33650880356...

Enfin la troisième [3] [alpha] [enter]

Y1=0
▪X=3.2835670549...

CORRIGÉS

3. a) D'après la courbe, l'équation $f(x) = 3$ possède deux solutions.

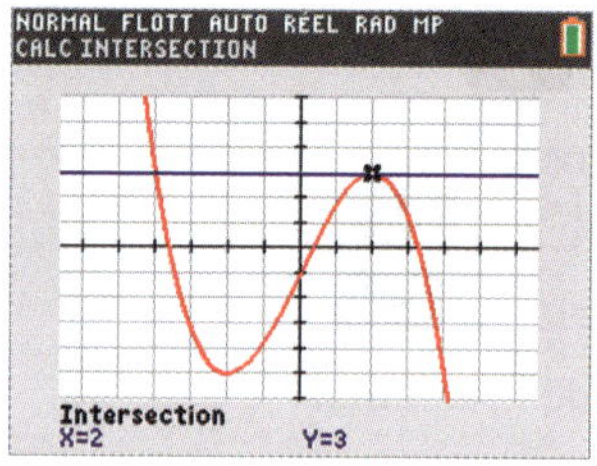

b) -4 et 2 ont pour image 3.

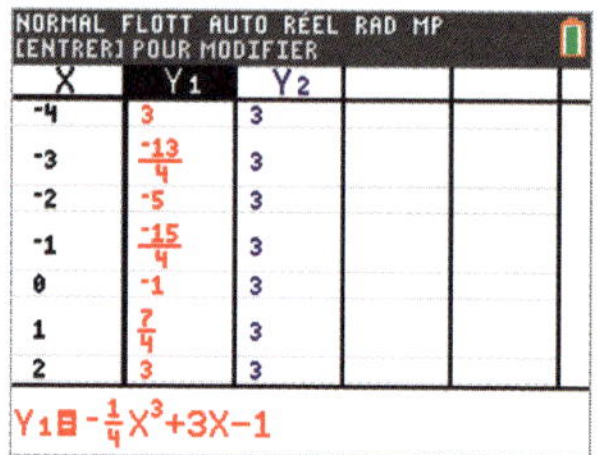

c) On peut penser que l'équation $f(x) = 3$ a pour solution -4 et 2.

Pour le démontrer, vérifier que : $f(x) - 3 = -\dfrac{1}{4}(x-2)^2(x+4)$.

10 $S = \left\{-2\,;\dfrac{1}{3}\,;\dfrac{1}{2}\right\}$.

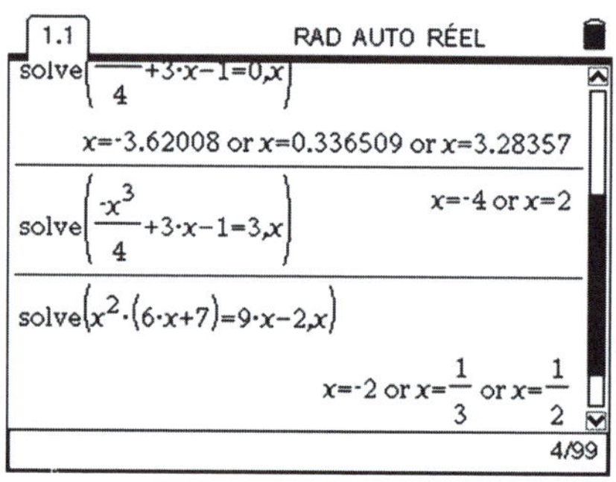

Pour les exercices 11 à 19 ci-après, voir *chapitre 3*, exercices 23 à 33.

11 **1.**

Toujours se ramener à ▬ = 0 et factoriser si possible le **premier membre.**

a) $4x^2 - 3x = 0 \Leftrightarrow x(4x-3) = 0$ **produit nul** voir *chapitre 2*, exercice 21

$\Leftrightarrow x = 0$ ou $4x - 3 = 0 \Leftrightarrow x = 0$ ou $4x = 3 \Leftrightarrow x = 0$ ou $x = \dfrac{3}{4}$. $S = \left\{0\,;\dfrac{3}{4}\right\}$.

b) $5x^2 = x \Leftrightarrow 5x^2 - x = 0 \Leftrightarrow x(5x-1) = 0 \Leftrightarrow x = 0$ ou $5x - 1 = 0$

$\Leftrightarrow x = 0$ ou $x = \dfrac{1}{5}$. $S = \left\{0\,;\dfrac{1}{5}\right\}$.

c) $x^2 - 4x = 4 - x \Leftrightarrow x(x-4) - 4 + x = 0 \Leftrightarrow (x-4)(x+1) = 0$, car $-4 + x = 1(x-4)$

$\Leftrightarrow x = 4$ ou $x = -1$. $S = \{4\,;-1\}$.

2. a) $-3x(x-3)(-3x+1)=0$ C'est déjà un produit nul.

$-3x=0$ ou $x-3=0$ ou $-3x+1=0 \Leftrightarrow x=0$ ou $x=3$ ou $x=\dfrac{1}{3}$.

$S=\left\{0\,;3\,;\dfrac{1}{3}\right\}$

Pour résoudre $-3x=0$, penser à diviser par -3, donc 0 divisé par -3 donne bien 0 !

b) $(x^2-9x)(x+2)^2=0$ **produit nul**

$\Leftrightarrow x^2-9x=0$ ou $(x+2)^2=0$.

Or $x^2-9x=0 \Leftrightarrow x(x-9)=0 \Leftrightarrow x=0$ ou $x=9$

et $(\boldsymbol{x+2})^2=0 \Leftrightarrow \boldsymbol{x+2=0} \Leftrightarrow x=-2$.

Règle du carré nul

$(\blacksquare)^2=0 \Leftrightarrow \blacksquare=0$

D'où $S=\{0\,;9\,;-2\}$.

12 **a)** $(2x-1)(x+1)+(2x-1)(3x-7)=0$ on met $(2x-1)$ en facteur

$(2x-1)(x+1+3x-7)=0 \Leftrightarrow (2x-1)(4x-6)=0$ **produit nul**

$\Leftrightarrow x=\dfrac{1}{2}$ ou $x=\dfrac{6}{4}=\dfrac{3}{2}$.

$S=\left\{\dfrac{1}{2}\,;\dfrac{3}{2}\right\}$. Conserver des résultats en fraction irréductible.

b) $(3x+1)^2-(5x+8)(6x+2)=0$ On remarque que $6x+2=2(3x+1)$.

$(3x+1)^2-(5x+8)\times 2(3x+1)=0 \Leftrightarrow (3x+1)\,(3x+1-2(5x+8))=0$

$\Leftrightarrow (3x+1)\,(-7x-15)=0$ **produit nul**

$\Leftrightarrow 3x+1=0$ ou $-7x-15=0 \Leftrightarrow x=\dfrac{-1}{3}$ ou $x=\dfrac{-15}{7}$.

$S=\left\{\dfrac{-1}{3}\,;\dfrac{-15}{7}\right\}$.

c) $3(x-1)^2+2x-2=0 \Leftrightarrow 3(x-1)^2+2(x-1)=0 \Leftrightarrow (x-1)\,(3(x-1)+2)=0$

$\Leftrightarrow (x-1)\,(3x-3+2)=0 \Leftrightarrow (x-1)\,(3x-1)=0 \Leftrightarrow x=1$ ou $x=\dfrac{1}{3}$.

$S=\left\{1\,;\dfrac{1}{3}\right\}$.

d) $3(x+2)^2(x-1)-(x+2)(x-1)^2=0$ on met $(x+2)(x-1)$ en facteur

$\Leftrightarrow (x+2)(x-1)\,(3(x+2)-(x-1))=0 \Leftrightarrow (x+2)\,(x-1)\,(3x+6-x+1)=0$

$\Leftrightarrow (x+2)(x-1)(2x+7)=0$.

$S=\left\{-2\,;1\,;\dfrac{-7}{2}\right\}$.

13 **a)** $(2x-1)^2=4x-2$ on met 2 en facteur

$\Leftrightarrow (2x-1)^2=2(2x-1)$ on se ramène à $\blacksquare=0$

$\Leftrightarrow (2x-1)^2-2(2x-1))=0$ on factorise

$\Leftrightarrow (2x-1)\,(2x-1-2)=0 \Leftrightarrow (2x-1)\,(2x-3)=0$;

$S=\left\{\dfrac{1}{2}\,;\dfrac{3}{2}\right\}$.

b) $\dfrac{3x+1}{3}-\dfrac{2x+1}{2}=\dfrac{1}{6}$ tout de suite, penser à réduire au même dénominateur :

CORRIGÉS

$$\frac{2(3x+1)-3(2x+1)}{6} = \frac{1}{6} \quad \times 6$$

$6x + 2 - 6x - 3 = 1$

$-1 = 1$

$\forall x$, ceci n'est pas vrai ; par suite, il n'y a pas de solution : $S = \varnothing$.

c) $2(6 - 3x) = (6x - 3)(x - 4)$.

$6 - 3x = 3(2 - x)$ et $6x - 3 = 3(2x - 1)$: il n'y a donc pas de factorisation ; donc on développe !

$12 - 6x = 6x^2 - 24x - 3x + 12 \Leftrightarrow 6x^2 - 24x - 3x + 12 + 6x - 12 = 0$

$\Leftrightarrow 6x^2 - 21x = 0$ **on met $3x$ en facteur**

$\Leftrightarrow 3x(2x - 7) = 0 \Leftrightarrow 3x = 0$ ou $2x - 7 = 0$

$\Leftrightarrow x = 0$ ou $x = \frac{7}{2}$. $S = \left\{0 ; \frac{7}{2}\right\}$.

d) $3(2 - 3x)^2 = 2x(3 - 2x)$

$2x - 3$ est l'opposé de $3 - 2x$; $(-A)^2 = A^2$ donc $(2x - 3)^2 = (3 - 2x)^2$

$3(3 - 2x)^2 - 2x(3 - 2x) = 0$ **on met $(3 - 2x)$ en facteur**

$\Leftrightarrow (3 - 2x)(3(3 - 2x) - 2x) = 0 \Leftrightarrow (3 - 2x)(9 - 6x - 2x) = 0 \Leftrightarrow (3 - 2x)(9 - 8x) = 0$

$\Leftrightarrow 3 - 2x = 0$ ou $9 - 8x = 0$. $S = \left\{\frac{3}{2} ; \frac{9}{8}\right\}$.

Remarque : **comme $3 - 2x = -(2x - 3)$, on peut aussi écrire : $3(2x - 3)^2 + 2x(2x - 3) = 0$.**
On trouve alors $(2x - 3)(8x - 9) = 0$. On obtient les mêmes solutions.

e) $(3x - 4)(x + 1) = 3x^2 + 4$

pas de facteur commun que l'on puisse faire apparaître, donc on développe :

$3x^2 + 3x - 4x - 4 - 3x^2 - 4 = 0 \Leftrightarrow -x - 8 = 0 \Leftrightarrow x = -8$. $S = \{-8\}$.

f) $\left(\frac{x - 45}{2}\right)^2 = 12x - 540$.

$$\left(\frac{a}{b}\right)^2 = \frac{a^2}{b^2}$$

et $540 = 54 \times 10 = 6 \times 9 \times 2 \times 5 = 12 \times 45$.

On peut donc écrire :

$$\left(\frac{x-45}{2}\right)^2 = 12x - 12 \times 45 \quad \times 4$$

$\Leftrightarrow (x - 45)^2 = 4 \times 12(x - 45)$

$\Leftrightarrow (x - 45)^2 - 48(x - 45) = 0 \Leftrightarrow (x - 45)(x - 45 - 48) = 0 \Leftrightarrow x - 45 = 0$ ou $x - 93 = 0$.

$S = \{45 ; 93\}$.

14 $A^2 = B^2 \Leftrightarrow A = -(B)$ ou $A = B$

Deux carrés sont égaux si, et seulement si, les nombres sont égaux ou opposés.

voir équation $(X)^2 = k$ du *chapitre 2*, exercices 10 et 11

a) $(2x + 3)^2 = (x - 1)^2 \Leftrightarrow 2x + 3 = -x + 1$ ou $2x + 3 = x - 1 \Leftrightarrow 3x = -2$ ou $x = -4$

$\Leftrightarrow x = \frac{-2}{3}$ ou $x = -4$. $S = \left\{-\frac{2}{3} ; -4\right\}$.

b) $9(x + 3)^2 = (x - 1)^2 \Leftrightarrow 3(x + 3) = -x + 1$ ou $3(x + 3) = x - 1$

$\Leftrightarrow 3x + 9 + x - 1 = 0$ ou $3x + 9 - x + 1 = 0 \Leftrightarrow 4x + 8 = 0$ ou $2x + 10 = 0$

$\Leftrightarrow x = -2$ ou $x = -5$. $S = \{-2 ; -5\}$.

c) $(5x+3)^2 = 4x^2$ **$4x^2$ est le carré de $2x$**

$\Leftrightarrow 5x+3 = -2x$ ou $5x+3 = 2x \Leftrightarrow 7x+3=0$ ou $3x+3=0 \Leftrightarrow x = -\dfrac{3}{7}$ ou $x = -1$.

$S = \left\{\dfrac{-3}{7} ; -1\right\}$.

d) $-4(3x-1)^2 + (2x+3)^2 = 0 \Leftrightarrow (2x+3)^2 = 4(3x-1)^2$

$\Leftrightarrow 2x+3 = -2(3x-1)$ ou $2x+3 = 2(3x-1)$

$\Leftrightarrow 2x+3+6x-2 = 0$ ou $2x+3-6x+2=0$

$\Leftrightarrow 8x+1=0$ ou $-4x+5=0 \Leftrightarrow x = \dfrac{-1}{8}$ ou $x = \dfrac{5}{4}$.

$S = \left\{-\dfrac{1}{8} ; \dfrac{5}{4}\right\}$.

15 **a)** $2x^2 - 5x = (2x-5)(2x+4)$ **On fait apparaître le facteur commun $2x-5$.**

$x(2x-5) - (2x-5)(2x+4) = 0 \Leftrightarrow (2x-5)(x-(2x+4)) = 0 \Leftrightarrow (2x-5)(-x-4) = 0$

$S = \left\{\dfrac{5}{2} ; -4\right\}$.

b) $4x^2 - 9 = 3(2x+3)^2$ **Comme $4x^2 - 9 = (2x)^2 - (3)^2$, on fait apparaître $2x+3$.**

$(2x+3)(2x-3) - 3(2x+3)^2 = 0 \Leftrightarrow (2x+3)(2x-3-3(2x+3)) = 0$

$\Leftrightarrow (2x+3)(-4x-12) = 0$

$S = \left\{\dfrac{-3}{2} ; -3\right\}$.

c) $(x-3)^2 - 1 = 3(x-2)^2$.

La forme doit guider la factorisation : le premier membre est une différence de deux carrés : $A^2 - B^2$.

$(x-3+1)(x-3-1) = 3(x-2)^2 \Leftrightarrow (x-2)(x-4) - 3(x-2)^2 = 0$

$\Leftrightarrow (x-2)(x-4-3(x-2)) = 0 \Leftrightarrow (x-2)(-2x+2) = 0$.

$S = \{2 ; 1\}$.

d) $\dfrac{x}{3}(4x^2-1)^2 = 0$ **Le carré est nul lorsque le nombre est nul.**

$\Leftrightarrow \dfrac{x}{3} = 0$ ou $4x^2 - 1 = 0 \Leftrightarrow x = 0$ ou $x^2 = \dfrac{1}{4} \Leftrightarrow x = 0$ ou $x = -\dfrac{1}{2}$ ou $x = \dfrac{1}{2}$.

$S = \left\{0 ; -\dfrac{1}{2} ; \dfrac{1}{2}\right\}$.

e) $-x^2 + 4 = (x-3)(x+1) + (x+1)$.

La forme guide la factorisation : dans le 2^d membre apparaît $x+1$ en facteur, et le 1er membre est une différence de deux carrés.

$4 - x^2 = (x+1)(x-3+1) \Leftrightarrow (2+x)(2-x) - (x+1)(x-2) = 0$

Or $2-x$ et $x-2$ sont opposés, donc $-(x-2)(x+1) = +(2-x)(x+1)$.

Ainsi, on peut mettre $(2-x)$ en facteur.

$(2+x)(2-x) + (x+1)(2-x) = 0 \Leftrightarrow (2-x)(2+x+x+1) = 0 \Leftrightarrow (2-x)(2x+3) = 0$.

$S = \left\{2 ; -\dfrac{3}{2}\right\}$.

16 **a)** $\forall x \in \mathbb{R}$, $(x-2)(x+5)^2 = (x-2)(x^2+10x+25)$

$= x^3 + 10x^2 + 25x - 2x^2 - 2x - 50 = x^3 + 8x^2 + 5x - 50$.

b) Résoudre $x^3 + 8x^2 + 5x - 50 = 0$ revient à résoudre $(x-2)(x+5)^2 = 0$.

CORRIGÉS

$x - 2 = 0$ ou $x + 5 = 0$
$x = 2$ ou $x = -5$
$S = \{2 ; -5\}$.

c) L'équation $\frac{x^2}{5}(x + 8) = 10 - x$ $\times 5$
$\Leftrightarrow x^2(x + 8) = 50 - 5x$
$\Leftrightarrow x^3 + 8x^2 + 5x - 50 = 0$;
on retrouve l'équation précédente.
D'où $S = \{2 ; -5\}$.

17 • $\forall a \in \mathbb{R}$,
$$\left(a - \frac{1}{2}\right)^2 + \frac{1}{4} = a^2 - a + \frac{1}{4} + \frac{1}{4} = a^2 - a + \frac{1}{2}.$$
• L'équation $a^2 - a + \frac{1}{2} = \frac{1}{2} \Leftrightarrow a^2 - a = 0 \Leftrightarrow a(a - 1) = 0 \Leftrightarrow a = 0$ ou $a = 1$.
$S = \{0 ; 1\}$.
• L'équation $a^2 - a + \frac{1}{2} = \frac{5}{4}$ on utilise la forme canonique trouvée
$$\Leftrightarrow \left(a - \frac{1}{2}\right)^2 + \frac{1}{4} = \frac{5}{4} \Leftrightarrow \left(a - \frac{1}{2}\right)^2 = 1 \Leftrightarrow a - \frac{1}{2} = -1 \text{ ou } a - \frac{1}{2} = 1$$
$$\Leftrightarrow a = -1 + \frac{1}{2} = -\frac{1}{2} \text{ ou } a = 1 + \frac{1}{2} = \frac{3}{2}.$$
$$S = \left\{-\frac{1}{2} ; \frac{3}{2}\right\}.$$

18 $\forall x \in \mathbb{R}$, $2(x - 2)^2 + 7 = 2(x^2 - 4x + 4) + 7 = 2x^2 - 8x + 8 + 7 = 2x^2 - 8x + 15 = f(x)$.
Les antécédents de 9 par la fonction f sont les solutions de l'équation $f(x) = 9$.
On utilise la forme canonique de f :
$2(x - 2)^2 + 7 = 9 \Leftrightarrow 2(x - 2)^2 = 2 \Leftrightarrow (x - 2)^2 = 1 \Leftrightarrow x - 2 = -1$ ou $x - 2 = 1$
$\Leftrightarrow x = 2 - 1 = 1$ ou $x = 2 + 1 = 3$.
1 et 3 sont les antécédents de 9 par la fonction f.

19 **1.** $-2(x - 3)^2 + 18 = -2(x^2 - 6x + 9) + 18 = -2x^2 + 12x$.
Donc $f(x) = -2x^2 + 12x = 2x(-x + 6)$.
2. a) Pour l'équation $f(x) = 0$, on prend la forme factorisée :
$2x(-x + 6) = 0 \Leftrightarrow 2x = 0$ ou $-x + 6 = 0 \Leftrightarrow x = 0$ ou $x = 6$.
$S = \{0 ; 6\}$.
b) Pour l'équation $f(x) = 18$, on utilise la forme canonique :
$-2(x - 3)^2 + 18 = 18 \Leftrightarrow -2(x - 3)^2 = 0 \Leftrightarrow x = 3$.
$S = \{3\}$.
c) Pour l'équation $f(x) = (x - 6)(4x + 1)$, on prend la forme factorisée :
$2x(-x + 6) = (x - 6)(4x + 1) = 0 \Leftrightarrow -2x(x - 6) - (x - 6)(4x + 1) = 0$
$\Leftrightarrow (x - 6)(-2x - 4x - 1) = 0 \Leftrightarrow (x - 6)(-6x - 1) = 0$.
$$S = \left\{6 ; -\frac{1}{6}\right\}.$$

Pour les exercices 20 à 24, voir *chapitre 3*, exercices 52 à 56.

20

Un quotient est nul, si et seulement si, son numérateur est nul, avec le dénominateur différent de zéro.

$$\frac{N}{D} = 0 \Leftrightarrow N = 0 \text{ et } D \neq 0.$$

1. a) $\dfrac{4x-3}{x-1} = 0 \Leftrightarrow 4x - 3 = 0$ et $\boldsymbol{x \neq 1}$.

On dit que 1 est valeur interdite.

$4x - 3 = 0 \Leftrightarrow x = \dfrac{3}{4}$. $S = \left\{\dfrac{3}{4}\right\}$.

b) $\dfrac{x^2 - 2x}{2+x} = 0 \Leftrightarrow x^2 - 2x = 0$ et $\boldsymbol{x \neq -2}$.

$x^2 - 2x = 0 \Leftrightarrow x(x-2) = 0 \Leftrightarrow x = 0$ ou $x = 2$.

Comme 0 et 2 ne sont pas interdites, $S = \{0 ; 2\}$.

2. a) $\dfrac{(x-3)^2 - 25}{x-8} = 0 \Leftrightarrow (x-3)^2 - 25 = 0$ et $\boldsymbol{x \neq 8}$.

Or $(x-3)^2 - 25 = 0 \Leftrightarrow (x-3)^2 = 5^2 \Leftrightarrow x - 3 = -5$ ou $x - 3 = 5 \Leftrightarrow x = -2$ ou $x = 8$.

Comme 8 est valeur interdite, seule -2 est solution ; $S = \{-2\}$.

b) $\dfrac{-x^2 + (2x-1)^2}{2x-1} = 0 \Leftrightarrow (2x-1)^2 - x^2 = 0$ et $\boldsymbol{x \neq \dfrac{1}{2}}$.

Or $(2x-1)^2 - x^2 = 0 \Leftrightarrow (2x-1)^2 = x^2$

$\Leftrightarrow 2x - 1 = -x$ ou $2x - 1 = x \Leftrightarrow 3x - 1 = 0$ ou $x - 1 = 0 \Leftrightarrow x = \dfrac{1}{3}$ ou $x = 1$.

$\dfrac{1}{3}$ et 1 ne sont pas interdites, donc $S = \left\{\dfrac{1}{3} ; 1\right\}$.

21 **1. a)** $\dfrac{3}{x+1} = 4$: valeur interdite -1.

On résout $3 = 4(x+1) \Leftrightarrow 3 = 4x + 4 \Leftrightarrow x = \dfrac{-1}{4} \neq -1$.

D'où $S = \left\{\dfrac{-1}{4}\right\}$.

b) $\dfrac{x+2}{2x-3} = 1$: valeur interdite $\dfrac{3}{2}$.

On résout $x + 2 = 1(2x-3) \Leftrightarrow x + 2 - 2x + 3 = 0 \Leftrightarrow -x + 5 = 0 \Leftrightarrow x = 5 \neq \dfrac{3}{2}$.

D'où $S = \{5\}$.

c) $\dfrac{x^2 - 9}{3x} = 0$: valeur interdite 0.

On résout $x^2 - 9 = 0 \Leftrightarrow x^2 = 9 \Leftrightarrow x = -3$ ou $x = 3$.

-3 et 3 ne sont pas des valeurs interdites, $S = \{-3 ; 3\}$.

2. a) $\dfrac{2}{x-1} = \dfrac{3}{2}$: valeur interdite 1.

On résout $2 \times 2 = 3(x-1) \Leftrightarrow 4 = 3x - 3 \Leftrightarrow 3x = 7 \Leftrightarrow x = \dfrac{7}{3} \neq 1$.

D'où $S = \left\{\dfrac{7}{3}\right\}$.

CORRIGÉS

b) $\dfrac{2-x}{x+4}=2$: valeur interdite – 4.

On résout $2-x=2\,(x+4) \Leftrightarrow\; 2-x=2x+8 \Leftrightarrow -3x=6 \Leftrightarrow\; x=-2\neq 4$.

$S=\{-2\}$.

c) $\dfrac{x+2}{-2x}=\dfrac{5}{4}$: valeur interdite 0.

On résout $4\,(x+2)=5\,(-2x) \Leftrightarrow 4x+8+10x=0 \Leftrightarrow 14x+8=0$

$\Leftrightarrow x=\dfrac{-8}{14}=\dfrac{-4}{7}\neq 0$.

D'où $S=\left\{\dfrac{-4}{7}\right\}$.

22 **1. a)** $\dfrac{5x-3}{x-1}=\dfrac{-3}{x}$: valeurs interdites 1 et 0.

On résout $x\,(5x-3)=-3\,(x-1) \Leftrightarrow 5x^2-3x=-3x+3 \Leftrightarrow 5x^2=3 \Leftrightarrow x^2=\dfrac{3}{5}$

$\Leftrightarrow x=-\sqrt{\dfrac{3}{5}}$ ou $x=\sqrt{\dfrac{3}{5}}$;

$-\sqrt{\dfrac{3}{5}}$ et $\sqrt{\dfrac{3}{5}}$ ne sont pas interdites, $S=\left\{-\sqrt{\dfrac{3}{5}}\,;\sqrt{\dfrac{3}{5}}\right\}$.

b) $\dfrac{3}{x+2}=\dfrac{1}{3x}$: valeurs interdites – 2 et 0.

On résout $3(3x)=1(x+2) \Leftrightarrow 9x=x+2 \Leftrightarrow x=\dfrac{2}{8}=\dfrac{1}{4}$, non interdite ; $S=\left\{\dfrac{1}{4}\right\}$.

2. a) $\dfrac{x-3}{x+3}=\dfrac{x-1}{x-3}$: valeurs interdites – 3 et 3.

On résout $(x-3)(x-3)=(x-1)(x+3) \Leftrightarrow x^2-6x+9=x^2+3x-x-3$

$\Leftrightarrow -6x-3x+x=-9-3 \Leftrightarrow -8x=-12$

$\Leftrightarrow x=\dfrac{12}{8}=\dfrac{3}{2}$, non interdite, $S=\left\{\dfrac{3}{2}\right\}$.

b) $\dfrac{2}{x}+\dfrac{1}{2}=\dfrac{5}{2x}$: valeur interdite 0.

$\dfrac{2\times 2+1\times x-5}{2x}=0$ **quotient nul**

$\Leftrightarrow 4+x-5=0 \Leftrightarrow x=1$, non interdite, $S=\{1\}$.

3. a) $\dfrac{2}{x}=\dfrac{3}{x+1}+\dfrac{1}{x(x+1)}$: valeurs interdites 0 et –1.

On réduit tout au même dénominateur et on se ramène à un quotient nul.

$\dfrac{2(x+1)-3x-1}{x(x+1)}=0$ **quotient nul**

$\Leftrightarrow 2x+2-3x-1=0 \Leftrightarrow -x+1=0 \Leftrightarrow x=1$, non interdite, $S=\{1\}$.

b) $2x-7=\dfrac{4}{2x-7}$: valeur interdite $\dfrac{7}{2}$.

On résout $(2x-7)^2=4 \Leftrightarrow 2x-7=-2$ ou $2x-7=2 \Leftrightarrow 2x=5$ ou $2x=9$

$\Leftrightarrow x=\dfrac{5}{2}$ ou $x=\dfrac{9}{2}$, non interdites, $S=\left\{\dfrac{5}{2}\,;\dfrac{9}{2}\right\}$.

23 a) Pour démontrer cette égalité, on peut vérifier que $(5-\sqrt{2})(5+\sqrt{2})=23$.
Or $(5-\sqrt{2})(5+\sqrt{2})=5^2-(\sqrt{2})^2=25-2=23$.
Donc l'égalité est vraie.

$\dfrac{5-x}{23}=\dfrac{1}{5+x} \Leftrightarrow (5-x)(5+x)=23 \Leftrightarrow 25-x^2=23 \Leftrightarrow -x^2=-2$

$\Leftrightarrow x^2=2 \Leftrightarrow x=-\sqrt{2}$ ou $x=\sqrt{2}$.

b) $\dfrac{3+x}{4}=\dfrac{1}{3-x} \Leftrightarrow (3+x)(3-x)=4$ et $x \neq 3 \Leftrightarrow 9-x^2=4 \Leftrightarrow x^2=5$

$\Leftrightarrow x=-\sqrt{5}$ ou $x=\sqrt{5}$.

Donc $\dfrac{1}{3-\sqrt{5}}=\dfrac{3+\sqrt{5}}{4}$.

24 $A(x)=\dfrac{-1}{2x-1}-\dfrac{x^2-4}{4x^2-2x}-1$.

Comme $4x^2-2x=2x(2x-1)$, les valeurs interdites sont solutions des équations :

$2x-1=0 \Leftrightarrow x=\dfrac{1}{2}$.

$2x(2x-1)=0 \Leftrightarrow x=0$ ou $x=\dfrac{1}{2}$.

Valeurs interdites : $\dfrac{1}{2}$ et 0.

Le dénominateur commun est : $DC=2x(2x-1)$

$A(x)=\dfrac{-1\times 2x-(x^2-4)-1\times 2x(2x-1)}{2x(2x-1)}=\dfrac{-2x-x^2+4-4x^2+2x}{2x(2x-1)}=\dfrac{-5x^2+4}{2x(2x-1)}$.

$A(x)=0 \Leftrightarrow \dfrac{-5x^2+4}{2x(2x-1)}=0 \Leftrightarrow -5x^2+4=0$.

Valeurs interdites : 0 et $\dfrac{1}{2}$.

Or $-5x^2+4=0 \Leftrightarrow x^2=\dfrac{4}{5} \Leftrightarrow x=\dfrac{-2}{\sqrt{5}}$ ou $x=\dfrac{2}{\sqrt{5}}$.

Ces valeurs ne sont pas interdites : $S=\left\{\dfrac{-2}{\sqrt{5}}\,;\,\dfrac{2}{\sqrt{5}}\right\}$.

Pour les exercices 25 à 31, voir aussi *chapitre 3*, exercices 14 à 18.

25 a) $(5x-1)(1-x) \geqslant 0$

Le premier membre est un **produit**, on dresse un **tableau de signes**.

x		$\frac{1}{5}$		1	
$5x-1$	$-$	0	$+$	¦	$+$
$1-x$	$+$	¦	$+$	0	$-$
$P(x)$	$-$	0	$+$	0	$-$

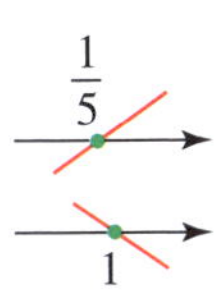

$S=\left[\dfrac{1}{5}\,;\,1\right]$.

On veut $P(x) \geqslant 0$, c'est-à-dire un **produit positif ou nul**, donc les solutions lues sur l'axe des abscisses sont **tous les réels allant de $\dfrac{1}{5}$ à 1**, bornes comprises.

b) $-3x(x-3) < 0$ **produit**

x		0		3	
$-3x$	$+$	0	$-$		$-$
$x-3$	$-$		$-$	0	$+$
$P(x)$	$-$	0	$+$	0	$-$

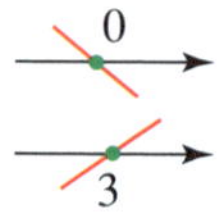

On veut $P(x) < 0$, c'est-à-dire un produit strictement négatif :

$S =]-\infty\,;0[\ \cup\ ]3\,;+\infty[$.

c) $x(1+3x) > 0$ **produit**

x		$-\frac{1}{3}$		0	
x	$-$		$-$	0	$+$
$1+3x$	$-$	0	$+$		$+$
$P(x)$	$+$	0	$-$	0	$+$

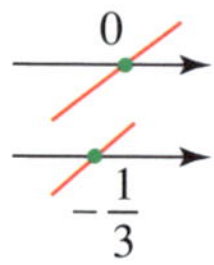

On veut $P(x) > 0$, c'est-à-dire un produit strictement positif :

$S = \left]-\infty\,;-\frac{1}{3}\right[\ \cup\ ]0\,;+\infty[$.

d) $2x(1-x)(-5-x) \leqslant 0$ **produit**

x		-5		0		1	
$2x$	$-$		$-$	0	$+$		$+$
$1-x$	$+$		$+$		$+$	0	$-$
$-5-x$	$+$	0	$-$		$-$		$-$
$P(x)$	$-$	0	$+$	0	$-$	0	$+$

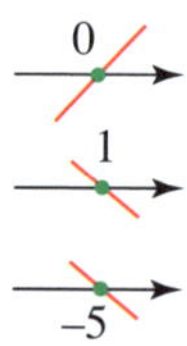

On veut $P(x) \leqslant 0$, c'est-à-dire un produit négatif ou nul.

$S =]-\infty\,;-5]\ \cup\ [0\,;1]$.

26 On ne dresse un tableau de signes que si la forme est un produit ou un quotient.

a) $25(x-2)^2+1$, forme canonique du 2e degré, représentée par une parabole située au-dessus de l'axe des abscisses.

donc $25(x-2)^2+1$ est strictement positif.

On peut aussi raisonner algébriquement :

$\forall x \in \mathbb{R}$, on a $(x-2)^2 \geqslant 0$ ($\times 25$, positif)

donc $25(x-2)^2 \geqslant 0 \times 25$

donc $25(x-2)^2 + 1 \geqslant 0 + 1 > 0$.

b) $\sqrt{x^2+4}$ est strictement positif : car $\forall x \in \mathbb{R}$, on a $x^2 \geqslant 0$, donc $x^2+4 \geqslant 4 > 0$; donc $\sqrt{x^2+4} > 0$.

c) $-\sqrt{x}$ est négatif ou nul pour $x \in [0\,;+\infty[$: car $\sqrt{x}$ existe pour $x \geqslant 0$, et $\forall x \in [0\,;+\infty[$, on a $x \geqslant 0$, donc $\sqrt{x} \geqslant 0$, et en prenant l'opposé, on obtient $-\sqrt{x} \leqslant 0$.

27 **a)** $\dfrac{x^2+1}{3-4x}$ **quotient**

On dresse un tableau de signes. x^2+1 est toujours strictement positif.

x		$\frac{3}{4}$	
x^2+1	$+$		$+$
$3-4x$	$+$	0	$-$
$Q(x)$	$+$	‖	$-$

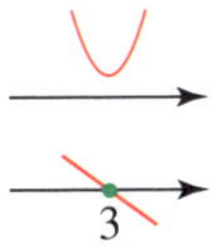

$\frac{3}{4}$ est une valeur interdite.

b) $\frac{-9(2-x)^2-1}{x^2}$ **quotient**

$-9(2-x)^2-1$ est toujours strictement négatif et x^2 est positif ou nul en 0.

x		0	
$-9(2-x)^2-1$	$-$		$-$
x^2	$+$	0	$+$
$Q(x)$	$-$	‖	$-$

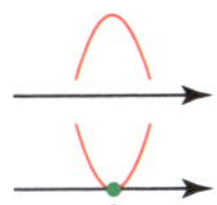

Comme 0 annule le dénominateur, 0 est **valeur interdite**.

c) $\frac{-5}{3x^2+1}$ **quotient**

-5 est un nombre négatif, donc il reste constamment négatif et $3x^2+1$ est strictement positif.

x	
-5	$-$
$3x^2+1$	$+$
$Q(x)$	$-$

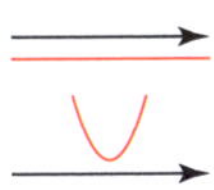

28 **a)** $(4x-1)^2 > x^2+1$.

Cette inéquation est du 2e degré. Donc on se ramène à un second membre nul et on cherche à factoriser le 1er membre.

$(4x-1)^2 - x^2 - 1 > 0$ **on développe le carré**

$\Leftrightarrow 16x^2 - 8x + 1 - x^2 - 1 > 0$

$\Leftrightarrow 15x^2 - 8x > 0$ **on met x en facteur**

$\Leftrightarrow x(15x-8) > 0$. **on dresse un tableau de signes**

x		0		$\frac{8}{15}$	
x	$-$	0	$+$		$+$
$15x-8$	$-$		$-$	0	$+$
$P(x)$	$+$	0	$-$	0	$+$

$S = \left]-\infty\,;0\right[\cup \left]\frac{8}{15}\,;+\infty\right[$.

b) $2(x-1) < x^2 - 2 \Leftrightarrow 2x - 2 - x^2 + 2 < 0$

$\Leftrightarrow -x^2 + 2x < 0$ **on met x en facteur**

$\Leftrightarrow x(-x+2) < 0$

CORRIGÉS

x		0		2	
x	$-$	0	$+$		$+$
$-x+2$	$+$		$+$	0	$-$
$P(x)$	$-$	0	$+$	0	$-$

$S =]-\infty\,;0[\,\cup\,]2\,;+\infty[$.

29 **a)** $\dfrac{x-5}{2-x} \leqslant 2$, valeur interdite : 2

$\Leftrightarrow \dfrac{x-5-2(2-x)}{2-x} \leqslant 0.$

Attention : dans une inéquation, on ne peut pas faire de « produit en croix ».

On garde le dénominateur et on calcule le numérateur.

$\dfrac{x-5-2(2-x)}{2-x} \leqslant 0 \Leftrightarrow \dfrac{3x-9}{2-x} \leqslant 0.$

x		2		3	
$3x-9$	$-$		$-$	0	$+$
$2-x$	$+$	0	$-$		$-$
$Q(x)$	$-$	$\Vert$	$+$	0	$-$

$S =]-\infty\,;2[\,\cup\,[3\,;+\infty[$.

b) $\dfrac{2x+x}{2-x} - \dfrac{3}{4-2x} \geqslant 1$

$2-x=0 \Leftrightarrow x=2$
$4-2x=0 \Leftrightarrow x=2$ } donc 2 est la seule valeur interdite.

$\dfrac{2(2x+1)-3-1(4-2x)}{2(2-x)} \geqslant 0$ **on réduit au même dénominateur**

$\Leftrightarrow \dfrac{4x+2-3-4+2x}{2(2-x)} \geqslant 0 \Leftrightarrow \dfrac{6x-5}{2(2-x)} \geqslant 0.$

x		$\frac{5}{6}$		2	
$6x-5$	$-$	0	$+$		$+$
$2(2-x)$	$+$		$+$	0	$-$
$Q(x)$	$-$	0	$+$	$\Vert$	$-$

$S = \left[\dfrac{5}{6}\,;2\right[.$

30 **a)** $(x-3)(1-2x) \leqslant (x-3)^2 \Leftrightarrow (x-3)(1-2x)-(x-3)^2 \leqslant 0$

$\Leftrightarrow (x-3)(1-2x-x+3) \leqslant 0 \Leftrightarrow (x-3)(-3x+4) \leqslant 0.$

x		$\frac{4}{3}$		3	
$x-3$	$-$		$-$	0	$+$
$-3x+4$	$+$	0	$-$		$-$
$P(x)$	$-$	0	$+$	0	$-$

$S = \left]-\infty\,;\dfrac{4}{3}\right] \cup [3\,;+\infty[.$

b) $\dfrac{-x^2+(2x-1)^2}{2x-1} \leqslant 0$ **Ne se simplifie pas !**

$\Leftrightarrow \dfrac{(2x-1+x)(2x-1-x)}{2x-1} \leqslant 0$, valeur interdite : $\dfrac{1}{2}$

$\Leftrightarrow \dfrac{(3x-1)(x-1)}{2x-1} \leqslant 0.$

x		$\frac{1}{3}$		$\frac{1}{2}$		1	
$3x-1$	$-$	0	$+$		$+$		$+$
$x-1$	$-$		$-$		$-$	0	$+$
$2x-1$	$-$		$-$	0	$+$		$+$
$Q(x)$	$-$	0	$+$	‖	$-$	0	$+$

$S = \left]-\infty\,;\frac{1}{3}\right] \cup \left]\frac{1}{2}\,;1\right].$

31 a) $\dfrac{x^2-2}{x^2-1} \geqslant 2$ **on se ramène à Q(*x*) ⩾ 0**

$\Leftrightarrow \dfrac{x^2-2-2(x^2-1)}{(x+1)(x-1)} \geqslant 0$, valeurs interdites : -1 et 1

$\Leftrightarrow \dfrac{-x^2}{(x+1)(x-1)} \geqslant 0.$

x		-1		0		1	
$-x^2$	$-$		$-$	0	$-$		$-$
$x+1$	$-$	0	$+$		$+$		$+$
$x-1$	$-$		$-$		$-$	0	$+$
$Q(x)$	$-$	‖	$+$	0	$+$	‖	$-$

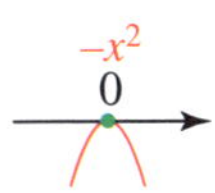

$S =]-1\,;1[.$

b) $\dfrac{(x+1)^2}{2x} \geqslant 0$, valeur interdite : 0

x		-1		0	
$(x+1)^2$	$+$	0	$+$		$+$
$2x$	$-$		$-$	0	$+$
$Q(x)$	$-$	0	$-$	‖	$+$

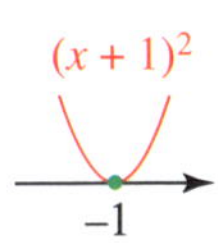

$S = \{-1\} \cup]0\,;+\infty[.$

c) $\dfrac{3x^2}{x^2+1} \geqslant 2$, pas de valeur interdite

$\Leftrightarrow \dfrac{3x^2-2(x^2+1)}{x^2+1} \geqslant 0 \Leftrightarrow \dfrac{x^2-2}{x^2+1} \geqslant 0$

$\Leftrightarrow \dfrac{(x+\sqrt{2})(x-\sqrt{2})}{x^2+1} \geqslant 0.$

$\forall x : x^2 \geqslant 0$, donc $x^2+1 > 0$.

CORRIGÉS

x		$-\sqrt{2}$		$\sqrt{2}$	
$x+\sqrt{2}$	$-$	0	$+$		$+$
$x-\sqrt{2}$	$-$		$-$	0	$+$
x^2+1	$+$		$+$		$+$
$Q(x)$	$+$	0	$-$	0	$+$

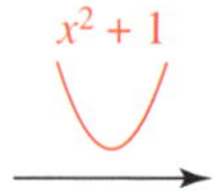

$S =]-\infty\,;-\sqrt{2}\,] \cup [\sqrt{2}\,;+\infty[$.

32 Fonction affine g, représentée par une droite $\mathscr{D}$.
Inéquation $f(x) < g(x)$: les solutions sont les abscisses des points de $\mathscr{C}_f$ situés en dessous de la droite $\mathscr{D}$: $S =]-1\,;1[\, \cup\,]2\,;+\infty[$.

Résolution algébrique
On se ramène à la **comparaison à zéro.**
$x^2(2-x) < 2-x \Leftrightarrow x^2(2-x)-(2-x) < 0 \Leftrightarrow (2-x)(x^2-1) < 0$
$\Leftrightarrow (2-x)(x+1)(x-1) < 0$.
On obtient un produit, dont on étudie le signe :

x		-1		1		2	
$2-x$	$+$		$+$		$+$	0	$-$
$x+1$	$-$	0	$+$		$+$		$+$
$x-1$	$-$		$-$	0	$+$		$+$
$P(x)$	$+$	0	$-$	0	$+$	0	$-$

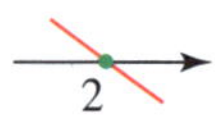

On veut un produit < 0, c'est-à-dire strictement négatif.
D'où $S =]-1\,;1[\, \cup\,]2\,;+\infty[$.

33 **1. a) Inéquation $f(x) \leqslant g(x)$**
Les solutions sont les abscisses des points de la courbe $\mathscr{P}$ en dessous de, ou sur, la courbe $\mathscr{C}$: $S = [-1\,;2]$ **abscisses des points rouges, entre *A* et *B***
b) $f(x) = h(x)$
Les solutions sont les abscisses des points d'intersection de la parabole $\mathscr{P}$ et de la droite $\mathscr{D}_1$: $S = \{-2\,;\approx 1{,}5\}$ **abscisses des points *C* et *D***
c) Inéquation $f(x) \leqslant k(x)$
Les solutions sont les abscisses des points de la courbe $\mathscr{P}$ au-dessus de, ou sur, la droite $\mathscr{D}_2$: $S = \mathbb{R}$ **Tous les points de la parabole $\mathscr{P}$ conviennent.**
2. a) Pour h, représentée par $\mathscr{D}_1$: le coefficient directeur est $a = \dfrac{-1}{2}$.
D'où $h(x) = -\dfrac{1}{2}x + 3$.
Pour k, représentée par $\mathscr{D}_2$: le coefficient directeur est $a' = 2$.
D'où $k(x) = 2x - 1$.
b) Pour vérifier une égalité, on calcule chaque membre pour trouver la même expression réduite et ordonnée.

$$f(x) - h(x) = x^2 - \left(-\frac{1}{2}x + 3\right) = x^2 + \frac{1}{2}x - 3.$$

Et $(x+2)\left(x-\frac{3}{2}\right) = x^2+2x-\frac{3}{2}x+2\times\left(\frac{-3}{2}\right) = x^2+\frac{1}{2}x-3$.

Donc $f(x)-h(x)=(x+2)\left(x-\frac{3}{2}\right)$. L'équation $f(x)=h(x)$ s'écrit aussi :

$f(x)-h(x)=0 \Leftrightarrow (x+2)\left(x-\frac{3}{2}\right)=0$ **produit nul**

$\Leftrightarrow x+2=0$ ou $x-\frac{3}{2}=0 \Leftrightarrow x=-2$ ou $x=\frac{3}{2}$.

$S=\left\{-2\,;\frac{3}{2}\right\}$. **On retrouve 1. b).**

c) $f(x)-k(x)=x^2-(2x-1)=x^2-2x+1=(x-1)^2$.
L'inéquation $f(x)\geqslant k(x)$ s'écrit aussi : $f(x)-k(x)\geqslant 0 \Leftrightarrow (x-1)^2\geqslant 0$
Or un carré est toujours positif ou nul, donc tous les réels sont solutions.
$S=\mathbb{R}$.

34 Soit $f(x)=\dfrac{-4}{x^2+1}$ définie sur $\mathbb{R}$.
Il n'y a pas de valeur interdite, car $x^2+1=0 \Leftrightarrow x^2=-1$ qui n'a pas de solution.
Soit $\mathscr{D}$ la droite d'équation $y=x-3$.
1. a) Sur $[0\,;+\infty[$, soit deux réels a et b tels que :

$0\leqslant a<b$ — **on élève au carré des positifs, l'ordre reste**

$0\leqslant a^2<b^2$ — **+ 1**

$1\leqslant a^2+1<b^2+1$ — **on prend l'inverse de positifs, l'ordre change**

$1\geqslant \dfrac{1}{a^2+1}>\dfrac{1}{b^2+1}$ — **× (–4) l'ordre change**

$-4\leqslant \dfrac{-4}{a^2+1}<\dfrac{-4}{b^2+1}$

D'où $f(a)<f(b)$, ce qui signifie que la fonction f est croissante sur $[0\,;+\infty[$. Par symétrie par rapport à l'axe des ordonnées, la fonction f est décroissante sur $]-\infty\,;0]$.
b) Sur $]-\infty\,;+\infty[$, un carré est toujours positif ou nul. Donc :

$\forall x\in\mathbb{R}, 0\leqslant x^2 \Rightarrow 1\leqslant x^2+1 \Rightarrow 1\geqslant \dfrac{1}{x^2+1}>0 \Rightarrow -4\leqslant \dfrac{-4}{x^2+1}<0$.

Ainsi $-4\leqslant f(x)<0$, $\forall x\in\mathbb{R}$.
2. Équation $f(x)=-1$

$\Leftrightarrow \dfrac{-4}{x^2+1}=-1 \Leftrightarrow 4=x^2+1 \Leftrightarrow x^2=3 \Leftrightarrow x=-\sqrt{3}$ ou $x=\sqrt{3}$.

Donner une interprétation graphique, c'est faire une phrase parlant de courbe.
Résoudre l'équation $f(x)=-1$:
les solutions sont les abscisses des points de la courbe $\mathscr{C}_f$ dont l'ordonnée est -1 ; ces points ont pour abscisses $-\sqrt{3}$ et $\sqrt{3}$.
3. a) Par développement :
$(x-1)\left((x-1)^2-2\right)=(x-1)(x^2-2x-1)=x^3-2x^2-x-x^2+2x+1=x^3-3x^2+x+1$.
b) $\mathscr{D}$ est la droite d'équation $y=x-3$.

L'inéquation $f(x)\leqslant x-3$ s'écrit aussi : $\dfrac{-4}{x^2+1}\leqslant x-3 \Leftrightarrow \dfrac{-4-(x-3)(x^2+1)}{x^2+1}\leqslant 0$.

CORRIGÉS

Or x^2+1 reste toujours strictement positif ; donc on résout :

$-4-(x-3)(x^2+1) \leqslant 0$

$\Leftrightarrow 4+x^3+x-3x^2-3 \geqslant 0$ ← $\times(-1)$ change le sens

$\Leftrightarrow x^3-3x^2+x+1 \geqslant 0$

$\Leftrightarrow (x-1)((x-1)^2-2) \geqslant 0$ ← on utilise a)

or $(x-1)^2-2=(x-1+\sqrt{2})(x-1-\sqrt{2})$.

On étudie donc le signe de chaque facteur :

x		$1-\sqrt{2}$		1		$1+\sqrt{2}$	
$x-1$	$-$		$-$	0	$+$		$+$
$x-1+\sqrt{2}$	$-$	0	$+$		$+$		$+$
$x-1-\sqrt{2}$	$-$		$-$		$-$	0	$+$
$P(x)$	$-$	0	$+$	0	$-$	0	$+$

On veut $P(x) \geqslant 0$, donc $S=[1-\sqrt{2}\ ;1] \cup [1+\sqrt{2}\ ;+\infty[$.

Les points de la courbe $\mathscr{C}_f$ situés en dessous ou sur la droite $\mathscr{D}$ ont leurs abscisses dans la réunion d'intervalles S.

35 a) On pose x le nombre cherché. Si on multiplie x par 3, alors x augmente de 30 :
$3x=x+30 \Leftrightarrow 2x=30 \Leftrightarrow \boldsymbol{x=15}$.

b) On pose x le nombre cherché. Si on multiplie x par 3, alors x diminue de 30 :
$3x=x-30 \Leftrightarrow 2x=-30 \Leftrightarrow \boldsymbol{x=-15}$.

c) On pose x le nombre cherché. Si on divise par 3, alors x diminue de 30 :
$\frac{x}{3}=x-30 \Leftrightarrow x=3x-90 \Leftrightarrow \boldsymbol{x=45}$.

36 Soit x le salaire de la mère de famille.

Logement et impôts divers : $\frac{1}{3}x$, et il reste $\frac{2}{3}x$.

Les deux tiers de ce qui reste pour la nourriture : $\frac{2}{3}\left(\frac{2}{3}x\right)$, et il reste $\frac{1}{3}\left(\frac{2}{3}x\right)=\frac{2}{9}x$.

La moitié de ce qui reste pour les loisirs et l'habillement : $\frac{1}{2}\left(\frac{2}{9}x\right)=\frac{1}{9}x$,

et il reste $\frac{1}{2}\left(\frac{2}{9}x\right)=\frac{1}{9}x$, soit 200 €.

Donc $\frac{1}{9}x=200 \Leftrightarrow x=1\,800$. Le salaire est de 1 800 €.

37 On a $AM=x$ avec $M \in [AB]$. Or $AB=5$, donc $x \in [0\ ;5]$.

1. L'aire du triangle AMD : $\mathscr{A}_{AMD}=\frac{1}{2}\times AM \times AD=\frac{1}{2}x\times 3=\frac{3}{2}x$.

L'aire du triangle BMC : $\mathscr{A}_{BMC}=\frac{1}{2}\times BM\times BC=\frac{1}{2}(5-x)\times 3=\frac{3(5-x)}{2}$.

« $\mathscr{A}_{AMD}$ **au moins égale** au tiers de $\mathscr{A}_{BMC}$ » se traduit par :

$\mathscr{A}_{AMD} \geqslant \frac{1}{3}\mathscr{A}_{BMC} \Leftrightarrow \frac{3}{2}x \geqslant \frac{1}{3} \times \frac{3(5-x)}{2}$ **on simplifie**

$\Leftrightarrow 3x \geqslant 5 - x \Leftrightarrow 4x \geqslant 5 \Leftrightarrow x \geqslant \frac{5}{4}$.

Or $x \in [0\ ;5]$. Donc $S = \left[\frac{5}{4}\ ; 5\right]$.

2. « L'aire de AMD représente **plus de** 75 % de l'aire de BMC » se traduit par :

$\mathscr{A}_{AMD} > 0{,}75\ \mathscr{A}_{BMC}$ **or 0,75 = $\frac{3}{4}$**

$\Leftrightarrow \frac{3}{2}x > \frac{3}{4} \times \frac{3(5-x)}{2}$ $\times\left(4 \times \frac{2}{3}\right)$

$\Leftrightarrow 4 \times \frac{\cancel{2}}{\cancel{3}} \times \frac{\cancel{3}}{\cancel{2}}x > \cancel{4} \times \frac{\cancel{2}}{\cancel{3}} \times \frac{\cancel{3}}{\cancel{4}} \times \frac{3}{\cancel{2}}(5-x) \Leftrightarrow 4x > 15 - 3x \Leftrightarrow 7x > 15$

$\Leftrightarrow x > \frac{15}{7}$.

Or $x \in [0\ ;5]$. Donc $S = \left]\frac{15}{7}\ ; 5\right]$.

38 **a)** Soit x le nombre cherché.
Le carré, x^2, est égal au triple de x :
$x^2 = 3x \Leftrightarrow x^2 - 3x = 0 \Leftrightarrow x(x-3) = 0 \Leftrightarrow x = 0$ ou $x = 3$.
Les nombres sont 0 et 3.
b) Soit x le nombre cherché.
Le triple du carré, $3x^2$, est égal au double du nombre :
$3x^2 = 2x \Leftrightarrow 3x^2 - 2x = 0 \Leftrightarrow x(3x-2) = 0 \Leftrightarrow x = 0$ ou $x = \frac{2}{3}$.
Les nombres sont 0 et $\frac{2}{3}$.

39 Lorsque l'on parle de « deux entiers consécutifs », on nomme n le premier et le second est $n + 1$.
On retranche 1 805 au produit $n \times (n + 1)$ et on retrouve la somme $n + (n + 1)$.
On obtient l'équation :
$n(n+1) - 1\,805 = n + n + 1 \Leftrightarrow n^2 + n - 2n - 1\,805 - 1 = 0 \Leftrightarrow n^2 - n - 1\,806 = 0$.
Or $(n - 43)(n + 42) = n^2 - 43n + 42n - 1\,806 = n^2 - n - 1\,806$.
Donc l'équation à résoudre est équivalente à :
$(n - 43)(n + 42) = 0 \Leftrightarrow n = 43$ ou $n = -42$.
Les entiers consécutifs sont 43 et 44 ou –42 et –41.
Faire la vérification à la calculatrice.

40

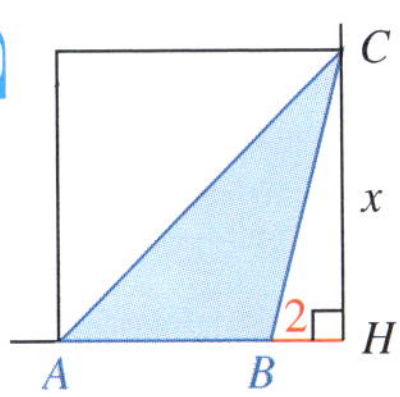

Comme le carré a pour côté x, alors $AB = x - 2$. D'où $x \in [2\ ; +\infty[$.

$\mathscr{A}(ABC) = \frac{1}{2} \times CH \times AB = \frac{x(x-2)}{2}$.

La hauteur est CH et la base est AB.

1. L'aire de ABC est **moins** du tiers de l'aire du carré :

$$\frac{x(x-2)}{2} < \frac{1}{3}x^2 \quad \times (2 \times 3)$$

$$\Leftrightarrow \cancel{2} \times 3 \times \frac{x(x-2)}{\cancel{2}} < 2 \times \cancel{3} \times \frac{1}{\cancel{3}} \times x^2$$

$\Leftrightarrow 3(x^2 - 2x) < 2x^2 \Leftrightarrow x^2 - 6x < 0 \Leftrightarrow x(x-6) < 0$.

On étudie le signe de $x(x-6)$:

x		0		6	
$x(x-6)$	+	0	–	0	+

D'où $x \in \,]0\,;6[$.

Or, pour que le triangle existe, il est nécessaire que $x \geqslant 2$.

En conséquence, $\boldsymbol{x \in [2\,;6[}$.

2. L'aire de ABC égale à l'aire d'un rectangle de côtés $x-3$ et $x-2$: il est nécessaire que $x \geqslant 3$ pour que ce rectangle existe.

On résout : $\frac{x(x-2)}{2} = (x-3)(x-2)$

$$\Leftrightarrow (x-2)\frac{x}{2} - (x-3)(x-2) = 0 \Leftrightarrow (x-2)\left(\frac{x}{2} - x + 3\right) = 0$$

$$\Leftrightarrow (x-2)\left(-\frac{x}{2} + 3\right) = 0 \Leftrightarrow x = 2 \text{ ou } x = 6.$$

Or il est nécessaire que $x \geqslant 3$. Seule la valeur 6 convient. Le carré est de côté 6.

41 Soit x le nombre d'heures cherché ; à 8,50 € de l'heure, la dépense totale est : $75 + 8{,}50x$.

La personne dépense au plus 160 € par mois ; on résout donc l'inéquation :

$$75 + 8{,}5x \leqslant 160 \Leftrightarrow x \leqslant \frac{85}{8{,}5} \Leftrightarrow x \leqslant 10.$$

La personne doit donc s'inscrire à 10 heures au plus.

42 **a)** On a $OB = 8$ et $M \in [OB]$, donc $x \in [0\,;8]$.

Comme $(MN) \,//\, (OA)$, d'après le théorème de Thalès dans le triangle OAB, on obtient :

$$\frac{BM}{BO} = \frac{NM}{AO} \Rightarrow \frac{NM}{6} = \frac{8-x}{8}.$$

Ainsi : $MN = 6 \times \left(\frac{8-x}{8}\right) = \frac{3}{4}(8-x) = 6 - \frac{3}{4}x$.

On peut aussi utiliser la trigonométrie du triangle rectangle :

$\tan(\widehat{OBA}) = \frac{NM}{MB}$ dans BNM et $\tan(\widehat{OBA}) = \frac{AO}{OB}$ dans OAB.

b) $\mathscr{A}(AMN) = \frac{1}{2} \times OM \times MN = \frac{1}{2}x\left(6 - \frac{3}{4}x\right) = -\frac{3}{8}x^2 + 3x$.

La hauteur de ce triangle est OM et la base est MN.

Donc $f(x) = -\dfrac{3}{8}x^2 + 3x$, avec $\mathcal{D}_f = [0\ ;\ 8]$.

Pour vérifier, on développe :

$$-\frac{3}{8}(x-4)^2 + 6 = -\frac{3}{8}(x^2 - 8x + 16) + 6 = -\frac{3}{8}x^2 + 3x - \frac{3}{8} \times 16 + 6 = -\frac{3}{8}x^2 + 3x.$$

Donc $f(x) = -\dfrac{3}{8}(x-4)^2 + 6$.

c) f est une fonction polynôme du second degré.

Revoir *chapitre 2*, exercices 34 à 38.

$a = -\dfrac{3}{8}$, négatif, la parabole est tournée vers le bas.

D'où le tableau des variations sur $[0\ ;\ 8]$ ci-contre.

x	0		4		8
$f(x)$	0	↗	6	↘	0

L'aire du triangle AMN est maximale lorsque $OM = 4$, c'est-à-dire lorsque M est au milieu de $[OB]$.

d) On cherche x tel que $f(x) = 4{,}5$ pour $x \in [0\ ;\ 8]$.

On résout :

$-\dfrac{3}{8}x^2 + 3x = \dfrac{9}{2}$ $\times\left(\dfrac{8}{3}\right)$

$\Leftrightarrow -x^2 + 8x - 12 = 0$ $\dfrac{9}{2} \times \dfrac{8}{3} = 12$

$\Leftrightarrow x^2 - 8x + 12 = 0$.

Pour résoudre cette équation, on cherche la forme canonique.

Voir *chapitre 3*, exercice 39.

On a $\alpha = \dfrac{-b}{2a} = \dfrac{8}{2} = 4$ et $\beta = f(\alpha) = 4^2 - 8 \times 4 + 12 = -4$.

Donc $x^2 - 8x + 12 = a(x-\alpha)^2 + \beta = (x-4)^2 - 4$.

On résout $(x-4)^2 - 4 = 0 \Leftrightarrow x - 4 = 2$ ou $x - 4 = -2 \Leftrightarrow x = 6$ ou $x = 2$.

Ces deux solutions sont dans l'ensemble de définition $[0\ ;\ 8]$.

Donc l'aire du triangle AMN est égale à 4,5 lorsque $x = 6$ ou $x = 2$.

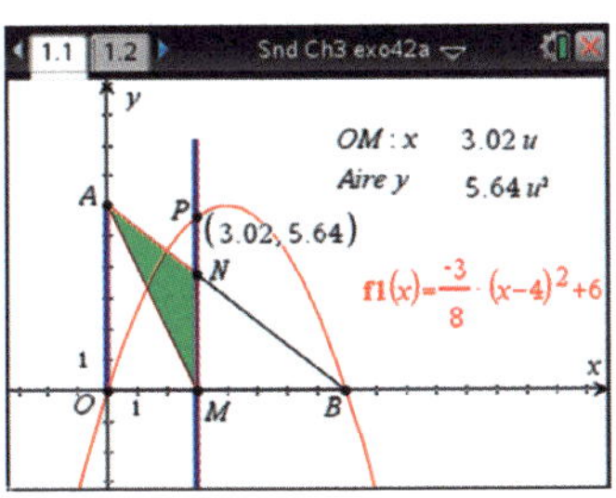

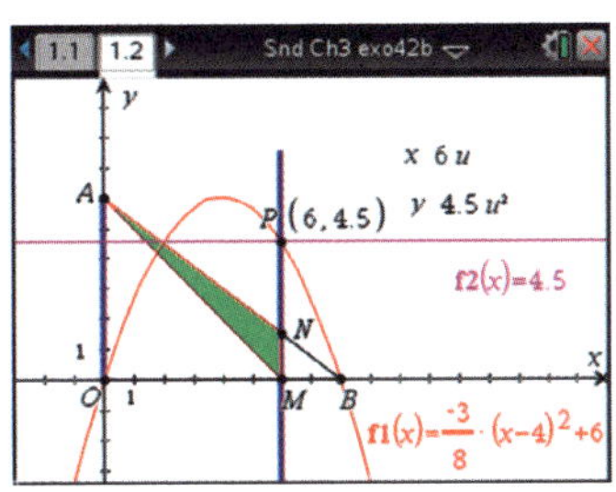

43 ABC est un triangle isocèle rectangle en A, $AB = AC = 6$.

Comme (NP) // (AB), CNP est un triangle isocèle rectangle en N.

Donc $CN = NP = AM = x$.

Comme $M \in [AB]$, alors : $x \in [0\ ;\ 6]$.

CORRIGÉS

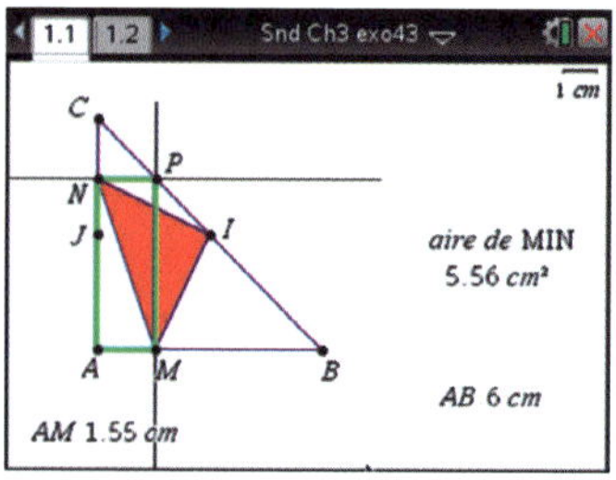

a) I est le milieu de $[CB]$ et J est le milieu de $[AC]$ donc $IJ = \frac{1}{2}AB$.

Donc $IJ = \frac{1}{2} \times 6 = 3$.

Si $x < 3$, alors $N \in [JC]$ et $JN = JC - CN = 3 - x$.

Si $x > 3$, alors $N \in [AJ]$ et $JN = CN - JC = x - 3$.

b) Le triangle MIN étant rectangle isocèle, $IN = IM$, et $\mathscr{A}(MIN) = \frac{1}{2}IN^2$.

Dans le triangle IJN rectangle en J, d'après le théorème de Pythagore, on obtient :
$IN^2 = IJ^2 + JN^2 = 3^2 + (x-3)^2 = 9 + x^2 - 6x + 9 = x^2 - 6x + 18$.

***Remarque :* $(x-3)^2 = (3-x)^2$, donc JN^2 ne dépend pas de la position de N par rapport à J sur $[AC]$.**

Donc : $\mathscr{A}(MIN) = \frac{1}{2}(9 + (x-3)^2) = \frac{9}{2} + \frac{1}{2}(x-3)^2 = f(x)$.

Cette forme canonique est la plus performante.

c) On étudie le sens de variation de f. $a = \frac{1}{2}$.

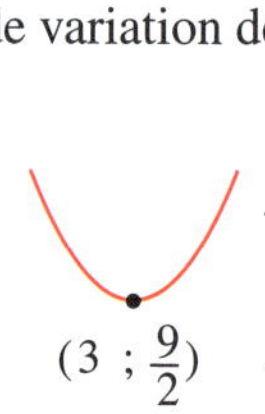

x	0	3	6
$f(x)$	9 ↘	$\frac{9}{2}$	↗ 9

L'aire est minimale lorsque $x = 3$ c'est-à-dire lorsque M est au milieu de $[AB]$.

***Remarque :* on peut obtenir l'aire du triangle *IMN*, sans savoir qu'il est rectangle :**
$\mathscr{A}(IMN) = \mathscr{A}(ABC) - \mathscr{A}(CIN) - \mathscr{A}(AMN) - \mathscr{A}(IMB)$.

44 Coût total de fabrication : $C(x) = x^3 - 5x^2 + 9x$, pour $x \in [0 ; 4{,}5]$.
$C(x)$ est en milliers d'euros et x en milliers.

1. Chaque copie est vendue 5 €, donc la recette est : $R(x) = 5x$.

2. Calculatrice.

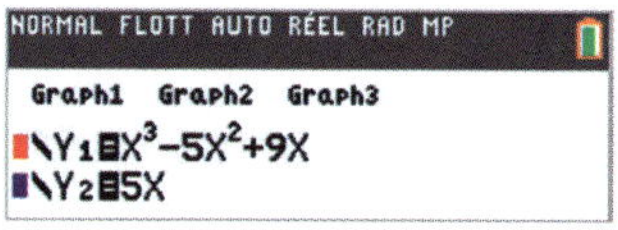

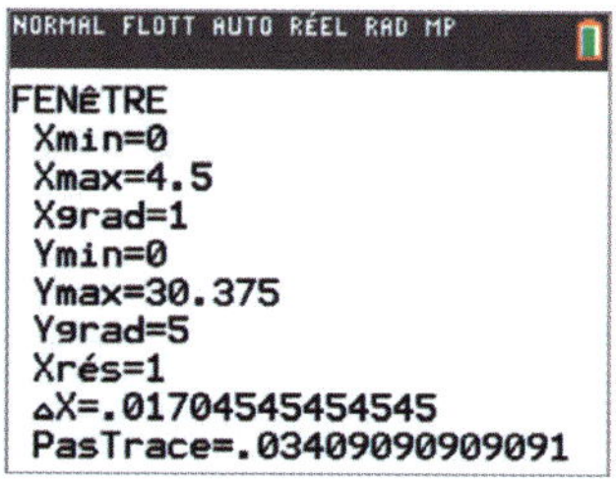

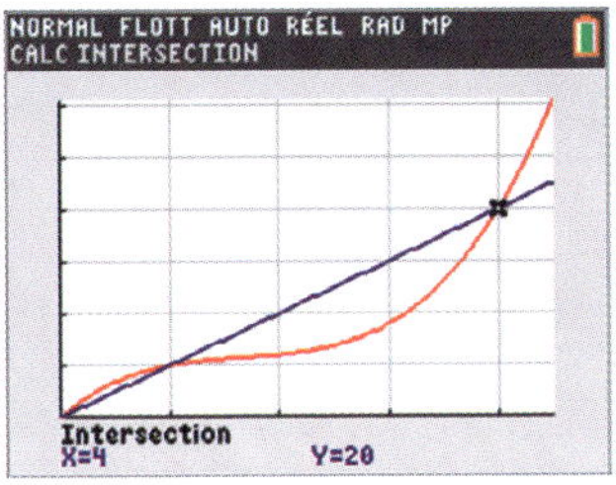

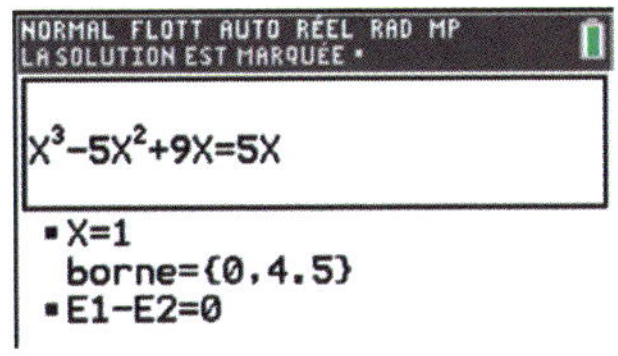

On obtient $x = 1$ ou $x = 4$.

Donc la recette est égale au coût total pour 1 000 copies, 4 000 copies.

3. $B(x) = R(x) - C(x) = 5x - (x^3 - 5x^2 + 9x) = -x^3 + 5x^2 - 4x$.

b) On développe :

$-x(x-1)(x-4) = (-x^2 + x)(x-4) = -x^3 + 4x^2 + x^2 - 4x = -x^3 + 5x^2 - 4x = B(x)$.

Signe de $B(x)$:

x		0		1		4	
$-x$	+	0	–		–		–
$x-1$	–		–	0	+		+
$x-4$	–		–		–	0	+
$B(x)$	+	0	–	0	+	0	–

On veut $B(x) \geqslant 0$, donc $x \in [1\,;4]$. L'entreprise réalise un bénéfice lorsque la recette est supérieure au coût, c'est-à-dire entre 1 000 et 4 000 copies.

1 000 et 4 000 copies sont les points morts de la production.

45 Problème de vitesse

$$\text{vitesse} = \frac{\text{distance}}{\text{temps}}, \text{ donc } \text{temps} = \frac{\text{distance}}{\text{vitesse}}.$$

On peut résoudre ce problème à l'aide d'un petit tableau.

trajet	$A \to B$	$B \to A$	total
distance en km	d	d	$2d$
temps en h	$\frac{d}{90}$	$\frac{d}{x}$	$\frac{d}{90} + \frac{d}{x}$
vitesse en km/h	**90**	x	$V(x)$

$$V(x) = \frac{2d}{\frac{d}{90} + \frac{d}{x}} = \frac{2\cancel{d}}{\cancel{d}\left(\frac{x+90}{90x}\right)} = \frac{2 \times 90x}{x+90} = \frac{180x}{x+90}$$

On remarque que la vitesse moyenne ne dépend pas de la distance, identique à l'aller et au retour.

On résout $\dfrac{180x}{x+90} > 80 \Leftrightarrow \dfrac{180x - 80x - 7\,200}{x+90} > 0$

$\Leftrightarrow \dfrac{100x - 7\,200}{x+90} > 0.$

CORRIGÉS

On étudie le signe du quotient :

x		-90		72	
$100x - 7\,200$	$-$		$-$	0	$+$
$x + 90$	$-$	0	$+$		$+$
$Q(x)$	$+$	||	$-$	0	$+$

Ainsi, la vitesse moyenne du parcours sera supérieure à 80 km/h lorsque le retour s'effectue avec une vitesse supérieure à 72 km/h.

46 a) Après exécution du programme, on obtient : $x = 0$ et $y = 5$; $x = 3$ et $y = 4$; $x = 4$ et $y = 3$; $x = 5$ et $y = 0$ (ci-contre la présentation du résultat).

```
>>>
0 5
3 4
4 3
5 0
```

b) Ces couples (0 ; 5) (3 ; 4) et (4 ; 3) sont les coordonnées des points du cercle $\mathscr{C}$, à coordonnées entières, pour x entre 0 et 5.

47 a) Le programme ③ répond au problème.

n est le compteur donnant le nombre de spectacles supplémentaires : il doit être initialisé à 3, donc le programme ① ne convient pas.

S est le coût de n spectacles : il est initialisé à 27.

Tant que le budget de 65 € n'est pas dépassé, on incrémente de 1 le compteur et de 6 la variable S ; donc le programme ② ne convient pas.

Quand S devient supérieur à 65, comme on a incrémenté n de 1, il faut donc afficher $n - 1$. Le programme ④ ne convient pas.

b) Yann doit résoudre : $27 + 6\,(n - 3) \leqslant 65$ et prendre le plus grand entier solution.

L'INTERROGATION ÉCRITE

Lectures graphiques : équations et inéquations

a) Équation $f(x) = 5$: les solutions sont les abscisses des points de la courbe $\mathscr{C}_f$ ayant pour ordonnée 5 ; il y a trois points, donc :
$\boldsymbol{S = \{-2\,;\,3\,;\,8\}}$.

b) Équation $g(x) = 0$: les solutions sont les abscisses des points de la courbe $\mathscr{C}_g$ situés sur l'axe des abscisses ;
$\boldsymbol{S = \{0\,;\,5\}}$.

c) Inéquation $f(x) > 0$: les solutions sont les abscisses des points de la courbe $\mathscr{C}_f$ situés au-dessus de l'axe des abscisses ; il y a deux parties de courbe qui satisfont cette condition, donc deux intervalles :
$\boldsymbol{S =]-4\,;\,5[\, \cup\,]6\,;\,+\infty[}$.

d) Inéquation $f(x) \geqslant g(x)$: les solutions sont les abscisses des points de la courbe $\mathscr{C}_f$ situés au dessus, ou sur, la courbe $\mathscr{C}_g$. Il y a deux parties de courbe qui satisfont cette condition :
$\boldsymbol{S = [-2\,;\,5]\, \cup\,]6\,;\,11]}$.

e) On imagine une droite horizontale d'équation $y = m$. On fait varier cette droite du bas vers le haut afin qu'elle coupe la courbe $\mathscr{C}_f$ trois fois, on obtient une bande qui va de $m = 2$ à $m = 7$, valeurs 2 et 7 exclues.
Donc $\boldsymbol{m \in\,]2\,;\,7[}$.

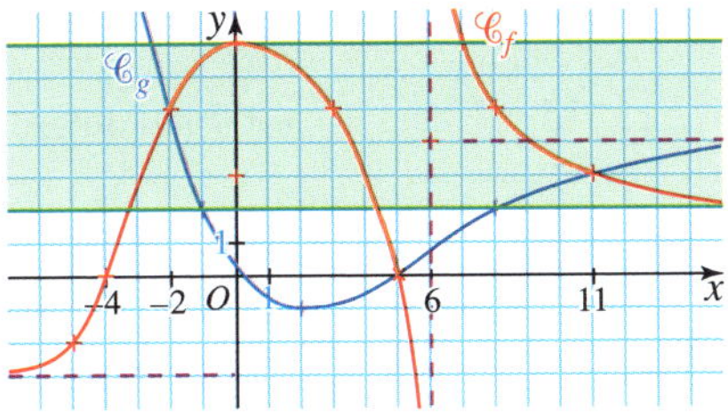

Résoudre algébriquement les équations ou inéquations

a) $(x-4)(2x-1)=(2x-8)^2$

On remarque que $2x-8=2(x-4)$, on peut donc mettre $(x-4)$ en facteur pour se ramener à un produit nul.

$(x-4)(2x-1)-4(x-4)^2=0$ $\quad$ $(2x-8)^2=4(x-4)^2$

$(x-4)\,(2x-1-4(x-4))=0$

$(x-4)\,(2x-1-4x+16)=0$

$(x-4)\,(-2x+15)=0$ $\quad$ produit nul

$x-4=0$ ou $-2x+15=0$

$x=4$ ou $x=\dfrac{15}{2}$. $\quad$ D'où $\boldsymbol{S}=\left\{\mathbf{4}\,;\,\dfrac{\mathbf{15}}{\mathbf{2}}\right\}$.

b) $(-3x+4)(7x+11)\geqslant 0$

On cherche quand ce produit est positif ou nul. On dresse donc un tableau de signes.

x		$-\frac{11}{7}$		$\frac{4}{3}$	
$-3x+4$	+		+	0	–
$7x+11$	–	0	+		+
$P(x)$	–	0	+	0	–

Donc $\boldsymbol{S}=\left[-\dfrac{\mathbf{11}}{\mathbf{7}}\,;\,\dfrac{\mathbf{4}}{\mathbf{3}}\right]$.

c) $\dfrac{2}{1-x}-\dfrac{3}{1+x}=\dfrac{2+x}{1-x^2}$ $\quad$ $1-x^2=(1+x)(1-x)$

Les valeurs interdites sont 1 et –1.

Le dénominateur commun est $(1-x)(1+x)$, on se ramène à un quotient nul.

$\dfrac{2(1+x)-3(1-x)-(2+x)}{(1-x)(1+x)}=0$ $\quad$ on développe le numérateur

$\dfrac{2+2x-3+3x-2-x}{(1-x)(1+x)}=0 \Leftrightarrow \dfrac{4x-3}{(1-x)(1+x)}=0.$

Un quotient est nul si le numérateur est nul.

$4x-3=0 \Leftrightarrow x=\dfrac{3}{4}$, **non interdite**. Donc $\boldsymbol{S}=\left\{\dfrac{\mathbf{3}}{\mathbf{4}}\right\}$.

d) $\dfrac{5x+1}{3x-7}\leqslant 2$. Valeur interdite : $\dfrac{7}{3}$.

C'est un quotient, la seule façon de le résoudre est de se ramener à l'étude de signe en « transposant » 2 et en réduisant au même dénominateur.

$\dfrac{5x+1-2(3x-7)}{3x-7}\leqslant 0 \Leftrightarrow \dfrac{5x+1-6x+14}{3x-7}\leqslant 0 \Leftrightarrow \dfrac{-x+15}{3x-7}\leqslant 0.$

CORRIGÉS

On dresse un tableau de signes du quotient, et on cherche quand il est négatif ou nul.

x		$\frac{7}{3}$		15	
$-x+15$	$+$		$+$	0	$-$
$3x-7$	$-$	0	$+$		$+$
$Q(x)$	$-$	$\Vert$	$+$	0	$-$

$\frac{7}{3}$ **est valeur interdite.**

$\boldsymbol{S = \left]-\infty\,;\frac{7}{3}\right[\cup [15\,;+\infty[.}$

e) $(2x-3)^2-(5x+4)(3-2x)=4x^2-6x$

Bien regarder et faire apparaître le facteur commun $(2x-3)$.

$3-2x=-1(2x-3)$ et $4x^2-6x=2x(2x-3)$.

$(2x-3)^2+(5x+4)(2x-3)-2x(2x-3)=0$

$\boldsymbol{-(a)(-b)=+(a)(b)}$

$(2x-3)(2x-3+5x+4-2x)=0$

$(2x-3)(5x+1)=0$

$2x-3=0$ ou $5x+1=0$ **produit nul**

$x=\frac{3}{2}$ ou $x=-\frac{1}{5}$. $\boldsymbol{S=\left\{\frac{3}{2}\,;\frac{-1}{5}\right\}}$.

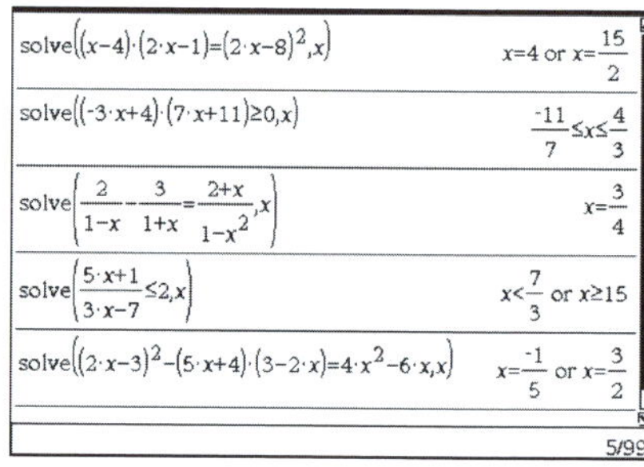

Fonction rationnelle : lien entre courbe et fonction

On a $f(x)=\frac{x-4}{2}-\frac{2x-8}{x^2+1}$.

a) Pour trouver les valeurs interdites, on résout $x^2+1=0$; or $x^2=-1$ n'a pas de solution dans $\mathbb{R}$. Donc il n'y a pas de valeur interdite.

La fonction *f* est définie sur $\mathbb{R}$.

b) Images : on remplace x par la valeur.

- $f(3)=\frac{3-4}{2}-\frac{2\times 3-8}{3^2+1}=\frac{-1}{2}-\frac{-2}{10}=-\frac{1}{2}+\frac{1}{5}=\boldsymbol{\frac{-3}{10}}$.

- $f\left(\frac{1}{3}\right)=\frac{\frac{1}{3}-4}{2}-\frac{2\times\frac{1}{3}-8}{\left(\frac{1}{3}\right)^2+1}=\frac{\frac{-11}{3}}{2}-\frac{\frac{-22}{3}}{\frac{1}{9}+1}$.

Diviser par $\frac{a}{b}$, c'est multiplier par $\frac{b}{a}$.

Donc $f\left(\frac{1}{3}\right)=-\frac{11}{3}\times\frac{1}{2}+\frac{22}{3}\times\frac{9}{10}$ **On simplifie par 3 et par 2.**

$=\frac{-11}{6}+\frac{33}{5}=\frac{-55+198}{6\times 5}=\boldsymbol{\frac{143}{30}}$.

- $f(\sqrt{3})=\frac{\sqrt{3}-4}{2}-\frac{2\sqrt{3}-8}{3+1}=\frac{\sqrt{3}-4}{2}-\frac{2(\sqrt{3}-4)}{4}=\boldsymbol{0}$.

c) Pour factoriser, on réduit au même dénominateur et on fait apparaître le facteur commun $(x-4)$.

$$\bullet f(x) = \frac{(x-4)(x^2+1)-2(2(x-4))}{2(x^2+1)} = \frac{(x-4)(x^2+1-4)}{2(x^2+1)} = \frac{(x-4)(x^2-3)}{2(x^2+1)}$$

$$= \mathbf{\frac{(x-4)(x+\sqrt{3})(x-\sqrt{3})}{2(x^2+1)}}.$$

• Les points d'intersection de la courbe $\mathscr{C}_f$ avec **l'axe des abscisses** ont leurs abscisses solutions de l'**équation $f(x) = 0$.**

On résout donc un **quotient nul** : $(x-4)(x+\sqrt{3})(x-\sqrt{3}) = 0$

$x = 4$ ou $x = -\sqrt{3}$ ou $x = \sqrt{3}$.

La courbe $\mathscr{C}_f$ traverse l'axe des abscisses en $(4 ; 0)$; $(-\sqrt{3} ; 0)$ et $(\sqrt{3} ; 0)$.

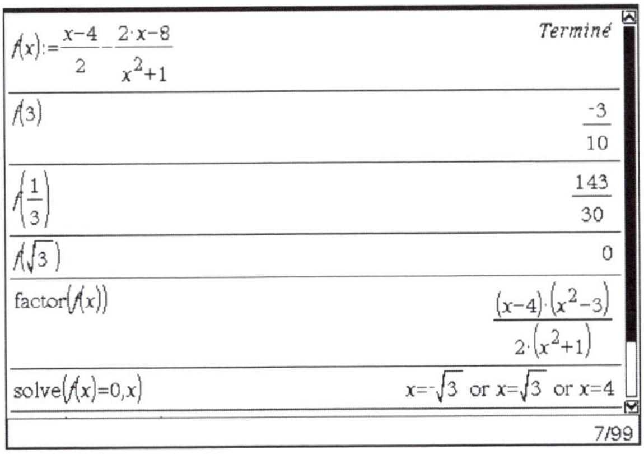

• Le point d'intersection de la courbe $\mathscr{C}_f$ avec l'axe des ordonnées est le point de $\mathscr{C}_f$ d'abscisse $x = 0$.

On calcule $f(0)$: $f(0) = \dfrac{(0-4)(0-3)}{2(0+1)} = \dfrac{12}{2} = 6.$

La courbe $\mathscr{C}_f$ coupe l'axe des ordonnées en $(0 ; 6)$.

d) Pour étudier le signe de $f(x)$, on étudie le signe du quotient :

x		$-\sqrt{3}$		$\sqrt{3}$		4	
$x-4$	$-$		$-$		$-$	0	$+$
$x+\sqrt{3}$	$-$	0	$+$		$+$		$+$
$x-\sqrt{3}$	$-$		$-$	0	$+$		$+$
$2(x^2+1)$	$+$		$+$		$+$		$+$
$f(x)$	$-$	0	$+$	0	$-$	0	$+$

$x^2 + 1 > 0, \forall x \in \mathbb{R}.$

e) Pour déterminer les points d'intersection de la courbe $\mathscr{C}_f$ avec la droite $\mathscr{D}$ d'équation $y = x - 4$, on cherche leurs abscisses ; elles sont solutions de l'équation $f(x) = x - 4$.
On utilise la forme factorisée de $f(x)$ pour faire apparaître le facteur commun $(x-4)$.

$$\frac{(x-4)(x^2-3)}{2(x^2+1)} = x - 4 \Leftrightarrow \frac{(x-4)(x^2-3)-2(x^2+1)(x-4)}{2(x^2+1)} = 0.$$

On résout un **quotient nul**, et on met $(x-4)$ en facteur :
$(x-4)(x^2-3-2x^2-2)=0 \Leftrightarrow (x-4)(-x^2-5)=0 \Leftrightarrow x=4$ ou $x^2=-5$ sans solution.
Ainsi, la courbe $\mathscr{C}_f$ traverse la droite $\mathscr{D}$ en un seul point **(4 ; 0)**.
On peut **vérifier** tout cela à l'écran d'une calculatrice.

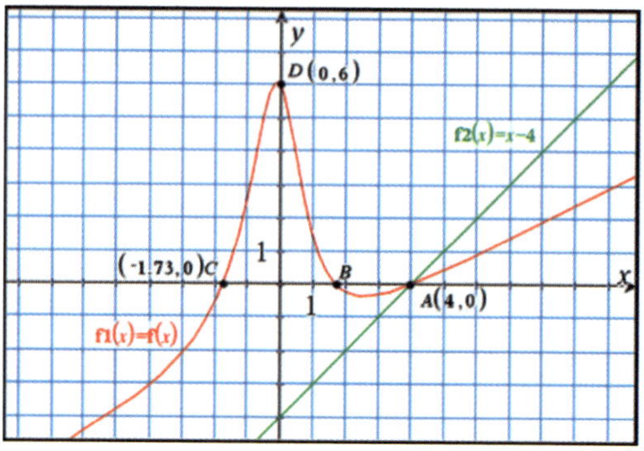

Modélisation et problème

a) On a $(MP) \parallel (AC)$, on utilise donc le théorème de Thalès dans le triangle BAC :

$$\frac{BM}{BA}=\frac{BP}{BC}=\frac{MP}{AC}.$$

Ainsi $MP=\dfrac{BM\times AC}{BA}=\dfrac{(8-x)\times 6}{8}=\dfrac{3}{4}(8-x)$.

$AM=AN=x$, car AMN est isocèle.

L'aire du quadrilatère *MNCP* peut se calculer en prenant l'aire du triangle *ABC* à laquelle on soustrait l'aire de *AMN* et l'aire de *BMP*.

$\mathscr{A}(MNCP)=\mathscr{A}(ABC)-\mathscr{A}(AMN)-\mathscr{A}(BMP)$

$=\dfrac{1}{2}\times AB\times AC-\dfrac{1}{2}\times AM\times AN-\dfrac{1}{2}\times BM\times MP$

$=\dfrac{1}{2}\times 8\times 6-\dfrac{1}{2}\times x^2-\dfrac{1}{2}\left(\dfrac{3}{4}(8-x)\right)\times(8-x)$

$=24-\dfrac{1}{2}x^2-\dfrac{3}{8}(64-16x+x^2)=24-\dfrac{1}{2}x^2-24+6x-\dfrac{3}{8}x^2=6x-\dfrac{7}{8}x^2$.

D'où $\boldsymbol{f(x)=6x-\dfrac{7}{8}x^2}$.

Comme $N\in[AC]$, alors $0\leqslant AN\leqslant AC$; ainsi $x\in[0\,;6]$. Par suite, la fonction f est définie sur **[0 ; 6]**.

b) On détermine la forme canonique de $f(x)$:

on a $a=-\dfrac{7}{8}$ et $b=6$; donc $\alpha=\dfrac{-b}{2a}=\dfrac{-6}{2\times\dfrac{-7}{8}}=\dfrac{6}{2}\times\dfrac{8}{7}=\dfrac{24}{7}$.

Ainsi $f(x)=-\dfrac{7}{8}\left(x-\dfrac{24}{7}\right)^2+f\left(\dfrac{24}{7}\right)$.

Comme $a=-\dfrac{7}{8}$, la parabole est tournée vers le bas, et la fonction change de variation en $\alpha=\dfrac{24}{7}$.

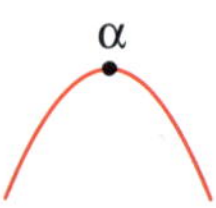

x	0		$\frac{24}{7}$		6
$f(x)$	0	↗	$\frac{72}{7}$	↘	$\frac{9}{2}$

$f\left(\frac{24}{7}\right) = \frac{72}{7} \approx 10{,}3.$

Tableau de valeurs (en valeurs arrondies à 0,1) :

x	0	1	2	3	4	5	6
$f(x)$	0	5,1	8,5	10,1	10	8,1	4,5

Il faut prendre le temps de tracer correctement la courbe $\mathscr{C}_f$!

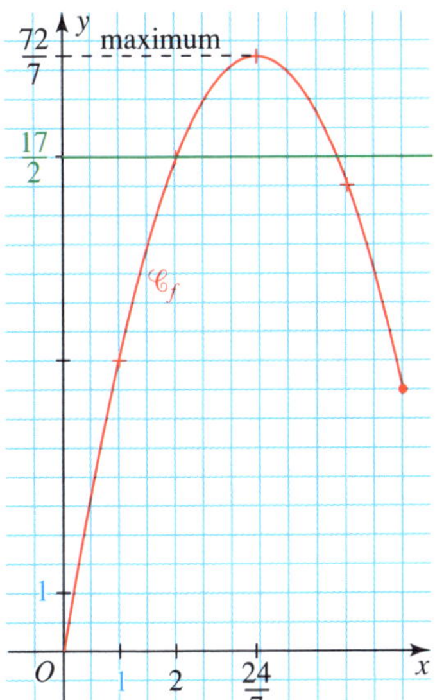

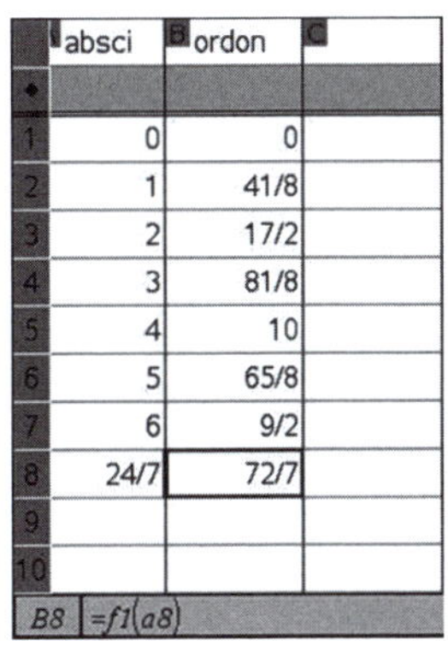

	A absci	B ordon	C
1	0	0	
2	1	41/8	
3	2	17/2	
4	3	81/8	
5	4	10	
6	5	65/8	
7	6	9/2	
8	24/7	72/7	
9			
10			

B8 =f1(a8)

c) **D'après la courbe, l'aire est égale à $\frac{17}{2}$ pour deux valeurs de x, dont l'une est 2.**
On résout l'équation $f(x) = \frac{17}{2}$ en utilisant la forme canonique :

$-\frac{7}{8}\left(x - \frac{24}{7}\right)^2 + \frac{72}{7} = \frac{17}{2}$ **on isole le carré**

$\Leftrightarrow \left(x - \frac{24}{7}\right)^2 = \left(\frac{17}{2} - \frac{72}{7}\right) \times \left(\frac{-8}{7}\right) \Leftrightarrow \left(x - \frac{24}{7}\right)^2 = \frac{-25}{2 \times 7} \times \frac{-8}{7}.$

Or $\frac{25 \times 8}{2 \times 7^2} = \frac{5^2 \times 2^2}{7^2} = \left(\frac{10}{7}\right)^2$; donc on résout $\left(x - \frac{24}{7}\right)^2 = \left(\frac{10}{7}\right)^2$

$x - \frac{24}{7} = \frac{-10}{7}$ ou $x - \frac{24}{7} = \frac{10}{7}$

$x = \frac{14}{7} = 2$ ou $x = \frac{34}{7}$.

CORRIGÉS

Ces deux valeurs sont dans l'intervalle [0 ; 6].

Donc, pour $x = 2$ ou $x = \dfrac{34}{7}$, l'aire du quadrilatère $MNCP$ est égale à $\dfrac{17}{2}$.

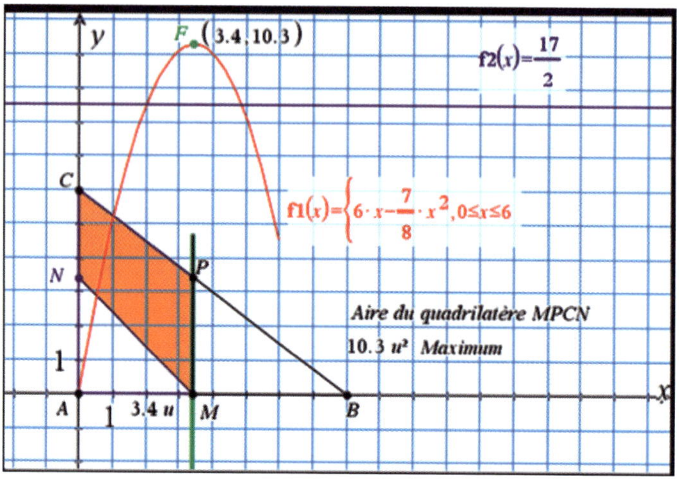

Chapitre 5

Géométrie analytique et droites

TEST PRÉLIMINAIRE

20 min *(corrigés p. 178)*

Pour toutes les questions, on considère les points *A*, *B*, *C*, *A′*, *C′* et *D* dans le repère (*O* ; *I*, *J*) ci-contre.

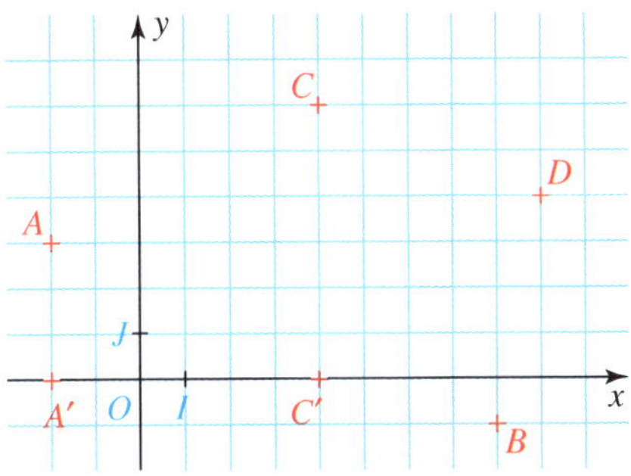

	Vrai	Faux
1 Le milieu K du segment $[AB]$ a pour coordonnées $(3 \,;\, 1)$.	▢	▢
2 $AC = 3\sqrt{5}$ et $CB = \sqrt{65}$.	▢	▢
3 Le triangle ABC est rectangle en C.	▢	▢
4 Le point $P(5 \,;\, 6)$ est un point de la médiatrice de $[AB]$.	▢	▢
5 L'aire du trapèze $A'ACC'$ est 27 unités d'aire.	▢	▢
6 Toute droite du plan a une équation du type $y = mx + p$ où m et p sont deux réels.	▢	▢
7 $ABDC$ est un trapèze.	▢	▢
8 La droite (AB) a pour équation $y = \frac{-2}{5}(x+5)+3$.	▢	▢
9 L'ensemble des points $M\,(x \,;\, y)$ du plan vérifiant l'équation $7x + 4y = 13$ est la droite (CB).	▢	▢
10 Résoudre le système $\begin{cases} 2x + 5y = 11 \\ 4x - 9y = 0, \end{cases}$ c'est trouver le point d'intersection des droites (AB) et (OD).	▢	▢

TEST

COURS

Repérer un point dans un repère du plan	Un repère $(O\ ;\ I, J)$ du plan est défini par trois points O, I, J non alignés. Lorsque OIJ est un triangle **rectangle** isocèle, le repère est un repère **orthonormé** ou **orthonormal**. 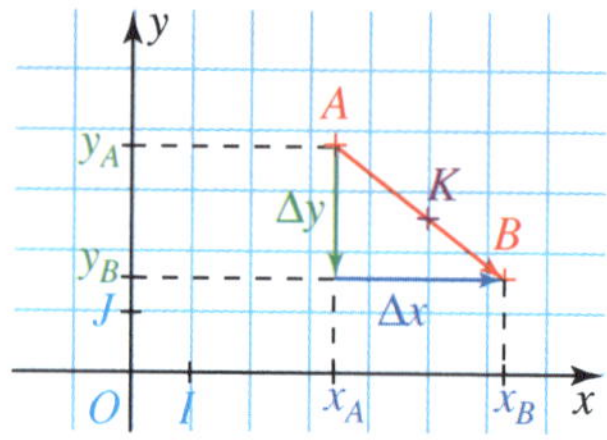 Un point A est repéré par son abscisse et son ordonnée : $A(x_A\ ;\ y_A)$.
Calculer les coordonnées du milieu d'un segment	Le **milieu** K du segment $[AB]$ est le point moyen des deux points A et B ; son abscisse est la moyenne des abscisses et son ordonnée est la moyenne des ordonnées : $$x_K = \frac{x_A + x_B}{2} \text{ et } y_K = \frac{y_A + y_B}{2}.$$
Calculer la distance entre deux points *A* et *B* donnés par leurs coordonnées	Entre les points A et B, on calcule : la différence des abscisses $\Delta x = x_B - x_A$ et la différence des ordonnées $\Delta y = y_B - y_A$; puis on calcule $AB^2 = (\Delta x)^2 + (\Delta y)^2$ et $AB = \sqrt{AB^2}$.
Justifier la nature d'un triangle *ABC* à l'aide de calcul de distances	► Un triangle est **isocèle** si, et seulement si, deux côtés ont la même longueur. ► Un triangle est **équilatéral** si, et seulement si, ses trois côtés ont la même longueur. ► Un triangle ABC est **rectangle** en C si, et seulement si, $AC^2 + CB^2 = AB^2$.
Utiliser les distances pour démontrer des propriétés géométriques	► M appartient au segment $[AB]$ si, et seulement si, $$AM + MB = AB.$$ ► M appartient à la médiatrice du segment $[AB]$ si, et seulement si, $AM = BM$ (ou $AM^2 = BM^2$). ► M appartient au cercle de diamètre le segment $[AB]$ de milieu K si, et seulement si, $KM = \frac{AB}{2}$. ► M appartient au cercle de centre O et de rayon R si, et seulement si, $OM = R$ (ou $OM^2 = R^2$).
Utiliser les propriétés des symétries	► Un point M se transforme en M' par la **symétrie de centre K** si, et seulement si, K est le milieu de $[MM']$. ► Un point M se transforme en M' par la **symétrie d'axe Δ** si, et seulement si, la droite Δ est la médiatrice de $[MM']$.

Calculer une aire **Attention, les mesures doivent être toutes dans la même unité de mesure. L'aire est alors en unité d'aires**	► L'aire d'un **triangle** est la moitié du produit de la hauteur par la base $\mathscr{A} = \dfrac{B \times h}{2}$. ► L'aire d'un **parallélogramme** est le produit de la base par la hauteur $\mathscr{A} = B \times h$. ► L'aire d'un **trapèze** est la moitié du produit de la hauteur par la somme des bases $\mathscr{A} = \dfrac{h \times (B \times b)}{2}$. ► L'aire d'un **disque** est le produit de π par le carré du rayon $\mathscr{A} = \pi \times R^2$.
Tracer une droite connue par son équation dans un repère orthogonal	► Si l'équation est de type $x = q$, la droite est **verticale**, tous les points ont la même abscisse q ; ► si l'équation est de type $y = p$, la droite est **horizontale**, tous les points ont la même ordonnée p ; ► si l'équation est de type $y = mx + p$, où $m \neq 0$, alors on détermine deux points de cette droite (assez éloignés).
Interpréter le coefficient directeur d'une droite non verticale	Le coefficient m est l'accroissement moyen entre deux points A et B de la droite : $$m = \frac{\Delta y}{\Delta x} = \frac{y_B - y_A}{x_B - x_A}.$$
Déterminer l'équation d'une droite tracée non verticale	On repère deux points A et B (simples) de la droite, on calcule le coefficient directeur $m = \dfrac{\Delta y}{\Delta x} = \dfrac{y_B - y_A}{x_B - x_A}$, on écrit que la droite passe par le point A : $$y = m(x - x_A) + y_A.$$
Utiliser le parallélisme de deux droites non verticales	► Deux droites $\mathscr{D}$ et $\mathscr{D}'$ sont parallèles si, et seulement si, les droites ont le même coefficient directeur : $$\mathscr{D} \,//\, \mathscr{D}' \Leftrightarrow m = m'.$$ ► Trois points A, B et C sont alignés si, et seulement si, les droites (AB) et (AC) sont parallèles : $$C \in (AB) \Leftrightarrow \frac{y_C - y_A}{x_C - x_A} = \frac{y_B - y_A}{x_B - x_A}.$$
Résoudre un système de deux équations linéaires à deux inconnues $\begin{cases} ax + by = c \\ a'x + b'y = c' \end{cases}$	Toute équation linéaire à deux inconnues $ax + by = c$, où $b \neq 0$, est une équation de droite, de coefficient $m = \dfrac{-a}{b}$. Un système de deux équations linéaires a une unique solution, coordonnées du point d'intersection de deux droites, si, et seulement si, ces deux droites sont **sécantes** : une seule solution $\Leftrightarrow m \neq m' \Leftrightarrow ab' - ba' \neq 0$.

COURS

CORRIGÉS DU TEST

(énoncés p. 175)

1 **Vrai.** On lit les coordonnées des points : $A(-2\,;3)$ et $B(8\,;-1)$.
Le milieu de $[AB]$ est :

$$x_K = \frac{x_A + x_B}{2} = \frac{-2+8}{2} = 3\,;$$

$$y_K = \frac{y_A + y_B}{2} = \frac{3-1}{2} = 1. \text{ D'où } K(3\,;1).$$

→Exercices 1 et 2

2 **Vrai.** Par lecture directe :
$x_C - x_A = 6$ et $y_C - y_A = 3$.
Donc $AC^2 = 6^2 + 3^2 = 36 + 9 = 45$,
Donc $AC = \sqrt{45} = \sqrt{9 \times 5} = 3\sqrt{5}$.

Conseil : faire des petits calculs intermédiaires pour ne pas tomber dans le piège des racines carrées :

$\sqrt{a^2 + b^2}$ **ne peut pas se réduire !**

$CB^2 = 4^2 + (-7)^2 = 16 + 49 = 65$,
Donc $CB = \sqrt{65}$.

→Exercice 4

3 **Faux.**

Si le triangle ABC est rectangle, c'est nécessairement en C. On va chercher si la **réciproque de Pythagore** est vérifiée.

On calcule $AB^2 = 10^2 + (-4)^2 = 116$.
Or $AC^2 + CB^2 = 45 + 65 = 110 \neq 116$.
Donc ABC n'est pas rectangle.

→Exercices 4 à 7

4 **Vrai.** On calcule AP^2 et BP^2.

$$AP^2 = (x_P - x_A)^2 + (y_P - y_A)^2$$
$$= (5+2)^2 + (6-3)^2$$
$$= 7^2 + 3^2 = 49 + 9 = 58.$$

Ne pas développer $(5 + 2)^2$, mais calculer dans les parenthèses, puis élever au carré.

$BP^2 = (5-8)^2 + (6+1)^2 = 9 + 49 = 58$.
On obtient $AP^2 = BP^2$ donc $AP = BP$, ce qui signifie que P est un point de la médiatrice de $[AB]$.

→Exercices 7 et 28

5 **Vrai.** Les côtés parallèles du trapèze sont $[AA']$ et $[CC']$ et la hauteur est $A'C' = 6$. D'où :

$$\mathscr{A}(A'ACC') = \frac{A'C' \times (AA' + CC')}{2}$$
$$= \frac{6 \times (3+6)}{2} = \frac{6 \times 9}{2} = 27.$$

→Exercices 5 à 7 et 29

6 **Faux.** Les droites verticales ont pour équation $x = c$.

→Exercices 8 à 12 et 17

7 **Vrai.** On calcule les coefficients directeurs des droites (AB) et (CD) :

$$m_{(AB)} = \frac{y_B - y_A}{x_B - x_A} = \frac{-4}{10} = \frac{-2}{5}\,;$$

$$m_{(CD)} = \frac{y_D - y_C}{x_D - x_C} = \frac{4-6}{9-4} = \frac{-2}{5}.$$

Les droites ont même coefficient directeur, donc elles sont parallèles.

→Exercices 15 à 17

8 **Vrai.** Le coefficient directeur de la droite (AB) est $-\dfrac{2}{5}$ et elle passe par $A(-2\,;3)$.

→Exercices 11 à 15

9 **Faux.** Une équation de la forme $ax + by = c$ est l'équation d'une droite.

Il suffit de savoir si les coordonnées de B et de C vérifient l'équation donnée.

$7 \times x_B + 4 \times y_B = 7 \times 8 + 4 \times (-1) = 52$.
On ne retrouve pas 13, donc cette équation n'est pas celle de la droite (CB).

→Exercices 11 à 15

10 **Vrai.** En la multipliant par 5, l'équation de (AB) trouvée en **8** s'écrit $2x + 5y = 11$ et l'équation de (OD) est $y = \dfrac{4}{9}x$.

→Exercices 29

EXERCICES

Dans un repère du plan

1 ★ 15 min (corrigés p. 190)

Dans un repère $(O\ ;\ I\ ,\ J)$, on considère les points $A(0\ ;\ 3)$; $B(6\ ;\ 1)$; $C(3\ ;\ -5)$ et $D(-2\ ;\ 2)$.

1. Calculer les coordonnées des points P, Q, R et S respectivement **milieux** des segments $[AB]$, $[BC]$, $[CD]$ et $[DA]$.

2. Démontrer par un calcul que le quadrilatère $PQRS$ est un parallélogramme.

3. En utilisant le théorème des milieux dans un triangle, démontrer que le résultat de la question **2.** est vrai quels que soient les points A, B, C et D.

2 ★★ 15 min (corrigés p. 191)

1. Dans un repère $(O\ ;\ I\ ,\ J)$ avec $OI = 3$ cm et $OJ = 2$ cm, placer les points :

$A\left(-1\ ;\ \frac{1}{2}\right)$; $B\left(\frac{4}{3}\ ;\ -1\right)$; $C\left(\frac{1}{3}\ ;\ 1\right)$; $D\left(\frac{5}{3}\ ;\ \frac{3}{2}\right)$.

2. a) Calculer les coordonnées du milieu M de $[AB]$.

b) Les points A et D sont-ils **symétriques** par rapport au point C ? Justifier la réponse.

c) Dans le triangle ABD, que peut-on dire des droites (MC) et (BD) ? Justifier la réponse.

3 ★★★ 15 min (corrigés p. 191)

Dans le repère $(O\ ;\ I\ ,\ J)$, OAB est un triangle **équilatéral**, C et D sont à l'intersection des cercles $\mathscr{C}_1$ et $\mathscr{C}_2$ de rayons 2 et des **diagonales du repère** comme ci-dessous, et E est à l'intersection du cercle $\mathscr{C}_1$ et de la droite perpendiculaire à (OB) en O.

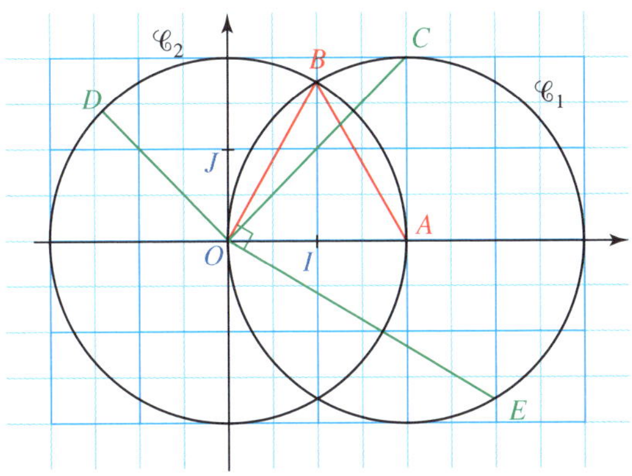

Déterminer les coordonnées des points A, B, C, D, E dans ce repère et les longueurs de chaque segment en couleur.

Distances, aires et angles

4 ★★ 20 min (corrigés p. 192)

Soit A, B et C trois points du plan muni d'un repère orthonormé.
Dans chaque cas, calculer rapidement les distances AB, BC et CA, puis donner la **nature du triangle** ABC.

a) $A(1\ ;1)$ $B(4\ ;3)$ $C(14\ ;-9)$.

b) $A(1\ ;\sqrt{2})$ $B(0\ ;2+\sqrt{2})$ $C(-3\ ;\sqrt{2}-2)$.

c) $A(3\ ;4)$ $B(3\ ;-2)$ $C(3\sqrt{3}\ ;1-3\sqrt{3})$.

d) $A\left(-\dfrac{2}{3}\ ;-5\right)$ $B\left(\dfrac{1}{3}\ ;-8\right)$ $C\left(\dfrac{7}{3}\ ;-6\right)$.

5 ★ 15 min (corrigés p. 192)

Dans un repère orthonormé $(O\ ;I,J)$, on donne $A(10\ ;0)$ et $B(2\ ;4)$.

1. Calculer le **périmètre** du triangle OAB. Ce triangle est-il rectangle ?
2. Calculer l'**aire** de ce triangle.

6 ★★ 15 min (corrigés p. 193)

Trois points d'un repère orthonormé $A(-1\ ;1)$, $B(1\ ;2)$ et $C(3\ ;-2)$.

1. Déterminer la nature du triangle ABC.
2. Donner le **centre** Ω et le rayon du **cercle** $\mathscr{C}$ **circonscrit** au triangle ABC.
3. Montrer que $E(3\ ;1)$ est un point du cercle $\mathscr{C}$.
4. Calculer la **mesure de l'angle** $\widehat{ABC}$ à 0,1° près.

7 ★★ 30 min (corrigés p. 194)

Dans un repère orthonormé, on considère les points $A(-1\ ;2)$, $B(1\ ;6)$, $C(-2\ ;5)$, $D(6\ ;1)$ et $E(2\sqrt{3}\ ;4-\sqrt{3})$. Soit K le milieu de $[AB]$.

1. a) Montrer que C et D sont des points de la **médiatrice** de $[AB]$.
b) Quelle est la nature du triangle BAC ? En déduire l'angle $\widehat{BAC}$.
2. a) Calculer l'angle $\widehat{BAD}$ en utilisant son cosinus dans le triangle ADK.
b) Calculer l'**aire** du quadrilatère $ADBC$ (on utilisera le point K).
3. Déterminer la nature du triangle ABE. En déduire l'angle $\widehat{BAE}$.

Droites

8 ★ 10 min (corrigés p. 194)

Chaque équation donnée est celle d'une droite dans un repère orthogonal du plan. Indiquer la **nature de la droite : verticale, horizontale, oblique** (on précisera alors son coefficient directeur et un point).

a) $y = \dfrac{5x-3}{2}$ **b)** $y = -\dfrac{2}{5}(x+2)$ **c)** $\dfrac{x}{2} - \dfrac{y}{3} = 1$

d) $3x - 2y = 5$ **e)** $4x - 3 = 0$ **f)** $x + y = x - 3y + 1$.

9 ★ 8 min

(corrigés p. 195)

Dans le repère du plan, les droites **passent toutes par le point *A*.**
Lire leur coefficient directeur et donner leur équation réduite, le plus rapidement possible, en utilisant les points en noir de ces droites.

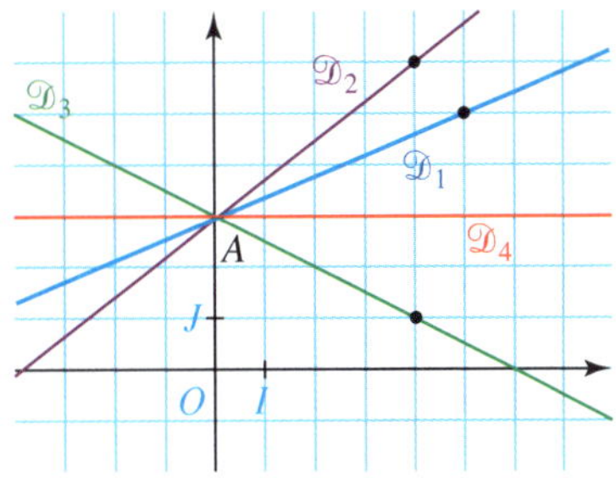

10 ★★ 15 min

(corrigés p. 195)

Pour chaque droite tracée, donner l'équation réduite.
Attention au repère !

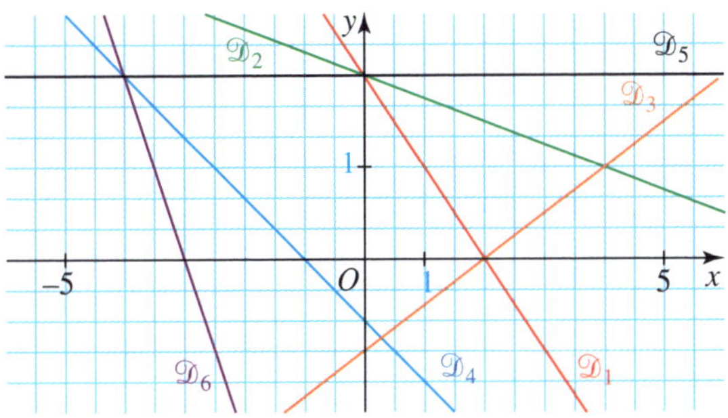

11 ★ 10 min

(corrigés p. 196)

Dans un repère, $\mathscr{D}$ est la droite d'équation $y = -4x + 0{,}5$.
Pour chacun des points A, B et C, dire s'il **appartient ou non à la droite** $\mathscr{D}$:
$A(14\ ;\ -55{,}5)$, $B(121\ ;\ -463{,}5)$ et $C(-62{,}5\ ;\ 250{,}5)$.

12 ★★ 16 min

(corrigés p. 196)

a) Dans un repère, $\mathscr{D}$ est la droite d'équation $y = \dfrac{7}{3}x - 4$.

Compléter le tableau de valeurs, sachant que **$M(x\ ;\ y)$ appartient à** $\mathscr{D}$.

x	-3		$-\dfrac{1}{2}$		$\dfrac{4}{3}$	0	
y		-4		$\sqrt{2}$			0

b) Réaliser le même tableau pour la droite $\mathscr{D}'$ d'équation $y = \dfrac{5}{2}x + \dfrac{7}{2}$.

13 ★★ 5 min (corrigés p. 196)

On considère la droite $\mathcal{D}$ d'équation $y = 2x + 5$ et l'ensemble $\mathcal{C}$ des points du plan vérifiant l'équation $y = \dfrac{2x^2 + 5x}{x}$.

Ces deux **ensembles** sont-ils **confondus** ? Préciser le raisonnement.

14 ★ 10 min (corrigés p. 196)

Soit $A(2 ; 4)$, $B(-5 ; 2)$, $C(-2 ; -4)$ et $D(2 ; -4)$. Placer ces points dans un repère. Déterminer rapidement l'équation de chacune des droites du quadrilatère $ABCD$ et de ses diagonales.

15 ★★ 25 min (corrigés p. 197)

Dans un repère orthonormé, placer les points :
$A(-1 ; -3)$, $B(3 ; 0)$, $C(0 ; 4)$, $D(-4 ; 1)$ et $E(6 ; -4)$.

1. Montrer que l'**accroissement moyen** de A à D est égal à l'accroissement moyen de C à E.
En déduire la nature du quadrilatère $EADC$.

2. Déterminer l'équation réduite de chacune des droites (AB), (CD) et (CB).

3. Déterminer le point K de (CB) d'abscisse -1 et le point L de (AB) d'ordonnée -2.
Quelle est la nature du triangle DKL ?

4. Soit $\mathcal{D}$ la droite d'équation $y = x$. Déterminer l'équation réduite de la droite $\mathcal{D}'$ passant par B parallèle à $\mathcal{D}$.

16 ★★ 15 min (corrigés p. 198)

Interpolation linéaire

Le directeur d'une TPE (très petite entreprise) étudie la progression de son chiffre d'affaires et celle de ses liquidités en fin d'année, depuis sa création. Le tableau suivant donne quelques chiffres.

nombre d'années depuis la création	chiffre d'affaires (CA) en milliers d'euros	liquidités (L) en milliers d'euros
2	120	45
8	204	18
12	260	9

1. a) Vérifier que les accroissements moyens du CA sont identiques entre 2 et 8 ans et entre 8 et 12 ans.
Que peut-on en déduire pour les points représentant le chiffre d'affaires de cette TPE pour ces trois années ?

b) Par **interpolation linéaire**, estimer le chiffre d'affaires au bout de 10 ans.

2. a) Vérifier que l'accroissement moyen des liquidités entre 2 et 8 ans est le double de celui des liquidités entre 8 et 12 ans.

b) Si la tendance des 4 dernières années se maintient, au bout de combien d'années les liquidités sont-elles nulles ?

17 ★★★ 20 min *(corrigés p. 198)*

On considère la droite $\mathcal{D}_m$ d'équation $(2m-1)x+(m+3)y=14$, où m est un réel.
a) Pour quelle valeur de m la droite $\mathcal{D}_m$ est-elle parallèle à l'axe des abscisses ? Donner alors son équation réduite.
b) Pour quelle valeur de m la droite $\mathcal{D}_m$ est-elle parallèle à l'axe des ordonnées ? Donner alors son équation réduite.
c) Déterminer m afin que la droite $\mathcal{D}_m$ passe par le point $A(-1\ ;\ 3)$. Donner alors l'équation réduite de $\mathcal{D}_m$.
d) Déterminer m afin que $\mathcal{D}_m$ soit parallèle à la droite d'équation $y=x$.
e) Déterminer s'il existe un point F commun à toutes les droites $\mathcal{D}_m$.

Systèmes

18 ★ 10 min *(corrigés p. 199)*

Résoudre les systèmes suivants :

a) $\begin{cases} 5x-2y=1 \\ -5x+2y=2 \end{cases}$ **b)** $\begin{cases} 8x+y=4 \\ x+8y=-4 \end{cases}$

c) $\begin{cases} 0{,}2x+0{,}3y=5 \\ x+y=2. \end{cases}$

19 ★★ 10 min *(corrigés p. 200)*

Résoudre les systèmes suivants :

a) $\begin{cases} 0{,}5x+1{,}3y=2{,}3 \\ x-y=1 \end{cases}$ **b)** $\begin{cases} 100x+50y=400 \\ 2{,}1x+0{,}7y=7{,}7. \end{cases}$

20 ★★ 10 min *(corrigés p. 200)*

Résoudre les systèmes suivants :

a) $\begin{cases} \dfrac{x}{2}+\dfrac{y}{3}=1 \\ \dfrac{x}{4}-\dfrac{y}{6}=2 \end{cases}$ **b)** $\begin{cases} -\dfrac{2}{3}x+\dfrac{5}{3}y-1=0 \\ x-y=2. \end{cases}$

21 ★★★ 15 min *(corrigés p. 200)*

Vérifier si ces systèmes admettent une solution avant de les résoudre !

a) $\begin{cases} (\sqrt{2}-1)x+\sqrt{2}y=\sqrt{2} \\ (2-\sqrt{2})x+2y=1 \end{cases}$ **b)** $\begin{cases} \sqrt{3}x-(\sqrt{3}+1)y=1 \\ (3-\sqrt{3})x-2y=\sqrt{3}-1. \end{cases}$

22 ★★ 15 min (corrigés p. 201)

Résoudre les systèmes suivants :

a) $\begin{cases} x+y+z=5 \\ y+2z=6 \\ x+z=3 \end{cases}$ b) $\begin{cases} 3x+2y+z=6 \\ 2x+3y=4 \\ -3x=3 \end{cases}$ c) $\begin{cases} x+y=12 \\ y-z=4 \\ z+x=8. \end{cases}$

23 ★★ 15 min (corrigés p. 201)

Résoudre les systèmes, en éliminant les fractions ou les décimales.

a) $\begin{cases} 0{,}1x+0{,}4y=11 \\ \dfrac{x}{10}+\dfrac{5}{3}z=6 \\ 2{,}5x-5z=10 \end{cases}$ b) $\begin{cases} a-b+\dfrac{c}{2}=-1 \\ 2b-\dfrac{c}{4}=3 \\ \dfrac{3c}{4}=3. \end{cases}$

24 ★★ 5 min (corrigés p. 202)

Résoudre les systèmes à l'aide de la **calculatrice**.

a) $\begin{cases} 3x+4y-z=23 \\ x-y+2z=3 \\ 2x+3y-4z=7 \end{cases}$ b) $\begin{cases} 3x-2y+z=4 \\ x+3y+2z=1 \\ x+y+z=1. \end{cases}$

25 ★★★ 20 min (corrigés p. 202)

Des problèmes classiques

1. Déterminer l'entier inférieur à 1 000 tel que la somme de ses chiffres est 18, si on permute les chiffres des centaines et des unités, le nombre diminue de 99 et si on permute les chiffres des dizaines et des unités, le nombre augmente de 9.

2. À la naissance de Cloé, Adrien avait le tiers de l'âge de son père Vincent ; aujourd'hui, la somme de leurs âges est 62, et lorsque Cloé aura l'âge d'Adrien, la somme de leurs âges sera 104.
Quels sont les âges de Cloé, Adrien et Vincent aujourd'hui ?

26 ★★★ 20 min (corrigés p. 203)

Problème de capitaux

Un capital de 6 000 € est partagé en trois parties x, y et z.
On place x à 15 %, y à 20 % et z à 25 %, le montant total des intérêts est de 1 300 €.
Si on place x à 25 %, y à 20 % et z à 10 %, le capital acquis est de 6 950 €.
Calculer les trois parties x, y et z.

Problèmes de géométrie analytique

27 ★ 15 min *(corrigés p. 204)*

Droites perpendiculaires
Dans un repère orthonormal, on considère la droite $\mathscr{D}$ d'équation $y = mx$ et la droite $\mathscr{D}'$ d'équation $y = m'x$.
Sur la droite $\mathscr{D}$, on place le point $A(1\ ;\ m)$ et sur la droite $\mathscr{D}'$ on place le point $A'(1\ ;\ m')$.

1. Démontrer que les deux propositions suivantes sont équivalentes :
(1) Le triangle OAA' est rectangle en O. (2) $m \times m' = -1$.

2. Soit deux droites $\mathscr{D}$ et $\mathscr{D}'$ de coefficients respectifs m et m'.
Établir une **caractérisation de l'orthogonalité** de ces deux droites.

28 ★★ 20 min *(corrigés p. 204)*

Soit les points $A(2\ ;\ 4)$, $B(6\ ;\ 0)$ et $C(-2\ ;\ -1)$, dans un repère orthonormé.

1. En utilisant deux médianes du triangle ABC, déterminer les coordonnées du centre de gravité G du triangle ABC.

2. Soit $M(x\ ;\ y)$ un point quelconque de la médiatrice Δ de $[AB]$.
a) Déterminer une équation de cette droite Δ, en utilisant les distances.
b) Déterminer une équation de Δ en utilisant le résultat établi à l'exercice **27**.
c) Déterminer les coordonnées du point L, intersection des médiatrices du triangle ABC.

29 ★★ 30 min *(corrigés p. 205)*

Soit les points $A(-3\ ;\ 8)$, $B(-3\ ;\ -2)$ et $C(7\ ;\ 0)$ dans un repère orthonormal (faire une figure complétée au fur et à mesure).
a) Déterminer le point $D(p\ ;\ -2)$ tel que $ABDC$ est un trapèze.
b) Déterminer les coordonnées du milieu K de $[AC]$.
En déduire l'équation réduite de la parallèle à (BC) passant par K.
c) Déterminer le système d'inéquations caractérisant les points $M(x\ ;\ y)$ du triangle ABC, frontières comprises.
d) Calculer l'aire du triangle ABC.
e) Résoudre le système $\begin{cases} 4x + 5y = 28 \\ -x + 5y = 18. \end{cases}$

En donner une interprétation graphique.

30 ★★ 30 min *(corrigés p. 206)*

Soit ABC le triangle défini par les points $A(4\ ;\ 4)$, $B(-2\ ;\ 2)$ et $C(4\ ;\ -6)$ dans un repère orthonormal. On nomme A', B', C' les milieux des côtés du triangle ABC.

1. Déterminer l'équation réduite de chacune des médianes de ce triangle.

2. Déterminer l'équation réduite de la hauteur issue de B. Calculer l'aire de ce triangle.

EXERCICES

3. Montrer que le milieu C' de $[AB]$ est un point du cercle $\mathscr{C}$ de diamètre $[AC]$. Que représente (CC') pour le triangle ABC ?
En déduire la nature du triangle ABC.

4. a) Soit $M(x ; y)$ un point mobile du cercle $\mathscr{C}$. Déterminer une relation entre x et y caractérisant l'appartenance de M au cercle $\mathscr{C}$.
On parle d'**équation du cercle** $\mathscr{C}$.
b) Déterminer les points du cercle $\mathscr{C}$ d'ordonnée -1.

31 ★★ 20 min *(corrigés p. 207)*

Dans un repère orthonormal $(O ; I , J)$, on place les points $A(3 ; -2)$, $B(9 ; 7)$ et $C(0 ; 7)$. Faire une figure à compléter.

1. Déterminer une équation de la droite (BC), puis une équation de la droite perpendiculaire à la droite (BC) en A. Soit Δ cette droite.

2. Soit les points $E(4 ; 6)$ et $F(7 ; 4)$.
a) Déterminer la nature du triangle EFB.
b) Calculer les coefficients directeurs de la droite (BF) et de la droite (AB). Que peut-on en déduire pour les points A, B et F ?
c) Soit d la parallèle à (EF) passant par C. Que représente cette droite pour le triangle ABC ? Déterminer une équation de d.

3. Soit H le point d'intersection des droites d et Δ. Que représente ce point H pour le triangle ABC ?

32 ★★★ 20 min *(corrigés p. 208)*

On donne un carré $OACB$; on construit un triangle équilatéral OAE à l'intérieur du carré et un second ACF à l'extérieur du carré.
Montrer que les points B, E et F sont sur la même droite.

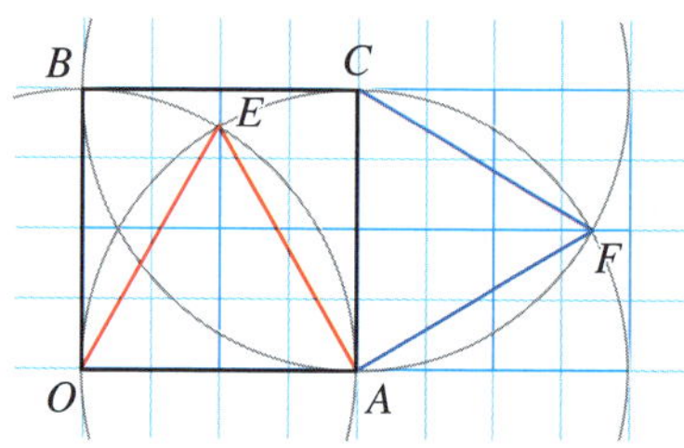

33 ★★ 20 min *(corrigés p. 209)*

Cercle trigonométrique, sinus et cosinus
Soit $\mathscr{C}$ le cercle trigonométrique de centre O et de rayon 1.
M un point du cercle $\mathscr{C}$.
a) Déterminer les coordonnées de M suivant sa position sur le cercle :
en A, B, C, E, H et K.
b) Pour chaque réel x, donner l'angle en degré qui correspond à ce réel x :
$\frac{\pi}{2}$, $\frac{2\pi}{3}$, $\frac{3\pi}{4}$, $\frac{-\pi}{3}$ et $\frac{\pi}{6}$.
Indiquer le point correspondant sur le cercle $\mathscr{C}$.

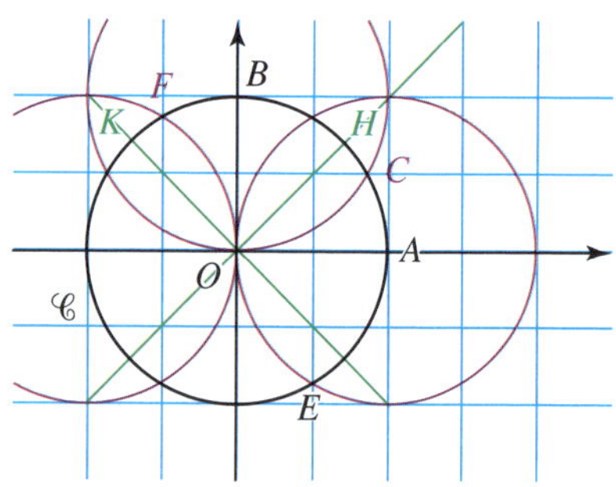

c) Donner la valeur des lignes trigonométriques suivantes :
$\sin\left(\frac{\pi}{2}\right)$; $\cos\left(\frac{\pi}{3}\right)$; $\sin\left(\frac{3\pi}{4}\right)$; $\sin\left(\frac{-\pi}{3}\right)$; $\cos\left(-\frac{3\pi}{4}\right)$.

Algorithme et programme

34 ★★ 30 min (corrigés p. 210)

Construire un programme pour déterminer l'équation réduite d'une droite passant par les points $A(a\ ;\ b)$ et $B(c\ ;\ d)$.
Écrire ce programme en langage Python.

35 ★★ 20 min (corrigés p. 211)

Soit deux points $A(x_a\ ;\ y_a)$ et $B(x_b\ ;\ y_b)$ dans un repère quelconque d'origine O.
a) Définir une fonction sous le logiciel Python qui, à partir des variables xa, ya, xb, yb, retourne *Vrai* si la droite (AB) passe par O et *Faux* sinon.
b) Appliquer la fonction pour les points $A(3\ ;\ 2)$ et $B(9\ ;\ 6)$.
Puis pour les points $A(-4\ ;\ 5)$ et $B(7\ ;\ -10)$.

36 ★★ 15 min (corrigés p. 211)

Écrire en langage Python une fonction qui retourne *Vrai* si le triangle OAB est isocèle en O.
Tester cette fonction pour les points $A(-4\ ;\ 5)$ et $B(5\ ;\ 4)$.

L'INTERROGATION ÉCRITE

2 heures

Distance et alignement dans un repère orthonormé

(corrigés p. 211)

Dans le repère orthonormé, on a les points $A(-1\ ;\ 1)$, $B(1\ ;\ 2)$, $C(3\ ;\ -2)$.
Faire une figure à compléter au fur et à mesure.
Chaque réponse sera justifiée **mathématiquement** (la lecture graphique ne suffit pas).

a) Déterminer la nature du triangle ABC.

b) Déterminer le centre Ω du cercle Γ (gamma) circonscrit au triangle ABC et calculer ses coordonnées.
Calculer le rayon R de ce cercle.

c) Soit $E(3\ ;\ 1)$ et $I\left(12\ ;\ \dfrac{15}{2}\right)$ deux points.
E appartient-il au cercle Γ ? Placer E. Les points Ω, E et I sont-ils alignés ?

d) Déterminer l'équation réduite de chacune des droites (AB), (BC) et (CA).
Les points A, B et I sont-ils alignés ?

Fonction et repère

(corrigés p. 212)

Exercice à traiter après l'étude des fonctions polynômes (chapitre 4).
Soit f la fonction définie sur $\mathbb{R}$ par $f(x) = x^2 - 2x - 2$ et $\mathscr{C}$ sa courbe représentative dans le repère.

a) Déterminer les points de la courbe $\mathscr{C}$ d'ordonnée -2.

b) En déduire la forme canonique et le sens de variation de la fonction f.
Construire $\mathscr{C}$ dans le même repère que le cercle de l'exercice précédent, sur l'intervalle $[-2\ ;\ 4]$.

d) Graphiquement, lire les coordonnées des points d'intersection de la courbe $\mathscr{C}$ avec le cercle Γ. Vérifier par calcul.
Calculer l'aire du polygone qu'ils forment.

Petit problème linéaire et système

(corrigés p. 213)

a) Dans un repère orthonormé (d'unité un carreau), tracer la droite $\mathscr{D}$ d'équation $3x + 5y = 35$. Placer les points de la droite $\mathscr{D}$ dont les coordonnées sont des **entiers naturels** et indiquer tous les couples.

b) Arthur veut acheter x stylos à 0,6 euro pièce et y cahiers à 1 euro pièce. Il désire utiliser la totalité de son budget de 7 euros.
Déterminer les possibilités d'achat d'Arthur.

c) Bilitis achète aussi des stylos et des cahiers dans un autre magasin où le stylo coûte 0,4 € et un cahier coûte 0,5 €. Elle dépense au total 4 €.
Exprimer l'achat de Bilitis en fonction de x et y.
Représenter les possibilités d'achat de Bilitis utilisant exactement son budget.

d) Arthur et Bilitis peuvent-ils acheter les mêmes quantités ? Argumenter.

Trigonométrie

(corrigés p. 215)

a) Tracer un cercle de rayon 4 cm.
Ce cercle est un cercle trigonométrique.
Placer les réels $\frac{\pi}{3}$; $\frac{5\pi}{6}$; $-\frac{3\pi}{2}$; $\frac{3\pi}{4}$; $\frac{7\pi}{4}$.
En déduire la valeur de la somme :

$$S = \cos\left(\frac{\pi}{3}\right) - \cos\left(\frac{5\pi}{6}\right) + \sin\left(-\frac{3\pi}{2}\right) + \cos\left(\frac{3\pi}{4}\right) + \sin\left(\frac{7\pi}{4}\right).$$

b) Sur un cercle trigonométrique, placer les intervalles de réels :

$$I_1 = \left[\frac{\pi}{4} ; \frac{2\pi}{3}\right],\ I_2 = \left]-\frac{\pi}{4} ; \frac{7\pi}{6}\right[\text{ et } I_3 = \left[-\frac{\pi}{6} ; \frac{3\pi}{2}\right].$$

Tracer trois cercles.

L'INTERROGATION ÉCRITE

CORRIGÉS

1 On peut faire la figure sur un logiciel de géométrie dynamique (GeoGebra ou TI-Nspire)

1. Penser que le milieu est un point moyen. P milieu de $A(0\ ;\ 3)$ et $B(6\ ;\ 1)$: on ajoute les abscisses et on divise par 2 ; on ajoute les ordonnées et on divise par 2.

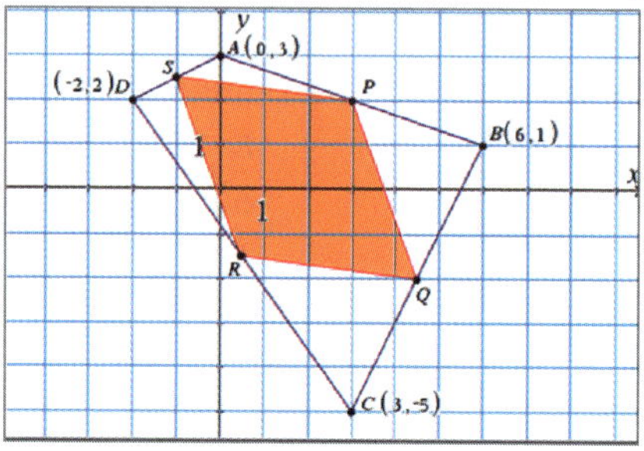

D'où $P(3\ ;\ 2)$.

Q milieu de $B(6\ ;\ 1)$ et $C(3\ ;–5)$, donc $Q\left(\dfrac{9}{2}\ ;\ -2\right)$.

R milieu de $C(3\ ;–5)$ et $D(–2\ ;\ 2)$, donc $R\left(\dfrac{1}{2}\ ;\ -\dfrac{3}{2}\right)$.

S milieu de $D(–2\ ;\ 2)$ et $A(0\ ;\ 3)$, donc $S\left(-1\ ;\ \dfrac{5}{2}\right)$.

2. Pour montrer que $PQRS$ est un **parallélogramme**, on peut montrer que **ses diagonales ont le même milieu**.

Or le milieu de $[PR]$ a pour coordonnées :

$$\frac{1}{2}\left(3+\frac{1}{2}\right)=\frac{1}{2}\left(\frac{6+1}{2}\right)=\frac{7}{4}\ ; \qquad \frac{1}{2}\left(2+\frac{-3}{2}\right)=\frac{1}{2}\left(\frac{4-3}{2}\right)=\frac{1}{4}.$$

Et le milieu de $[SQ]$ a pour coordonnées :

$$\frac{1}{2}\left(-1+\frac{9}{2}\right)=\frac{1}{2}\left(\frac{-2+9}{2}\right)=\frac{7}{4}\ ; \qquad \frac{1}{2}\left(\frac{5}{2}-2\right)=\frac{1}{2}\left(\frac{5-4}{2}\right)=\frac{1}{4}.$$

Donc le quadrilatère $PQRS$ ayant **ses diagonales qui se coupent en leur milieu** est un parallélogramme.

Remarque : au *chapitre 6*, on verra une autre méthode, avec les vecteurs.

3. Dans le triangle ABC, le segment $[PQ]$ joint les milieux P et Q des côtés $[BA]$ et $[BC]$. Donc $(PQ)//(AC)$ et $PQ = \dfrac{1}{2}AC$.

Théorème des milieux dans un triangle

Dans un triangle, le segment joignant les milieux de deux côtés est parallèle à l'autre côté, et sa longueur est la moitié de ce côté.

De même dans le triangle ADC, le segment $[SR]$ joint les milieux de $[DA]$ et $[DC]$.

Donc $(SR)//(AC)$ et $SR = \dfrac{1}{2}AC$.

Le quadrilatère $PQRS$ a deux côtés opposés parallèles et de même longueur.

Donc $PQRS$ est un parallélogramme.

2 **1.** Une figure papier est plus adaptée pour cet exercice.

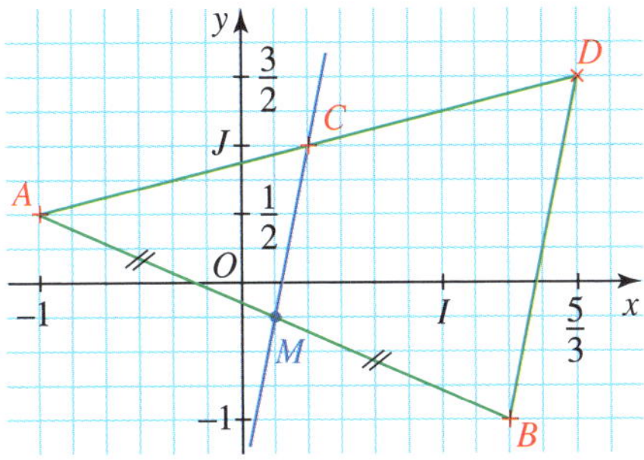

2. a) Coordonnées de M milieu de $[AB]$

$$x_M = \frac{1}{2}\left(-1+\frac{4}{3}\right) = \frac{1}{2}\left(\frac{-3+4}{3}\right) = \frac{1}{2}\times\frac{1}{3} = \frac{1}{6}\,;$$

$$y_M = \frac{1}{2}\left(\frac{1}{2}-1\right) = \frac{1}{2}\left(\frac{1-2}{2}\right) = \frac{1}{2}\times\frac{-1}{2} = \frac{-1}{4}.$$

b) D'après le dessin, C **semble** être le milieu de $[AD]$.

Or $\frac{1}{2}\left(-1+\frac{5}{3}\right) = \frac{1}{2}\left(\frac{2}{3}\right) = \frac{1}{3} = x_C$ et $\frac{1}{2}\left(\frac{1}{2}+\frac{3}{2}\right) = \frac{1}{2}\times 2 = 1 = y_C$.

Donc C est le milieu de $[AD]$, ce qui signifie que A et D sont symétriques par rapport à C.

c) Dans le triangle ABD, la droite (MC) est la droite des milieux, car M est le milieu de $[AB]$ et C celui de $[AD]$. Donc les droites (MC) et (BD) sont parallèles.

3 La figure de cet exercice, très riche, est à connaître pour les exercices de trigonométrie.

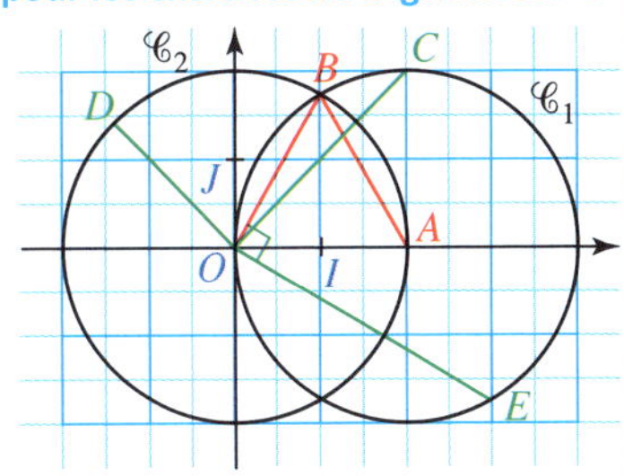

- $A(2\,;\,0)$. $OA = OB = AB = 2$.
- IB est la hauteur du triangle équilatéral de côté $OB = 2$; donc $IB^2 = OB^2 - OI^2 = 3$.

D'où $IB = \sqrt{3}$ et $B(1\,;\,\sqrt{3})$.

- OC est **l'hypoténuse** du triangle isocèle rectangle OAC ; donc $OC^2 = OA^2 + AC^2 = 8$.

D'où $OC = \sqrt{2}$ et $C(2\,;\,2)$.

- OD est **l'hypoténuse** d'un triangle isocèle rectangle de côté a ; or $OD = 2$

D'où $OD^2 = a^2 + a^2 \Leftrightarrow 4 = 2a^2 \Leftrightarrow a^2 = 2 \Leftrightarrow a = \sqrt{2}$, car $a > 0$. D'où $D(-\sqrt{2}\,;\,\sqrt{2})$.

- Comme BOE est un triangle **rectangle inscrit** dans le cercle $\mathscr{C}_1$, alors $[BE]$ est un diamètre du cercle $\mathscr{C}_1$ de centre A. On cherche $E(x\,;\,y)$ tel que A est le milieu de $[BE]$:

$$x_A = \frac{x_E + x_B}{2} \Leftrightarrow 2 = \frac{1}{2}(x+1) \qquad y_A = \frac{y_E + y_B}{2} \Leftrightarrow 0 = \frac{1}{2}(y+\sqrt{3})$$

$$\Leftrightarrow x+1 = 4 \qquad \Leftrightarrow y+\sqrt{3} = 0$$

$$\Leftrightarrow x = 3\,; \qquad \Leftrightarrow y = -\sqrt{3}.$$

D'où $\boldsymbol{E(3\,;\,-\sqrt{3})}$.

Et $OE^2 = EB^2 - OB^2 = (2\times AB)^2 - OB^2 = 4^2 - 2^2 = 16 - 4 = 12$.

CORRIGÉS

Autre calcul possible : $OE^2 = (3-0)^2 + (\sqrt{3}-0)^2 = 12$.

Donc $OE = \sqrt{12} = \mathbf{2\sqrt{3}}$.

Des valeurs à connaître par cœur :

demi-triangle équilatéral	triangle isocèle rectangle
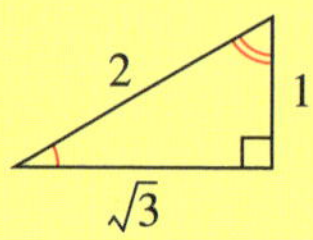	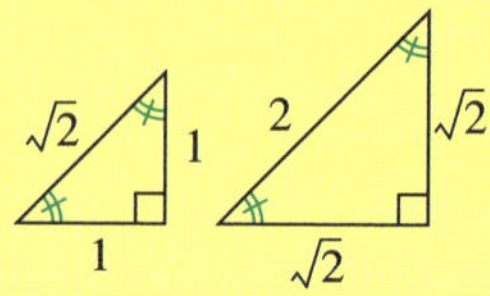

4 **Pour calculer la distance** ***AB*****, il est préférable de calculer d'abord** AB^2**, puis de prendre la racine carrée.**

a) • $AB^2 = (4-1)^2 + (3-1)^2 = 9 + 4 = 13$ donc $AB = \sqrt{13}$.

• $BC^2 = 468$, donc $BC = \sqrt{468} = \sqrt{4 \times 9 \times 13} = 2 \times 3\sqrt{13} = 6\sqrt{13}$.

• $AC^2 = 325$, donc $AC = \sqrt{325} = \sqrt{25 \times 13} = 5\sqrt{13}$.

Ce triangle est quelconque.

b) • $AB^2 = (0-1)^2 + (2+\sqrt{2}-\sqrt{2})^2 = 1 + 4 = 5$, donc $AB = \sqrt{5}$.

• $BC^2 = (-3-0)^2 + (\sqrt{2}-2-2-\sqrt{2})^2 = (-3)^2 + (-4)^2 = 9 + 16 = 25$, donc $BC = 5$.

• $AC^2 = (-3-1)^2 + (\sqrt{2}-2-\sqrt{2})^2 = (-4)^2 + (-2)^2 = 16 + 4 = 20$, donc $AC = 2\sqrt{5}$.

On remarque que $AB^2 + AC^2 = BC^2$, donc le triangle ABC est rectangle en A.

c) • $AB^2 = (-3-3)^2 + (-2-4)^2 = 36 + 36 = 72$, donc $AB = \sqrt{4 \times 9 \times 2} = 6\sqrt{2}$.

• $BC^2 = (3\sqrt{3}+3)^2 + (1-3\sqrt{3}+2)^2 = (3\sqrt{3}+3)^2 + (3-3\sqrt{3})^2$

il est nécessaire de développer ces carrés, car on ne peut réduire dans les parenthèses :

$BC^2 = 27 + 18\sqrt{3} + 9 + 9 - 18\sqrt{3} + 27 = 72$, donc $BC = 6\sqrt{2}$.

• $CA^2 = (3-3\sqrt{3})^2 + (3+3\sqrt{3})^2 = 72$, donc $CA = 6\sqrt{2}$.

On remarque que $AB = BC = CA$, donc le triangle ABC est équilatéral.

d) • $AB^2 = \left(\frac{1}{3}+\frac{2}{3}\right)^2 + (-8+5)^2 = (1)^2 + (-3)^2 = 1 + 9 = 10$, donc $AB = \sqrt{10}$.

• $BC^2 = \left(\frac{7}{3}-\frac{1}{3}\right)^2 + (-6+8)^2 = (2)^2 + (2)^2 = 4 + 4 = 8$, donc $BC = 2\sqrt{2}$.

• $AC^2 = \left(\frac{-2}{3}-\frac{7}{3}\right)^2 + (-5+6)^2 = (-3)^2 + (1)^2 = 9 + 1 = 10$, donc $AC = \sqrt{10}$.

On remarque que $AB = AC$, donc le triangle ABC est isocèle en A.

5 *Figure faite à l'aide de TI-Nspire*

1. $OA = 10$; $OB^2 = (2)^2 + (4)^2 = 4 + 16 = 20$,

donc $OB = 2\sqrt{5}$ et $AB^2 = 8^2 + 4^2 = 64 + 16 = 80$, donc $AB = 4\sqrt{5}$.

Ainsi, le périmètre du triangle est : $OA + OB + AB = 10 + 6\sqrt{5} \approx 23{,}4$ unités.

On remarque que : $AB^2 + OB^2 = 80 + 20 = 100 = OA^2$, donc le triangle OAB est rectangle en B.

2. Aire du triangle, de deux façons, en unités d'aire :

$$\mathcal{A}(ABC) = \frac{1}{2}(BH \times OA) = \frac{1}{2}(4 \times 10) = 20 = \frac{1}{2}(OB \times AB)$$

$$= \frac{1}{2}(2\sqrt{5} \times 4\sqrt{5}) = 4 \times 5 = 20.$$

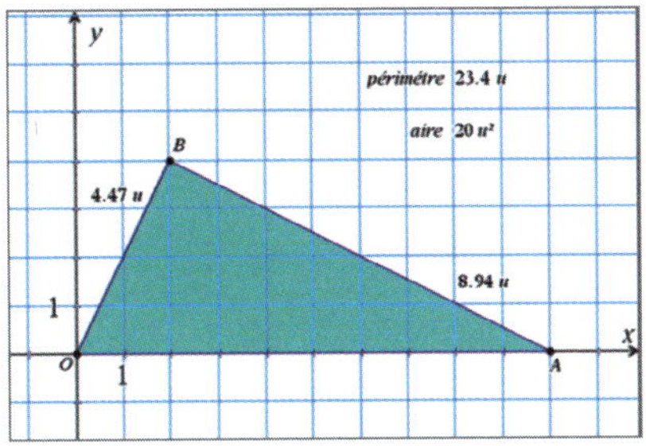

6 **1.** $AB^2 = 5$; $BC^2 = 20$; $CA^2 = 25$. Donc ABC est rectangle en B.

2. Comme ABC est rectangle en B, son cercle circonscrit a pour centre Ω, milieu de $[AC]$, diamètre du cercle.

On calcule les coordonnées de Ω, et on obtient $\Omega\left(1\,;-\frac{1}{2}\right)$.

Comme $[AC]$ est un diamètre, alors le rayon vaut $\frac{AC}{2} = \frac{5}{2}$.

3. Un point E appartient au cercle de centre Ω et de rayon $R = \frac{5}{2}$ si, et seulement si, $\Omega E = R$

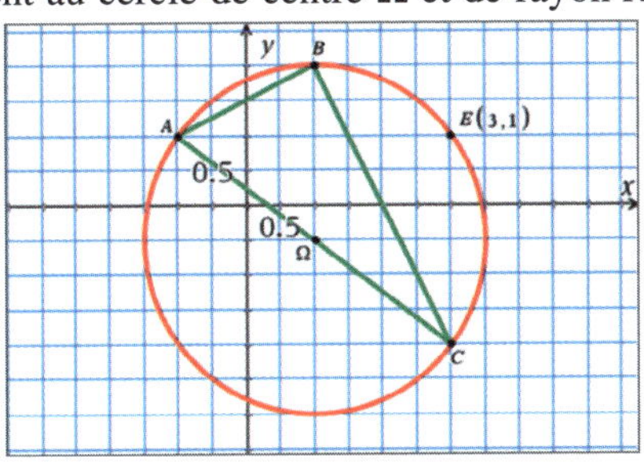

On peut écrire de façon symbolique : $E \in \mathcal{C}(\Omega\,;R) \Leftrightarrow \Omega E = R \Leftrightarrow \Omega E^2 = R^2$.

Or $\Omega E^2 = (3-1)^2 + \left(1+\frac{1}{2}\right)^2 = (2)^2 + \left(\frac{3}{2}\right)^2 = 4 + \frac{9}{4} = \frac{16+9}{4} = \frac{25}{4} = \left(\frac{5}{2}\right)^2$.

Donc E est bien un point du cercle.

4. Dans le triangle ABC, rectangle en B, $\cos(\widehat{ACB}) = \frac{\text{côté adjacent}}{\text{hypoténuse}} = \frac{CB}{CA} = \frac{2\sqrt{5}}{5}$.

D'où $\widehat{ACB} \approx 26{,}6°$.

À retenir, dans un **triangle rectangle** :

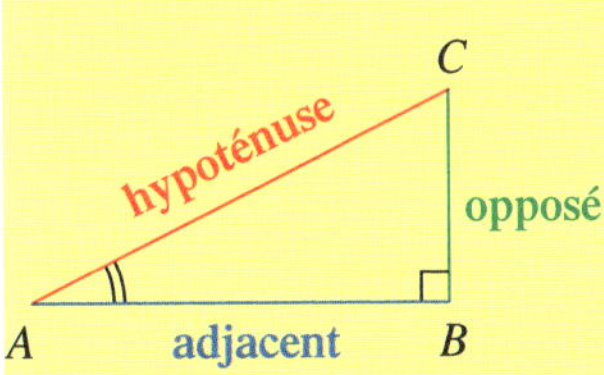

$$\cos(\widehat{BAC}) = \frac{\text{côté adjacent}}{\text{hypoténuse}}$$

$$\sin(\widehat{BAC}) = \frac{\text{côté opposé}}{\text{hypoténuse}}$$

$$\tan(\widehat{BAC}) = \frac{\text{côté opposé}}{\text{côté adjacent}}$$

7 **1. a)** On calcule CA^2 et CB^2

$CA^2 = (-1)^2 + (3)^2 = 1 + 9 = 10$; $CB^2 = (-3)^2 + (-1)^2 = 9 + 1 = 10$.

Comme $CA^2 = CB^2$, alors $CA = CB$; donc C est un point de la médiatrice de $[AB]$.

De même : $DA^2 = (7)^2 + (-1)^2 = 49 + 1 = 50$ et $DB^2 = (5)^2 + (-5)^2 = 25 + 25 = 50$.

Donc D est un point de la médiatrice de $[AB]$.

b) $AB^2 = (2)^2 + (4)^2 = 4 + 16 = 20$.

On remarque que $AB^2 = CA^2 + CB^2$; donc le triangle ABC est rectangle isocèle en C.

Par suite, l'angle $\widehat{BAC}$ mesure 45°.

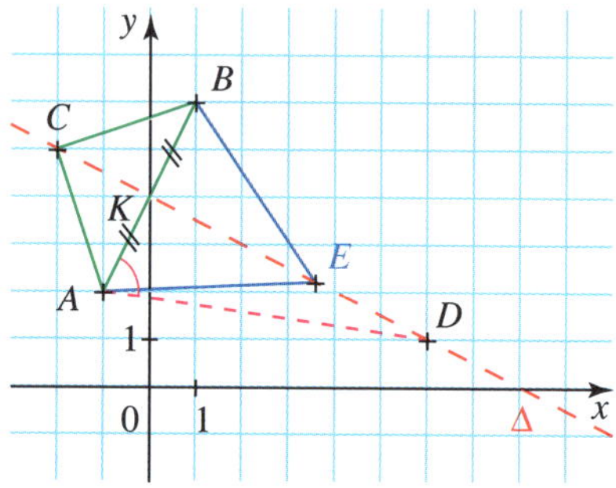

2. a) Dans ADK, rectangle en K, car (CD) est la médiatrice de $[AB]$.

$$\cos(\widehat{BAD}) = \frac{AK}{AD} = \frac{\frac{1}{2}\sqrt{20}}{\sqrt{50}} = \frac{\sqrt{5}}{5\sqrt{2}} = \frac{\sqrt{5}\times\sqrt{2}}{5\sqrt{2}\times\sqrt{2}} = \frac{\sqrt{10}}{10}.$$

Se placer dans le mode degré de la calculatrice.

mode RADIAN DEGRÉ 2nde mode (quitter)

$\widehat{BAD} = 71{,}6°$, avec trig 5: $\cos^{-1}$

$\cos^{-1}\left(\frac{\sqrt{10}}{10}\right)$

71.56505118

b) Aire du quadrilatère $ADBC$. $ADBC$ est un cerf-volant.

$$\mathcal{A}(ADBC) = \frac{1}{2}(CK \times AB) + \frac{1}{2}(KD \times AB) = \frac{1}{2}(AB \times CD).$$

Or $AB = 2\sqrt{5}$ et $CD^2 = (8)^2 + (-4)^2 = 64 + 16 = 80$, donc $CD = \sqrt{80} = 4\sqrt{5}$.

D'où $\mathcal{A}(ADBC) = \frac{1}{2} \times 2\sqrt{5} \times 4\sqrt{5} = 20$.

3. $AE^2 = (2\sqrt{3} + 1)^2 + (2 - \sqrt{3})^2 = 4 \times 3 + 4\sqrt{3} + 1 + 4 - 4\sqrt{3} + 3 = 20$.

$BE^2 = (2\sqrt{3} - 1)^2 + (-2 - \sqrt{3})^2 = 4 \times 3 - 4\sqrt{3} + 1 + 4 + 4\sqrt{3} + 3 = 20$.

Donc ABC est un triangle équilatéral. Donc $\widehat{BAE} = 60°$.

8 Tableau des résultats

	équation	nature de la droite	coefficient directeur	un point
a)	$y = \frac{5x-3}{2}$	oblique	$\frac{5}{2}$	(1 ; 1)
b)	$y = -\frac{2}{5}(x+2)$	oblique	$-\frac{2}{5}$	(–2 ; 0)

c)	$y = \frac{3}{2}x - 3$	oblique	$\frac{3}{2}$	$(0\ ;-3)$
d)	$y = \frac{3}{2}x - \frac{5}{2}$	oblique	$\frac{3}{2}$	$(1\ ;-1)$
e)	$x = \frac{3}{4}$	**verticale**	**n'existe pas**	$\left(\frac{3}{4}\ ;y\right), y \in \mathbb{R}$
f)	$y = \frac{1}{4}$	**horizontale**	**0**	$\left(x\ ;\frac{1}{4}\right), x \in \mathbb{R}$

9 Pour ces droites, on lit directement le coefficient directeur en partant du point A.

• Pour $\mathscr{D}_1$, pour aller de A au point en noir, on monte de 2 et on se décale de 5 :
$m = \frac{2}{5}$. L'ordonnée à l'origine est $p = 3$. Donc $\mathscr{D}_1$ a pour équation : $y = \frac{2}{5}x + 3$.

• Pour $\mathscr{D}_2$, $y = \frac{3}{4}x + 3$.

• Pour $\mathscr{D}_3$, la droite descend, le coefficient directeur est négatif : $m = \frac{-2}{4} = -\frac{1}{2}$.
Donc $\mathscr{D}_3$ a pour équation $y = -\frac{1}{2}x + 3$.

• Pour $\mathscr{D}_4$, la droite est horizontale, donc $m = 0$. Donc $\mathscr{D}_4$ a pour équation $y = 3$.

10 • Pour $\mathscr{D}_1$, $m = -\frac{2}{2} = -1$ et $p = 2$.
Donc $\mathscr{D}_1$ a pour équation $y = -x + 2$.

• Pour $\mathscr{D}_2$, $m = -\frac{1}{4}$ et $p = 2$; d'où $y = -\frac{1}{4}x + 2$.

• Pour $\mathscr{D}_3$, $m = \frac{1}{2}$ et $p = -1$; d'où $y = \frac{1}{2}x - 1$.

• Pour $\mathscr{D}_4$, $m = \frac{-2}{3}$ et $\mathscr{D}_4$ passe par $B(-1\ ;0)$;
d'où $y = -\frac{2}{3}(x + 1) + 0 \Leftrightarrow y = -\frac{2}{3}x - \frac{2}{3}$.

• Pour $\mathscr{D}_5$, horizontale ; $m = 0$ et $y = 2$.

• Pour $\mathscr{D}_6$, $m = \frac{-2}{1} = -2$ et $\mathscr{D}_6$ passe par $C(-3\ ;0)$;
d'où $y = -2(x + 3) + 0 \Leftrightarrow y = -2x - 6$.

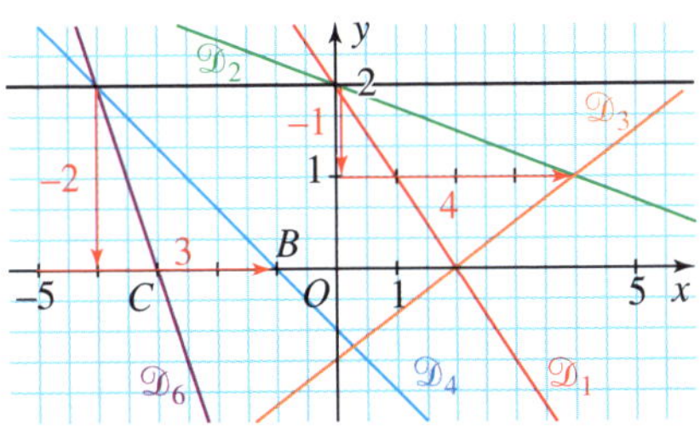

11 **Un point $A(x_A\,;\,y_A)$ appartient à une droite $\mathscr{D}$ si, et seulement si, en remplaçant x par l'abscisse de A dans l'équation de $\mathscr{D}$, on retrouve l'ordonnée de A.**

$\mathscr{D}$ d'équation $y = -4x + 0{,}5$.

$A(14\,;\,-55{,}5) \in \mathscr{D}$, car $-4 \times 14 + 0{,}5 = -55{,}5$.

$B(121\,;\,-463{,}5) \notin \mathscr{D}$, car $-4 \times 121 + 0{,}5 = -483{,}5 \neq -463{,}5$.

$C(-62{,}5\,;\,250{,}5) \in \mathscr{D}$ car $-4 \times (-62{,}5) + 0{,}5 = 250{,}5$.

12 **a)** $\mathscr{D}$ a pour équation $y = \frac{7}{3}x - 4$. Si on connaît x, alors **on calcule** $y = \frac{7}{3}x - 4$.

Si on connaît y, on **résout** l'équation $\frac{7}{3}x - 4 = y$

x	-3	0	$-\frac{1}{2}$	$\mathbf{\frac{12+3\sqrt{2}}{7}}$	$\frac{4}{3}$	0	$\mathbf{\frac{12}{7}}$
y	-11	-4	$\mathbf{\frac{-31}{6}}$	$\sqrt{2}$	$\mathbf{\frac{-8}{9}}$	$\mathbf{-4}$	0

Par exemple, pour $y = \sqrt{2}$, on résout $\frac{7}{3}x - 4 = \sqrt{2}$

$\Leftrightarrow 7x - 12 = 3\sqrt{2} \Leftrightarrow 7x = 12 + 3\sqrt{2} \Leftrightarrow x = \frac{12+3\sqrt{2}}{7}$.

b) $\mathscr{D}$ a pour équation $y = \frac{5}{2}x + \frac{7}{2} \Leftrightarrow x = \frac{2y-7}{5}$.

x	-3	$\mathbf{-3}$	$-\frac{1}{2}$	$\mathbf{\frac{2\sqrt{2}-7}{5}}$	$\frac{4}{3}$	0	$\mathbf{\frac{-7}{5}}$
y	$\mathbf{-4}$	-4	$\mathbf{\frac{9}{4}}$	$\sqrt{2}$	$\mathbf{\frac{41}{6}}$	$\mathbf{\frac{7}{2}}$	0

13 **Deux ensembles sont confondus** si, et seulement si, tout élément de l'un est dans l'autre et réciproquement :

$$E = F \Leftrightarrow \begin{cases} \forall\, x \in E, x \in F \Leftrightarrow E \subset F \\ \forall\, y \in F, y \in E \Leftrightarrow F \subset E \end{cases}$$

« ⊂ » signifie « est inclus dans »

Or l'équation $y = \frac{2x^2 + 5x}{x}$ présente une valeur interdite 0.

Le point $A(0\,;\,5)$ est un point de $\mathscr{D}$ d'équation $y = 2x + 5$, mais ce point n'est pas un point de $\mathscr{C}$ d'équation $y = \frac{x(2x+5)}{x}$. Donc $\mathscr{D}$ et $\mathscr{C}$ ne sont pas confondus.

14

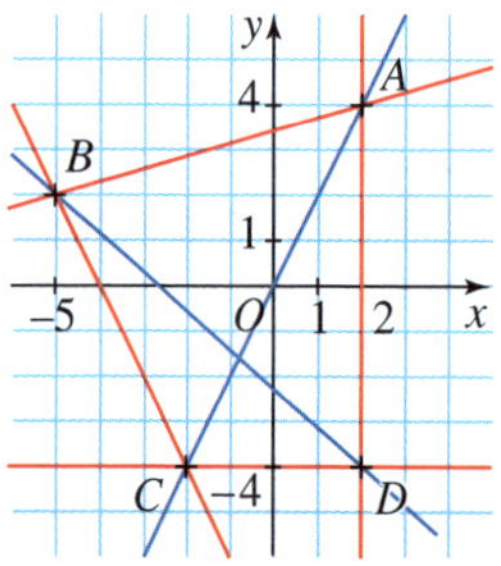

$(AB) : y = \dfrac{2}{7}(x-2)+4 \Leftrightarrow y = \dfrac{2}{7}x + \dfrac{24}{7}$.

$(BC) : y = -2(x+2)-4 \Leftrightarrow y = -2x-8$.

$(CD) : y = -4$ horizontale.

$(DA) : x = 2$ verticale.

$(AC) : y = 2x$ passe par l'origine.

$(BD) : y = -\dfrac{6}{7}(x-2)-4 \Leftrightarrow y = \dfrac{-6}{7}x - \dfrac{16}{7}$.

15 ***Un conseil :*** **refaire la figure, proprement, en respectant les différents coefficients directeurs.**

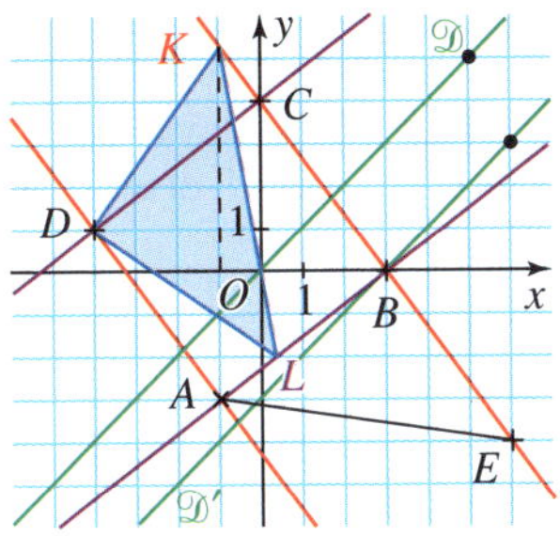

1. L'accroissement moyen de A à D est : $m = \dfrac{y_D - y_A}{x_D - x_A} = \dfrac{4}{-3} = \dfrac{-4}{3}$.

Et l'accroissement moyen de C à E est : $m' = \dfrac{y_E - y_C}{x_E - x_C} = \dfrac{-8}{6} = \dfrac{-4}{3}$.

$m = m'$, donc $(AD) \parallel (CE)$. Cela signifie que le quadrilatère $EADC$ est un trapèze.

2. Équation de (AB) : $y = \dfrac{3}{4}x - \dfrac{9}{4}$. Équation de (CD) : $y = \dfrac{3}{4}x + 4$.

Équation de (CB) : $y = -\dfrac{4}{3}x + 4$.

3. • On cherche K tel que $\begin{cases} x_K = -1 \\ K \in (CB). \end{cases}$

On calcule son ordonnée dans l'équation de (CB). voir exercice 12 de ce chapitre

$y_K = -\dfrac{4}{3}x_K + 4 = -\dfrac{4}{3} \times (-1) + 4 = \dfrac{16}{3}$. D'où $K\left(-1\,;\dfrac{16}{3}\right)$.

• On cherche L tel que $\begin{cases} y_L = -2 \\ L \in (AB). \end{cases}$

On résout l'équation $\dfrac{3}{4}x - \dfrac{9}{4} = -2 \Leftrightarrow 3x - 9 = -8 \Leftrightarrow x = \dfrac{1}{3}$. D'où $L\left(\dfrac{1}{3}\,;-2\right)$.

• $DK^2 = (-1+4)^2 + \left(\dfrac{16}{3}-1\right)^2 = (3)^2 + \left(\dfrac{13}{3}\right)^2 = 9 + \dfrac{169}{9} = \dfrac{250}{9}$.

$DL^2 = \left(\dfrac{1}{3}+4\right)^2 + (-2-1)^2 = \left(\dfrac{13}{3}\right)^2 + (-3)^2 = \dfrac{169}{9} + 9 = \dfrac{250}{9}$.

$KL^2 = \left(\dfrac{1}{3}+1\right)^2 + \left(-2-\dfrac{16}{3}\right)^2 = \left(\dfrac{4}{3}\right)^2 + \left(-\dfrac{22}{3}\right)^2 = \dfrac{16}{9} + \dfrac{484}{9} = \dfrac{500}{9}$.

On remarque que $DK = DL$ et $KL^2 = DK^2 + DL^2$. Donc le triangle DKL est isocèle rectangle en D.

4. $\mathcal{D}$ a pour équation $y = x$; donc son coefficient directeur est $m = 1$.
$\mathcal{D}'$ parallèle à $\mathcal{D}$ a le même coefficient directeur et elle passe par $B(3 ; 0)$. D'où l'équation de $\mathcal{D}'$: $y = 1(x - 3) + 0 \Leftrightarrow y = x - 3$.

16 **1. a)** Chiffre d'affaires entre 2 et 8 ans : accroissement moyen $\dfrac{204-120}{8-2} = 14$.
Et entre 8 et 12 ans : accroissement moyen $\dfrac{260-204}{12-8} = 14$.

On en déduit que les trois points (2 ; 120), (8 ; 204) et (12 ; 260) sont alignés.
En moyenne, le chiffre d'affaires augmente de 14 milliers d'euros par an.
b)

Principe de l'interpolation linéaire
Entre deux points A et B, on recherche l'abscisse x ou l'ordonnée V d'un point M du segment $[AB]$, en écrivant l'égalité des accroissements moyens entre A et M, et entre A et B.

$$\frac{V - V_0}{x - x_0} = \frac{V_1 - V_0}{x_1 - x_0}$$

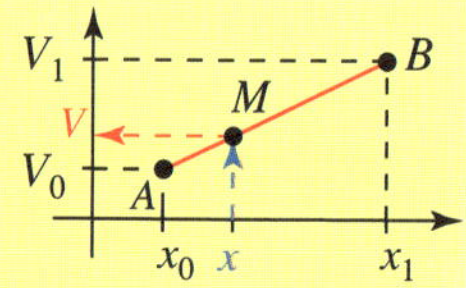

On cherche le chiffre d'affaires au bout de 10 ans, or l'accroissement moyen est de 14 entre 8 et 12 ans, d'où : $\dfrac{CA - 204}{10-8} = 14 \Leftrightarrow CA = 14 \times 2 + 204 = 232$.
Au bout de 10 ans, le chiffre d'affaires est de 232 milliers d'euros.
2. a) Accroissement des liquidités entre 2 et 8 ans :
$\dfrac{18-45}{8-2} = -4{,}5$ soit une baisse moyenne de 4,5 milliers d'euros par an.
Entre 8 ans et 12 ans : $\dfrac{9-18}{12-8} = -2{,}25$ soit une baisse moyenne annuelle de 2,25 milliers d'euros. Comme $-4{,}5 = 2(-2{,}25)$, la phrase est vérifiée.
b) Si la tendance se maintient, chaque année, les liquidités diminuent de 2,25 milliers d'euros.
Par interpolation linéaire, on cherche x tel que les liquidités soient nulles, $V = 0$
$\dfrac{0-9}{x-12} = -2{,}25 \Leftrightarrow x - 12 = \dfrac{9}{2{,}25} \Leftrightarrow x = 12 + 4 = 16$.
Au bout de 16 ans, les liquidités seront nulles.

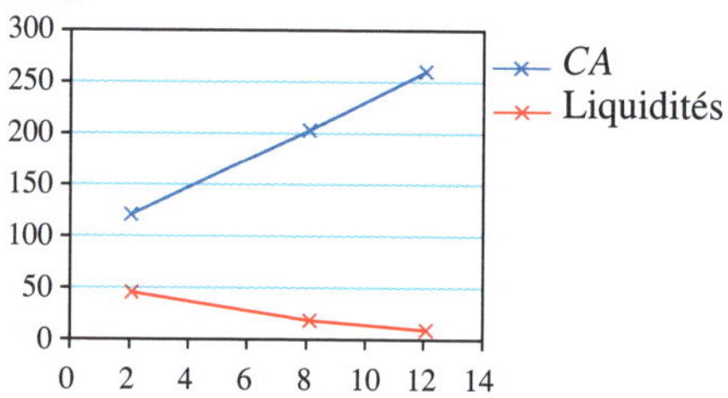

17 **La droite $\mathcal{D}_m$ dépend du réel m : on parle de *droite paramétrée*, de *paramètre m*.**
$\mathcal{D}_m$ d'équation $(2m - 1)x + (m + 3)y = 14$, $m \in \mathbb{R}$.
a)

$\mathcal{D}_m$ est parallèle à l'axe des abscisses si, et seulement si, l'équation réduite est de la forme $y = p$, x étant quelconque.

Donc $2m - 1 = 0 \Leftrightarrow m = \dfrac{1}{2}$. Alors $m + 3 = \dfrac{1}{2} + 3 = \dfrac{7}{2}$.

D'où l'équation réduite : $\dfrac{7}{2}y = 14 \Leftrightarrow \boxed{y = 4}$.

b)

$\mathcal{D}_m$ est parallèle à l'axe des ordonnées si, et seulement si, l'équation réduite est de la forme $x = q$, y étant quelconque.

Donc $m + 3 = 0 \Leftrightarrow m = -3$. Alors $2m - 1 = -2 \times 3 - 1 = -7$.

D'où l'équation réduite : $-7x = 14 \Leftrightarrow \boxed{x = -2}$.

c) $\mathcal{D}_m$ passe par $A(-1 ; 3)$ si, et seulement si :
$(2m - 1) \times (-1) + (m + 3) \times 3 = 14 \Leftrightarrow -2m + 1 + 3m + 9 = 14 \Leftrightarrow m = 4$.
Alors $2m - 1 = 7$ et $m + 3 = 7$.

D'où l'équation réduite : $7x + 7y = 14 \Leftrightarrow \boxed{y = -x + 2}$.

d) L'équation de $\mathcal{D}_m$ est de la forme $ax + by = c$.

Son coefficient directeur est $-\dfrac{a}{b} = \dfrac{-(2m-1)}{m+3} = \dfrac{-2m+1}{m+3}$.

$\mathcal{D}_m$ est parallèle à la droite d'équation $y = x$ si, et seulement si :
$\dfrac{-2m+1}{m+3} = 1 \Leftrightarrow -2m + 1 = m + 3 \Leftrightarrow m = -\dfrac{2}{3}$.

e) **Toutes les droites $\mathcal{D}_m$ passent par un point fixe $F(x_0 ; y_0)$ si, et seulement si, l'équation $(2m - 1)x_0 + (m + 3)y_0 = 14$ est vérifiée quel que soit le paramètre m.**

On écrit cette équation en isolant m : $2mx_0 - x_0 + my_0 + 3y_0 = 14$

$$m(2x_0 + y_0) = x_0 - 3y_0 + 14.$$

Cette équation est vraie $\forall m$ si, et seulement si :

$$\begin{cases} 2x_0 + y_0 = 0 \\ x_0 - 3y_0 + 14 = 0 \end{cases} \Leftrightarrow \begin{cases} y_0 = -2x_0 \\ x_0 + 6x = -14 \end{cases} \Leftrightarrow \begin{cases} x_0 = -2 \\ y_0 = 4. \end{cases}$$

On obtient le point $F(-2 ; 4)$, intersection des deux droites trouvées en **a)** et en **b)**.

En résumé

Soit $\mathcal{D}$ d'équation $ax + by = c$.

- $\mathcal{D} \,//\, (Ox) \Leftrightarrow a = 0$
- $\mathcal{D} \,//\, (Oy) \Leftrightarrow b = 0$
- $A \in \mathcal{D} \Leftrightarrow ax_A + by_A = c$
- $\mathcal{D} \,//\, \mathcal{D}' \Leftrightarrow$ leurs coefficients directeurs sont égaux.
- $\mathcal{D}_m$ passe par un point fixe $F(x_0 ; y_0) \Leftrightarrow \forall m, ax_0 + by_0 = c$.

18 **a)** $\begin{cases} -5x + 2y = 1 \\ -5x + 2y = 2 \end{cases} \Leftrightarrow \begin{cases} 5x - 2y = 1 \\ 5x + 2y = -2. \end{cases}$

Comme $1 \neq -2$, ce système n'a pas de solution.

b) $\begin{cases} 8x + y = 4 \\ x + 8y = -4 \end{cases} \Leftrightarrow \begin{cases} y = 4 - 8x \\ x + 8(4 - 8x) = -4 \end{cases} \Leftrightarrow \begin{cases} y = 4 - 8x \\ x + 32 - 64x = -4 \end{cases}$

$\Leftrightarrow \begin{cases} y = 4 - 8x \\ -63x = -36 \end{cases} \Leftrightarrow \begin{cases} x = \dfrac{36}{63} = \dfrac{4}{7} \\ y = 4 - 8 \times \dfrac{4}{7} = \dfrac{28 - 32}{7} = -\dfrac{4}{7}. \end{cases}$

La solution est le couple $\left(\dfrac{4}{7} ; -\dfrac{4}{7}\right)$.

CORRIGÉS

c) $\begin{cases} 0,2x+0,3y=5 \\ x-y=2 \end{cases}$ on multiplie la 1re par 10 pour éviter les virgules

$$\Leftrightarrow \begin{cases} 2x+3y=50 \\ x=2+y \end{cases} \Leftrightarrow \begin{cases} 4+2y+3y=50 \\ x=2+y \end{cases} \Leftrightarrow \begin{cases} y=\dfrac{46}{5}=9,2 \\ x=2+9,2=11,2. \end{cases}$$

La solution est le couple (11,2 ; 9,2).

19 Lors de la résolution de systèmes, éviter les nombres trop grands (diviser par 10, 100…), les virgules (multiplier par 10, 100…), les fractions (réduire au même dénominateur).

a) $\begin{cases} 0,5x+1,3y=2,3 \\ x-y=1 \end{cases} \Leftrightarrow \begin{cases} 5x+13y=23 \\ x=y+1 \end{cases} \Leftrightarrow \begin{cases} x=y+1 \\ 5y+5+13y=23 \end{cases}$

$\Leftrightarrow \begin{cases} x=y+1 \\ 18y=18 \end{cases} \Leftrightarrow \begin{cases} x=2 \\ y=1. \end{cases}$

La solution est le couple (2 ; 1).

b) $\begin{cases} 100x+50y=400 \\ 2,1x+0,7y=7,7 \end{cases} \Leftrightarrow \begin{cases} 2x+y=8 \\ 3x+y=11 \end{cases}$ on divise la première par 50 et la seconde par 0,7

On obtient : $\begin{cases} y=8-2x \\ 3x+8-2x=11 \end{cases} \Leftrightarrow \begin{cases} x=3 \\ y=2. \end{cases}$

La solution est le couple (3 ; 2).

20 **a)** $\dfrac{x}{2}+\dfrac{y}{3}=1 \Leftrightarrow \dfrac{3x}{6}+\dfrac{2y}{6}=\dfrac{6}{6} \Leftrightarrow 3x+2y=6.$

Et $\dfrac{x}{4}-\dfrac{y}{6}=2 \Leftrightarrow \dfrac{3x}{12}-\dfrac{2y}{12}=\dfrac{24}{12} \Leftrightarrow 3x-2y=24.$

On ajoute ces deux équations : $6x = 30 \Leftrightarrow x = 5$.

On soustrait ces deux équations : $4y = -18 \Leftrightarrow y = \dfrac{-9}{2}$.

La solution est le couple $\left(5 ; \dfrac{-9}{2}\right)$.

b) On multiplie la première par 15 et on extrait x de la seconde :

$$\begin{cases} -10x+9y-15=0 \\ x=y+2 \end{cases} \Leftrightarrow \begin{cases} -10(y+2)+9y-15=0 \\ x=y+2 \end{cases} \Leftrightarrow \begin{cases} -10y-20+9y-15=0 \\ x=y+2. \end{cases}$$

D'où $y=-35$ et $x=-33$.

La solution est le couple (–33 ; –35).

21 **a)** On calcule $ab'-ba' = (\sqrt{2}-1)(2)-(\sqrt{2})(2-\sqrt{2})$

$= 2\sqrt{2}-2-2\sqrt{2}+2 = 0.$

Donc le système n'a pas une unique solution.

On multiplie la 1re équation donnée par $\sqrt{2}$:

① $\Leftrightarrow \sqrt{2}(\sqrt{2}-1)x+\sqrt{2}(\sqrt{2}y) = \sqrt{2}\times\sqrt{2} \Leftrightarrow (2-\sqrt{2})x+2y=2$

On ne retrouve pas la 2e équation, car $1 \neq 2$; le système n'a pas de solution.

b) On calcule $ab'-ba' = \sqrt{3}(-2)+(\sqrt{3}+1)(3-\sqrt{3})$

$= -2\sqrt{3}+3\sqrt{3}-3+3-\sqrt{3} = 0.$

Donc le système n'a pas une unique solution. On multiplie la 1re équation par $\sqrt{3}-1$:
$(\sqrt{3}-1)(\sqrt{3})x-(\sqrt{3}-1)(\sqrt{3}+1)y=1(\sqrt{3}-1) \Leftrightarrow (3-\sqrt{3})x-(3-1)y=\sqrt{3}-1.$
On retrouve la 2e équation, donc le système a une infinité de solutions.

22

Résolution d'un système 3 × 3
Une méthode, par substitution, pour résoudre un système 3 × 3 (3 équations à 3 inconnues) : on isole l'une des inconnues d'une des équations, on la substitue dans les deux autres équations et on résout le système 2 × 2 obtenu.

a) $\begin{cases} x+y+z=5 \\ y+2z=6 \\ x+z=3 \end{cases}$ on remarque que x et y peuvent s'exprimer à l'aide de z

$\Leftrightarrow \begin{cases} x=3-z \\ y=6-2z \\ 3-z+6-2z+z=5 \end{cases}$ on résout l'équation en z

$\Leftrightarrow \begin{cases} -2z=5-9 \\ x=3-z \\ y=6-2z \end{cases} \Leftrightarrow \begin{cases} z=2 \\ x=3-2=1 \\ y=6-4=2. \end{cases}$

La solution est le triplet (1 ; 2 ; 2) .

b) $\begin{cases} 3x+2y+z=6 \\ 2x+3y=4 \\ -3x=3 \end{cases} \Leftrightarrow \begin{cases} x=-1 \\ 2(-1)+3y=4 \\ 3(-1)+2y+z=6 \end{cases} \Leftrightarrow \begin{cases} x=-1 \\ 3y=6 \\ z=-2y+9 \end{cases} \Leftrightarrow \begin{cases} x=-1 \\ y=2 \\ z=-2\times 2+9=5. \end{cases}$

La solution est le triplet (–1 ; 2 ; 5) .

c) $\begin{cases} x+y=12 \\ y-z=4 \\ z+x=8 \end{cases}$ on peut isoler ici n'importe quelle inconnue au départ

$\Leftrightarrow \begin{cases} x=12-y \\ y=4+z \\ z+12-(4+z)=8 \end{cases} \Leftrightarrow \begin{cases} x=12-y=8-z \\ y=4+z \\ 0=0. \end{cases}$

Quel que soit z, la 3e équation est vérifiée ; donc le système a une infinité de solutions ; tous les triplets $(8-z ; 4+z ; z)$, avec $z \in \mathbb{R}$.

23 **a)** $\begin{cases} 0{,}1x+0{,}4y=11 \\ \dfrac{x}{10}+\dfrac{5}{3}z=6 \\ 2{,}5x-5z=10 \end{cases}$ on multiplie par 10 ; on réduit au même dénominateur : 30 ; on divise par 2,5

$\Leftrightarrow \begin{cases} x+4y=110 \\ 3x+50z=180 \\ x-2z=4 \end{cases}$ ces deux équations sont en x et z

$$\Leftrightarrow \begin{cases} x+4y=110 \\ x=4+2z \\ 3(4+2z)+50z=180 \end{cases} \Leftrightarrow \begin{cases} x+4y=110 \\ x=4+2z \\ 56z=168 \end{cases} \Leftrightarrow \begin{cases} z=3 \\ x=4-2\times 3=10 \\ 4y=110-10 \end{cases} \Leftrightarrow \begin{cases} z=3 \\ x=10 \\ y=25. \end{cases}$$

La solution est le triplet (10 ; 25 ; 3) .

b) $\begin{cases} a-b+\dfrac{c}{2}=-1 \\ 2b-\dfrac{c}{4}=3 \\ \dfrac{3c}{4}=3 \end{cases}$ On ne garde pas de fraction, source d'erreurs !

$$\Leftrightarrow \begin{cases} 2a-2b+c=-2 \\ 8b-c=12 \\ c=4 \end{cases} \Leftrightarrow \begin{cases} c=4 \\ 8b-4=12 \\ 2a-2b+4=-2 \end{cases} \Leftrightarrow \begin{cases} c=4 \\ b=2 \\ 2a-4+4=-2 \end{cases} \Leftrightarrow \begin{cases} c=4 \\ b=2 \\ a=-1. \end{cases}$$

La solution est le triplet (–1 ; 2 ; 4) .

24 On propose une résolution à l'aide d'une calculatrice avec **matrice**.
Sinon, les calculatrices formelles (type TI-Nspire Cas) résolvent directement.

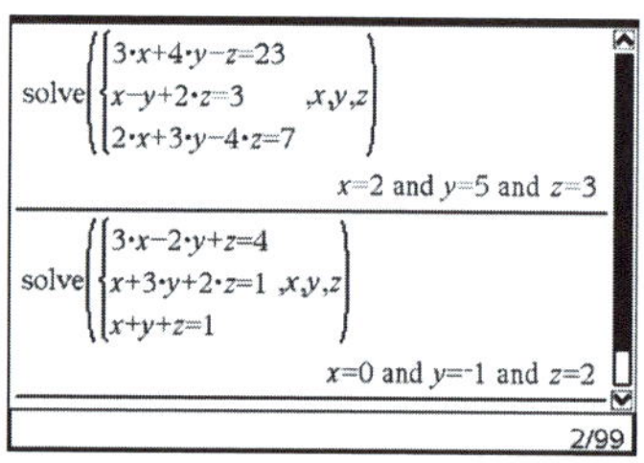

On entre les coefficients sous la forme d'un tableau, appelé matrice, et les seconds membres des équations dans un second tableau.
De même que l'équation $ax = b$ a pour solution $x = \dfrac{b}{a} = a^{-1} \times b$, le système a pour solution $A^{-1} \times B$.

a)

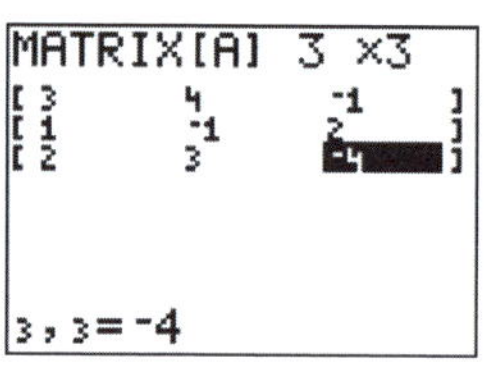

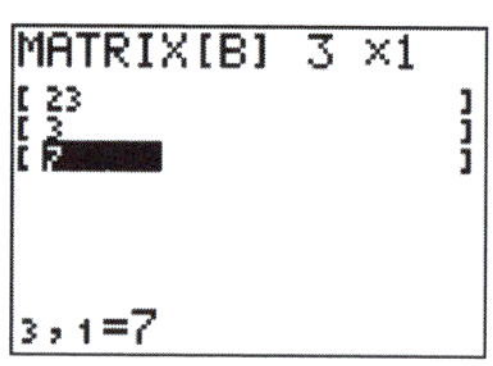

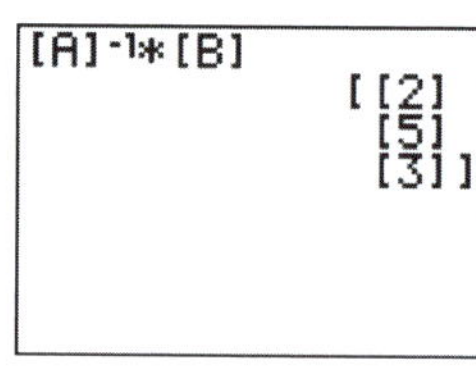

b)

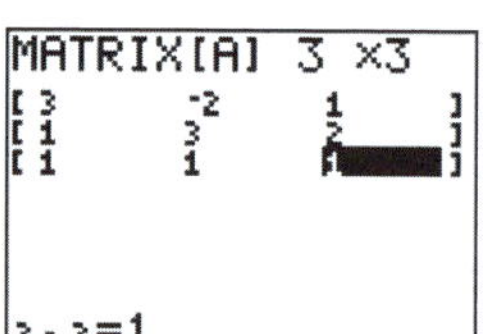

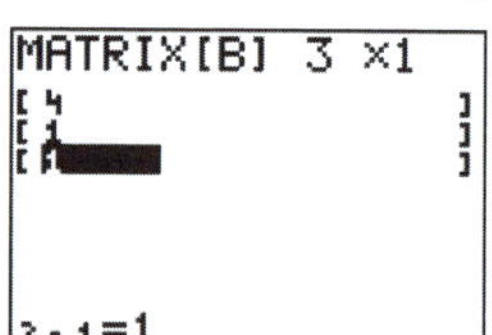

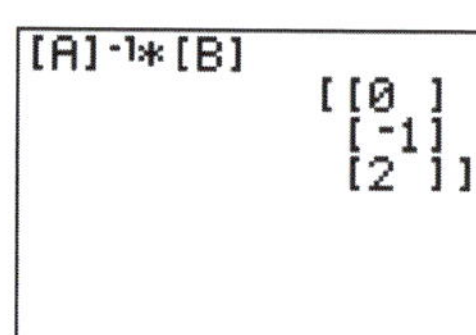

25 Des problèmes classiques

1. On cherche un entier $n = \overline{cdu}$, c chiffre des centaines, d chiffre des dizaines et u chiffre des unités, de 0 à 9 : $\boldsymbol{n = 100c + 10d + u}$.

La somme des chiffres est 18 : $\boldsymbol{c + d + u = 18}$.
Si on permute les chiffres des centaines et des unités, le nombre diminue de 99 :
$\overline{udc} = \overline{cdu} - 99 \Leftrightarrow 100u + 10d + c = 100c + 10d + u - 99 \Leftrightarrow 99u - 99c = -99 \Leftrightarrow \boldsymbol{u - c = -1}$.
Si on permute les chiffres des dizaines et des unités, le nombre augmente de 9 :
$\overline{cud} = \overline{cdu} + 9 \Leftrightarrow 100c + 10u + d = 100c + 10d + u + 9 \Leftrightarrow 9u - 9d = 9 \Leftrightarrow \boldsymbol{u - d = 1}$.
On résout le système :

$$\begin{cases} c+d+u=18 \\ u-c=-1 \\ u-d=1 \end{cases} \Leftrightarrow \begin{cases} c=u+1 \\ d=u-1 \\ u+1+u-1+u=18 \end{cases} \Leftrightarrow \begin{cases} 3u-18 \\ c=u+1 \\ d=u-1 \end{cases} \Leftrightarrow \begin{cases} u=6 \\ c=6+1=7 \\ d=6-1=5. \end{cases}$$

Le nombre est 756.

2. On résout un **problème d'âges** à l'aide d'un tableau.

	avant	**aujourd'hui**	**après**
Cloé	0	x	y
Adrien	$y - x$	y	$y + (y - x)$
Vincent	$z - x$	z	$z + (y - x)$

Soit x l'âge actuel de Cloé, y celui d'Adrien et z celui de Vincent.
À la naissance de Cloé, Adrien avait le tiers de l'âge de son père :
$y - x = \dfrac{1}{3}(z - x) \Leftrightarrow 3y - 3x = z - x \Leftrightarrow \boldsymbol{-2x + 3y - z = 0}$.
Aujourd'hui, la somme de leurs âges est 62 : $\boldsymbol{x + y + z = 62}$.
Lorsque Cloé aura y ans, la somme de leurs âges sera 104 :
$y + (y + y - x) + (z + y - x) = 104 \Leftrightarrow \boldsymbol{-2x + 4y + z = 104}$.
On résout le système :

$$\begin{cases} -2x+3y-z=0 \\ x+y+z=62 \\ -2x+4y+z=104 \end{cases} \Leftrightarrow \begin{cases} z=62-x-y \quad ① \\ -2x+3y-62+x+y=0 \\ -2x+4y+62-x-y=104 \end{cases} \Leftrightarrow \begin{cases} ① \\ -x+4y=62 \\ -3x+3y=42 \end{cases}$$

$$\Leftrightarrow \begin{cases} ① \\ x=4y-62 \quad ② \\ -12y+186+3y=42 \end{cases} \Leftrightarrow \begin{cases} ① \\ ② \\ -9y=-144 \end{cases} \Leftrightarrow \begin{cases} y=16 \\ x=4\times12-62=2 \\ z=42=62-2-16=44. \end{cases}$$

Cloé a 2 ans, Adrien a 16 ans et Vincent a 44 ans.

26 Problème avec partage et pourcentage

Intérêt = Taux × Capital

6 000 € est partagé en trois parties : $\boldsymbol{x + y + z = 6\,000}$.

Capitaux	**Intérêts ①**	**Intérêts ②**
x	$0{,}15x$	$0{,}25x$
y	$0{,}20y$	$0{,}20y$
z	$0{,}25z$	$0{,}10z$

CORRIGÉS

① Le montant total des intérêts est 1 300 € :

$0{,}15x + 0{,}20y + 0{,}25z = 1\ 300$ on multiplie par 100

$\Leftrightarrow 15x + 20y + 25z = 130\ 000$ et on divise par 5

$\Leftrightarrow \mathbf{3x + 4y + 5z = 26\ 000}$.

② Le capital acquis est 6 950 €, soit 6 950 – 6 000 = 950 d'intérêts.

$0{,}25x + 0{,}20y + 0{,}10z = 950 \Leftrightarrow 25x + 20y + 10z = 95\ 000 \Leftrightarrow \mathbf{5x + 4y + 2z = 19\ 000}$.

On résout le système formé par ces trois équations ; on obtient :

$x = 1\ 000$, $y = 2\ 000$ et $z = 3\ 000$.

27 Droites perpendiculaires

1. OAA' est rectangle en $O \Leftrightarrow AA'^2 = OA^2 + OA'^2$.

Or $AA'^2 = (1-1)^2 + (m'-m)^2 = m'^2 + m^2 - 2mm'$

$OA^2 = 1^2 + m^2 = 1 + m^2$ et $OA'^2 = 1 + m'^2$.

Ainsi : $AA'^2 = OA^2 + OA'^2$

$\Leftrightarrow m'^2 + m^2 - 2mm' = 1 + m^2 + 1 + m'^2$

$\Leftrightarrow -2mm' = 2$

$\Leftrightarrow \boxed{m \times m' = -1}$.

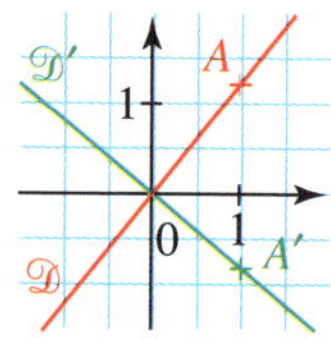

Remarque : si les droites ne sont pas verticales ou horizontales, on a : $\boxed{m' = \dfrac{-1}{m}}$.

Le coefficient directeur de l'une est l'opposé de l'inverse du coefficient directeur de l'autre.

2. Caractérisation de l'orthogonalité

Dans un repère orthonormal (ou orthonormé) du plan, deux droites $\mathcal{D}$ et $\mathcal{D}'$ sont perpendiculaires (ou orthogonales) si, et seulement si : soit l'une est verticale et l'autre horizontale, soit le produit de leurs coefficients directeurs est –1.

$$\mathcal{D} \perp \mathcal{D}' \Leftrightarrow m \times m' = -1$$

28

1. La position des points A, B et C permet de choisir deux médianes « faciles » pour déterminer le point G, intersection des médianes.

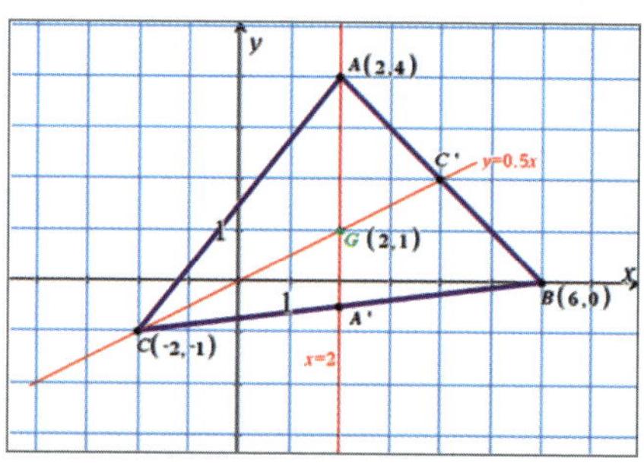

(AA') est verticale d'équation $x = 2$. (CC') passe par l'origine :

$$y = \frac{3}{6}(x+2) - 1 \Leftrightarrow y = \frac{1}{2}x.$$

Les coordonnées de G sont solution du système $\begin{cases} x = 2 \\ y = \dfrac{1}{2}x \end{cases}$. D'où $G(2 ; 1)$.

2. a) Équation de la médiatrice de [*AB*]

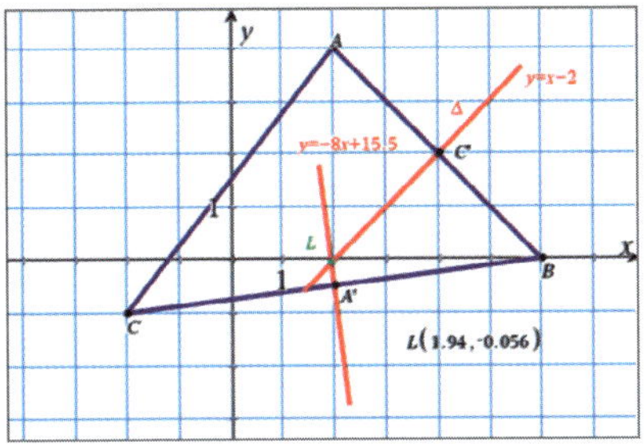

$M \in \Delta \Leftrightarrow AM^2 = BM^2 \Leftrightarrow (x-2)^2 + (y-4)^2 = (x-6)^2 + (y-0)^2$
$\Leftrightarrow x^2 - 4x + 4 + y^2 - 8y + 16 = x^2 - 12x + 36 + y^2 \Leftrightarrow 8x - 8y = 16 \Leftrightarrow y = x - 2.$

b) Le coefficient directeur de Δ, perpendiculaire à (*AB*), est :

$$m' = -\frac{1}{m} = \frac{-1}{-1} = 1.$$

D'où l'équation de Δ, passant par $C'(4\ ;\ 2)$: $y = 1(x-4) + 2 \Leftrightarrow y = x - 2$.

c) Équation de Δ′, médiatrice de [*CB*]

$M \in \Delta' \Leftrightarrow CM^2 = BM^2 \Leftrightarrow (x+2)^2 + (y+1)^2 = (x-6)^2 + (y-0)^2$
$\Leftrightarrow x^2 + 4x + 4 + y^2 + 2y + 1 = x^2 - 12x + 36 + y^2 \Leftrightarrow 16x + 2y = 31 \Leftrightarrow y = -8x + \frac{31}{2}$.

Les coordonnées de *L* sont solution du système $\begin{cases} y = x - 2 \\ y = -8x + \frac{31}{2}. \end{cases}$

On résout l'équation aux abscisses :

$x - 2 = -8x + \frac{31}{2} \Leftrightarrow 9x = \frac{35}{2} \Leftrightarrow x = \frac{35}{18}$. D'où $y = x - 2 = \frac{35}{18} - \frac{36}{18} = -\frac{1}{18}$.

$L\left(\frac{35}{18}\ ;\ \frac{-1}{18}\right)$ sont les coordonnées exactes du centre du cercle circonscrit au triangle *ABC*.

29 **a)** D'après la figure, *D* ayant pour ordonnée –2, *D* est sur la parallèle à (*AB*) passant par *C* d'abscisse 7. Donc *D*(7 ; – 2).

b) *K* milieu de [*AC*] a pour coordonnées (2 ; 4).

La droite (*BC*) a pour coefficient directeur : $m = \frac{\Delta y}{\Delta x} = \frac{y_C - y_B}{x_C - x_B} = \frac{2}{10} = \frac{1}{5}$.

Donc 𝒟, parallèle à (*BC*) passant par *K*, a même coefficient directeur que (*BC*) et a pour équation : $y = \frac{1}{5}(x-2) + 4 \Leftrightarrow y = \frac{1}{5}x + \frac{18}{5}$.

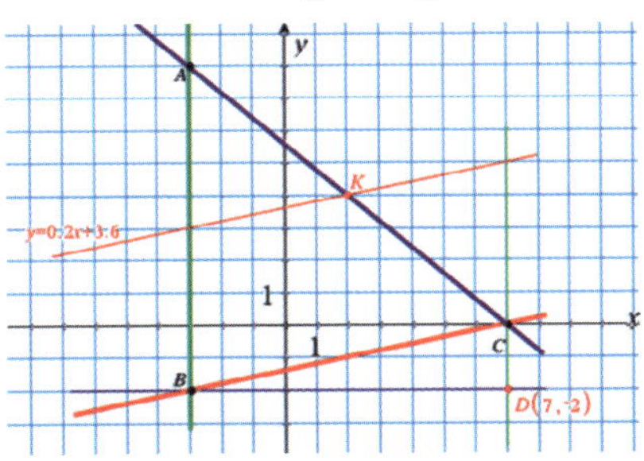

CORRIGÉS

c) $M(x\,;y)$ est un point du triangle ABC, frontières comprises, lorsque :

$$\begin{cases} M \text{ est à droite ou sur } (AB) \\ M \text{ est en dessous ou sur } (AC) \\ M \text{ est au-dessus ou sur } (BC). \end{cases}$$

Or (AB) a pour équation $x = -3$, (AC) a pour équation $y = \dfrac{-4}{5}(x-7)+0$

$\Leftrightarrow y = \dfrac{-4}{5}x + \dfrac{28}{5}$, (BC) a pour équation $y = \dfrac{1}{5}x - \dfrac{7}{5}$.

Donc $M\ (x\,;y)$ vérifie le système :

$$\begin{cases} x \geqslant -3 \\ y \leqslant \dfrac{-4}{5}x + \dfrac{28}{5} \\ y \geqslant \dfrac{1}{5}x - \dfrac{7}{5}. \end{cases}$$

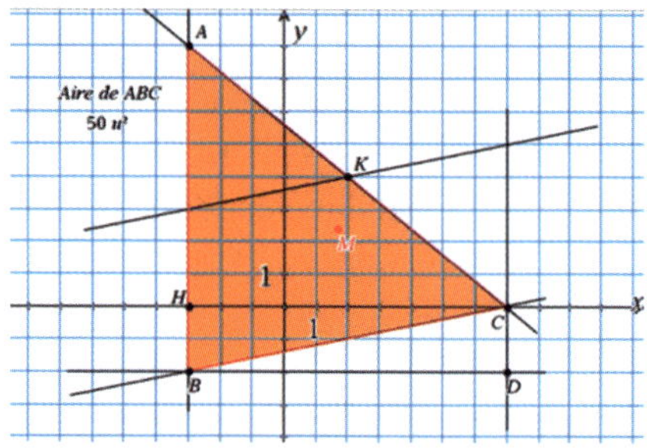

d) Comme (AB) est verticale, soit $H\ (-3\,;0)$, le point de (AB) de même ordonnée que C ; alors $[CH]$ est la hauteur relative au côté $[AB]$.

Donc : $\mathcal{A}(ABC) = \dfrac{1}{2} \times AB \times CH = \dfrac{1}{2}(y_A - y_B) \times (x_C - x_H) = \dfrac{1}{2} \times 10 \times 10 = 50.$

e) On résout le système :

$$\begin{cases} 4x+5y=28 \\ -x+5y=18 \end{cases} \Leftrightarrow \begin{cases} x=5y-18 \\ 20y-72+5y=28 \end{cases} \Leftrightarrow \begin{cases} 25y=100 \\ x=5y-18 \end{cases} \Leftrightarrow \begin{cases} y=4 \\ x=2. \end{cases}$$

On retrouve le point $K\ (2\,;4)$.

Or l'équation donnée : $4x + 5y = 28 \Leftrightarrow y = -\dfrac{4}{5}x + \dfrac{28}{5}$, c'est l'équation de la droite (AC).

Et l'équation : $-x + 5y = 18 \Leftrightarrow y = \dfrac{1}{5}x + \dfrac{18}{5}$, c'est l'équation de la droite $\mathcal{D}$.

Donc $\mathcal{D} \cap (AC) = K$.

30 Cet exercice permet de revoir ce qui a été précédemment vu aux exercices 27 à 29.

1. Équation de (AA') : $y = 2(x-4)+4 \Leftrightarrow y = 2x - 4$.

Équation de (BB') : $y = -\dfrac{1}{2}(x+2)+2 \Leftrightarrow y = -\dfrac{1}{2}x + 1$.

Équation de (CC') : $y = -3(x-4)-6 \Leftrightarrow y = -3x + 6$.

2. Comme (AC) est verticale, la hauteur issue de B est horizontale et a pour équation $y = 2$.

$\mathcal{A}(ABC) = \dfrac{1}{2} \times AC \times BH = \dfrac{1}{2} \times 10 \times 6 = 30$ unités d'aire.

3. Comme le coefficient directeur de (AC') est $m = \dfrac{1}{3}$ et le coefficient directeur de (CC') est $m' = -3$, alors $m \times m' = -1$ ce qui signifie que les droites (AC') et (CC') sont perpendiculaires.

Donc le triangle $AC'C$ est rectangle en C', ce qui implique que C' appartient au cercle $\mathscr{C}$ de diamètre $[AC]$.
La droite (CC') est à la fois médiane issue de C et hauteur du triangle (ABC). Donc le triangle ABC est isocèle en C.
Remarque : on peut aussi calculer CB^2 et CA^2 et vérifier que $CB = CA$.

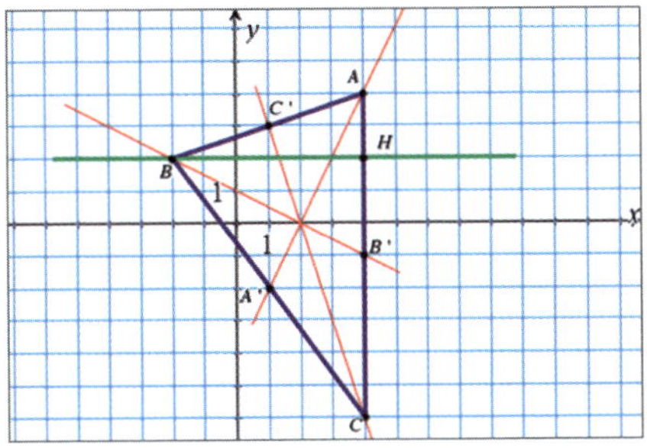

4. a) $\mathscr{C}$ de diamètre $[AC]$ a pour centre le point $B'(4\,;-1)$ et pour rayon $R = \dfrac{AC}{2} = 5$.

$M \in \mathscr{C} \Leftrightarrow B'M^2 = R^2 \Leftrightarrow (x-4)^2 + (y+1)^2 = 5^2$ **forme canonique**
$\Leftrightarrow \boldsymbol{x^2 + y^2 - 8x + 2y - 8 = 0}$
C'est l'équation cartésienne réduite du cercle $\mathscr{C}$.

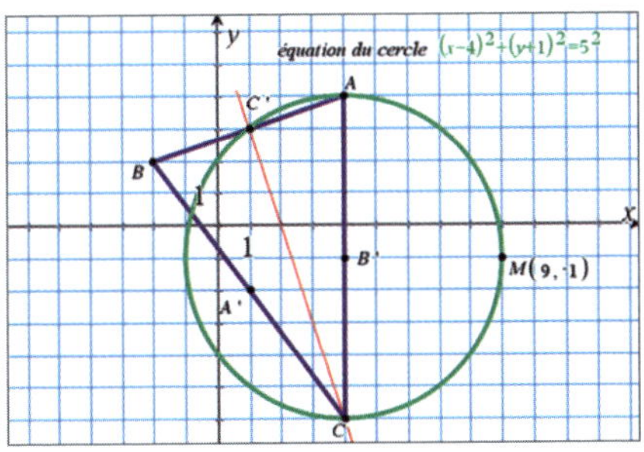

b) On cherche les points du cercle $\mathscr{C}$ d'ordonnée -1 : pour cela, on résout l'équation $(x-4)^2 + (y+1)^2 = 5^2$ avec $y = -1$. **La forme canonique est la plus performante.**
D'où $(x-4)^2 = 5^2 \Leftrightarrow x - 4 = -5$ ou $x - 4 = 5 \Leftrightarrow x = -1$ ou $x = 9$.
On obtient deux points $(-1\,;-1)$ et $(9\,;-1)$.

31 On a $A(3\,;-2)$, $B(9\,;7)$, $C(0\,;7)$, $E(4\,;6)$ et $F(7\,;4)$.
1. Équation de (BC), horizontale : $\boldsymbol{y = 7}$. D'où l'équation réduite de Δ, perpendiculaire à (BC) et passant par A d'abscisse 3 : $\boldsymbol{x = 3}$.

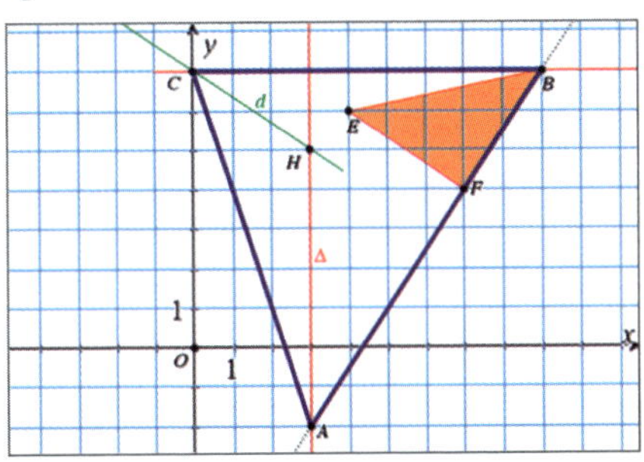

2. a) EFB semble rectangle en F.

Or $EB^2 = (9-4)^2 + (7-6)^2 = 25 + 1 = 26$; $EF^2 = (7-4)^2 + (4-6)^2 = 9 + 4 = 13$; $FB^2 = (9-7)^2 + (7-4)^2 = 4 + 9 = 13$.

On obtient $EF^2 + FB^2 = EB^2$.

Donc, par la **réciproque du théorème de Pythagore**, le triangle EFB est rectangle en F.

b) Le coefficient directeur de (BF) est : $m = \dfrac{y_F - y_B}{x_F - x_B} = \dfrac{4-7}{7-9} = \dfrac{-3}{-2} = \dfrac{3}{2}$.

Le coefficient directeur de (AB) est : $m' = \dfrac{y_B - y_A}{x_B - x_A} = \dfrac{7+2}{9-3} = \dfrac{9}{6} = \dfrac{3}{2}$.

Les droites (BF) et (AB) ont **même coefficient directeur**, donc **elles sont parallèles** ; donc A, B et F sont alignés.

c) La parallèle à (EF) passant par C est une **hauteur** du triangle ABC, car $(EF) \perp (AB)$.

La droite d est parallèle à (EF) de coefficient directeur : $\dfrac{y_F - y_E}{x_F - x_E} = \dfrac{4-6}{7-4} = \dfrac{-2}{3}$.

Et d passe par $C(0\ ;\ 7)$. D'où l'équation réduite de d :

$$y = \frac{-2}{3}(x-0) + 7 \Leftrightarrow y = -\frac{2}{3}x + 7.$$

3. Comme Δ est aussi une **hauteur** du triangle ABC, car $\Delta \perp (BC)$, alors H est **l'orthocentre** du triangle ABC.

32 Exercice classique : résolution analytique

On définit le repère orthonormé $(O\ ;\ A, B)$.

Alors OAE étant équilatéral, l'angle $\widehat{AOE}$ mesure 60° et la hauteur issue de E est aussi la médiane. Soit E' le milieu de $[OA]$:

$x_E = x_{E'} = \dfrac{x_O + x_A}{2} = \dfrac{1}{2}$ et $y_E = E'E = \sin 60° \times OE = \dfrac{\sqrt{3}}{2}$. D'où $E\left(\dfrac{1}{2}\ ;\ \dfrac{\sqrt{3}}{2}\right)$.

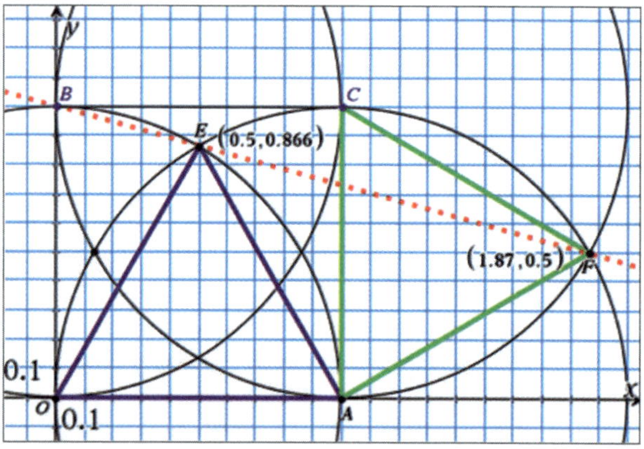

Dans ACF, équilatéral, soit F' le milieu de $[AC]$, alors :

$y_F = y_{F'} = \dfrac{y_A + y_C}{2} = \dfrac{1}{2}$ et $x_F = x_A + F'F = 1 + \sin 60° \times AF = 1 + \dfrac{\sqrt{3}}{2}$.

D'où $F\left(1 + \dfrac{\sqrt{3}}{2}\ ;\ \dfrac{1}{2}\right)$.

On calcule les coefficients directeurs des droites (BE) et (BF) :

$$m = \frac{y_E - y_B}{x_E - x_B} = \frac{\frac{\sqrt{3}}{2} - 1}{\frac{1}{2} - 0} = 2\left(\frac{\sqrt{3}}{2} - 1\right) = \sqrt{3} - 2.$$

$$m' = \frac{y_F - y_B}{x_F - x_B} = \frac{\frac{1}{2} - 1}{1 + \frac{\sqrt{3}}{2}} = \frac{-1}{2}\left(\frac{2}{2+\sqrt{3}}\right) = \frac{-1}{2+\sqrt{3}}.$$

On réduit m' à l'aide de l'expression conjuguée : voir *chapitre 2*, exercice 20

$$\frac{-1}{2+\sqrt{3}} = \frac{-1\times(2-\sqrt{3})}{(2+\sqrt{3})(2-\sqrt{3})} = \frac{-2+\sqrt{3}}{4-3} = \sqrt{3} - 2.$$

Donc les coefficients directeurs sont égaux, ce qui signifie que les points B, E et F sont alignés.

33 Revoir l'exercice 3 de ce chapitre.

a) Coordonnées des points : $A(1 ; 0)$; $B(0 ; 1)$; $C\left(\frac{\sqrt{3}}{2} ; \frac{1}{2}\right)$; $E\left(\frac{1}{2} ; -\frac{\sqrt{3}}{2}\right)$; $H\left(\frac{\sqrt{2}}{2} ; \frac{\sqrt{2}}{2}\right)$; $K\left(\frac{-\sqrt{2}}{2} ; \frac{\sqrt{2}}{2}\right)$.

b) Par enroulement de la droite des réels xx' d'origine A, $\frac{\pi}{2}$ se retrouve en B, donc $\frac{\pi}{2}$ rad = 90°.

Conversion	degré	radian
demi-cercle	**180°**	π
angle	$d°$	$\frac{\pi}{180} \times d$
	$x \times \frac{180}{\pi}$	x

x	$\frac{\pi}{2}$	$\frac{2\pi}{3}$	$\frac{3\pi}{4}$	$\frac{-\pi}{3}$	$\frac{\pi}{6}$
point angle	B 90°	F 120°	K 135°	E –60°	C 30°

c)

Ce qu'il faut connaître

Soit x un réel, correspondant à un unique point M sur le cercle trigonométrique :

l'abscisse de M est $\cos(x)$;

l'ordonnée de M est $\sin(x)$.

Comme $OM = 1$, alors $(\sin(x))^2 + (\cos(x))^2 = 1$, ce qui s'écrit $\sin^2 x + \cos^2 x = 1$.

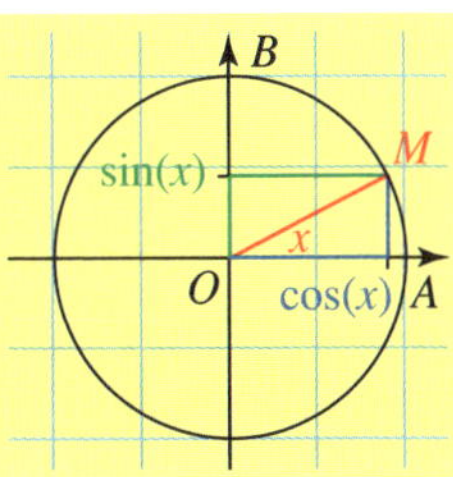

$\sin\left(\frac{\pi}{2}\right)=1$; $\cos\left(\frac{\pi}{3}\right)=\frac{1}{2}$; $\sin\left(\frac{3\pi}{4}\right)=\frac{\sqrt{2}}{2}$; $\sin\left(\frac{-\pi}{3}\right)=\frac{-\sqrt{3}}{2}$; $\cos\left(\frac{-3\pi}{4}\right)=\frac{-\sqrt{2}}{2}$.

Remarque : **en trigonométrie, ayez toujours le cercle trigonométrique en tête !**

34 Algorithme de recherche de l'équation réduite d'une droite

Entrer les coordonnées x_A, y_A et x_B, y_B des deux points.
Si $x_A = x_B$, alors la droite est verticale et a pour équation $x = x_A$.
Sinon, on calcule le coefficient directeur $m = \frac{y_B - y_A}{x_B - x_A}$;
on calcule l'ordonnée à l'origine $p = y_A - m \times x_A$,
alors la droite a pour équation $y = mx + p$.
Fin

Proposition de programme sur TI82 ou 83

```
NORMAL FLOTT AUTO RÉEL DEGRÉ MP
PROGRAM:DROITEAB
:Input "XA ",A
:Input "YA ",B
:Input "XB ",C
:Input "YB ",D
:If A=C
:Then
:Disp "Dte vertic:X=",A
:Else
:(D-B)/(C-A)→M
:B-M*A→P
:Disp "Y=mX+p"
:Disp "m= ",M
:Disp "p= ",P
:End
```

Exemple d'utilisation : équation de la droite passant par $A(-2 ; 5)$ et $B(3 ; 8)$.
On obtient $y = \frac{3}{5}x + \frac{31}{5}$.

```
NORMAL FLOTT AUTO RÉEL DEGRÉ MP
prgmDROITEAB
XA -2
YA 5
XB 3
YB 8
Y=mX+p
m=
                  3/5
p=
                 31/5
                 Fait
```

Proposition sur Casio 35+E

```
======DROITEAB======
"XA"?→A↵
"YA"?→B↵
"XB"?→C↵
"YB"?→D↵
If A=C↵
Then "D VERTIC:X=":A◢
Else (D-B)÷(C-A)→M↵
B-M×A→P↵
"M ":M◢
"P ":P◢
IfEnd
TOP BTM SRC MENU A⇔a CHAR
```

Proposition de fonction, écrite en langage Python :

```
def eqdroite(xa,ya,xb,yb):
    if xa==xb:
        print("x=",xa)
    else:
        m=(yb-ya)/(xb-xa)
        p=ya-m*xa
        print("y=",m,"x+",p)
```

Exemple d'application : On écrit `eqdroite(-2,5,3,8)`, puis on lance le programme par Run Module **F5** ;
on obtient à l'affichage : `y= 0.6 x+ 6.2`

Se souvenir que Python rend des nombres décimaux.

35 a) Une solution est de calculer les coefficients des droites (*OA*) et (*OB*) et de tester si ces coefficients sont égaux : $\frac{ya}{xa} = \frac{yb}{xb}$.

Or, on ne peut calculer ses coefficients que si les abscisses de *A* et de *B* ne sont pas nulles en même temps.
Si ces deux abscisses sont nulles, les points sont sur l'axe des ordonnées et, dans ce cas, c'est *Vrai*, la droite (*AB*) passe par l'origine *O*.
Si l'une est nulle, mais pas l'autre, les points ne sont pas alignés.

Fonction écrite en langage Python :

```
def alignes_avec_O(xa,ya,xb,yb):
    if xa!=0 and xb!=0:
        if ya/xa==yb/xb:
            return True
        else:
            return False
    elif xa!=0 or xb!=0:
        return False
    else:
        return True
```

L'instruction **elif** signifie « else : if ».

b) **Applications**

Pour $A(3 ; 2)$ et $B(9 ; 6)$, on saisit :

`print(alignes_avec_O(3,2,9,6))` et on obtient : `True`

Pour $A(-4 ; 5)$ et $B(7 ; -10)$, on saisit :

`print(alignes_avec_O(-4,5,7,-10))` et on obtient : `False`

36 On reprend les notations de l'exercice précédent.

On va calculer la distance *OA* et la distance *OB* et comparer les résultats. Le plus simple est de comparer OA^2 et OB^2.

```
def isocele_en_O(xa,ya,xb,yb):
    A1=xa**2+ya**2
    A2=xb**2+yb**2
    if A1==A2:
        return True
    else:
        return False
```

Application

Pour $A(-4 ; 5)$ et $B(5 ; 4)$, on saisit :

`print(isocele_en_O(-4,5,5,4))` et on obtient : `True`

L'INTERROGATION ÉCRITE

Distance et alignement dans un repère orthonormé

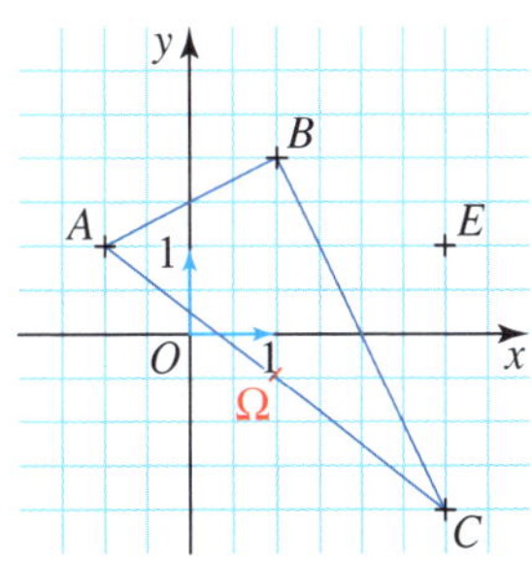

a) Le triangle *ABC* semble rectangle en *B*.

$AB^2 = (1+1)^2 + (2-1)^2 = 4 + 1 = 5$;

$BC^2 = (3-1)^2 + (-2-2)^2 = 4 + 16 = 20$;

$AC^2 = (3+1)^2 + (-2-1)^2 = 16 + 9 = 25$.

On obtient : $AB^2 + BC^2 = 5 + 20 = 25 = AC^2$.

Ainsi, *ABC* est rectangle en *B*.

CORRIGÉS

b) Comme ABC est rectangle en B, alors ce triangle rectangle est inscrit dans un demi-cercle de diamètre l'hypoténuse $[AC]$.
Ainsi, le centre Ω du cercle Γ circonscrit au triangle ABC est le milieu de $[AC]$:
$x_\Omega = \dfrac{x_A + x_C}{2} = \dfrac{-1+3}{2} = 1$ et $y_\Omega = \dfrac{y_A + y_C}{2} = \dfrac{1-2}{2} = -\dfrac{1}{2}$;
d'où $\Omega\left(1 ; -\dfrac{1}{2}\right)$.
Le rayon $R = \dfrac{AC}{2} = \dfrac{\sqrt{25}}{2} = \dfrac{5}{2}$.

c) **Pour savoir si E est un point de Γ, on calcule ΩE :**
$\Omega E^2 = (3-1)^2 + \left(1+\dfrac{1}{2}\right)^2 = (2)^2 + \left(\dfrac{3}{2}\right)^2 = 4 + \dfrac{9}{4} = \dfrac{16+9}{4} = \dfrac{25}{4}$.
Donc $\Omega E = \sqrt{\dfrac{25}{4}} = \dfrac{5}{2} = R$. **On retrouve le rayon du cercle.**
Ainsi E est un point de Γ.
Pour savoir si Ω, E et I sont alignés, on calcule les coefficients directeurs des droites $(E\Omega)$ et (EI) :

$$m(E\Omega) = \frac{y_\Omega - y_E}{x_\Omega - x_E} = \frac{-\frac{1}{2}-1}{1-3} = \frac{\frac{-3}{2}}{-2} = -\frac{3}{2} \times \frac{1}{-2} = \frac{3}{4}.$$

$$m(EI) = \frac{y_I - y_E}{x_I - x_E} = \frac{\frac{15}{2}-1}{12-3} = \frac{\frac{13}{2}}{9} = \frac{13}{2} \times \frac{1}{9} = \frac{13}{18}.$$

Comme $\dfrac{3}{4} \neq \dfrac{13}{18}$, alors les droites $(E\Omega)$ et (EI) n'ont pas le même coefficient directeur ; donc les points E, Ω et I ne sont pas alignés.

d) Équation de (AB) : $m(AB) = \dfrac{1}{2}$, donc : $y = \dfrac{1}{2}(x+1) + 1 \Leftrightarrow y = \dfrac{1}{2}x + \dfrac{3}{2}$.

Équation de (BC) : $m(BC) = \dfrac{-4}{2} = -2$, donc : $y = -2(x-1) + 2 \Leftrightarrow y = -2x + 4$.

Équation de (CA) : $m(CA) = \dfrac{-3}{4}$, donc : $y = \dfrac{-3}{4}(x-3) - 2 \Leftrightarrow y = \dfrac{-3}{4}x + \dfrac{1}{4}$.

***I* est un point de (*AB*) si, et seulement si, ses coordonnées $\left(12 ; \dfrac{15}{2}\right)$ vérifient l'équation réduite de (*AB*).**

Or $\dfrac{1}{2}x_I + \dfrac{3}{2} = \dfrac{1}{2} \times 12 + \dfrac{3}{2} = \dfrac{15}{2} = y_I$.
Donc A, B et I sont bien alignés.

Fonction et repère

Soit $f(x) = x^2 - 2x - 2$ et $\mathscr{C}$ sa courbe représentative.
a) Points de $\mathscr{C}$ d'ordonnée –2
Pour trouver les abscisses, on résout l'équation $f(x) = -2$.
$\Leftrightarrow x^2 - 2x - 2 = -2 \Leftrightarrow x^2 - 2x = 0 \Leftrightarrow x(x-2) = 0$ **produit nul**
$\Leftrightarrow x = 0$ ou $x = 2$.
On obtient les points $(0 ; -2)$ et $(2 ; -2)$.

Figure obtenue à l'aide de TI-Nspire.

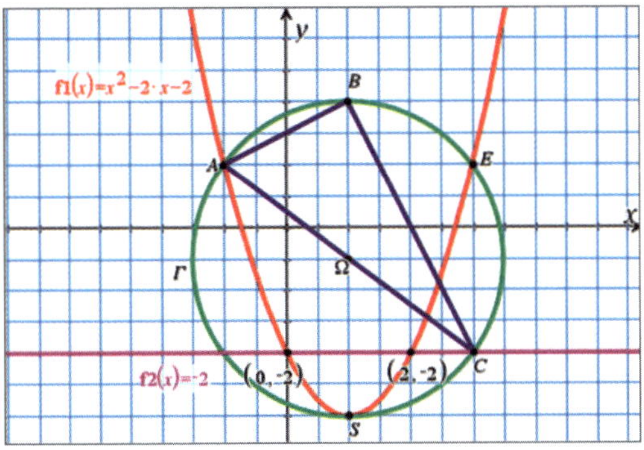

b) La fonction f est une fonction du 2e degré ; sa courbe $\mathscr{C}$ est une parabole de sommet S :

$$x_S = \frac{0+2}{2} = 1 \text{ et } y_S = f(1) = 1^2 - 2 \times 1 - 2 = -3.$$

D'où la forme canonique : $f(x) = 1(x-1)^2 - 3 = (x-1)^2 - 3$.

Et le sens de variation de f :

x	$-\infty$		1		$+\infty$
$f(x)$		↘	-3	↗	

On construit la courbe $\mathscr{C}$:

x	–2	–1	0	1	2	3	4
$f(x)$	6	1	–2	–3	–2	1	6

• La courbe $\mathscr{C}$ coupe le cercle Γ en A, E et S.

En A, car $f(-1) = 1$; en E, car $f(3) = 1$; en S, car :

$$\Omega S^2 = (1-1)^2 + \left(-3 + \frac{1}{2}\right)^2 = 0 + \left(-\frac{5}{2}\right)^2 = R^2,$$

ou bien $\Omega S = y_\Omega - y_S = -\frac{1}{2} + 3 = \frac{5}{2} = R$.

Ainsi, le sommet de la parabole appartient au cercle $\mathscr{C}$.

• L'aire du polygone est l'aire de AES, de base AE :

$$\mathscr{A}(AES) = \frac{1}{2} \times (x_E - x_A) \times (y_A - y_S) = \frac{1}{2}(3+1)(1+3) = 8$$

Petit problème linéaire et système

a) Droite $\mathscr{D}$ d'équation $3x + 5y = 35$.

L'équation réduite est : $5y = -3x + 35 \Leftrightarrow y = -\frac{3}{5}x + 7$

La droite $\mathscr{D}$ passe par les points :

x	0	5	10
y	7	4	1

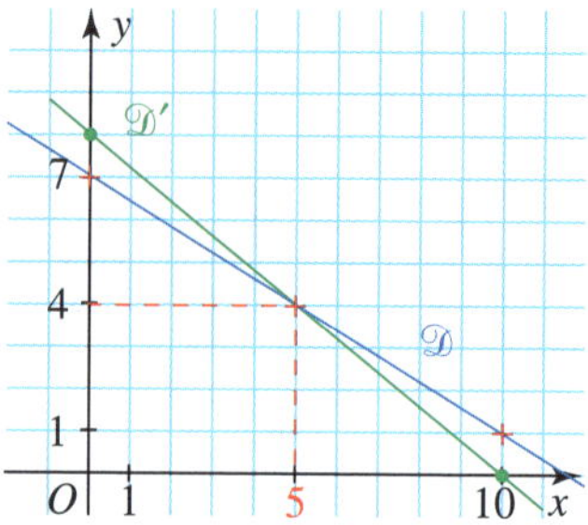

b) Achat d'Arthur

quantité	prix en €
stylo : x	0,6
cahier : y	1

Budget de 7 € : $0{,}6x + 1y = 7$

Cette équation s'écrit aussi, en multipliant par 5 : $\mathbf{3x + 5y = 35}$.
Comme x et y sont des entiers naturels, Arthur peut acheter 0 stylo et 7 cahiers, ou 5 stylos et 4 cahiers, ou 10 stylos et 1 cahier.

c) Achat de Bilitis

quantité	prix en €
stylo : x	0,4
cahier : y	0,5

Budget de 4 € : $0{,}4x + 0{,}5y = 4$

On multiplie par 10 : $\mathbf{4x + 5y = 40}$.
On représente les achats de Bilitis comme points à coordonnées entières de la droite $\mathcal{D}'$ d'équation : $4x + 5y = 40 \Leftrightarrow y = -\dfrac{4}{5}x + 8$.

x	0	5	10
y	8	4	0

Bilitis peut acheter 0 stylo et 8 cahiers, ou 5 stylos et 4 cahiers, ou 10 stylos et 0 cahier.

d) Arthur et Bilitis peuvent acheter tous deux 5 stylos et 4 cahiers ; la solution est le couple solution du système :

$$\begin{cases} 0{,}6x + y = 7 \\ 0{,}4x + 0{,}5y = 4 \end{cases}$$

$$\Leftrightarrow \begin{cases} y = -0{,}6x + 7 \\ 0{,}4x + 0{,}5(-0{,}6x + 7) = 4 \end{cases}$$

$$\Leftrightarrow \begin{cases} y = -0{,}6x + 7 \\ 0{,}4x - 0{,}3x = 4 - 3{,}5 \end{cases}$$

$$\Leftrightarrow \begin{cases} x = 5 \\ y = -0{,}6 \times 5 + 7 = -3 + 7 = 4. \end{cases}$$

La solution est le couple (5 ; 4).

Trigonométrie

a)

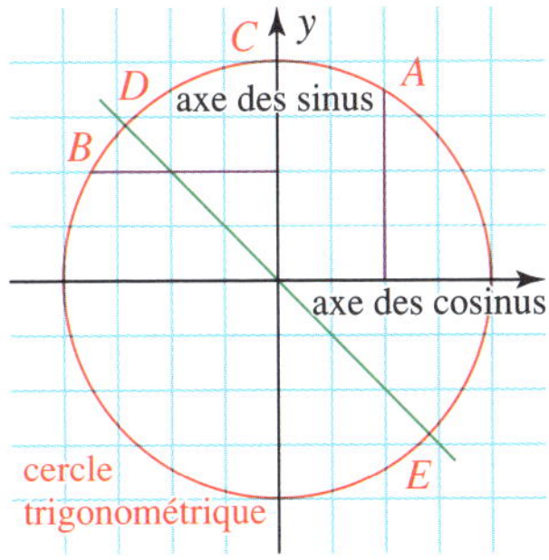

réel	$\frac{\pi}{3}$	$\frac{5\pi}{6}$	$\frac{-3\pi}{2}$	$\frac{3\pi}{4}$	$\frac{7\pi}{4}$
point	A	B	C	D	E
abscisse	$\frac{1}{2}$	$\frac{-\sqrt{3}}{2}$	0	$\frac{-\sqrt{2}}{2}$	$\frac{\sqrt{2}}{2}$
ordonnée	$\frac{\sqrt{3}}{2}$	$\frac{1}{2}$	1	$\frac{\sqrt{2}}{2}$	$\frac{-\sqrt{2}}{2}$

$$S=\cos\left(\frac{\pi}{3}\right)-\cos\left(\frac{5\pi}{6}\right)+\sin\left(-\frac{3\pi}{2}\right)+\cos\left(\frac{3\pi}{4}\right)+\sin\left(\frac{7\pi}{4}\right)$$

$$=\frac{1}{2}-\left(\frac{-\sqrt{3}}{2}\right)+1+\left(\frac{-\sqrt{2}}{2}\right)+\left(\frac{-\sqrt{2}}{2}\right)=\frac{3}{2}+\frac{\sqrt{3}}{2}-\sqrt{2}.$$

On vérifie sur calculatrice, en mode Radian.

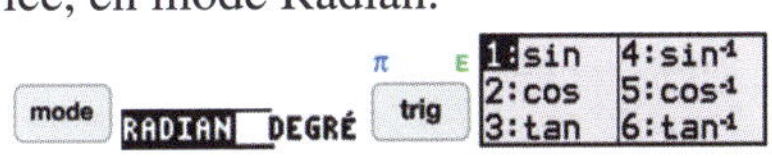

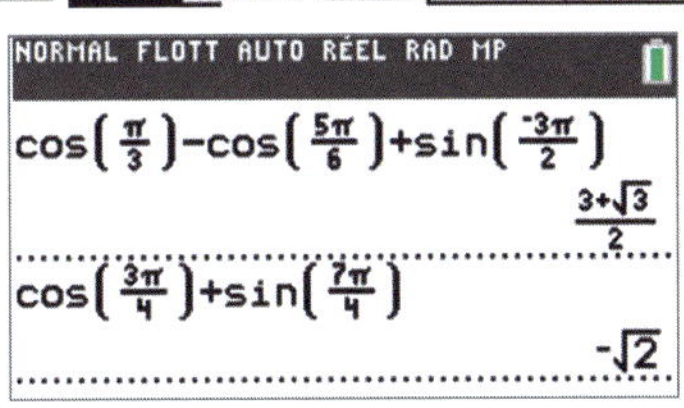

On peut aussi entrer les fonctions en Y1 et Y2 et configurer la table en mode Demande.

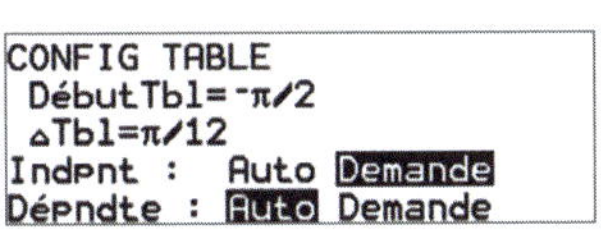

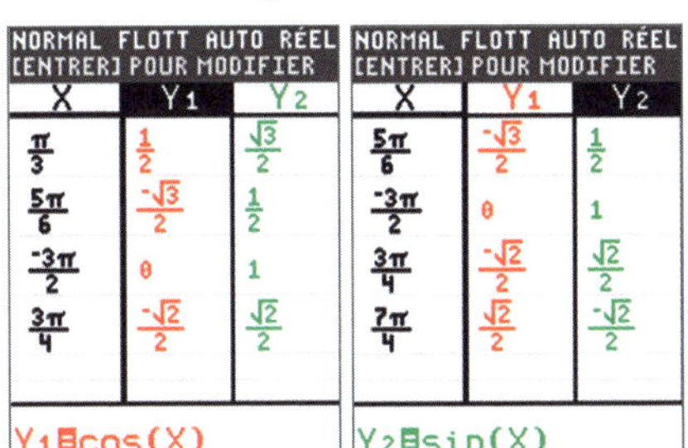

CORRIGÉS

b) $I_1 = \left[\frac{\pi}{4}\,;\,\frac{2\pi}{3}\right]$; $I_2 = \left]-\frac{\pi}{4}\,;\,\frac{7\pi}{6}\right[$; $I_3 = \left[-\frac{\pi}{6}\,;\,\frac{3\pi}{2}\right]$.

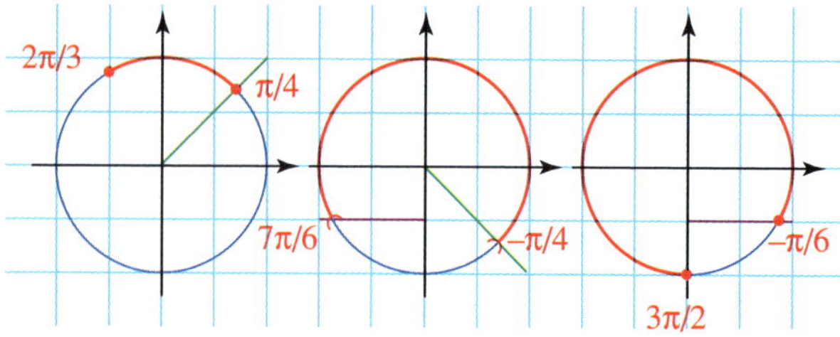

Chapitre 6

Vecteurs et géométrie vectorielle

TEST PRÉLIMINAIRE

45 min (corrigés p. 220)

Pour les questions 1 à 5, on utilise la figure ci-contre, où *ABCE* et *CBFD* sont des parallélogrammes dans le repère orthonormé (*O* ; *I* , *J*).

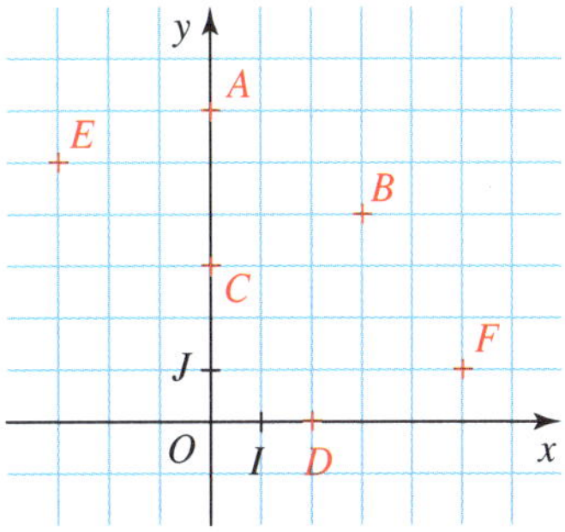

	Vrai	Faux
1 Les vecteurs $\overrightarrow{CD}$ et $\overrightarrow{AB}$ sont égaux.	☐	☐
2 On a $\overrightarrow{AB} + \overrightarrow{CD} = \overrightarrow{ED}$.	☐	☐
3 On a $\overrightarrow{CB} + \overrightarrow{CD} = \overrightarrow{CF}$.	☐	☐
4 Le vecteur $\vec{u} = 2\,\overrightarrow{AB} - \overrightarrow{AC}$ a pour coordonnées (6 ; –1).	☐	☐
5 Si $\overrightarrow{AM} = \frac{3}{2}\,\overrightarrow{AB} - \frac{5}{3}\,\overrightarrow{AC}$, alors $M(9\ ;\ 16)$.	☐	☐
6 En réduisant, on obtient : $2\vec{i} - 3\vec{j} + \frac{1}{2}(\vec{i} + \vec{j}) = \frac{5}{2}(\vec{i} - \vec{j})$.	☐	☐
7 Soit le segment [*AB*] : $2\,\overrightarrow{MA} + 3\,\overrightarrow{MB} = \vec{0} \Leftrightarrow \overrightarrow{AM} = \frac{3}{5}\,\overrightarrow{AB}$.	☐	☐
8 Soit *ABC* un triangle, et trois points *E*, *F* et *G* tels que : $\overrightarrow{AE} = \frac{1}{3}\overrightarrow{AB}$; $\overrightarrow{AF} = -\overrightarrow{AC}$ et $\overrightarrow{CG} = \frac{3}{2}\overrightarrow{CE}$. Alors les points *B* , *F* et *G* sont alignés.	☐	☐
9 Dans le triangle *ABC*, la médiane issue de *C* est l'ensemble des points *M* du plan tels que les vecteurs $\overrightarrow{CM}$ et $\overrightarrow{AB}$ sont colinéaires.	☐	☐
10 Les points *A* et *B* sont ceux de la question 1. La parallèle à la droite (*AB*) passant par $L(-2\ ;\ 4)$ a pour équation $2x + 3y = 8$.	☐	☐

TEST

COURS

Faire le lien entre translation, parallélogramme et vecteur	Soit A et B deux points distincts du plan. Dire qu'un point M se transforme en un point N par la **translation** de **vecteur $\overrightarrow{AB}$** signifie que $ABNM$ est un **parallélogramme** (même aplati).
Représenter un vecteur $\vec{u}$ **son opposé $-\vec{u}$** **et le vecteur nul**	► Il existe une infinité de manières de représenter un vecteur $\vec{u}$: mais dès que l'on choisit un point A comme origine du vecteur, alors il existe un seul point B tel que $\vec{u} = \overrightarrow{AB}$. ► Le vecteur opposé à $\overrightarrow{AB}$ est $-\vec{u} = \overrightarrow{BA}$. ► Le vecteur nul $\vec{0}$ est $\overrightarrow{AA}$: on part de A et on reste en A.
Décrire l'égalité de deux vecteurs	L'égalité $\overrightarrow{AB} = \overrightarrow{CD}$ résume trois informations : – **les droites (AB) et (CD) sont parallèles** ; – on va de **C vers D** dans le même sens que de **A vers B** ; – les longueurs AB et CD sont égales. 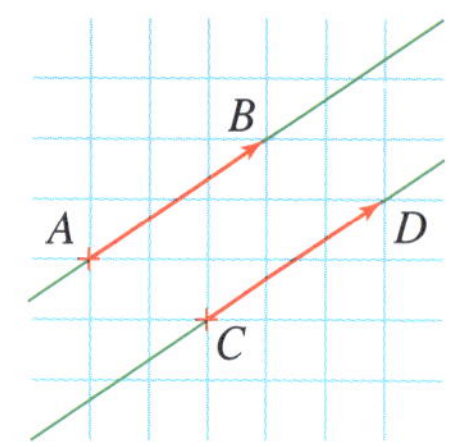
Calculer les coordonnées d'un vecteur dans un repère	Soit A et B deux points dans un repère $(O ; \vec{i}, \vec{j})$: les coordonnées du vecteur $\overrightarrow{AB}$ sont $\begin{pmatrix} x_B - x_A \\ y_B - y_A \end{pmatrix}$ ou $\overrightarrow{AB}\,(x_B - x_A ; y_B - y_A)$. 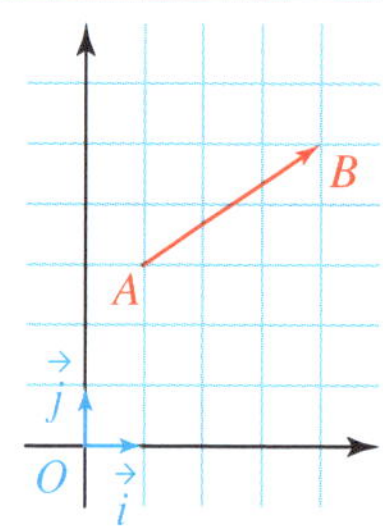
Définir et construire la somme de deux vecteurs	Soit $\vec{u}$ et $\vec{v}$ deux vecteurs, le vecteur somme $\vec{u} + \vec{v}$ est un vecteur obtenu par : ► la construction bout à bout : $\vec{u} = \overrightarrow{AB}$ et $\vec{v} = \overrightarrow{BC}$, $\vec{u} + \vec{v} = \overrightarrow{AB} + \overrightarrow{BC} = \overrightarrow{AC}$. 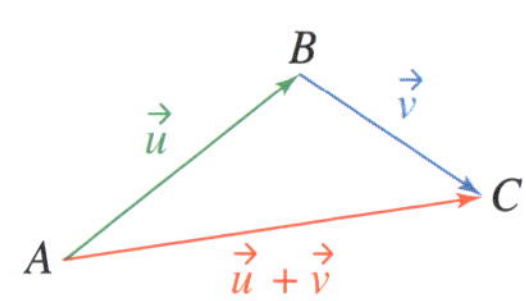 ► la règle du parallélogramme : $\vec{u} = \overrightarrow{OM}$ et $\vec{v} = \overrightarrow{ON}$, $\vec{u} + \vec{v} = \overrightarrow{OM} + \overrightarrow{ON} = \overrightarrow{OR}$ tel que $OMRN$ est un parallélogramme de diagonale $[OR]$. 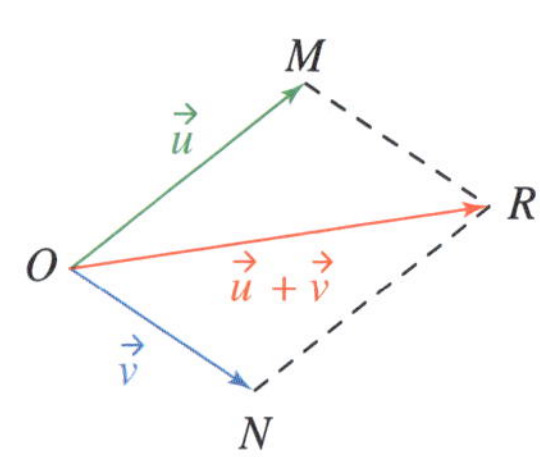

Écrire la relation de Chasles	**Soit A, B et C trois points quelconques du plan,** $$\overrightarrow{AB}+\overrightarrow{BC}=\overrightarrow{AC}.$$ Ainsi, vectoriellement, on peut aller de A vers C en passant par n'importe quel point B ! Ce n'est pas vrai avec les distances : **$AB + BC \geqslant AC$** ! 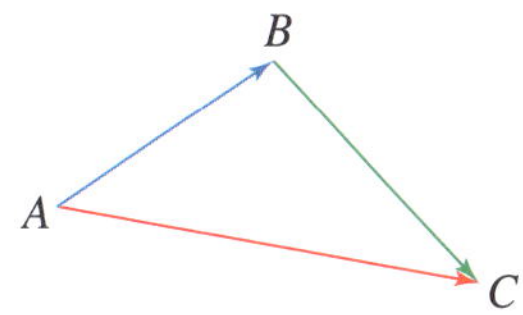
Définir le produit d'un vecteur par un nombre réel et l'interpréter par l'homothétie	Soit $\vec{u}$ un vecteur de coordonnées $(X\,;\,Y)$; le vecteur $k\vec{u}$ a pour coordonnées $$(k\times X\,;\,k\times Y).$$ Si $\overrightarrow{AB}=\vec{u}$ et $\overrightarrow{AC}=k\vec{u}$, alors C est l'homothétique de B dans l'homothétie de centre A et de rapport k. 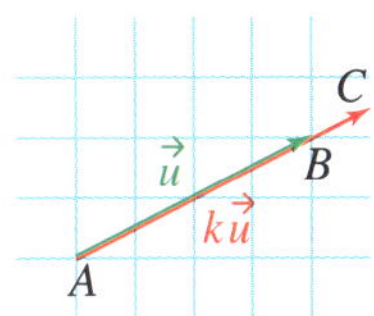
Utiliser la relation de Chasles et effectuer des calculs sur les vecteurs	► La **relation de Chasles** permet de faire apparaître un point ou un vecteur dans un calcul vectoriel. ► Des formules utiles : $-\overrightarrow{AB}=\overrightarrow{BA}$; $0\vec{u}=\vec{0}$; $k\vec{0}=\vec{0}$; $\vec{u}+\vec{v}=\vec{v}+\vec{u}$; $k(k'\vec{u})=(k\times k')\vec{u}$; $k(\vec{u}+\vec{v})=k\vec{u}+k\vec{v}$; $k\vec{u}+k'\vec{u}=(k+k')\vec{u}$.
Traduire une égalité vectorielle par un système	**Toute égalité vectorielle se traduit par un système de deux équations :** – une première équation sur les abscisses ; – et une seconde équation sur les ordonnées.
Définir et reconnaître la colinéarité de deux vecteurs	► Par définition, deux vecteurs non nuls sont **colinéaires** lorsqu'il existe un réel k tel que l'un est égal à k fois l'autre. ► $\overrightarrow{AB}$ et $\overrightarrow{CD}$ sont colinéaires $\Leftrightarrow \exists\, k \in \mathbb{R}$ tel que $\overrightarrow{CD}=k\overrightarrow{AB}$. ► Dans un repère, deux vecteurs $\vec{u}\,(X\,;\,Y)$ et $\vec{v}\,(X'\,;\,Y')$ sont colinéaires si, et seulement si, leurs **coordonnées sont proportionnelles**, c'est-à-dire $XY'-X'Y=0$ 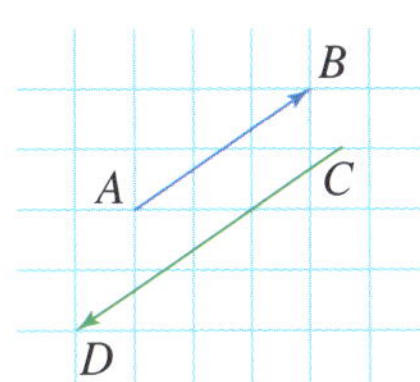
Utiliser la colinéarité de deux vecteurs	► Les droites **(AB) et (CD) sont parallèles** si, et seulement si, les **vecteurs $\overrightarrow{AB}$ et $\overrightarrow{CD}$ sont colinéaires**. ► Les points A, B et C sont alignés si, et seulement si, les vecteurs $\overrightarrow{AB}$ et $\overrightarrow{AC}$ sont colinéaires.

COURS

CORRIGÉS DU TEST

(énoncés p. 217)

1 **Faux.** D'après le quadrillage, les distances CD et AB sont égales seulement. $ABDC$ n'est pas un parallélogramme.

→Exercices 1 à 4

2 **Vrai.** Comme $\overrightarrow{AB} = \overrightarrow{EC}$, alors, par la relation de Chasles, on obtient :

$\overrightarrow{AB} + \overrightarrow{CD} = \overrightarrow{EC} + \overrightarrow{CD} = \overrightarrow{ED}$.

→Exercices 8 à 12

3 **Vrai.** D'après la règle du parallélogramme dans $CBFD$.

→Exercices 8 et 9

4 **Vrai.** Comme $\overrightarrow{AB}\,(3\,;-2)$ et $\overrightarrow{AC}\,(0\,;-3)$, alors $2\overrightarrow{AB} - \overrightarrow{AC}$ a pour coordonnées :

$X = 2 \times 3 - 0 = 6$ et

$Y = 2 \times (-2) - (-3) = -1$.

→Exercices 18 et 19

5 **Faux.** On a $A(0\,;\,6)$. On cherche $M(x\,;y)$. L'égalité vectorielle :

$$\overrightarrow{AM} = \frac{3}{2}\overrightarrow{AB} - \frac{5}{3}\overrightarrow{AC}$$

se traduit par le système :

$$\begin{cases} x - x_A = \dfrac{3}{2} \times 3 - \dfrac{5}{3} \times 0 \\ y - y_A = \dfrac{3}{2} \times (-2) - \dfrac{5}{3} \times (-3) \end{cases}$$

$$\Leftrightarrow \begin{cases} x - 0 = \dfrac{9}{2} \\ y - 6 = -3 + 5 \end{cases} \Leftrightarrow \begin{cases} x = \dfrac{9}{2} \\ y = 8. \end{cases}$$

D'où $M\,(4{,}5\,;\,8)$.

→Exercices 19 et 28 à 30

6 **Vrai.** On calcule comme dans $\mathbb{R}$.

$$2\vec{i} - 3\vec{j} + \frac{1}{2}(\vec{i} + \vec{j}) = 2\vec{i} - 3\vec{j} + \frac{1}{2}\vec{i} + \frac{1}{2}\vec{j}$$

$$= \left(2 + \frac{1}{2}\right)\vec{i} + \left(-3 + \frac{1}{2}\right)\vec{j} = \frac{5}{2}(\vec{i} - \vec{j}).$$

→Exercice 15

7 **Vrai.** On cherche le point M tel que

$$2\overrightarrow{MA} + 3\overrightarrow{MB} = \vec{0} \quad (1).$$

On utilise la **relation de Chasles** :

$(1) \Leftrightarrow 2\overrightarrow{MA} + 3(\overrightarrow{MA} + \overrightarrow{AB}) = \vec{0}$

$\Leftrightarrow 5\overrightarrow{MA} + 3\overrightarrow{AB} = \vec{0}$

$\Leftrightarrow 5\overrightarrow{MA} = -3\overrightarrow{AB} \Leftrightarrow \overrightarrow{AM} = \dfrac{3}{5}\overrightarrow{AB}$.

→Exercices 16 et 23

8 **Vrai.**

On exprime les vecteurs $\overrightarrow{FB}$ et $\overrightarrow{GB}$ en fonction de $\overrightarrow{AB}$ et $\overrightarrow{AC}$.

$\overrightarrow{FB} = \overrightarrow{FA} + \overrightarrow{AB} = \overrightarrow{AC} + \overrightarrow{AB}$,

car $\overrightarrow{AF} = -\overrightarrow{AC}$.

$\overrightarrow{GB} = \overrightarrow{GC} + \overrightarrow{CB} = -\dfrac{3}{2}\overrightarrow{CE} + \overrightarrow{CA} + \overrightarrow{AB}$

$= -\dfrac{3}{2}(\overrightarrow{CA} + \overrightarrow{AE}) + \overrightarrow{CA} + \overrightarrow{AB}$

$= -\dfrac{3}{2}\overrightarrow{CA} + \left(-\dfrac{3}{2}\right) \times \dfrac{1}{3}\overrightarrow{AB} + \overrightarrow{CA} + \overrightarrow{AB}$

$= \dfrac{3}{2}\overrightarrow{AC} - \dfrac{1}{2}\overrightarrow{AB} - \overrightarrow{AC} + \overrightarrow{AB}$

$= \dfrac{1}{2}\overrightarrow{AC} + \dfrac{1}{2}\overrightarrow{AB} = \dfrac{1}{2}(\overrightarrow{AC} + \overrightarrow{AB}) = \dfrac{1}{2}\overrightarrow{FB}$.

Donc les vecteurs $\overrightarrow{FB}$ et $\overrightarrow{GB}$ sont **colinéaires** : les points F, B et G sont alignés.

→Exercices 16 et 26

9 **Faux.** K étant le milieu de $[AB]$, la médiane issue de C est la droite (CK), ensemble des points M du plan tels que $\overrightarrow{CM}$ et $\overrightarrow{CK}$ sont **colinéaires**.

→Exercices 25 et 26

10 **Vrai.** La parallèle à (AB) passant par L est l'ensemble des points $M(x\,;\,y)$ tels que $\overrightarrow{LM}\,(x + 2\,;\,y - 4)$ et $\overrightarrow{AB}\,(3\,;-2)$ sont **colinéaires**. $XY' - X'Y = 0$

$\Leftrightarrow -2(x + 2) - 3(y - 4) = 0$

$\Leftrightarrow -2x - 4 - 3y + 12 = 0$

$\Leftrightarrow 2x + 3y = 8$.

→Exercices 33 et 34

EXERCICES

Notion de vecteur, égalité et représentation

1 ★ 5 min (corrigés p. 232)

1. Quelle transformation permet de passer de la figure $\mathcal{F}_1$ à la figure $\mathcal{F}_2$?

2. En n'utilisant que les points de la figure ci-contre, citer tous les vecteurs égaux au vecteur $\overrightarrow{AB}$.

3. D'après la forme des figures, citer tous les vecteurs égaux au vecteur $\overrightarrow{KL}$, puis à $\overrightarrow{EB}$ et à $\overrightarrow{NQ}$.

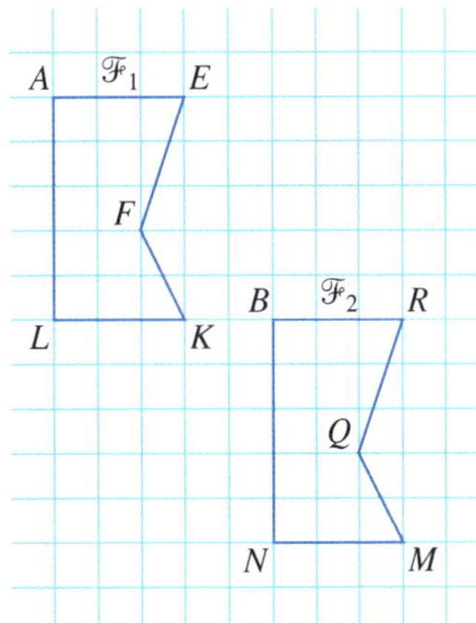

2 ★★ 10 min (corrigés p. 232)

ABC est un triangle isocèle en A; A', B' et C' sont les milieux respectifs de $[BC]$, $[CA]$ et $[AB]$.

Donner :

a) deux vecteurs égaux,

b) deux vecteurs opposés,

c) deux vecteurs ni égaux, ni opposés, mais ayant même direction,

d) deux vecteurs de même longueur, mais pas de même direction.

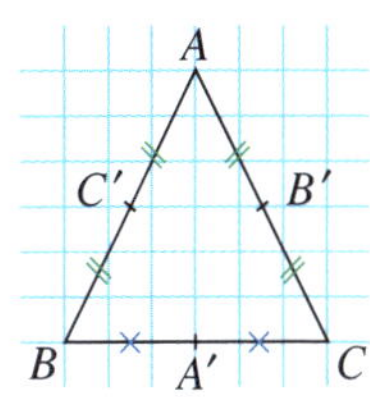

3 ★ 5 min (corrigés p. 232)

$ABCD$ est un parallélogramme ; soit H le symétrique de A par rapport à B. Montrer que $[HD]$ et $[BC]$ ont le même milieu.

4 ★★★ 10 min (corrigés p. 232)

EFG est un triangle quelconque. On construit les points P et Q définis par :

$$\overrightarrow{FP} = -\overrightarrow{FG} \text{ et } \overrightarrow{GQ} = -\overrightarrow{EF}.$$

Quelle est la nature du quadrilatère $EPFQ$?

Coordonnées dans un repère

5 ★ 5 min (corrigés p. 233)

Dans le plan, muni d'un repère $(O\,;\,\vec{i},\,\vec{j})$, reproduire les vecteurs $\vec{u}$, $\vec{v}$, $\vec{w}$ et $\vec{t}$.
Donner les coordonnées des vecteurs $\vec{u}$, $\vec{v}$, $\vec{w}$, $\vec{t}$, $-\vec{u}$ et $-\vec{t}$.

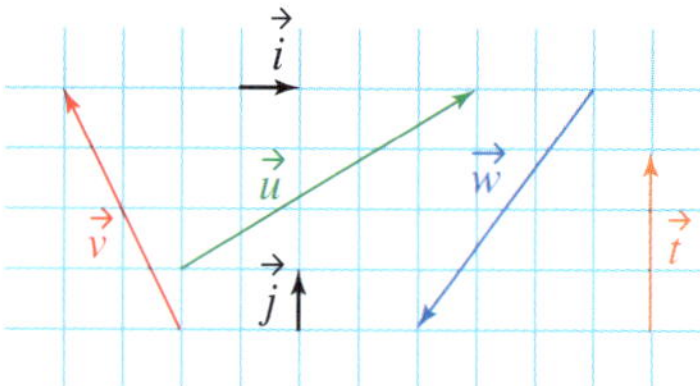

6 ★★ 10 min (corrigés p. 233)

Dans le plan, muni du repère $(O\,;\,\vec{i},\,\vec{j})$, placer les points :

$$A(2\,;-1),\ B(-1\,;3),\ C(-2\,;-2) \text{ et } D(-5\,;2).$$

a) Calculer (ou lire directement) les coordonnées des vecteurs :
$\overrightarrow{AB}$, $\overrightarrow{CD}$, $\overrightarrow{BD}$, $\overrightarrow{AC}$, $\overrightarrow{DB}$, $\overrightarrow{CA}$, $\overrightarrow{BC}$ et $\overrightarrow{DA}$.

b) Citer une égalité vectorielle qui permet d'affirmer que les segments $[AD]$ et $[BC]$ ont le même milieu.

7 ★★★ 10 min (corrigés p. 233)

ABC est un triangle ; soit I le milieu de $[AB]$ et J le milieu de $[AC]$.

a) Donner les coordonnées des points A, B, C dans le repère $(A\,;\,I,\,J)$.

b) Soit D le point du plan tel que $ABDC$ est un parallélogramme.
Donner (sans calcul) les coordonnées de D dans le repère $(A\,;\,I,\,J)$, puis les coordonnées des vecteurs $\overrightarrow{ID}$ et $\overrightarrow{DJ}$.

c) K est le symétrique de J par rapport à A et T est le symétrique de I par rapport à B.
Donner les coordonnées des vecteurs $\overrightarrow{IK}$ et $\overrightarrow{CT}$.

Somme de vecteurs et relation de Chasles

8 ★ 15 min (corrigés p. 233)

$ABCDEF$ est un hexagone régulier de centre O.

1. À l'aide des points de la figure, compléter :

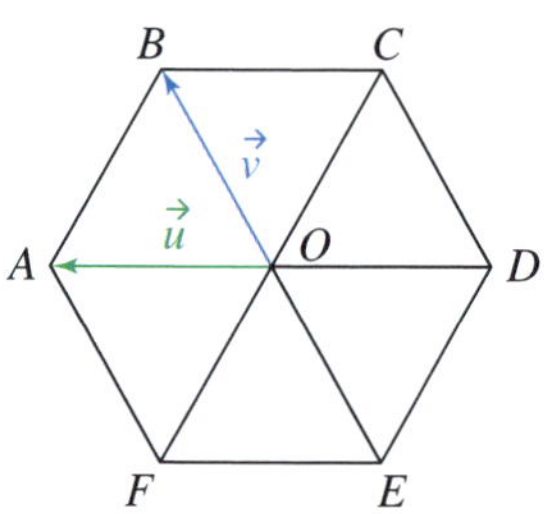

$\overrightarrow{AB} + \overrightarrow{CD} = \dots$;

$\overrightarrow{FO} + \overrightarrow{DO} = \dots$;

$\overrightarrow{AF} + \overrightarrow{CD} = \dots$;

$\overrightarrow{OB} + \overrightarrow{OE} = \dots$;

$\overrightarrow{CA} + \overrightarrow{CD} = \dots$;

$\overrightarrow{AB} + \overrightarrow{AO} + \overrightarrow{AF} = \dots$.

2. On note $\vec{u} = \overrightarrow{OA}$ et $\vec{v} = \overrightarrow{OB}$.
Exprimer, à l'aide des vecteurs $\vec{u}$ et $\vec{v}$ uniquement :

$$\overrightarrow{CD}, \overrightarrow{CB}, \overrightarrow{AB}, \overrightarrow{DB} \text{ et } \overrightarrow{DF}.$$

9 ★ 15 min

(corrigés p. 234)

A, B, C et D sont quatre points du plan fixés par la figure ci-dessous.
Construire les vecteurs :

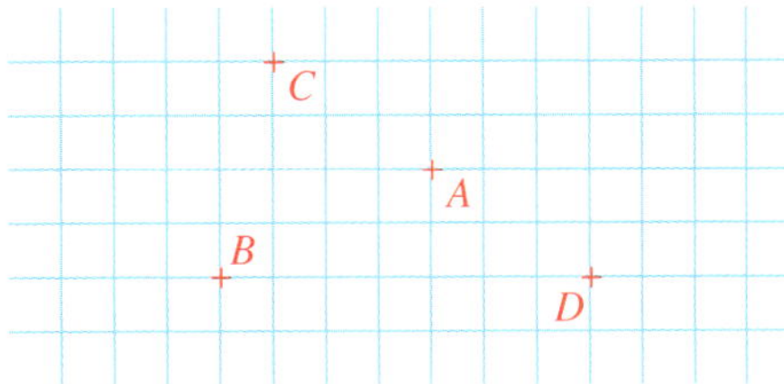

a) $\vec{u} = \overrightarrow{AB} + \overrightarrow{BC}$ ayant comme origine A.

b) $\vec{v} = \overrightarrow{CA} + \overrightarrow{CB}$ d'origine C.

c) $\vec{w} = \overrightarrow{CB} + \overrightarrow{DC}$ à partir de D.

d) $\vec{s} = \overrightarrow{CD} + \overrightarrow{BA} + \overrightarrow{DA}$ à partir de A.

10 ★ 15 min

(corrigés p. 234)

Soit P un point du plan. En utilisant les points de l'exercice précédent, construire les points E, F, G et H tels que :
$\overrightarrow{PE} = \overrightarrow{AB} + \overrightarrow{AC}$, $\overrightarrow{PF} = \overrightarrow{AB} - \overrightarrow{AC}$, $\overrightarrow{PG} = -\overrightarrow{AB} + \overrightarrow{AC}$ et $\overrightarrow{PH} = -\overrightarrow{AB} - \overrightarrow{AC}$.
Quelle est la nature du quadrilatère $EFHG$?

11 ★ 8 min

(corrigés p. 234)

$ABCD$ est un parallélogramme, les points I, J, K et L sont les milieux des segments $[AB]$, $[BC]$, $[CD]$ et $[DA]$. Faire une figure.
Compléter les égalités vectorielles à l'aide des points de la figure.

a) $\overrightarrow{AI} + \overrightarrow{JK} = \overrightarrow{A..}$ **b)** $\overrightarrow{DB} + \overrightarrow{AL} = \overrightarrow{..J}$ **c)** $\overrightarrow{IK} - \overrightarrow{AC} = \overrightarrow{B..}$

d) $\overrightarrow{AI} + \overrightarrow{JK} + \overrightarrow{BJ} = \overrightarrow{A..}$ **e)** $\overrightarrow{BD} + \overrightarrow{KC} + \overrightarrow{IB} = \overrightarrow{..D}$

12 ★★ 10 min

(corrigés p. 234)

Écrire le plus simplement possible les vecteurs suivants :

1. $\vec{u} = \overrightarrow{CD} + \overrightarrow{AB} + \overrightarrow{BC}$; $\vec{v} = \overrightarrow{AB} - \overrightarrow{AC}$; $\vec{w} = \overrightarrow{MA} - \overrightarrow{MC} + \overrightarrow{AC}$.

2. $\vec{u} = \overrightarrow{AB} + \overrightarrow{DC} - \overrightarrow{AC} + \overrightarrow{BC}$;

$\vec{v} = \overrightarrow{MN} - \overrightarrow{MP} + \overrightarrow{NC} + \overrightarrow{PC}$;

$\vec{w} = \overrightarrow{AB} + \overrightarrow{DC} - \overrightarrow{AC} + \overrightarrow{BD}$.

13 ★★ 10 min

(corrigés p. 235)

Soit A, B et C trois points alignés. On trace d, médiatrice de $[AC]$, où M_1 est le milieu de $[AC]$, M_2 est un point quelconque de la droite d et M_3 un point quelconque de la droite (AB). Faire une figure.

1. Que signifie $(CA) = (AB)$?

2. Pour chaque point M_1, M_2 et M_3, dire s'il vérifie chacune des propriétés suivantes :

a) $AM = MC$ b) $(AM) = (MC)$ c) $\overrightarrow{AM} = \overrightarrow{MC}$.

3. Dans chaque cas, donner l'ensemble des points M du plan vérifiant :

a) $AM = MC$ b) $(AM) = (MC)$ c) $\overrightarrow{AM} = \overrightarrow{MC}$.

14 ★★ 5 min

(corrigés p. 235)

A et B sont deux points distincts du plan. Dans chaque cas, donner l'ensemble des points M du plan vérifiant :

a) $AM + MB = AB$ b) $\overrightarrow{AM} + \overrightarrow{MB} = \overrightarrow{AB}$ c) $AM^2 + BM^2 = AB^2$.

Produit d'un vecteur par un nombre

15 ★ 8 min

(corrigés p. 236)

Écrire le plus simplement possible.

$\vec{X} = 3(-3\vec{i} + \vec{j}) - 5\vec{i} - 2\vec{j}$;

$\vec{Y} = \vec{i} - 2(\vec{i} + \vec{j}) + \frac{3}{4}\vec{i}$;

$\vec{Z} = \frac{1}{3}(2\vec{i} + \vec{j}) - \frac{3}{2}(5\vec{i} - 3\vec{j})$.

16 ★ 10 min

(corrigés p. 236)

Soit ABC un triangle ; exprimer les trois vecteurs en fonction de $\overrightarrow{AB}$ et $\overrightarrow{AC}$.

$\vec{u} = 2\overrightarrow{AB} - \frac{1}{3}\overrightarrow{AC} + \overrightarrow{BC}$; $\vec{v} = \overrightarrow{AB} + 3\overrightarrow{CA} - 2\overrightarrow{BC}$; $\vec{w} = \frac{2}{5}(\overrightarrow{AB} - 5\overrightarrow{BC}) + 3\overrightarrow{CA}$.

17 ★★ 15 min

(corrigés p. 236)

Sur la droite d, les subdivisions sont régulières.

On considère les vecteurs $\vec{u}$ et $\vec{v}$.

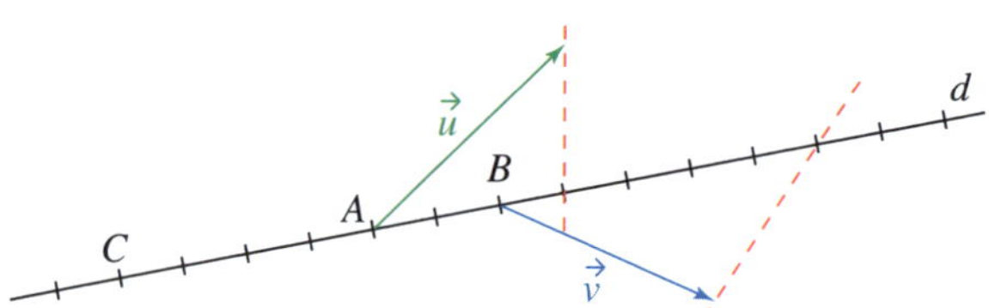

Construire le point G tel que $\overrightarrow{CG} = \frac{2}{3}\vec{u} + \frac{7}{5}\vec{v}$.

18 ★ 10 min (corrigés p. 236)

Dans le plan muni d'un repère $(O\ ;\ \vec{i},\ \vec{j})$, on donne les points $A(-3\ ;\ -2)$, $B(-1\ ;\ 1)$ et $C(3\ ;\ -1)$. Faire une figure.

a) Calculer les coordonnées des vecteurs suivants :

$\vec{u} = 2\overrightarrow{AB}\ ;\ \vec{v} = -\frac{1}{2}\overrightarrow{AC}\ ;\ \vec{w} = \frac{3}{4}\overrightarrow{BC}$.

b) Placer les points M, N et P tels que $\overrightarrow{AM} = \vec{u}\ ;\ \overrightarrow{AN} = \vec{v}$ et $\overrightarrow{AP} = \vec{w}$.

19 ★★ 10 min (corrigés p. 237)

Soit $A(-3\ ;\ 1)$, $B(5\ ;\ 2)$ et $C(0\ ;\ -1)$ dans un repère $(O\ ;\ \vec{i},\ \vec{j})$.

1. Déterminer les coordonnées des vecteurs :

a) $\overrightarrow{OA} + \frac{1}{2}\overrightarrow{OB}$; b) $\overrightarrow{AB} + 3\overrightarrow{OC}$; c) $\frac{1}{5}(2\overrightarrow{OA} + \overrightarrow{OB} + 2\overrightarrow{OC})$.

2. Déterminer les coordonnées des points M et N tels que :

a) $\overrightarrow{AM} = 2\overrightarrow{OB} + 3\overrightarrow{AC}$; b) $2\overrightarrow{NA} + \overrightarrow{NB} + 3\overrightarrow{NC} = \vec{0}$.

20 ★ 15 min (corrigés p. 238)

Milieu d'un segment : caractérisations

On admet que K est le milieu du segment $[AB]$ si, et seulement si, $\overrightarrow{AK} = \overrightarrow{KB}$.

1. Démontrer que $\overrightarrow{AK} = \overrightarrow{KB} \Leftrightarrow \overrightarrow{KA} + \overrightarrow{KB} = \vec{0} \Leftrightarrow \overrightarrow{AK} = \frac{1}{2}\overrightarrow{AB}$.

2. Démontrer que, quel que soit le point M du plan, $\overrightarrow{MA} + \overrightarrow{MB} = 2\overrightarrow{MK}$.

21 ★★ 10 min (corrigés p. 238)

$ABCD$ est un quadrilatère. Montrer que les milieux de ses côtés forment un parallélogramme.

22 ★★ 15 min (corrigés p. 239)

Centre de gravité d'un triangle : caractérisations

Soit ABC un triangle ; A', B' et C' sont les milieux respectifs de $[BC]$, $[CA]$ et $[AB]$ et G son centre de gravité.

1. a) Justifier l'égalité vectorielle $\overrightarrow{AG} = \frac{2}{3}\overrightarrow{AA'}$.

En déduire le réel k tel que $\overrightarrow{GA} = k\overrightarrow{GA'}$.

b) Montrer que $\overrightarrow{GA} + \overrightarrow{GB} + \overrightarrow{GC} = \vec{0}$.

2. a) Montrer que, quel que soit le point M du plan, on a :

$\overrightarrow{MA} + \overrightarrow{MB} + \overrightarrow{MC} = 3\overrightarrow{MG}$.

b) Démontrer que, si M est tel que $\overrightarrow{MA} + \overrightarrow{MB} + \overrightarrow{MC} = \vec{0}$, alors M est le centre de gravité du triangle ABC.

EXERCICES

23 ★★★ 20 min (corrigés p. 239)

Soit ABC un triangle.

1. Construire les points G et H définis par :

$$2\overrightarrow{GA} + 3\overrightarrow{GB} = \vec{0} \text{ et } 8\overrightarrow{HA} - 3\overrightarrow{HB} = \vec{0}.$$

Montrer que A est le milieu de $[GH]$.

2. Construire le point K tel que $\overrightarrow{AK} = -\frac{1}{2}\overrightarrow{CG}$.

Exprimer $\overrightarrow{BK}$ en fonction de $\overrightarrow{AB}$ et $\overrightarrow{AC}$.

Colinéarité de vecteurs et applications géométriques

24 ★ 20 min (corrigés p. 240)

Dans le repère $(O\,;\vec{i}, \vec{j})$, on considère les vecteurs $\vec{u}$ et $\vec{v}$ et les points $A(1\,;2)$, $B(5\,;1)$, $C\left(7\,;\frac{13}{4}\right)$, $D\left(2\,;\frac{9}{2}\right)$ et $E(10\,;4)$.

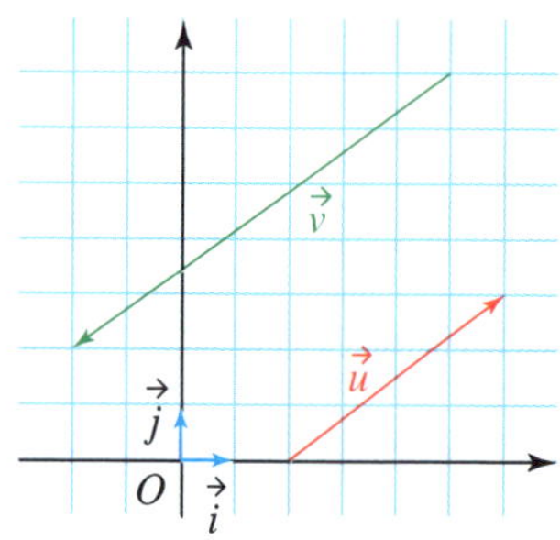

1. a) Lire les coordonnées de $\vec{u}$ et $\vec{v}$.

b) Calculer les coordonnées des vecteurs $\overrightarrow{AB}$, $\overrightarrow{CD}$, $\overrightarrow{AC}$, $\overrightarrow{AE}$ et $\overrightarrow{BE}$.

2. **Vrai ou Faux ?** Justifier.

a) Les vecteurs $\vec{u}$ et $\vec{v}$ sont colinéaires.

b) $ABCD$ est un parallélogramme.

c) Les points A, C et E sont alignés.

d) Les droites (AB) et (CD) sont parallèles.

e) Le vecteur u a la même direction que $\overrightarrow{BE}$.

f) $ABCD$ est un trapèze.

25 ★ 10 min (corrigés p. 241)

Traduire chaque situation géométrique à l'aide de vecteurs colinéaires :

a) A est le milieu de $[EF]$. b) $M \in [AB]$. c) $P \in [AB)$.

d) $ABCD$ est un trapèze de bases $AB = 2$ et $CD = 7$

e) N est le point du segment $[AB]$ tel que $AN = \frac{3}{4}\,AB$.

f) K est le symétrique de E par rapport à B.

26 ★★ 15 min (corrigés p. 241)

A, B et C sont trois points non alignés.

Exprimer, en fonction des vecteurs $\overrightarrow{AB}$ et $\overrightarrow{AC}$:

$$\vec{u} = 2\overrightarrow{AB} - \frac{2}{3}\overrightarrow{AC} + \overrightarrow{BC} \text{ et } \vec{v} = \frac{1}{2}(5\overrightarrow{AB} + 3\overrightarrow{AC}) - \frac{1}{2}\overrightarrow{BC}.$$

Les vecteurs $\vec{u}$ et $\vec{v}$ sont-ils colinéaires ?

27 ★★ 20 min (corrigés p. 241)

Déterminer les valeurs de m qui rendent $\vec{u}$ et $\vec{v}$ colinéaires.

a) $\vec{u}\,(m-3\,;1)$ et $\vec{v}\,(3m+1\,;2)$

b) $\vec{u}\,(m\,;1)$ et $\vec{v}\,(3m\,;2m)$

c) $\vec{u}\,(1\,;2m+1)$ et $\vec{v}\,(2m-1\,;3)$

d) $\vec{u}\,(m-3\,;0)$ et $\vec{v}\,(1\,;m)$.

28 ★★ 15 min (corrigés p. 241)

Soit les points $A(3\,;2)$, $B(-1\,;5)$, $C(-2\,;-2)$, $M\,(2\,;-5)$ et $N\left(1\,;\dfrac{33}{5}\right)$.

Faire une figure.

1. Donner la nature des quadrilatères $AMCB$ et $BNAC$.
2. Déterminer les coordonnées de I milieu de $[BC]$ et P défini par l'égalité vectorielle :

$$\overrightarrow{PA}+\overrightarrow{PB}+\overrightarrow{PC}=\vec{0}.$$

3. Montrer que les vecteurs $\overrightarrow{AP}$ et $\overrightarrow{AI}$ sont colinéaires.

29 ★★ 15 min (corrigés p. 242)

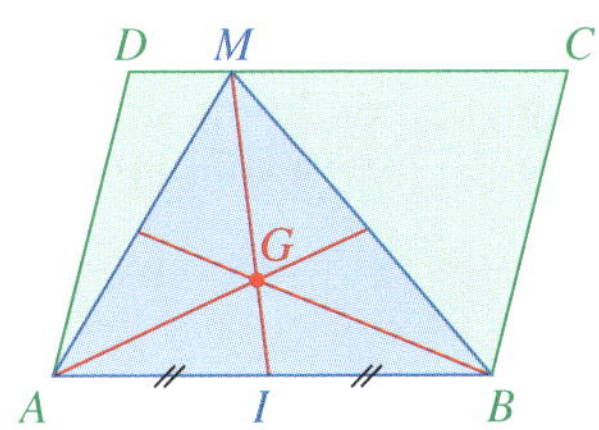

$ABCD$ est un parallélogramme, I est le milieu de $[AB]$, M est un point mobile de $[CD]$ et G est le centre de gravité du triangle MAB.

On considère le repère $(A\,;\overrightarrow{AB},\overrightarrow{AD})$ et on pose $\overrightarrow{DM}=x\,\overrightarrow{DC}$, où x est un réel.

1. a) Dans quel intervalle varie le réel x ?

b) Exprimer, en fonction de x, les coordonnées de M et de G.

2. Montrer que, lorsque M décrit le segment $[DC]$, alors G décrit un segment dont on précisera les extrémités.

30 ★★★ 20 min (corrigés p. 243)

Dans un repère $(O\,;\vec{i},\vec{j})$, on place les points $A(-2\,;1)$, $B(2\,;3)$ et $C(3\,;-1)$.

1. Déterminer les coordonnées des points suivants :

a) C', symétrique de C par rapport à B ;

b) D image de C par la translation de vecteur $\overrightarrow{AB}$;

c) E défini par $\overrightarrow{AE}=3\,\overrightarrow{AB}$;

d) J milieu de $[DC']$.

2. Montrer que J est le milieu de $[AE]$. Quelle est la nature de $ADEC'$?

3. a) Déterminer m pour que $M\,(m\,;5)$ soit aligné avec les points A et B.

b) Soit $P(p+5\,;p)$; déterminer p pour que $\overrightarrow{CP}$ et $\overrightarrow{AB}$ soient colinéaires.

c) Déterminer la nature du quadrilatère $MPCB$.

31 ★★★ 20 min (corrigés p. 244)

ABC est un triangle quelconque.
Les points *M*, *N* et *P* sont respectivement situés sur les droites (*AB*), (*BC*) et (*CA*).
On pose :
$\overrightarrow{AM} = x\overrightarrow{AB}$; $\overrightarrow{BN} = y\overrightarrow{BC}$ et $\overrightarrow{CP} = z\overrightarrow{CA}$.
On peut faire une figure avec un logiciel.
Montrer que les points *M*, *N* et *P* sont alignés si, et seulement si :

$$x \times y \times z = (x-1)(y-1)(z-1).$$

Utiliser un repère.

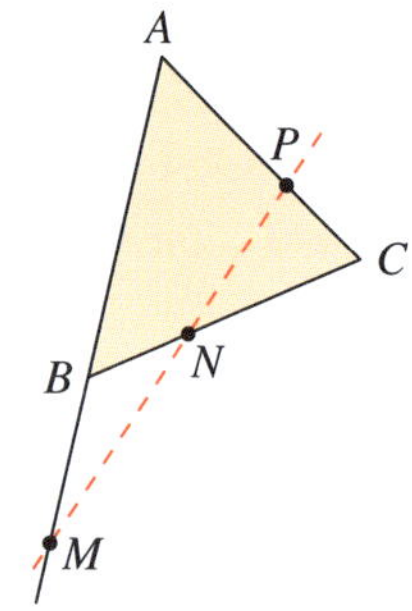

32 ★★★ 20 min (corrigés p. 244)

Soit *ABCD* un parallélogramme.

M est un point mobile de [*AB*] et *N* un point mobile de [*AD*].

La parallèle à (*AD*) passant par *M* coupe (*CD*) en *M′* et la parallèle à (*AB*) passant par *N* coupe (*BC*) en *N′*.

On pose $\overrightarrow{AM} = x\overrightarrow{AB}$; $\overrightarrow{AN} = y\overrightarrow{AD}$.

À quelle condition sur *x* et *y* les droites (*MN′*) et (*NM′*) sont-elles parallèles ?

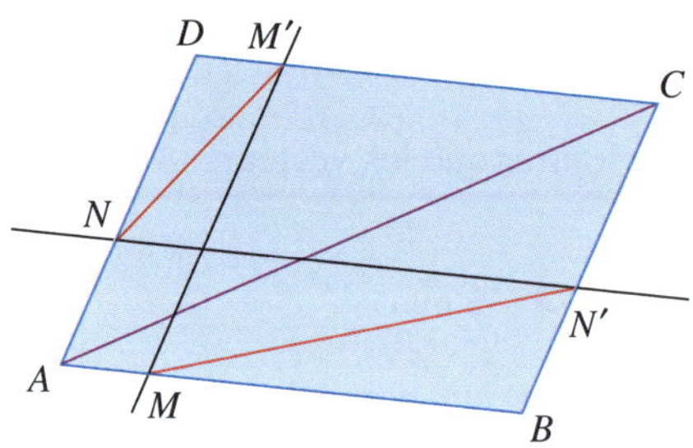

Droites et vecteurs dans un repère orthonormé

Utiliser le chapitre 5.

33 ★★ 20 min (corrigés p. 244)

Dans un repère orthonormé $(O ; \vec{i}, \vec{j})$, on considère les points $A(2 ; 4)$, $B(5 ; 0)$, $C(-1 ; -2)$ et $D(1 ; 2)$. Faire une figure au fur et à mesure.

1. a) Calculer les coordonnées des vecteurs $\overrightarrow{AB}$, $\overrightarrow{BC}$ et $\overrightarrow{AC}$, ainsi que celles de *K* milieu du segment [*CB*].
b) Déterminer une équation de la droite (*CB*).

2. a) Déterminer une équation de la médiane issue de *A* dans le triangle *ABC*.
b) Déterminer une équation de la droite (*d*), parallèle à (*AB*) passant par *C*.
c) La droite (*d*) coupe la médiane issue de *A* en *E*. Quelle est la nature du quadrilatère *ABEC* ?

3. Déterminer une équation de la médiatrice Δ de [*CB*].

4. a) Montrer que *D* est un point de la droite (*AC*).
b) Déterminer la nature du triangle *CBD*.
c) Déterminer une équation de la hauteur issue de *B* dans le triangle *ABC*.

34 ★★ 15 min *(corrigés p. 245)*

On considère le cercle $\mathscr{C}$ de centre $\Omega(1 ; -2)$ et de rayon $r = \sqrt{10}$.
Soit les points $A(4 ; -1)$, $B(-1 ; -4)$, $C(2 ; 1)$, $D(0 ; -5)$, $E(-2 ; -3)$ et $F(0 ; 1)$.

1. Parmi ces points, déterminer (par calcul) ceux qui appartiennent au cercle $\mathscr{C}$.
2. Quelle est la nature de $CADE$? Calculer son aire.
3. Quelle est la nature du triangle EFA ? Calculer son aire.

35 ★★ 20 min *(corrigés p. 246)*

Droites perpendiculaires

On considère les deux droites $\mathscr{D}_1$ et $\mathscr{D}_2$ d'équations respectives : $3x + 2y = 4$ et $2x - 3y = 7$.

1. Déterminer les coordonnées du point A, intersection de ces deux droites.
2. Donner un vecteur directeur $\vec{u}$ de $\mathscr{D}_1$ et un vecteur directeur $\vec{v}$ de $\mathscr{D}_2$.
3. Soit B et C tels que $\vec{u} = \overrightarrow{AB}$ et $\vec{v} = \overrightarrow{AC}$.
Montrer que ABC est un triangle rectangle. Conclure.

36 ★★★ 15 min *(corrigés p. 246)*

Relation d'orthogonalité

1. Étude d'un exemple. On considère deux points $A(4 ; 6)$ et $B(3 ; -2)$.
Calculer AB, OA et OB. En déduire la nature du triangle OAB.
2. a) Soit $A(X ; Y)$ et $B(X' ; Y')$. Déterminer une relation entre X, X', Y et Y' qui caractérise le triangle OAB rectangle en O.
b) En déduire une relation pour caractériser deux vecteurs orthogonaux, c'est-à-dire dont les directions sont perpendiculaires.
3. Écrire un programme en langage Python qui teste si deux vecteurs $\overrightarrow{V1}$ (X1 ; Y1) et $\overrightarrow{V2}$ (X2 ; Y2) sont orthogonaux, connaissant leurs coordonnées.

EXERCICES

L'INTERROGATION ÉCRITE

2 heures

Vecteurs et relation de Chasles

(corrigés p. 247)

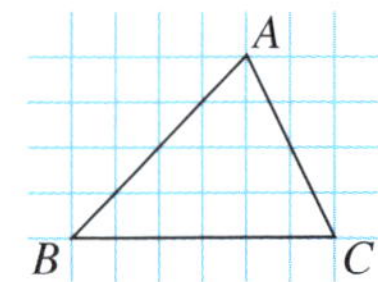

a) Le triangle ABC ci-contre est à reproduire (en cm).
Construire les points M et N tels que :

$$\overrightarrow{CM} = -\frac{3}{4}\overrightarrow{AB} \text{ et } \overrightarrow{AN} = \frac{1}{3}\overrightarrow{BC} - \frac{1}{2}\overrightarrow{AC}.$$

Exprimer $\overrightarrow{MN}$ en fonction de $\overrightarrow{AB}$ et $\overrightarrow{AC}$.

b) $ABCD$ est un parallélogramme. Refaire une figure.
Construire les points P et R tels que :

$$\overrightarrow{AP} = \frac{3}{2}\overrightarrow{AB} \text{ et } \overrightarrow{AR} = 3\overrightarrow{AD}.$$

Démontrer que les points P, C et R sont alignés.

c) Dans un triangle KLM, on considère les points T et S tels que :

$$\overrightarrow{TL} + \overrightarrow{TM} = \vec{0} \text{ et } \overrightarrow{SK} + \overrightarrow{SL} + \overrightarrow{SM} = \vec{0}.$$

Que représentent ces points pour le triangle KLM ?

Vecteurs et coordonnées

(corrigés p. 248)

Le plan est muni d'un repère $(O\,;\vec{i},\vec{j})$ orthonormé. On donne les points $A(3\,;0)$, $B(5\,;2)$, $C(-1\,;4)$.
Soit E et D les points tels que :

$$\overrightarrow{AD} = 2\overrightarrow{AB} + \frac{1}{2}\overrightarrow{AC} \text{ et } \overrightarrow{EO} = \frac{1}{2}\overrightarrow{AB} + \frac{1}{3}\overrightarrow{OA}.$$

a) Placer les points A, B, C et le point I milieu du segment $[AC]$. Construire D et E.

b) Calculer les coordonnées des points D, E et I.
Montrer que D, E et le point I sont alignés en utilisant les coordonnées et la colinéarité.

c) On donne $F(0\,;y_F)$. Déterminer par calcul l'ordonnée y_F pour que les droites (AF) et (BC) soient parallèles.

d) Déterminer une équation de la droite (AF).

e) Soit deux vecteurs. Écrire un programme en langage Python qui teste si deux vecteurs sont colinéaires, connaissant leurs coordonnées.

Bilan : dans un repère

(corrigés p. 249)

Exercice à traiter après l'étude des fonctions polynômes (chapitre 4)
On considère la courbe $\mathscr{C}$ représentant la fonction f définie sur $\mathbb{R}$ par :

$$f(x) = -(x-3)^2 + 4.$$

a) Étudier le sens de variation de la fonction f. Soit S le sommet de $\mathscr{C}$.

b) Déterminer le point B, intersection de $\mathscr{C}$ avec l'axe des ordonnées.

c) Déterminer les points A et C, intersections de la courbe $\mathscr{C}$ avec l'axe des abscisses ; on prendra $x_A > x_C$.

d) Construire cette courbe $\mathscr{C}$ dans un repère orthonormé.

e) La parallèle à (AB) passant par C coupe la courbe $\mathscr{C}$ en un point D. Déterminer les coordonnées de D.

f) On considère le point E de (AB) de même abscisse que le point S. Utiliser ce point pour déterminer l'aire du triangle SAB.

CORRIGÉS

1 **1.** La translation de vecteur $\overrightarrow{AB}$ (5 carreaux vers la droite et 5 carreaux vers le bas) permet de passer de $\mathcal{F}_1$ à $\mathcal{F}_2$.

2. $\overrightarrow{AB}$ est égal aux vecteurs $\overrightarrow{ER}$, $\overrightarrow{FQ}$, $\overrightarrow{KM}$ et $\overrightarrow{LN}$.

3. $\overrightarrow{KL} = \overrightarrow{RB} = \overrightarrow{EA} = \overrightarrow{MN}$. $\overrightarrow{EB} = \overrightarrow{KN}$ et $\overrightarrow{NQ} = \overrightarrow{LF}$.

Conseil : ne jamais oublier une flèche de vecteur, même sur un brouillon, et toujours « dire » le mot **vecteur** !

2

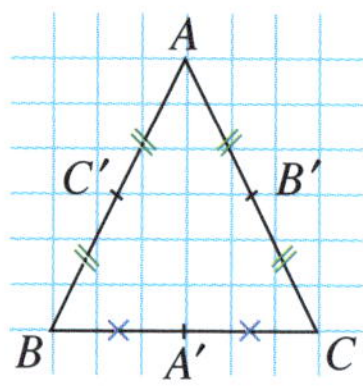

a) Deux vecteurs égaux : $\overrightarrow{C'B'} = \overrightarrow{BA'}$.

b) Deux vecteurs opposés : $\overrightarrow{A'B}$ et $\overrightarrow{A'C}$, ou bien $\overrightarrow{A'C'}$ et $\overrightarrow{AB'}$.

c) Deux vecteurs de même direction : $\overrightarrow{A'C'}$ et $\overrightarrow{AC}$.

d) Deux vecteurs de même longueur : $\overrightarrow{AC}$ et $\overrightarrow{BA}$.

3 $ABCD$ est un parallélogramme, donc $\overrightarrow{AB} = \overrightarrow{DC}$.

H est le symétrique de A par rapport à B, donc $\overrightarrow{BH} = \overrightarrow{AB}$.

Ainsi $\overrightarrow{BH} = \overrightarrow{DC}$, ce qui signifie que $BHCD$ est un parallélogramme, donc ses diagonales $[HD]$ et $[BC]$ ont le même milieu.

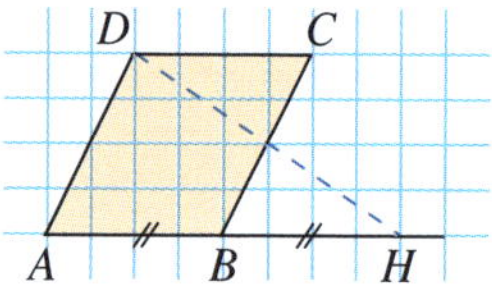

4 Comme $\overrightarrow{GQ} = -\overrightarrow{EF}$, alors $\overrightarrow{GQ} = \overrightarrow{FE}$, ce qui signifie que $FEQG$ est un parallélogramme.

Ainsi $\overrightarrow{FG} = \overrightarrow{EQ}$. Comme $\overrightarrow{FP} = -\overrightarrow{FG}$, alors $\overrightarrow{FG} = \overrightarrow{PF}$.

Ainsi $\overrightarrow{PF} = \overrightarrow{EQ}$, ce qui signifie que $EPFQ$ est un parallélogramme.

Mettre en pointillé ce que l'on ne connaît pas.

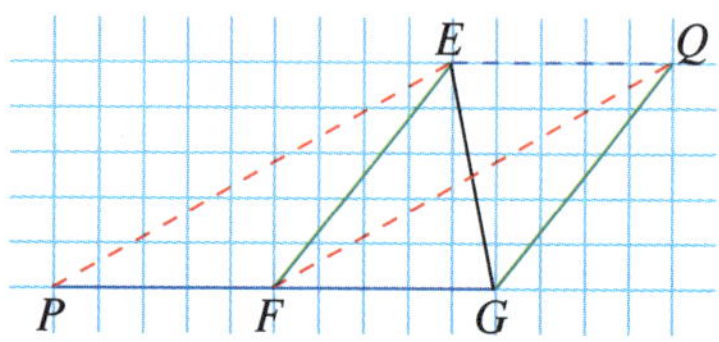

5 **On peut reproduire ces quatre vecteurs en partant de l'origine *O* :**

$\vec{u}(5\ ;3)$; $\vec{v}(-2\ ;4)$; $\vec{w}(-3\ ;-4)$; $\vec{t}(0\ ;3)$; $-\vec{u}(-5\ ;-3)$ et $-\vec{t}(0\ ;-3)$.

6 **Prendre l'habitude de vérifier les coordonnées de vecteurs dans un repère en comptant les carreaux.**

a) $\overrightarrow{AB}\,(-3\ ;4)$; $\overrightarrow{CD}\,(-3\ ;4)$; $\overrightarrow{BD}\,(-4\ ;-1)$; $\overrightarrow{AC}\,(-4\ ;-1)$; $\overrightarrow{DB}\,(4\ ;1)$; $\overrightarrow{CA}\,(4\ ;1)$; $\overrightarrow{BC}\,(-1\ ;-5)$ et $\overrightarrow{AD}\,(-7\ ;3)$.

b) Comme $\overrightarrow{DB}$ et $\overrightarrow{CA}$ ont mêmes coordonnées, alors $\overrightarrow{DB} = \overrightarrow{CA}$, ce qui signifie que *ABDC* est un parallélogramme ; donc [*AD*] et [*BC*] ont le même milieu.

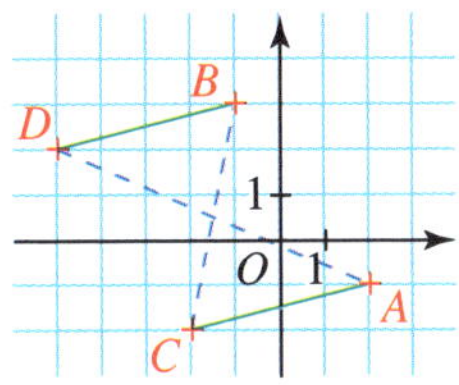

7 ***ABC* est un triangle, *a priori* quelconque ; on peut dessiner sur un brouillon un triangle isocèle rectangle en *A* pour que la lecture des coordonnées soit plus facile ; mais pas sur une copie de contrôle !**

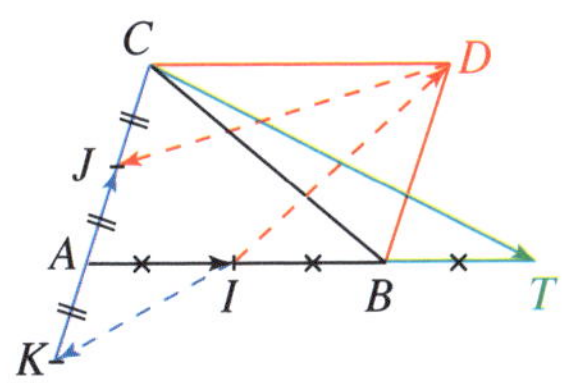

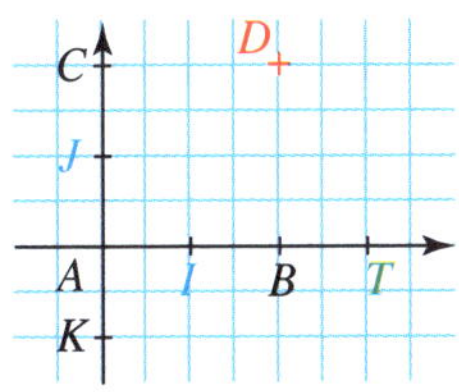

a) « Donner les coordonnées » : on peut se contenter de lire sur le dessin.

$A(0\ ;0)$, $B(2\ ;0)$ et $C(0\ ;2)$ dans le repère $(A\ ;I, J)$.

b) *ABDC* est un parallélogramme, donc :

$$D(2\ ;2)\ ;\ \overrightarrow{ID}(1\ ;2) \text{ et } \overrightarrow{DJ}\,(-2\ ;-1).$$

c) *K* est le symétrique de *J* par rapport à *A*, donc $\overrightarrow{AK} = -\overrightarrow{AJ}$. D'où $\overrightarrow{IK}\,(-1\ ;-1)$.

T est le symétrique de *I* par rapport à *B*, donc $\overrightarrow{BT} = -\overrightarrow{BI}$. D'où $\overrightarrow{CT}\,(3\ ;-2)$.

8

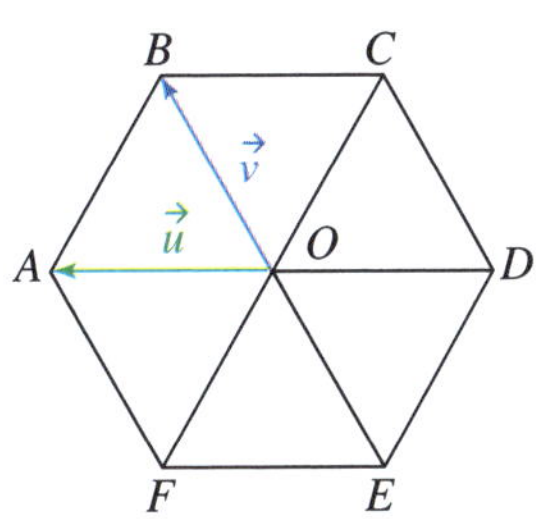

1. $\overrightarrow{AB} + \overrightarrow{CD} = \overrightarrow{OC} + \overrightarrow{CD} = \overrightarrow{OD}$. $\overrightarrow{FO} + \overrightarrow{DO} = \overrightarrow{OC} + \overrightarrow{CB} = \overrightarrow{OB}$.

$\overrightarrow{AF} + \overrightarrow{CD} = \overrightarrow{BO} + \overrightarrow{OE} = \overrightarrow{BE}$. $\overrightarrow{OB} + \overrightarrow{OE} = \overrightarrow{OB} + \overrightarrow{BO} = \vec{0}$.

$\overrightarrow{CA} + \overrightarrow{CD} = \overrightarrow{CA} + \overrightarrow{AF} = \overrightarrow{CF}$. $\overrightarrow{AB} + \overrightarrow{AO} + \overrightarrow{AF} = \overrightarrow{AB} + \overrightarrow{BC} + \overrightarrow{CD} = \overrightarrow{AD}$.

Mais il y a d'autres façons de trouver ces solutions.

2. $\overrightarrow{OA} = \vec{u}$ et $\overrightarrow{OB} = \vec{v}$.

$\overrightarrow{CD} = -\overrightarrow{OB} = -\vec{v}$; $\overrightarrow{CB} = \overrightarrow{OA} = \vec{u}$; $\overrightarrow{AB} = \overrightarrow{AO} + \overrightarrow{OB} = -\overrightarrow{OA} + \overrightarrow{OB} = -\vec{u} + \vec{v}$;

$\overrightarrow{DB} = \overrightarrow{DO} + \overrightarrow{OB} = \overrightarrow{OA} + \overrightarrow{OB} = \vec{u} + \vec{v}$; $\overrightarrow{DF} = \overrightarrow{DA} + \overrightarrow{AF} = 2\overrightarrow{OA} - \overrightarrow{OB} = 2\vec{u} - \vec{v}$.

9

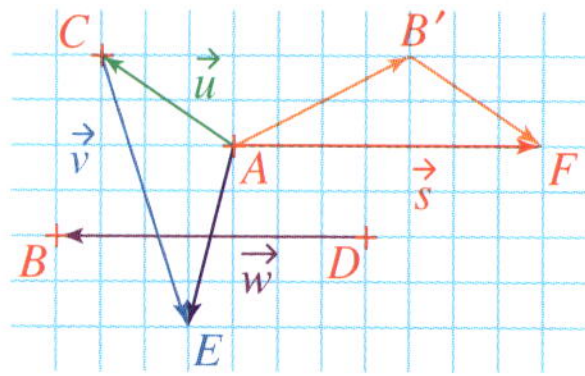

a) $\vec{u} = \overrightarrow{AB} + \overrightarrow{BC}$, à partir de A ; donc $\vec{u} = \overrightarrow{AC}$.

b) $\vec{v} = \overrightarrow{CA} + \overrightarrow{CB}$, à partir de C ; ainsi, à partir de A, on trace un vecteur égal au vecteur $\overrightarrow{CB}$, on obtient $\overrightarrow{AE} = \overrightarrow{CB}$; donc $\vec{v} = \overrightarrow{CE}$.

c) $\vec{w} = \overrightarrow{CB} + \overrightarrow{DC} = \overrightarrow{DC} + \overrightarrow{CB} = \overrightarrow{DB}$, à partir de D.

d) $\vec{s} = \overrightarrow{CD} + \overrightarrow{BA} + \overrightarrow{DA} = \overrightarrow{CD} + \overrightarrow{DA} + \overrightarrow{BA} = \overrightarrow{CA} + \overrightarrow{BA}$, à partir de A, on trace $\overrightarrow{AB'} = \overrightarrow{BA}$; puis à partir de B', on trace $\overrightarrow{B'F} = \overrightarrow{CA}$. On obtient $\vec{s} = \overrightarrow{AF}$.

10 Le quadrilatère *EFHG* semble être un parallélogramme.

$\overrightarrow{EF} = \overrightarrow{EP} + \overrightarrow{PF} = -(\overrightarrow{AB} + \overrightarrow{AC}) + \overrightarrow{AB} - \overrightarrow{AC} = -2\overrightarrow{AC}$.

$\overrightarrow{GH} = \overrightarrow{GP} + \overrightarrow{PH} = -(-\overrightarrow{AB} + \overrightarrow{AC}) - \overrightarrow{AB} - \overrightarrow{AC} = -2\overrightarrow{AC}$.

Donc $\overrightarrow{EF} = \overrightarrow{GH}$, ce qui signifie que *EFHG* est un parallélogramme.

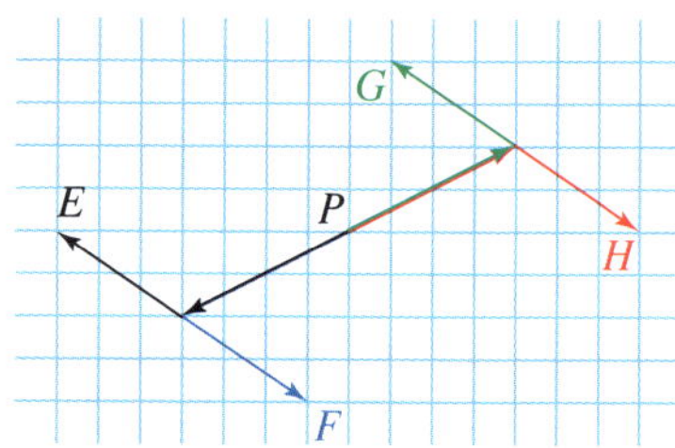

11 *ABCD* est un parallélogramme : $\overrightarrow{IL} = \overrightarrow{IA} + \overrightarrow{AL} = \overrightarrow{JC} + \overrightarrow{CK} = \overrightarrow{JK}$.

a) $\overrightarrow{AI} + \overrightarrow{JK} = \overrightarrow{AI} + \overrightarrow{IL} = \overrightarrow{AL}$.

b) $\overrightarrow{DB} + \overrightarrow{AL} = \overrightarrow{DB} + \overrightarrow{BJ} = \overrightarrow{DJ}$.

c) $\overrightarrow{IK} - \overrightarrow{AC} = \overrightarrow{BC} + \overrightarrow{CA} = \overrightarrow{BA}$.

d) $\overrightarrow{AI} + \overrightarrow{JK} + \overrightarrow{BJ} = \overrightarrow{AI} + \overrightarrow{IL} + \overrightarrow{LD} = \overrightarrow{AD}$.

e) $\overrightarrow{BD} + \overrightarrow{KC} + \overrightarrow{IB} = \overrightarrow{KC} + \overrightarrow{IB} + \overrightarrow{BD} = \overrightarrow{AI} + \overrightarrow{ID} = \overrightarrow{AD}$.

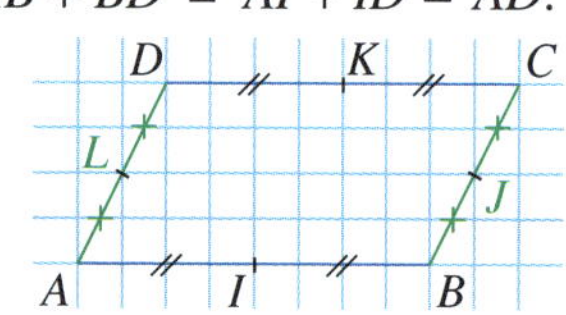

12 **Pour cet exercice, aucune figure n'est nécessaire ; penser d'abord que soustraire un vecteur, c'est ajouter le vecteur opposé pour n'obtenir que des additions de vecteurs et utiliser la relation de Chasles.**

1. $\vec{u} = \overrightarrow{CD} + \overrightarrow{AB} + \overrightarrow{BC} = \overrightarrow{AC} + \overrightarrow{CD} = \overrightarrow{AD}$.

$\vec{v} = \overrightarrow{AB} - \overrightarrow{AC} = \overrightarrow{AB} + \overrightarrow{CA} = \overrightarrow{CA} + \overrightarrow{AB} = \overrightarrow{CB}$.

$\vec{w} = \overrightarrow{MA} - \overrightarrow{MC} + \overrightarrow{AC} = \overrightarrow{MA} + \overrightarrow{CM} + \overrightarrow{AC} = \overrightarrow{MA} + \overrightarrow{AC} + \overrightarrow{CM} = \overrightarrow{MM} = \vec{0}$.

2. $\vec{u} = \overrightarrow{AB} + \overrightarrow{DC} - \overrightarrow{AC} + \overrightarrow{BC} = \overrightarrow{DC} + \overrightarrow{CA} + \overrightarrow{AB} + \overrightarrow{BC} = \overrightarrow{DC}$.

$\vec{v} = \overrightarrow{MN} - \overrightarrow{MP} + \overrightarrow{NC} + \overrightarrow{PC}$

$= \overrightarrow{MN} + \overrightarrow{PM} + \overrightarrow{NC} + \overrightarrow{PC} = \overrightarrow{PM} + \overrightarrow{MN} + \overrightarrow{NC} + \overrightarrow{PC} = 2\overrightarrow{PC}$.

$\vec{w} = \overrightarrow{AB} + \overrightarrow{DC} - \overrightarrow{AC} + \overrightarrow{BD}$

$= \overrightarrow{AB} + \overrightarrow{DC} + \overrightarrow{CA} + \overrightarrow{BD} = \overrightarrow{BD} + \overrightarrow{DC} + \overrightarrow{CA} + \overrightarrow{AB} = \overrightarrow{BB} = \vec{0}$.

13 Exercice où les notations ont une grande importance.

1. $(CA) = (AB)$ signifie que les droites (CA) et (AB) sont **confondues**.

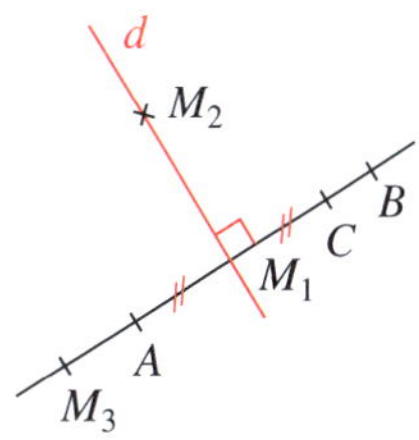

2. a) $AM = MC$ est vérifiée par M_1 et M_2.

b) $(AM) = (MC)$ signifie que les droites (AM) et (MC) sont confondues, donc que M est un point de (AC).
$(AM) = (MC)$ est vérifiée par les points M_1 et M_3.

c) L'égalité $\overrightarrow{AM} = \overrightarrow{MC}$ est vérifiée seulement par M_1.

3. a) L'ensemble des points M tels que $AM = MC$ est la médiatrice de $[AC]$; c'est la propriété caractéristique de la médiatrice d'un segment.

b) L'ensemble des points M tels que $(AM) = (MC)$ est la droite (AC).

c) L'ensemble des points M tels que $AM = MC$ est l'unique point milieu du segment $[AC]$.

14

a) L'ensemble des points M du plan tels que $AM + MB = AB$ est le segment $[AB]$; c'est la propriété caractéristique d'un segment.

b) L'ensemble des points M du plan tels que $\overrightarrow{AM} + \overrightarrow{MB} = \overrightarrow{AB}$ est le plan complet ; c'est la relation de Chasles, vraie quels que soient les points A, B et M.

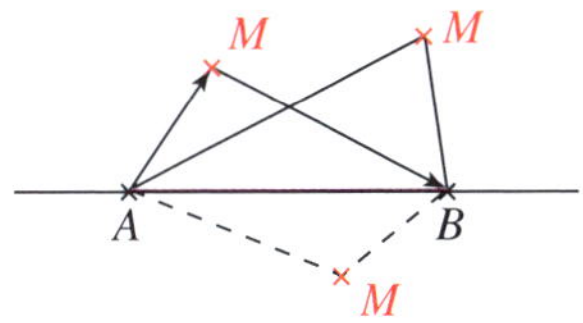

c) L'ensemble des points M du plan vérifiant $AM^2 + BM^2 = AB^2$ est le cercle de diamètre $[AB]$.

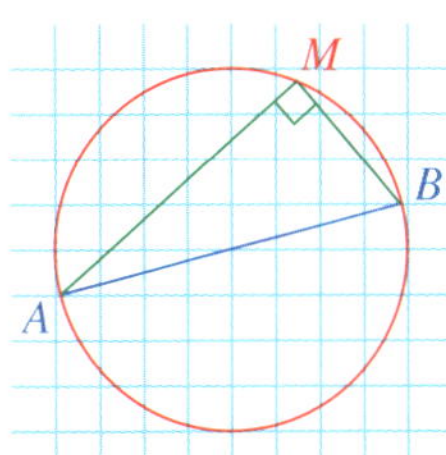

Remarque : **les résultats de cet exercice sont à apprendre par cœur !**

15 **Les calculs se font comme si $\vec{i}$ était une lettre et $\vec{j}$ une autre lettre ; par exemple :**
$3(-3a+b)-5a-2b=-9a+3b-5a-2b=-14a+b$

- $\vec{X}=3(-3\vec{i}+\vec{j})-5\vec{i}-2\vec{j}=-9\vec{i}+3\vec{j}-5\vec{i}-2\vec{j}=-14\vec{i}+\vec{j}$.
- $\vec{Y}=\vec{i}-2(\vec{i}+\vec{j})+\dfrac{3}{4}\vec{i}=\vec{i}-2\vec{i}-2\vec{j}+\dfrac{3}{4}\vec{i}=\left(1-2+\dfrac{3}{4}\right)\vec{i}-2\vec{j}$
  $=\dfrac{1}{4}\vec{i}-2\vec{j}$.
- $\vec{Z}=\dfrac{1}{3}(2\vec{i}+\vec{j})-\dfrac{3}{2}(5\vec{i}-3\vec{j})=\dfrac{2}{3}\vec{i}+\dfrac{1}{3}\vec{j}-\dfrac{15}{2}\vec{i}+\dfrac{9}{2}\vec{j}$
  $=\left(\dfrac{2}{3}-\dfrac{15}{2}\right)\vec{i}+\left(\dfrac{1}{3}+\dfrac{9}{2}\right)\vec{j}=\dfrac{-41}{6}\vec{i}+\dfrac{29}{6}\vec{j}$.

Attention : **la division d'un vecteur par un nombre n'existe pas ; on ne peut pas écrire $\dfrac{\vec{i}}{3}$.**

16 **Il n'est pas nécessaire de tracer le triangle. Cet exercice est important.**

- $\vec{u}=2\overrightarrow{AB}-\dfrac{1}{3}\overrightarrow{AC}+\overrightarrow{BC}$ **relation de Chasles : $\overrightarrow{BC}=\overrightarrow{BA}+\overrightarrow{AC}=\overrightarrow{AC}-\overrightarrow{AB}$**
  $=2\overrightarrow{AB}-\dfrac{1}{3}\overrightarrow{AC}+\overrightarrow{AC}-\overrightarrow{AB}=\overrightarrow{AB}+\dfrac{2}{3}\overrightarrow{AC}$.
- $\vec{v}=\overrightarrow{AB}+3\overrightarrow{CA}-2\overrightarrow{BC}$ **car $\overrightarrow{CA}=-\overrightarrow{AC}$**
  $=\overrightarrow{AB}-3\overrightarrow{AC}-2(\overrightarrow{AC}-\overrightarrow{AB})=\overrightarrow{AB}-3\overrightarrow{AC}-2\overrightarrow{AC}+2\overrightarrow{AB}=3\overrightarrow{AB}-5\overrightarrow{AC}$.
- $\vec{w}=\dfrac{2}{5}(\overrightarrow{AB}-5\overrightarrow{BC})+3\overrightarrow{CA}$ **on distribue $\dfrac{2}{5}$**
  $=\dfrac{2}{5}\overrightarrow{AB}-2(\overrightarrow{AC}-\overrightarrow{AB})-3\overrightarrow{AC}=\dfrac{2}{5}\overrightarrow{AB}-2\overrightarrow{AC}-2\overrightarrow{AB}-3\overrightarrow{AC}=\dfrac{12}{5}\overrightarrow{AB}-5\overrightarrow{AC}$.

17 Pour obtenir $\dfrac{2}{3}\vec{u}$, on trace la parallèle à $\mathscr{D}_u$ passant par B : on obtient A' ; puis on reporte $\overrightarrow{AA'}$ à partir de C : $\overrightarrow{CE}=\overrightarrow{AA'}$.
Pour obtenir $\dfrac{7}{5}\vec{v}$, on trace la parallèle à $\mathscr{D}_v$ passant par F : on obtient B', puis on reporte $\overrightarrow{BB'}$ à partir de E :

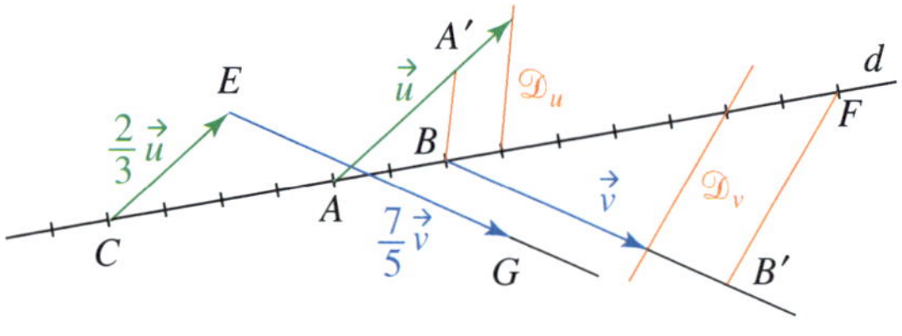

$$\overrightarrow{EG}=\overrightarrow{BB'}.$$

18 **a)** Comme on a $A(-3\,;-2)$, $B(-1;\,1)$ et $C(3\,;-1)$, alors :

$2\overrightarrow{AB}\begin{cases}2(x_B-x_A)=2(-1+3)=4\\2(y_B-y_A)=2(1+2)=6\end{cases}$ $\boxed{\vec{u}\ (4\,;6)}$

$-\dfrac{1}{2}\overrightarrow{AC}\begin{cases}-\dfrac{1}{2}(3+3)=-3\\-\dfrac{1}{2}(-1+2)=-\dfrac{1}{2}\end{cases}$ $\boxed{\vec{v}\left(-3\,;-\dfrac{1}{2}\right)}$

$\frac{3}{4}\overrightarrow{BC}\begin{cases}\frac{3}{4}(3+1)=3\\\frac{3}{4}(-1-1)=-\frac{3}{2}\end{cases}$ $\boxed{\vec{w}\left(3\,;-\frac{3}{2}\right)}$

b)

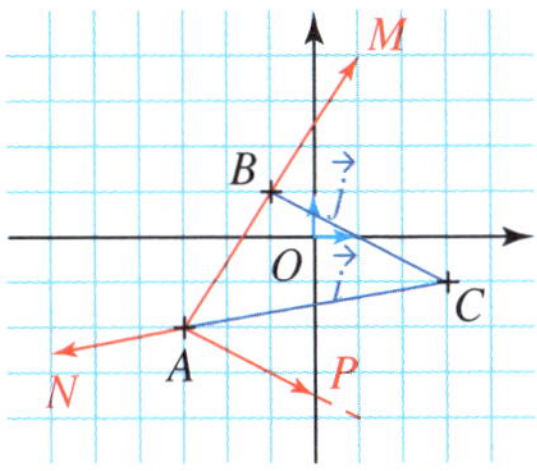

19 On a $A(-3\,;1)$, $B(5\,;2)$ et $C(0\,;-1)$.

1. a) $\overrightarrow{OA}+\frac{1}{2}\overrightarrow{OB}\begin{cases}-3+\frac{1}{2}\times 5=-\frac{1}{2}\\1+\frac{1}{2}\times 2=2\end{cases}$ $\boxed{\left(-\frac{1}{2}\,;2\right)}$

b) $\overrightarrow{AB}+3\overrightarrow{OC}\begin{cases}5+3+3\times 0=8\\2-1+3\times(-1)=-2\end{cases}$ $\boxed{(8\,;-2)}$

c) $\frac{1}{5}(2\overrightarrow{OA}+\overrightarrow{OB}+2\overrightarrow{OC})\begin{cases}\frac{1}{5}(-6+5+0)=-\frac{1}{5}\\\frac{1}{5}(2+2-2)=\frac{2}{5}\end{cases}$ $\boxed{\left(-\frac{1}{5}\,;\frac{2}{5}\right)}$

2. a) On cherche $M\,(x\,;y)$ tel que $\overrightarrow{AM}=2\overrightarrow{OB}+3\overrightarrow{AC}$

$\Leftrightarrow\begin{cases}x+3=2\times 5+3(0+3)\\y-1=2\times 2+3(-1-1)\end{cases}\Leftrightarrow\begin{cases}x+3=19\\y-1=-2\end{cases}\Leftrightarrow\begin{cases}x=16\\y=-1\end{cases}$ $\boxed{M(16\,;-1)}$

b) On cherche $N\,(x\,;y)$ tel que $2\overrightarrow{NA}+\overrightarrow{NB}+3\overrightarrow{NC}=\vec{0}$

$\Leftrightarrow\begin{cases}2(-3-x)+(5-x)+3(0\;-x)=0\\2(1-y)+(2-y)+3(-1-y)=0\end{cases}$ on développe

$\Leftrightarrow\begin{cases}-6x-1=0\\-6y+1=0\end{cases}\Leftrightarrow\begin{cases}x=-\frac{1}{6}\\y=\frac{1}{6}\end{cases}$ $\boxed{N\left(-\frac{1}{6}\,;\frac{1}{6}\right)}$

Théorème
Toute égalité vectorielle du plan se traduit par un **système de deux équations**, l'une sur les abscisses, l'autre sur les ordonnées.

CORRIGÉS

20 Les résultats de cet exercice sont à connaître par cœur.

1. On part de l'hypothèse : **K milieu de $[AB] \Leftrightarrow \overrightarrow{AK} = \overrightarrow{KB}$**

$\overrightarrow{AK} = \overrightarrow{KB}$ on enlève $\overrightarrow{AK}$ à chaque membre

$\Leftrightarrow \overrightarrow{AK} - \overrightarrow{AK} = -\overrightarrow{AK} + \overrightarrow{KB}$

$\Leftrightarrow \vec{0} = \overrightarrow{KA} + \overrightarrow{KB}$ 2e formule.

$\overrightarrow{AB} = \overrightarrow{AK} + \overrightarrow{KB} = \overrightarrow{AK} + \overrightarrow{AK} = 2\overrightarrow{AK}$ d'après la relation de Chasles

$\Leftrightarrow \overrightarrow{AK} = \frac{1}{2}\overrightarrow{AB}$ 3e formule.

La formule $\overrightarrow{KA} + \overrightarrow{KB} = \vec{0}$ est souvent utilisée pour démontrer qu'un point est un milieu.

La formule $\overrightarrow{AK} = \frac{1}{2}\overrightarrow{AB}$ est employée pour les constructions.

La formule $\overrightarrow{AK} = \overrightarrow{KB}$ est souvent utilisée lorsque l'on sait que K est un milieu.

2. Pour tout point M du plan :

$\overrightarrow{MA} + \overrightarrow{MB} = \overrightarrow{MK} + \overrightarrow{KA} + \overrightarrow{MK} + \overrightarrow{KB} = 2\overrightarrow{MK} + \overrightarrow{KA} + \overrightarrow{KB}$;

Or K milieu de $[AB] \Leftrightarrow \overrightarrow{KA} + \overrightarrow{KB} = \vec{0}$.

Ainsi : **K milieu de $[AB] \Leftrightarrow \overrightarrow{MA} + \overrightarrow{MB} = 2\overrightarrow{MK}$, $\forall M$.**

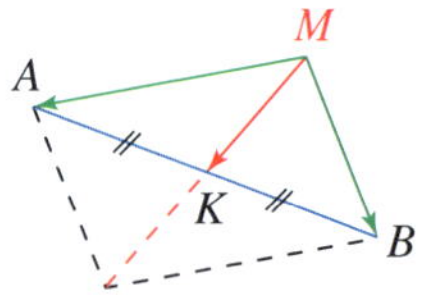

Remarque : cette relation est à retenir en gardant en mémoire un parallélogramme de centre K et de côtés $[MA]$ et $[MB]$.

Cette relation permet de retrouver toutes les autres formules du milieu :

- si M est en A, on trouve $\overrightarrow{AB} = 2\overrightarrow{AK}$;
- si M est en K, on trouve $\overrightarrow{KA} + \overrightarrow{KB} = \vec{0}$;
- si M est en O, on trouve $\overrightarrow{OK} = \frac{1}{2}(\overrightarrow{OA} + \overrightarrow{OB})$, ce qui donne les coordonnées du point K, milieu de $[AB]$.

21 Cet exercice a été vu à l'exercice 1 du *chapitre 5*.

On nomme I, J, K, L les milieux respectifs de $[AB]$, $[BC]$, $[CD]$ et $[DA]$.

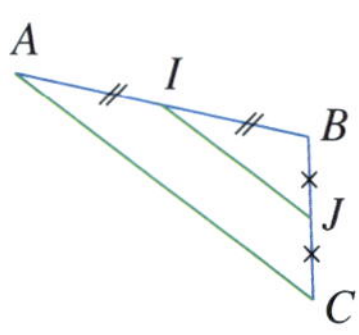

Par l'homothétie de centre B et de rapport $\frac{1}{2}$, le point A a pour image I et C a pour image J : donc $\overrightarrow{IJ} = \frac{1}{2}\overrightarrow{AC}$.

De même, par l'homothétie de centre D et de rapport $\frac{1}{2}$, le point A a pour image L et C a pour image K : donc $\overrightarrow{LK} = \frac{1}{2}\overrightarrow{AC}$.

Ainsi, $\overrightarrow{IJ} = \overrightarrow{LK} \Leftrightarrow IJKL$ est un parallélogramme.

22 Centre de gravité

Le **centre de gravité G** d'un triangle est situé aux deux tiers de la médiane à partir du sommet.

1. a) Sur la médiane $[AA']$, le point G est tel que $AG = \frac{2}{3}AA'$, donc on obtient l'égalité vectorielle $\overrightarrow{AG} = \frac{2}{3}\overrightarrow{AA'}$.

Ainsi $\overrightarrow{AG} = \frac{2}{3}(\overrightarrow{AG} + \overrightarrow{GA'}) \Leftrightarrow \overrightarrow{AG} - \frac{2}{3}\overrightarrow{AG} = \frac{2}{3}\overrightarrow{GA'} \Leftrightarrow \frac{1}{3}\overrightarrow{AG} = \frac{2}{3}\overrightarrow{GA'}$.

Ce qui s'écrit $\overrightarrow{\mathbf{GA}} = -2\overrightarrow{\mathbf{GA'}}$, relation que l'on peut apprendre.

b) $\overrightarrow{GA} + \overrightarrow{GB} + \overrightarrow{GC} = \overrightarrow{GA} + 2\overrightarrow{GA'}$ car A' milieu de $[BC]$

$\Leftrightarrow \forall M,\ \overrightarrow{MB} + \overrightarrow{MC} = 2\overrightarrow{MA'} \Leftrightarrow \overrightarrow{GB} + \overrightarrow{GC} = 2\overrightarrow{GA'}$ en prenant M en G.

Or $\overrightarrow{GA} = -2\overrightarrow{GA'}$, d'où : $\overrightarrow{GA} + \overrightarrow{GB} + \overrightarrow{GC} = -2\overrightarrow{GA'} + 2\overrightarrow{GA'} = \vec{0}$.

Théorème
G est le centre de gravité du triangle ABC si, et seulement si : $\overrightarrow{GA} + \overrightarrow{GB} + \overrightarrow{GC} = \vec{0}$.

2. a) Quel que soit le point M du plan,
$\overrightarrow{MA} + \overrightarrow{MB} + \overrightarrow{MC} = \overrightarrow{MG} + \overrightarrow{GA} + \overrightarrow{MG} + \overrightarrow{GB} + \overrightarrow{MG} + \overrightarrow{GC} = 3\overrightarrow{MG} + \overrightarrow{GA} + \overrightarrow{GB} + \overrightarrow{GC}$.
Or G est le centre de gravité du triangle $ABC \Leftrightarrow \overrightarrow{GA} + \overrightarrow{GB} + \overrightarrow{GC} = \vec{0}$.
Ainsi : $\overrightarrow{MA} + \overrightarrow{MB} + \overrightarrow{MC} = 3\overrightarrow{MG}$, $\forall M$.

b) Si $\overrightarrow{MA} + \overrightarrow{MB} + \overrightarrow{MC} = \vec{0}$, alors $3\overrightarrow{MG} = \vec{0} \Leftrightarrow \overrightarrow{MG} = \vec{0} \Leftrightarrow M$ et G sont confondus.
Alors M est le centre de gravité du triangle ABC.

Remarque : Comme $\overrightarrow{MA} + \overrightarrow{MB} + \overrightarrow{MC} = 3\overrightarrow{MG}$, $\forall M$, si M est en O, origine du repère, on obtient $\overrightarrow{OA} + \overrightarrow{OB} + \overrightarrow{OC} = 3\overrightarrow{OG}$.

Ainsi les coordonnées du centre de gravité dans un repère $(O\,;\vec{i}, \vec{j})$ sont :

$G\left(\frac{x_A + x_B + x_C}{3}\,;\frac{y_A + y_B + y_C}{3}\right)$.

23

1. Pour construire le point G défini par $2\overrightarrow{GA} + 3\overrightarrow{GB} = \vec{0}$, on exprime $\overrightarrow{AG}$ en fonction de $\overrightarrow{AB}$, en utilisant la relation de Chasles.

$2\overrightarrow{GA} + 3\overrightarrow{GB} = \vec{0} \Leftrightarrow 2\overrightarrow{GA} + 3\overrightarrow{GA} + 3\overrightarrow{AB} = \vec{0} \Leftrightarrow -5\overrightarrow{AG} = -3\overrightarrow{AB} \Leftrightarrow \overrightarrow{AG} = \frac{3}{5}\overrightarrow{AB}$.

De même :
$8\overrightarrow{HA} - 3\overrightarrow{HB} = \vec{0} \Leftrightarrow 8\overrightarrow{HA} - 3\overrightarrow{HA} - 3\overrightarrow{AB} = \vec{0} \Leftrightarrow 5\overrightarrow{HA} = 3\overrightarrow{AB} \Leftrightarrow \overrightarrow{AH} = -\frac{3}{5}\overrightarrow{AB}$.

Comme $\overrightarrow{AG} + \overrightarrow{AH} = \frac{3}{5}\overrightarrow{AB} - \frac{3}{5}\overrightarrow{AB} = \vec{0}$, alors A est le milieu de $[GH]$.

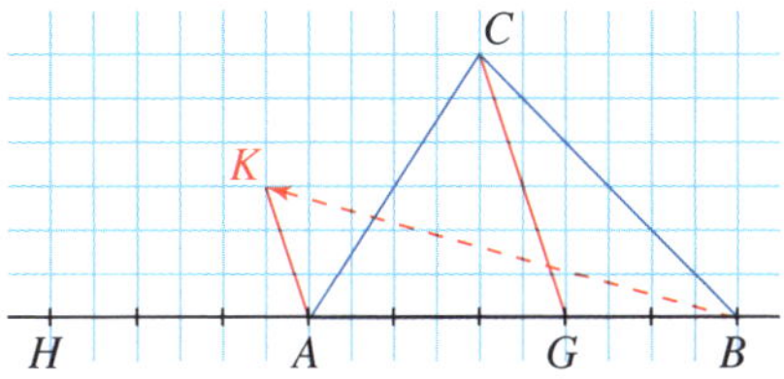

2. On a $\overrightarrow{AK} = -\frac{1}{2}\overrightarrow{CG} = \frac{1}{2}\overrightarrow{GC}$.

On veut exprimer $\overrightarrow{BK}$ en fonction de $\overrightarrow{AB}$ et $\overrightarrow{AC}$:

$$\overrightarrow{BK} = \overrightarrow{BA} + \overrightarrow{AK} = -\overrightarrow{AB} + \frac{1}{2}\overrightarrow{GC} = -\overrightarrow{AB} + \frac{1}{2}(\overrightarrow{GA} + \overrightarrow{AC})$$

$$= -\overrightarrow{AB} + \frac{1}{2}\left(\frac{3}{5}\overrightarrow{BA} + \overrightarrow{AC}\right) = -\overrightarrow{AB} - \frac{3}{10}\overrightarrow{AB} + \frac{1}{2}\overrightarrow{AC} = -\frac{13}{10}\overrightarrow{AB} + \frac{1}{2}\overrightarrow{AC}.$$

On utilise $\overrightarrow{AG} = \frac{3}{5}\overrightarrow{AB}$, obtenu en 1.

24 **1. a)** Par lecture directe des carreaux : $\vec{u}\,(4\,;3)$ et $\vec{v}\,(-7\,;-5)$.

b) Par calcul :

$$\overrightarrow{AB}\begin{cases} x_B - x_A = 5 - 1 = 4 \\ y_B - y_A = 1 - 2 = -1 \end{cases}, \text{ d'où } \overrightarrow{AB}\,(4\,;-1).$$

De même, $\overrightarrow{CD}\left(-5\,;\frac{5}{4}\right)$, $\overrightarrow{AC}\left(6\,;\frac{5}{4}\right)$, $\overrightarrow{AE}\,(9\,;2)$ et $\overrightarrow{BE}\,(5\,;3)$.

2. a) Faux. $\vec{u}$ et $\vec{v}$ ne sont pas colinéaires, car les coordonnées de $\vec{u}$ et $\vec{v}$ ne sont pas proportionnelles.

b) Faux.

La figure montre clairement que *ABCD* n'est pas un parallélogramme, mais ce n'est pas une démonstration.

Or $\overrightarrow{AB}\,(4\,;-1)$ et $\overrightarrow{DC}\left(5\,;-\frac{5}{4}\right)$ n'ont pas les mêmes coordonnées, donc ces deux vecteurs ne sont pas égaux, ainsi *ABCD* n'est pas un parallélogramme.

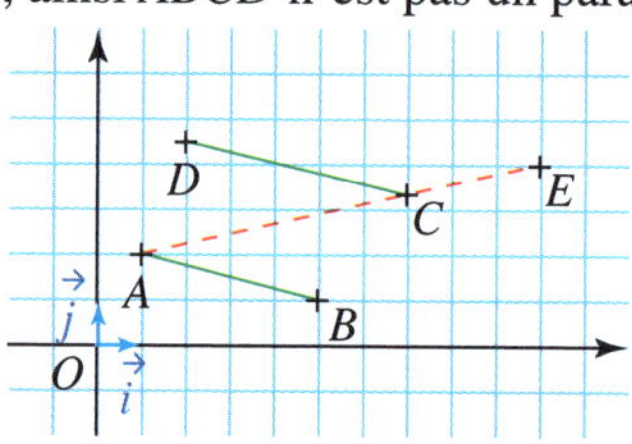

c) Faux. *A*, *C* et *E* semblent alignés. On cherche s'il existe un réel k tel que :

$$\overrightarrow{AE} = k\overrightarrow{AC} \Leftrightarrow \begin{cases} 9 = k \times 6 \\ 2 = k \times \frac{5}{4} \end{cases}.$$

De la première équation, on obtient $k = \frac{9}{6} = \frac{3}{2}$ et $\frac{3}{2} \times \frac{5}{4} = \frac{15}{8} \neq 2$.

Donc k n'existe pas ; par suite, *A*, *C* et *E* ne sont pas alignés.

d) Vrai. Les droites (*AB*) et (*CD*) semblent être parallèles.

On cherche s'il existe un réel k tel que : $\overrightarrow{CD} = k\overrightarrow{AB} \Leftrightarrow \begin{cases} -5 = k \times 4 \\ \frac{5}{4} = k \times (-1) \end{cases}$.

De la première équation, on obtient : $k = -\frac{5}{4}$ et dans la seconde : $k \times (-1) = \frac{5}{4}$.

Donc $k = -\frac{5}{4}$ et $\overrightarrow{CD} = -\frac{5}{4}\overrightarrow{AB}$.

e) **Faux.** $\vec{u}$ et $\overrightarrow{BE}$ n'ont pas leurs coordonnées proportionnelles, donc $\vec{u}$ et $\overrightarrow{BE}$ ne sont pas colinéaires, donc ils n'ont pas la même direction.

Attention : deux vecteurs ont même direction si, et seulement si, ils sont colinéaires.

f) **Vrai.** Comme (AB) et (CD) sont parallèles, alors $ABCD$ est un trapèze.

25 **Exercice important pour le changement de cadre : géométrie ⇔ vecteurs**

a) A milieu de $[EF] \Leftrightarrow \overrightarrow{EA} = \overrightarrow{AF} \Leftrightarrow \overrightarrow{AE} + \overrightarrow{AF} = \vec{0}$.

b) $M \in [AB] \Leftrightarrow$ il existe un réel k de $[0 ; 1]$ tel que $\overrightarrow{AM} = k\overrightarrow{AB}$.

c) $P \in [AB) \Leftrightarrow$ il existe un réel k de $[0 ; +\infty[$ tel que $\overrightarrow{AP} = k\overrightarrow{AB}$.

d) $ABCD$ est un trapèze de bases $AB = 2$ et $CD = 7 \Leftrightarrow \overrightarrow{DC} = \frac{7}{2}\overrightarrow{AB}$.

e) $N \in [AB]$ et $AN = \frac{3}{4}AB \Leftrightarrow \overrightarrow{AN} = \frac{3}{4}\overrightarrow{AB}$.

f) K est le symétrique de E par rapport à $B \Leftrightarrow \overrightarrow{BK} = \overrightarrow{EB}$.

26 On a $\vec{u} = 2\overrightarrow{AB} - \frac{2}{3}\overrightarrow{AC} + \overrightarrow{BC}$ **on utilise la relation de Chasles pour $\overrightarrow{BC}$.**

$$\vec{u} = 2\overrightarrow{AB} - \frac{2}{3}\overrightarrow{AC} + \overrightarrow{BA} + \overrightarrow{AC} = \overrightarrow{AB} + \frac{1}{3}\overrightarrow{AC}.$$

On a $\vec{v} = \frac{1}{2}(5\overrightarrow{AB} + 3\overrightarrow{AC}) - \frac{1}{2}\overrightarrow{BC} = \frac{5}{2}\overrightarrow{AB} + \frac{3}{2}\overrightarrow{AC} - \frac{1}{2}(\overrightarrow{AC} - \overrightarrow{AB})$

$$= \frac{5}{2}\overrightarrow{AB} + \frac{3}{2}\overrightarrow{AC} - \frac{1}{2}\overrightarrow{AC} + \frac{1}{2}\overrightarrow{AB} = 3\overrightarrow{AB} + \overrightarrow{AC}.$$

On remarque que $\vec{v} = 3\overrightarrow{AB} + \overrightarrow{AC} = 3\left(\overrightarrow{AB} + \frac{1}{3}\overrightarrow{AC}\right) = 3\vec{u}$.

Donc les vecteurs $\vec{u}$ et $\vec{v}$ sont colinéaires.

27 **Colinéarité**

Les vecteurs $\vec{u}\,(X ; Y)$ et $\vec{v}\,(X' ; Y')$ sont colinéaires $\Leftrightarrow XY' - YX' = 0$.

a) $\vec{u}\,(m-3 ; 1)$ et $\vec{v}\,(3m+1 ; 2)$ sont colinéaires
$\Leftrightarrow (m-3) \times 2 - 1 \times (3m+1) = 0 \Leftrightarrow 2m - 6 - 3m - 1 = 0 \Leftrightarrow -m = 7 \Leftrightarrow \boldsymbol{m = -7}$.

b) $\vec{u}\,(m ; 1)$ et $\vec{v}\,(3m ; 2m)$ colinéaires
$\Leftrightarrow m \times 2m - 1 \times 3m = 0 \Leftrightarrow 2m^2 - 3m = 0 \Leftrightarrow m(2m-3) = 0 \Leftrightarrow \boldsymbol{m = 0}$ **ou** $\boldsymbol{m = \frac{3}{2}}$.

Le vecteur nul est colinéaire à tout autre vecteur.

c) $\vec{u}\,(1 ; 2m+1)$ et $\vec{v}\,(2m-1 ; 3)$ sont colinéaires
$\Leftrightarrow 1 \times 3 - (2m-1)(2m+1) = 0 \Leftrightarrow 3 - (4m^2 - 1) = 0 \Leftrightarrow -4m^2 + 4 = 0 \Leftrightarrow m^2 = 1$
$\Leftrightarrow \boldsymbol{m = -1}$ **ou** $\boldsymbol{m = 1}$.

d) $\vec{u}\,(m-3 ; 0)$ et $\vec{v}\,(1 ; m)$ colinéaires
$\Leftrightarrow (m-3) \times m - 0 \times 1 = 0 \Leftrightarrow m(m-3) = 0 \Leftrightarrow \boldsymbol{m = 0}$ **ou** $\boldsymbol{m = 3}$.

28 On a $A(3 ; 2)$, $B(-1 ; 5)$, $C(-2 ; -2)$, $M(2 ; -5)$ et $N\left(1 ; \frac{33}{5}\right)$.

1. **D'après la figure, *AMCB* semble être un parallélogramme ; on calcule donc les coordonnées de $\overrightarrow{AB}$ et $\overrightarrow{MC}$, par exemple.**

CORRIGÉS

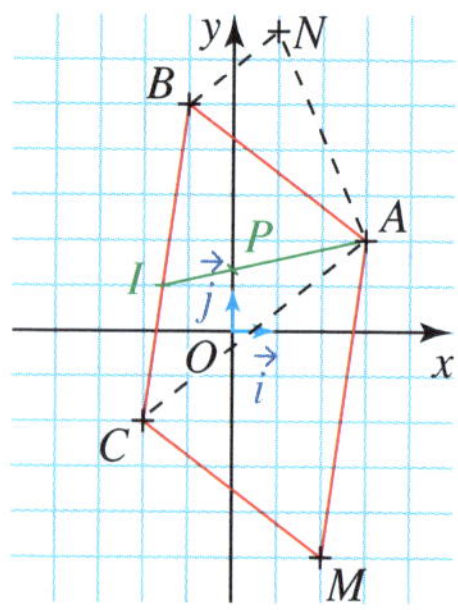

$\overrightarrow{AB}(-4\,;3)$ et $\overrightarrow{MC}(-4\,;3)$ sont égaux, donc $AMCB$ est un parallélogramme.
$BNAC$ semble être un trapèze.

$$\overrightarrow{BN}\begin{cases} x_N - x_B = 1 + 1 = 2 \\ y_N - y_B = \dfrac{33}{5} - 5 = \dfrac{8}{5} \end{cases} \quad \text{et } \overrightarrow{CA}\,(5\,;4).$$

$$\text{Donc } \frac{5}{2}\,\overrightarrow{BN}\begin{cases} \dfrac{5}{2}\times 2 = 5 = x_{\overrightarrow{CA}} \\ \dfrac{5}{2}\times\dfrac{8}{5} = 4 = y_{\overrightarrow{CA}}. \end{cases}$$

Ainsi $\frac{5}{2}\overrightarrow{BN} = \overrightarrow{CA}$, ce qui signifie que (BN) et (CA) sont parallèles.

Donc $BNAC$ est un trapèze.

2. • I milieu de $[BC]$:

$$x_I = \frac{x_B + x_C}{2} = \frac{-1-2}{2} = \frac{-3}{2} \text{ et } y_I = \frac{y_B + y_C}{2} = \frac{5-2}{2} = \frac{3}{2}. \text{ Donc } I\left(-\frac{3}{2}\,;\frac{3}{2}\right).$$

• On cherche $P(x\,;y)$ tel que $\overrightarrow{PA} + \overrightarrow{PB} + \overrightarrow{PC} = \vec{0}$

$$\Leftrightarrow \begin{cases} (3-x) + (-1-x) + (-2-x) = 0 \\ (2-y) + (5-y) + (-2-y) = 0 \end{cases} \Leftrightarrow \begin{cases} x = 0 \\ y = \dfrac{5}{3}. \end{cases}$$

D'où $P\left(0\,;\frac{5}{3}\right)$.

Remarque : **d'après l'exercice 22, *P* est le centre de gravité du triangle *ABC*.**
On peut obtenir directement les coordonnées de *P*, point moyen de *A*, *B* et *C*.

3. $\overrightarrow{AP}\left(-3\,;-\frac{1}{3}\right)$ et $\overrightarrow{AI}\left(-\frac{9}{2}\,;-\frac{1}{2}\right)$ sont colinéaires, car :

$$(-3)\left(-\frac{1}{2}\right) - \left(-\frac{1}{3}\right)\left(-\frac{9}{2}\right) = \frac{3}{2} - \frac{3}{2} = 0.$$

Remarque : **(*AI*) est une médiane de *ABC* et *P* est le centre de gravité ; donc *P* est un point de la médiane (*AI*).**

29 Dans le repère $(A\,;\overrightarrow{AB}\,;\overrightarrow{AD})$, on a $A(0\,;0)$, $B(1\,;0)$, $C(1\,;1)$.

1. a) Comme $M \in [CD]$ et $\overrightarrow{DM} = x\overrightarrow{DC}$, alors $x \in [0\,;1]$.

b) • $M \in [CD]$, donc $y_M = 1$ et $\overrightarrow{DM} = x\overrightarrow{DC} = x\overrightarrow{AB}$, donc $x_M = x$. D'où $M\,(x\,;1)$.

• G est le centre de gravité du triangle MAB, donc $G\left(\frac{x+1}{3}\,;\frac{1}{3}\right)$.

2. Lorsque M décrit le segment $[DC]$, alors $x \in [0\ ;\ 1]$ et, comme $y_G = \dfrac{1}{3}$, alors le point G se déplace sur un segment, parallèle à (AB), d'équation $y = \dfrac{1}{3}$, d'extrémités D' tel que $\overrightarrow{ID'} = \dfrac{1}{3}\overrightarrow{ID}$ et C' tel que $\overrightarrow{IC'} = \dfrac{1}{3}\overrightarrow{IC}$.

Ou encore : $D'\left(\dfrac{1}{3}\ ;\ \dfrac{1}{3}\right)$ lorsque $x = 0$ et $C'\left(\dfrac{2}{3}\ ;\ \dfrac{1}{3}\right)$ lorsque $x = 1$.

30 On a $A(-2\ ;\ 1)$, $B(2\ ;\ 3)$, et $C(3\ ;\ -1)$.

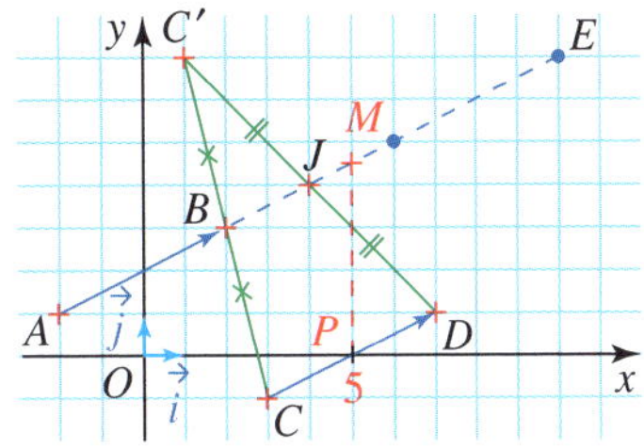

1. a) C' est le symétrique de C par rapport à B $\Leftrightarrow \overrightarrow{BC'} = \overrightarrow{CB}$. voir exercice 25

On cherche $C'(x\ ;\ y)$ tel que $\overrightarrow{BC'} = \overrightarrow{CB}$ qui **se traduit par un système**

$$\Leftrightarrow \begin{cases} x-2=2-3 \\ y-3=3+1 \end{cases} \Leftrightarrow \begin{cases} x=-1+2=1 \\ y=4+3=7 \end{cases}.$$

D'où $C'(1\ ;\ 7)$.

Remarque : **dans tout l'exercice, on peut nommer $(x\ ;\ y)$ les coordonnées des points cherchés. Toujours essayer de placer le point cherché comme extrémité d'un vecteur, ce qui simplifie beaucoup les calculs.**

b) D image de C par la translation de vecteur $\overrightarrow{AB} \Leftrightarrow \overrightarrow{CD} = \overrightarrow{AB}$

$$\Leftrightarrow \begin{cases} x-3=2+2 \\ y+1=3-1 \end{cases} \Leftrightarrow \begin{cases} x=4+3=7 \\ y=2-1=1 \end{cases}.\ \text{D'où } D(7\ ;\ 1).$$

c) E tel que $\overrightarrow{AE} = 3\overrightarrow{AB}$ avec $\overrightarrow{AB}\,(4\ ;\ 2)$

$$\Leftrightarrow \begin{cases} x+2=3\times 4 \\ y-1=3\times 2 \end{cases} \Leftrightarrow \begin{cases} x=12-2=10 \\ y=6+1=7 \end{cases}.\ \text{D'où } E(10\ ;\ 7).$$

d) J milieu de $[DC']$: $x_J = \dfrac{x_D + x_{C'}}{2} = \dfrac{7+1}{2} = 4$ et $y_J = \dfrac{y_D + y_{C'}}{2} = \dfrac{1+7}{2} = 4$.

D'où $J\,(4\ ;\ 4)$.

2. Pour montrer que J est le milieu de $[AE]$, on peut calculer les coordonnées du milieu de $[AE]$ et retrouver celles de J ; ou bien vérifier que $\overrightarrow{AJ} = \overrightarrow{JE}$.

$\dfrac{x_A + x_E}{2} = \dfrac{-2+10}{2} = 4 = x_J$ et $\dfrac{y_A + y_E}{2} = \dfrac{1+7}{2} = y_J$.

Donc J est bien le milieu de $[AE]$.

$[AE]$ et $[DC']$ ont le même milieu, donc $ADEC'$ est un parallélogramme.

3. a) $M\,(m\ ;\ 5) \in (AB) \Leftrightarrow \overrightarrow{AM}$ et $\overrightarrow{AB}$ sont colinéaires.

Or $\overrightarrow{AM}\,(m+2\ ;\ 4)$ et $\overrightarrow{AB}\,(4\ ;\ 2)$, on remarque que $4 = 2 \times 2$.

$\overrightarrow{AM}$ et $\overrightarrow{AB}$ sont colinéaires $\Leftrightarrow 2(m+2) - 4\times 4 = 0 \Leftrightarrow m+2 = 8 \Leftrightarrow m = 6$.

D'où $M\,(6\ ;\ 5)$.

b) $\overrightarrow{CP}\,(p+5-3\ ;\ p+1)$, c'est-à-dire $\overrightarrow{CP}\,(p+2\ ;\ p+1)$.

$\overrightarrow{CP}$ et $\overrightarrow{AB}$ sont colinéaires $\Leftrightarrow (p+2)\times 2 - (p+1)\times 4 = 0$

$\Leftrightarrow 2p + 4 - 4p - 4 = 0 \Leftrightarrow -2p = 0 \Leftrightarrow p = 0$.

D'où $P(5\ ;\ 0)$.

c) Comme $M \in (AB)$, alors $\overrightarrow{BM}$ et $\overrightarrow{CP}$ sont tous deux colinéaires à $\overrightarrow{AB}$; d'où (BM) et (CP) sont parallèles. Ainsi $MPCB$ est un trapèze.

CORRIGÉS

31 On peut utiliser le repère $(A\ ;\ \overrightarrow{AB}\ ;\ \overrightarrow{AC})$. Dans ce cas : $A(0\ ;\ 0)$, $B(1\ ;\ 0)$ et $C(0\ ;\ 1)$.

Comme $\overrightarrow{AM} = x\overrightarrow{AB}$, alors $M(x\ ;\ 0)$. Comme $\overrightarrow{CP} = z\overrightarrow{CA}$, alors :

$\overrightarrow{AP} = \overrightarrow{AC} + \overrightarrow{CP} = \overrightarrow{AC} - z\overrightarrow{AC} = (1-z)\overrightarrow{AC}$; donc $P(0\ ;\ 1-z)$.

Comme $\overrightarrow{BN} = y\overrightarrow{BC}$, alors :

$\overrightarrow{AN} = \overrightarrow{AB} + \overrightarrow{BN} = \overrightarrow{AB} + y(\overrightarrow{AC} - \overrightarrow{AB}) = (1-y)\overrightarrow{AB} + y\overrightarrow{AC}$; donc $N(1-y\ ;\ y)$.

M, N et P sont alignés $\Leftrightarrow \overrightarrow{MP}$ et $\overrightarrow{MN}$ sont colinéaires ;

or $\overrightarrow{PM}(x\ ;\ -1+z)$ et $\overrightarrow{MN}(1-y-x\ ;\ y)$.

On utilise la **relation de colinéarité** : $\boxed{XY' - YX' = 0}$

$\Leftrightarrow x(y) - (-1+z)(1-y-x) = 0 \Leftrightarrow xy - (-1+y+x+z-yz-xz) = 0$

$\Leftrightarrow xy + 1 - y - x - z + yz + xz = 0$ ①.

Or $(x-1)(y-1)(z-1) = (xy - x - y + 1)(z-1) = xyz - xz - yz + z - xy + x + y - 1$.

Ainsi avoir la relation ① est équivalent à : $(x-1)(y-1)(z-1) = xyz + 0$

D'où la relation : M, N et P sont alignés $\Leftrightarrow \boxed{xyz = (x-1)(y-1)(z-1)}$.

32 On utilise le repère $(A\ ;\ \overrightarrow{AB},\ \overrightarrow{AD})$.

D'après le tracé des parallèles et la construction des points M' et N', alors :

$\overrightarrow{DM'} = \overrightarrow{AM} = x\overrightarrow{AB}$ et $\overrightarrow{BN'} = \overrightarrow{AN} = y\overrightarrow{AD}$.

$\overrightarrow{MN'} = \overrightarrow{MB} + \overrightarrow{BN'} = (1-x)\overrightarrow{AB} + y\overrightarrow{AD}$

$\overrightarrow{NM'} = \overrightarrow{ND} + \overrightarrow{DM'} = (1-y)\overrightarrow{AD} + x\overrightarrow{AB}$.

Donc, dans le repère $(A\ ;\ \overrightarrow{AB},\ \overrightarrow{AD})$, on obtient $\overrightarrow{MN'}(1-x\ ;\ y)$ et $\overrightarrow{NM'}(x\ ;\ 1-y)$.

$(MN') \parallel (NM') \Leftrightarrow \overrightarrow{MN'}$ et $\overrightarrow{NM'}$ sont colinéaires

$\Leftrightarrow (1-x)(1-y) - xy = 0 \Leftrightarrow 1 - x - y + xy - xy = 0 \Leftrightarrow \boxed{x + y = 1}$.

Les droites (MN') et (NM') sont parallèles si, et seulement si, $x + y = 1$.

33 On a $A(2\ ;\ 4)$, $B(5\ ;\ 0)$, $C(-1\ ;\ -2)$ et $D(1\ ;\ 2)$.

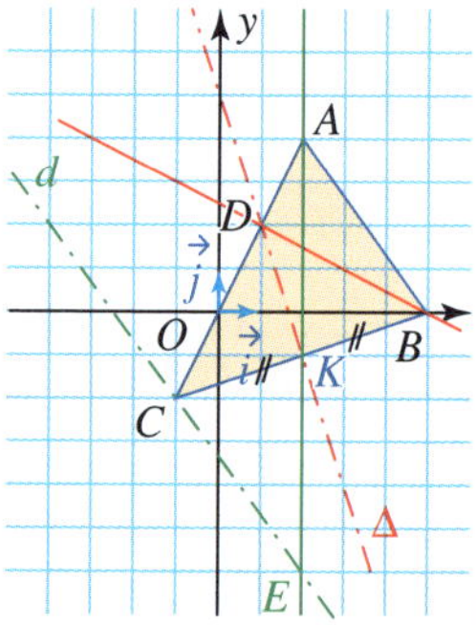

1. a) $\overrightarrow{AB}(3\ ;\ -4)$, $\overrightarrow{BC}(6\ ;\ -2)$ et $\overrightarrow{AC}(-3\ ;\ -6)$.

$K\left(\dfrac{5-1}{2}\ ;\ \dfrac{0-2}{2}\right)$, d'où $K(2\ ;\ -1)$.

b) On peut obtenir une équation de la droite (BC) à l'aide de la relation de colinéarité :

$M \in (BC) \Leftrightarrow \overrightarrow{BM}$ et $\overrightarrow{BC}$ sont colinéaires.

Or $\overrightarrow{BM}(x-5\ ;\ y-0)$ et $\overrightarrow{BC}(-6\ ;\ -2)$.

$\boxed{XY' - YX' = 0} \Leftrightarrow (x-5)(-2) - y(-6) = 0$.

on divise par –2 et on obtient : $x - 5 - 3y = 0 \Leftrightarrow \boldsymbol{x - 3y = 5}$.

On peut aussi utiliser le coefficient directeur de (BC) :

$m = \dfrac{y_B - y_C}{x_B - x_C} = \dfrac{-2}{-6} = \dfrac{1}{3}$ et la droite passe par $B(5\ ;\ 0)$, d'où : $\boxed{\boldsymbol{y = m(x - x_B) + y_B}}$

donne : $y = \dfrac{1}{3}(x-5) + 0 \Leftrightarrow y = \dfrac{1}{3}x - \dfrac{5}{3}$.

2. a) La médiane issue de A dans ABC est la droite (AK).

Comme A et K ont la même abscisse 2, alors une équation de (AK) est $\boldsymbol{x = 2}$.

b) $M(x\,;y) \in (d)$

$\Leftrightarrow \overrightarrow{CM}$ et $\overrightarrow{AB}$ sont colinéaires $\Leftrightarrow \overrightarrow{CM}\,(x+1\,;y+2)$ et $\overrightarrow{AB}\,(3\,;-4)$ sont colinéaires

$\Leftrightarrow -4(x+1)-(3)(y+2)=0$ on prend l'opposé

$\Leftrightarrow +4x+4+3y+6=0 \Leftrightarrow \mathbf{4x+3y+10=0}$ équation de (d).

c) E est le point de (d) d'abscisse 2, donc son ordonnée vérifie l'équation de (d) :

$4\times 2+3y_E+10=0 \Leftrightarrow y_E=-6$. D'où $E(2\,;-6)$.

Il semble que *ABEC* est un parallélogramme, on calcule :

$\overrightarrow{CE}\,(2+1\,;-6+2)$; donc $\overrightarrow{CE}\,(3\,;-4)$ et $\overrightarrow{AB}\,(3\,;-4)$ sont égaux, ce qui démontre que $ABEC$ est un parallélogramme.

3. L'ensemble des points $M(x\,;y)$ tels que $CM=BM$ est la médiatrice de $[CB]$.

voir *chapitre 5*, exercice 28

$M\in\Delta \Leftrightarrow CM^2=BM^2 \Leftrightarrow (x+1)^2+(y+2)^2=(x-5)^2+(y-0)^2$

$\Leftrightarrow x^2+2x+1+y^2+4y+4=x^2-10x+25+y^2$

$\Leftrightarrow 12x+4y=20$ on divise par 4

$\Leftrightarrow \mathbf{3x+y=5}$ équation de Δ médiatrice de $[CB]$.

4. a) $\overrightarrow{AD}\,(-1\,;-2)$ et $\overrightarrow{AC}\,(-3\,;-6)$ sont colinéaires, car $\overrightarrow{AC}=3\,\overrightarrow{AD}$; donc D est un point de la droite (AC).

b) **Le triangle *CBD* semble être rectangle en *D*. On calcule les côtés :**

$\overrightarrow{CD}\,(2\,;4)$, donc $CD^2=4+16=20$.

$\overrightarrow{CB}\,(6\,;2)$, donc $CB^2=36+4=40$.

$\overrightarrow{DB}\,(4\,;-2)$, donc $DB^2=16+4=20$.

Ainsi $CD^2+DB^2=20+20=40=CB^2$, ce qui indique que le triangle CBD est rectangle en D.

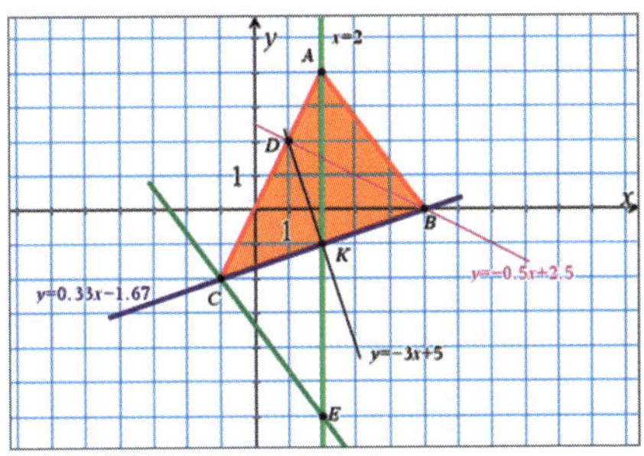

c) Comme $(CD)\perp(BD)$, alors la hauteur issue de B dans le triangle ABC est la droite (BD).

$M\in(BD) \Leftrightarrow \overrightarrow{BM}\,(x-5\,;y)$ et $\overrightarrow{BD}\,(-4\,;2)$ sont colinéaires

$\Leftrightarrow 2(x-5)-(-4)y=0 \Leftrightarrow 2x-10+4y=0 \Leftrightarrow \mathbf{x+2y=5}$.

On peut vérifier à l'aide d'un logiciel de géométrie dynamique, ou la calculatrice TI-Nspire.

34 On a $\Omega(1\,;-2)$ et $\mathscr{C}$ le cercle de rayon $\sqrt{10}=r$.

1. $A(4\,;-1)$ tel que $\overrightarrow{\Omega A}\,(3\,;1)$; d'où $\Omega A^2=9+1=10=r^2$.

$B(-1\,;-4)$ tel que $\overrightarrow{\Omega B}\,(-2\,;-2)$; d'où $\Omega B^2=4+4=8\neq r^2$.

$C(2\,;1)$ tel que $\overrightarrow{\Omega C}\,(1\,;3)$; d'où $\Omega C^2=1+9=10=r^2$.

$D(0\,;-5)$ tel que $\overrightarrow{\Omega D}\,(-1\,;-3)$; d'où $\Omega D^2=1+9=10=r^2$.

$E(-2\,;-3)$ tel que $\overrightarrow{\Omega E}\,(-3\,;-1)$; d'où $\Omega E^2=9+1=10=r^2$.

$F(0\,;1)$ tel que $\overrightarrow{\Omega F}\,(-1;3)$; d'où $\Omega F^2=1+9=10=r^2$.

Ainsi, les points A, C, D, E et F appartiennent au cercle $\mathscr{C}$.

On parle de **points cocycliques**.

2. • D'après le calcul des coordonnées de vecteurs, $\overrightarrow{\Omega E}=-\overrightarrow{\Omega A}$ et $\overrightarrow{\Omega D}=-\overrightarrow{\Omega C}$, ce qui indique que Ω est le milieu de $[EA]$ et de $[CD]$; donc $CADE$ est un parallélogramme.

Comme C, A et D sont sur le cercle de diamètre $[CD]$ de milieu Ω, alors l'angle $\widehat{CAD}$ est droit ; donc $CADE$ est un rectangle.

CORRIGÉS

• L'aire du rectangle $CADE$ est : $\mathscr{A}(CADE) = CE \times CA$

or $\overrightarrow{CE}$ $(-4\ ;-4)$, d'où $CE^2 = 16 + 16 = 32$, et $CE = \sqrt{32} = 4\sqrt{2}$.

$\overrightarrow{CA}\,(-2\ ;\ 2)$, d'où $CA^2 = 4 + 4 = 8$ et $CA = \sqrt{8} = 2\sqrt{2}$.

Ainsi : $\mathscr{A}(CADE) = 4\sqrt{2} \times 2\sqrt{2} = 4 \times 2 \times \sqrt{2} \times \sqrt{2} = 16$.

3. Comme E, F et A sont sur le cercle de centre Ω de diamètre $[EA]$, alors le triangle EFA est rectangle en F.

De plus, $\overrightarrow{EF}\,(2\ ;\ 4)$,

d'où $EF^2 = 4 + 16 = 20$.

Et $\overrightarrow{FA}\,(4\ ;-2)$, d'où $FA^2 = 16 + 4 = 20$.

Ainsi le triangle EFA est isocèle et rectangle en F.

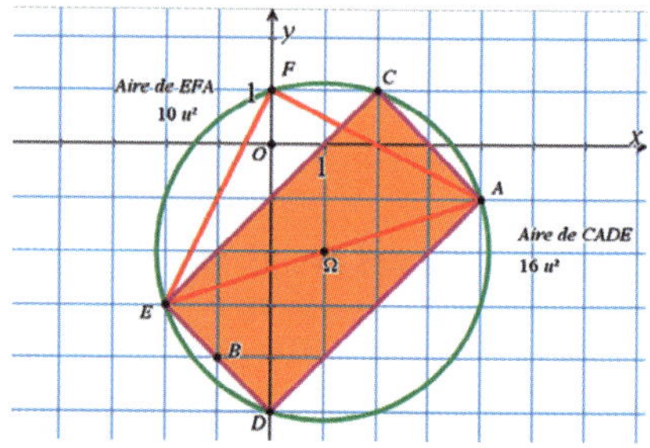

$$\mathscr{A}(EFA) = \frac{1}{2} \times EF \times FA = \frac{1}{2}EF^2 = \frac{1}{2} \times 20 = 10.$$

35 Soit $\mathscr{D}_1$ d'équation $3x + 2y = 4$ et $\mathscr{D}_2$ d'équation $2x - 3y = 7$.

1. Intersection des deux droites : les coordonnées sont la solution du système :

$$\begin{cases} 3x + 2y = 4 \\ 2x - 3y = 7 \end{cases} \Leftrightarrow \begin{cases} y = 2 - \dfrac{3}{2}x \\ 2x - 3\left(2 - \dfrac{3}{2}x\right) = 7 \end{cases} \Leftrightarrow \begin{cases} y = 2 - \dfrac{3}{2}x \\ 2x - 6 + \dfrac{9}{2}x = 7 \end{cases}$$

$$\Leftrightarrow \begin{cases} y = 2 - \dfrac{3}{2}x \\ \dfrac{13}{2}x = 13 \end{cases} \Leftrightarrow \begin{cases} x = 2 \\ y = 2 - \dfrac{3}{2} \times 2 = -1 \end{cases} \quad A(2\ ;-1).$$

On peut aussi résoudre par combinaison, mais, dans ce cas, il faut vérifier que la solution convient.

2. Vecteur directeur

Un vecteur directeur d'une droite $\mathscr{D}$ d'équation $ax + by = c$ est $\vec{u}\,(-b\ ;\ a)$.

$\mathscr{D}_1$ d'équation $3x + 2y = 4$ a pour vecteur directeur $\vec{u}\,(-2\ ;\ 3)$

et $\mathscr{D}_2$ d'équation $2x - 3y = 7$ a pour vecteur directeur $\vec{v}\,(3\ ;\ 2)$.

3. $\vec{u} = \overrightarrow{AB}$, donc $AB^2 = 4 + 9 = 13$; $\vec{v} = \overrightarrow{AC}$, donc $AC^2 = 9 + 4 = 13$.

Comme $\overrightarrow{BC} = \overrightarrow{AC} - \overrightarrow{AB}$, alors $\overrightarrow{BC}\,(5\ ;-1)$; donc $BC^2 = 25 + 1 = 26$.

Ainsi : $AB^2 + AC^2 = 13 + 13 = 26 = BC^2$, ce qui prouve que le triangle ABC est rectangle en A. Les droites $\mathscr{D}_1$ et $\mathscr{D}_2$ sont donc perpendiculaires.

36 Relation d'orthogonalité

1. On a $A(4\ ;\ 6)$ et $B(3\ ;-2)$, donc $\overrightarrow{AB}(-1\ ;-8)$.

Ainsi $AB^2 = 1 + 64 = 65$, donc $AB = \sqrt{65}$.

$\overrightarrow{OA}\,(4\ ;\ 6)$, donc $OA^2 = 16 + 36 = 52$. $OA = \sqrt{52}$.

$\overrightarrow{OB}\,(3\ ;-2)$, donc $OB^2 = 9 + 4 = 13$. $OB = \sqrt{13}$.

Comme $OA^2 + OB^2 = 52 + 13 = 65 = AB^2$, alors OAB est rectangle en O.

2. a) On a $A(X\,;\,Y)$ et $B(X'\,;\,Y')$, donc $\overrightarrow{AB}(X'-X\,;\,Y'-Y)$.
Ainsi : $AB^2=(X'-X)^2+(Y'-Y)^2=X'^2-2X'X+X^2+Y'^2-2Y'Y+Y^2$.
$OA^2=X^2+Y^2$ et $OB^2=X'^2+Y'^2$.
OAB est rectangle en O
$\Leftrightarrow AB^2=OA^2+OB^2 \Leftrightarrow X'^2+X^2+Y'^2+Y^2-2(X'X+Y'Y)=X^2+Y^2+X'^2+Y'^2$
$\Leftrightarrow -2(X'X+Y'Y)=0 \Leftrightarrow X'X+Y'Y=0$.
Que l'on peut aussi écrire : $\boxed{XX'+YY'=0}$.

b. Soit $\vec{u}\,(X\,;\,Y)$ et $\vec{v}\,(X'\,;\,Y')$ tels que $\vec{u}=\overrightarrow{OA}$ et $\vec{v}=\overrightarrow{OB}$.
Alors les vecteurs $\vec{u}$ et $\vec{v}$ sont orthogonaux si, et seulement si, $(OA)\perp(OB)$, si, et seulement si, OAB est rectangle en O. On retrouve l'étude précédente.
D'où la **relation d'orthogonalité**.

$\vec{u}\,(X\,;\,Y)$ et $\vec{v}\,(X'\,;\,Y')$ sont orthogonaux $\Leftrightarrow$ $\mathbf{XX'+YY'=0}$.

3. Soit deux vecteurs $\overrightarrow{V1}$ (X1 ; Y1) et $\overrightarrow{V2}$ (X2 ; Y2).
La fonction **orthogonaux**, de variables X1, Y1, X2, Y2, rend *Vrai* (True) si les deux vecteurs sont orthogonaux ou rend *Faux* (False) sinon.

```
def orthogonaux(X1,Y1,X2,Y2):
    if X1*Y1+X2*Y2==0:
        return True
    else:
        return False
```

Application 1 : Les vecteurs $\overrightarrow{V1}$ (3 ; 4) et $\overrightarrow{V2}$ (– 4 ; 3) sont-ils orthogonaux ?
On saisit : `print(orthogonaux(3,4,-4,3))`
Puis on lance le programme par Run Module (**F5**), on obtient à l'affichage `True`.
Donc les vecteurs $\overrightarrow{V1}$ (3 ; 4) et $\overrightarrow{V2}$ (– 4 ; 3) sont orthogonaux.
Application 2 : Les vecteurs $\overrightarrow{V1}$ (5 ; 2) et $\overrightarrow{V2}$ (– 1 ; 3) sont-ils orthogonaux ?
On saisit : `print(orthogonaux(5,2,-1,3))`
Puis on lance : Run Module (**F5**), on obtient à l'affichage `False`.
Donc les vecteurs $\overrightarrow{V1}$ (5 ; 2) et $\overrightarrow{V2}$ (– 1 ; 3) ne sont pas orthogonaux.

L'INTERROGATION ÉCRITE

Vecteurs et relation de Chasles

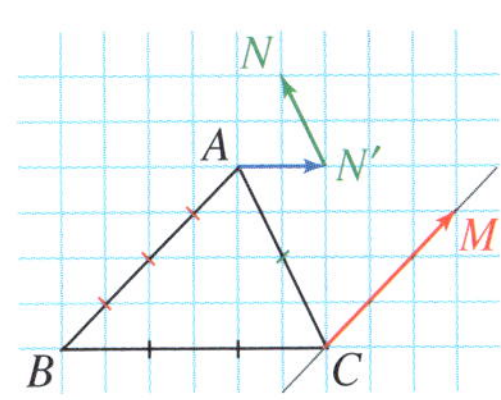

a) On a $\overrightarrow{CM}=-\dfrac{3}{4}\overrightarrow{AB}$:
On trace la parallèle à (*AB*) passant par *C* ;
on divise [*BA*] en 4 et on prend trois parties en partant de *A* ;
on reporte sur la parallèle à partir de *C*.

On a $\overrightarrow{AN}=\dfrac{1}{3}\overrightarrow{BC}-\dfrac{1}{2}\overrightarrow{AC}$: à partir de A, on trace N' tel que $\overrightarrow{AN'}=\dfrac{1}{3}\overrightarrow{BC}$; puis, à partir de N', on trace N tel que $\overrightarrow{N'N}=-\dfrac{1}{2}\overrightarrow{AC}$.

$$\overrightarrow{MN}=\overrightarrow{MC}+\overrightarrow{CA}+\overrightarrow{AN}$$

par la relation de Chasles, car *M* est défini avec $\overrightarrow{CM}$ et *N* avec $\overrightarrow{AN}$

CORRIGÉS

or $\overrightarrow{MC} = -\overrightarrow{CM} = \frac{3}{4}\overrightarrow{AB}$ et $\overrightarrow{AN} = \frac{1}{3}\overrightarrow{BC} - \frac{1}{2}\overrightarrow{AC} = \frac{1}{3}(\overrightarrow{BA} + \overrightarrow{AC}) - \frac{1}{2}\overrightarrow{AC}$

$$= -\frac{1}{3}\overrightarrow{AB} + \frac{1}{3}\overrightarrow{AC} - \frac{1}{2}\overrightarrow{AC}.$$

Donc : $\overrightarrow{MN} = \frac{3}{4}\overrightarrow{AB} - \overrightarrow{AC} - \frac{1}{3}\overrightarrow{AB} + \frac{1}{3}\overrightarrow{AC} - \frac{1}{2}\overrightarrow{AC}$

$$= \left(\frac{3}{4} - \frac{1}{3}\right)\overrightarrow{AB} + \left(-1 + \frac{1}{3} - \frac{1}{2}\right)\overrightarrow{AC}$$

$$= \mathbf{\frac{5}{12}\overrightarrow{AB} - \frac{7}{6}\overrightarrow{AC}}.$$

b) *ABCD* est un parallélogramme, donc $\overrightarrow{AD} = \overrightarrow{BC}$.

On a $\overrightarrow{AP} = \frac{3}{2}\overrightarrow{AB}$ et $\overrightarrow{AR} = 3\overrightarrow{AD}$.

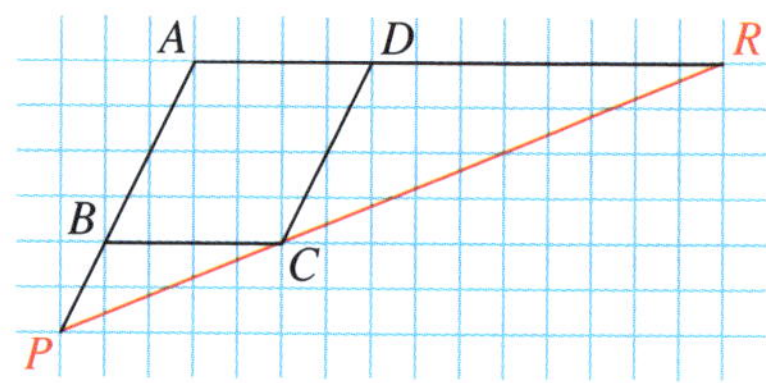

On va exprimer $\overrightarrow{PR}$ et $\overrightarrow{PC}$ en fonction de $\overrightarrow{AB}$ et $\overrightarrow{AD}$.

$\overrightarrow{PR} = \overrightarrow{PA} + \overrightarrow{AR}$ **par la relation de Chasles**

$= -\frac{3}{2}\overrightarrow{AB} + 3\overrightarrow{AD}$. **d'après l'énoncé**

$\overrightarrow{PC} = \overrightarrow{PA} + \overrightarrow{AB} + \overrightarrow{BC}$ **par la relation de Chasles**

$= -\frac{3}{2}\overrightarrow{AB} + \overrightarrow{AB} + \overrightarrow{AD}$. **car *ABCD* est un parallélogramme**

D'où $\overrightarrow{PC} = -\frac{1}{2}\overrightarrow{AB} + \overrightarrow{AD}$.

On remarque que : $3\overrightarrow{PC} = 3\left(-\frac{1}{2}\overrightarrow{AB} + \overrightarrow{AD}\right) = -\frac{3}{2}\overrightarrow{AB} + 3\overrightarrow{AD} = \overrightarrow{PR}$.

Ce qui indique que les vecteurs $\overrightarrow{PR}$ et $\overrightarrow{PC}$ sont colinéaires ;
donc les points *P*, *C* et *R* sont alignés.

c) Dans le triangle *KLM*, le point *T* tel que $\overrightarrow{TL} + \overrightarrow{TM} = \vec{0}$ est le milieu de [*LM*].
Le point *S* tel que $\overrightarrow{SK} + \overrightarrow{SL} + \overrightarrow{SM} = \vec{0}$ est le centre de gravité du triangle *KLM*.
Remarque : **ces relations vectorielles sont à apprendre par cœur.**

Vecteurs et coordonnées

On a $A(3\ ;0)$, $B(5\ ;2)$, $C(-1\ ;4)$.

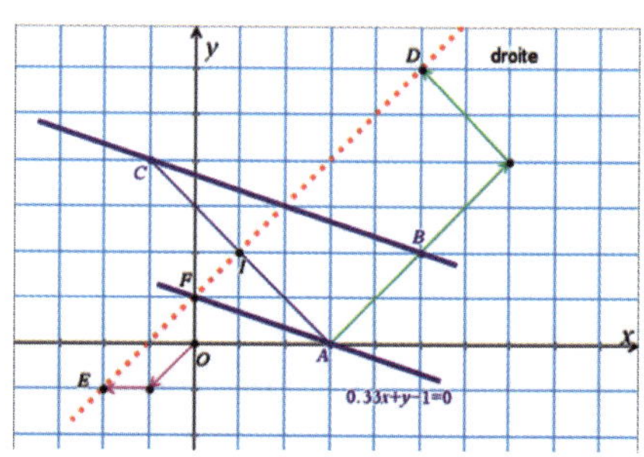

a) *D* tel que $\overrightarrow{AD} = 2\overrightarrow{AB} + \frac{1}{2}\overrightarrow{AC}$

et *E* tel que $\overrightarrow{OE} = -\frac{1}{2}\overrightarrow{AB} - \frac{1}{3}\overrightarrow{OA}$.

b) • $\overrightarrow{AD} = 2\overrightarrow{AB} + \frac{1}{2}\overrightarrow{AC}$ se traduit par un système :

$$\begin{cases} x - 3 = 2(5-3) + \frac{1}{2}(-1-3) \\ y - 0 = 2(2-0) + \frac{1}{2}(4-0) \end{cases} \Leftrightarrow \begin{cases} x = 3 + 2 \times 2 - 2 = 5 \\ y = 4 + 2 = 6. \end{cases}$$

D'où **$D(5\ ;6)$**.

1. $\overrightarrow{OE} = -\dfrac{1}{2}\overrightarrow{AB} - \dfrac{1}{3}\overrightarrow{OA} \Leftrightarrow \begin{cases} x = -\dfrac{1}{2}(2) - \dfrac{1}{3}(3) = -1 - 1 = -2 \\ y = -\dfrac{1}{2}(2) - \dfrac{1}{3} \times 0 = -1. \end{cases}$

D'où $\boldsymbol{E(-2\,;-1)}$.

2. I milieu de $[AC]$: $x_I = \dfrac{x_A + x_C}{2} = \dfrac{3-1}{2} = 1$ et $y_I = \dfrac{y_A + y_C}{2} = \dfrac{0+4}{2} = 2$.

D'où $\boldsymbol{I(1\,;2)}$.

3. $\overrightarrow{DE} \begin{cases} x_E - x_D = -2 - 5 = -7 \\ y_E - y_D = -1 - 6 = -7 \end{cases}$ et $\overrightarrow{EI} \begin{cases} x_I - x_E = 1 + 2 = 3 \\ y_I - y_E = 2 + 1 = 3. \end{cases}$

On obtient $\overrightarrow{ED} = \dfrac{7}{3}\overrightarrow{EI}$; donc les vecteurs $\overrightarrow{ED}$ et $\overrightarrow{EI}$ sont colinéaires, ce qui indique que les points D, E et I sont alignés.

On peut aussi vérifier la relation de colinéarité : $XY' - YX' = -7 \times 3 - 3 \times (-7) = 0$.

c) Les droites (AF) et (BC) sont parallèles si, et seulement si, $\overrightarrow{AF}$ et $\overrightarrow{BC}$ sont colinéaires.

Or $\overrightarrow{AF}\,(x_F - 3\,;\,y_F - 0) \Leftrightarrow \overrightarrow{AF}\,(-3\,;\,y_F)$ et $\overrightarrow{BC}\,(-1-5\,;\,4-2)$, soit $\overrightarrow{BC}\,(-6\,;\,2)$.

$\overrightarrow{AF}$ et $\overrightarrow{BC}$ sont colinéaires

$\Leftrightarrow XY' - YX' = 0 \Leftrightarrow -3 \times 2 - y_F \times (-6) = 0 \Leftrightarrow -6 + 6y_F = 0 \Leftrightarrow y_F = 1$.

Donc $\boldsymbol{F(0\,;1)}$, intersection de la parallèle à (BC) passant par A avec l'axe des ordonnées.

d) $M\,(x\,;\,y) \in (AF) \Leftrightarrow \overrightarrow{AM}$ et $\overrightarrow{BC}$ sont colinéaires

$\Leftrightarrow (x-3) \times 2 - (y-0) \times (-6) = 0$ **on divise par 2**

$\Leftrightarrow x - 3 + 3y = 0 \Leftrightarrow \boldsymbol{x + 3y = 3}$, équation de (AF).

Soit deux vecteurs $\overrightarrow{V1}$ (X1 : Y1) et $\overrightarrow{V2}$ (X2 : Y2).

Ces deux vecteurs sont colinéaires si l'un est égal à k fois l'autre : $\overrightarrow{V2} = k\,\overrightarrow{V1}$.

Mais on peut aussi utiliser la relation de colinéarité vue à l'exercice 27, ou dans le cours page 219.

Proposition de programme en langage Python :

```
def colinearite(X1,Y1,X2,Y2):
    if X1*Y2-X2*Y1==0:
        return True
    else:
        return False
```

Bilan : dans un repère

Soit $f(x) = -(x-3)^2 + 4$ définie sur $\mathbb{R}$.

a) D'après la forme canonique, comme $a = -1$ la parabole représentant f est tournée vers le bas et son sommet est $S(3\,;\,4)$.

D'où le tableau des variations de f :

x	$-\infty$	3	$+\infty$
$f(x)$	↗	4	↘

CORRIGÉS

b) Intersection de la courbe $\mathscr{C}$ avec l'axe des ordonnées : **son abscisse est 0 et son ordonnée est $f(0)$.**

On calcule $f(0) = -(0-3)^2 + 4 = -9 + 4 = -5$.

D'où $B(0\ ;-5)$.

c) Intersection de la courbe $\mathscr{C}$ avec l'axe des abscisses : **son ordonnée est 0 et son abscisse est solution de l'équation $f(x) = 0$.**

On résout $f(x) = 0 \Leftrightarrow -(x-3)^2 + 4 = 0$ on isole le carré

$(x-3)^2 = 4 \Leftrightarrow x - 3 = -2$ ou $x - 3 = 2 \Leftrightarrow x = 1$ ou $x = 5$.

Les points sont $A(5\ ;0)$ et $C(1\ ;0)$.

d) Pour construire la courbe $\mathscr{C}$, on donne un tableau de valeurs :

x	0	1	2	3	4	5	6
y	–5	0	3	4	3	0	–5

La construction de la courbe $\mathscr{C}$ est à faire avec soin.

e) Équation de la parallèle à (AB) passant par C : $m = \dfrac{y_B - y_A}{x_B - x_A} = \dfrac{-5-0}{0-5} = \dfrac{-5}{-5} = 1$.

Et C est un point de cette droite, d'où : $y = 1(x - x_C) + y_C \Leftrightarrow \mathbf{y = x - 1}$.

Le point D appartient à la courbe $\mathscr{C}$ et à cette droite ; son abscisse est solution de l'équation : $f(x) = x - 1 \Leftrightarrow -(x-3)^2 + 4 = x - 1$.

On factorise $f(x)$ pour faire apparaître un facteur commun.

$-(x-3)^2 + 4 = 4 - (x-3)^2 = (2 + x - 3)(2 - x + 3) = (x-1)(5-x)$.

D'où l'équation :

$(x-1)(5-x) - (x-1) = 0 \Leftrightarrow (x-1)(5-x-1) = 0 \Leftrightarrow (x-1)(4-x) = 0$ produit nul

$\Leftrightarrow x = 1$ ou $x = 4$.

On retrouve 1, abscisse du point C, et $x = 4$ abscisse de D.

Et $y_D = x_D - 1 = 4 - 1 = 3$. D'où : $\boldsymbol{D(4\ ;3)}$.

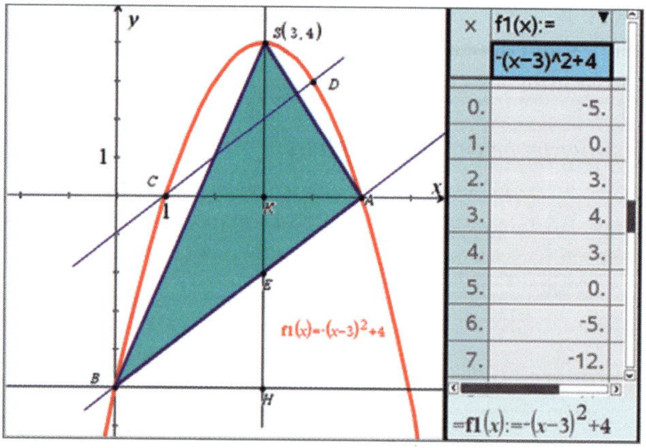

f) Le triangle SAB est composé de deux triangles SAE et SBE, de base $[SE]$, l'un de hauteur $[AK]$ et l'autre de hauteur $[BH]$.

$$\mathscr{A}(SAB) = \mathscr{A}(SAE) + \mathscr{A}(SBC) = \frac{1}{2} \times SE \times AK + \frac{1}{2} \times SE \times BH$$

$$= \frac{1}{2} \times SE \times (AK + BH) = \frac{1}{2}(y_S - y_E) \times (x_A - x_B) = \frac{1}{2} \times 6 \times 5 = \mathbf{15}.$$

Chapitre 7

Géométrie dans l'espace

TEST PRÉLIMINAIRE

20 min (corrigés p. 254)

Pour toutes les questions posées, on considère le parallélépipède rectangle ci-contre, où $AB = 4$ et $BC = AE = 3$.
Le point K est le point du segment $[AB]$ tel que $AK = 3$ et O est le milieu de $[HC]$.

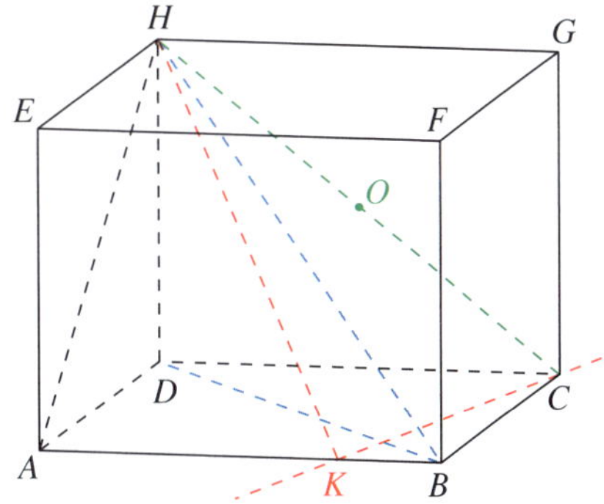

TEST

	Vrai	Faux
1 $HADC$ est une pyramide de base HDC et de hauteur $[AD]$.	☐	☐
2 Le volume de $HADC$ est de 12 unités de volume.	☐	☐
3 Dans ce pavé, le cylindre dont la base est le cercle inscrit dans $BCGF$ a pour volume 9π unités de volume.	☐	☐
4 Les droites (EK) et (BC) sont sécantes.	☐	☐
5 Les droites (CK) et (AD) sont sécantes.	☐	☐
6 Les droites (HK) et (AG) sont coplanaires.	☐	☐
7 Les droites (HC) et (BC) sont perpendiculaires.	☐	☐
8 $HC = DB$.	☐	☐
9 Le triangle EKG est isocèle.	☐	☐
10 La sphère de diamètre $[HC]$ coupe le plan (ABE).	☐	☐

COURS

Reconnaître un parallélépipède rectangle **et calculer son volume**	► Dans un parallélépipède rectangle (pavé), toutes les faces sont des rectangles. Les faces opposées sont parallèles. ► Le volume est $V = a \times b \times c$. 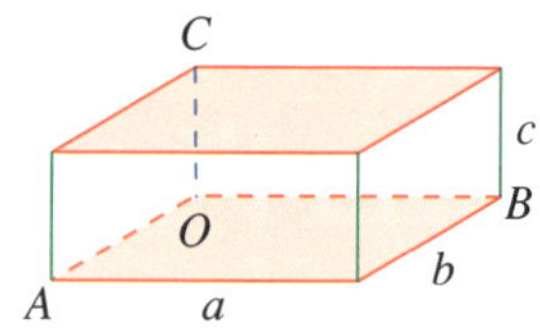
Reconnaître une pyramide **et calculer son volume**	► Une pyramide est définie par un sommet S et une base d'aire $\mathcal{B}$. Lorsque la base est un triangle, on obtient un tétraèdre. Toutes ses faces sont alors des triangles. Le point H, projection orthogonale du sommet sur la base, donne la **hauteur** de la pyramide $h = SH$. ► Le volume d'une pyramide est : $V = \frac{1}{3} \times h \times \mathcal{B}$. 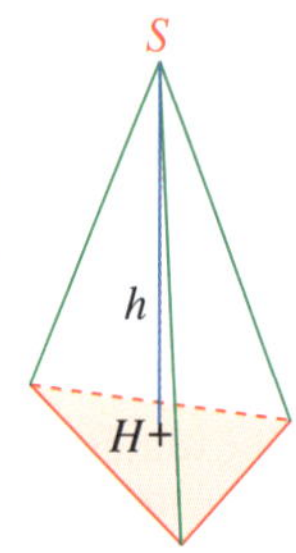
Reconnaître un cône de révolution **et calculer son volume**	► Un cône de révolution est défini par un sommet S et une base circulaire. Il est engendré par la **rotation d'un triangle rectangle autour d'un des côtés de l'angle droit.** Ce côté de l'angle droit donne la **hauteur h** du cône et l'autre côté donne le rayon R de la base circulaire. ► Le volume d'un cône est $V = \frac{1}{3} \times h \times (\pi R^2)$. Un patron de cône est un secteur angulaire. 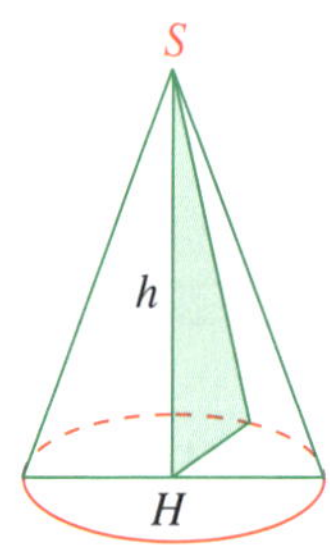
Reconnaître un cylindre de révolution **et calculer son volume**	► Un cylindre de révolution est défini par deux bases circulaires parallèles de même rayon R. Il est engendré par la rotation d'un rectangle autour d'un de ses côtés. Ce côté donne la **hauteur h** du cylindre et l'autre côté donne le rayon R de la base. ► Le volume d'un cylindre est $V = h \times (\pi R^2)$. Un patron de ce cylindre est un parallélogramme. 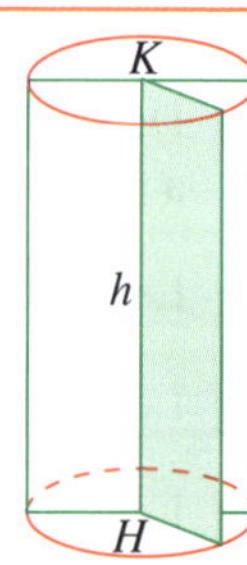
Reconnaître une sphère **et calculer son volume**	► Une sphère de rayon R est engendrée par la **rotation d'un cercle** de centre O **autour d'un de ses diamètres**. La section d'une sphère par un plan est un **cercle**. ► Le volume d'une sphère est : $V = \frac{4}{3} \times \pi \times R^3$. 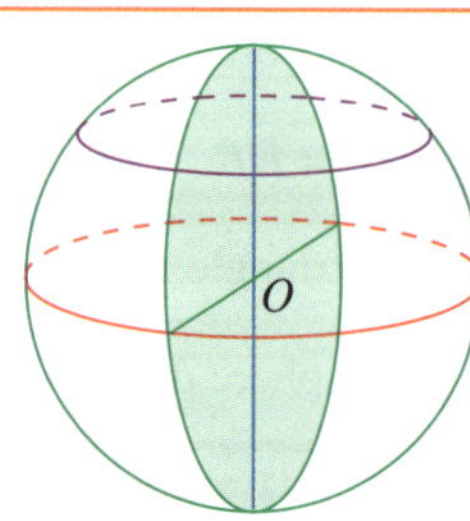

Savoir définir une droite **ou un plan de l'espace**	► **Deux points distincts** suffisent pour nommer et définir une **droite**. ► **Trois points non alignés** suffisent pour nommer et définir un **plan**. Dans un plan de l'espace, tous les théorèmes de la géométrie plane s'appliquent.
Connaître la position relative de deux droites *(avec des exemples dans un pavé)*	Deux droites de l'espace sont : ► soit **coplanaires** (situées dans un même plan) : – **sécantes**, en un point *(EK) et (HF)* – strictement **parallèles** *(EF) et (GH)* – confondues *(FK) et (KG)* ► soit **non coplanaires** *(FH) et (BK)* 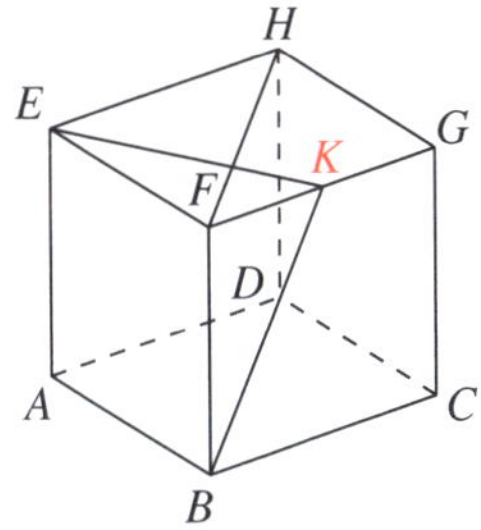
Connaître la position relative de deux plans	Deux plans de l'espace sont : – soit **sécants,** suivant une **droite** *plans (EKB) et (EFG) sécants suivant (EK)* – soit strictement **parallèles** *plans (ABC) et (EHG) parallèles* – soit confondus *plans (EKF) et (FHG) confondus*
Connaître la position relative d'une droite et d'un plan	Une droite est : – soit **sécante** à un plan en un unique point *(BK) est sécante au plan (EFH) au point K* – soit **parallèle** à un plan *(EK) est parallèle au plan (ABC)* – soit incluse dans un plan *(EK) est incluse dans (EFG)*
Utiliser le théorème d'incidence : plan sécant à deux plans parallèles	Un plan coupe deux plans parallèles suivant deux droites **parallèles**. *Les plans (EFG) et (ABC) sont parallèles.* *Le plan (AMG) coupe le plan (EFG) en (MG) : donc il coupe le plan (ABC) suivant une droite parallèle à (MG). On obtient alors le point N de (DC) tel que (AN) est parallèle à (MG).* 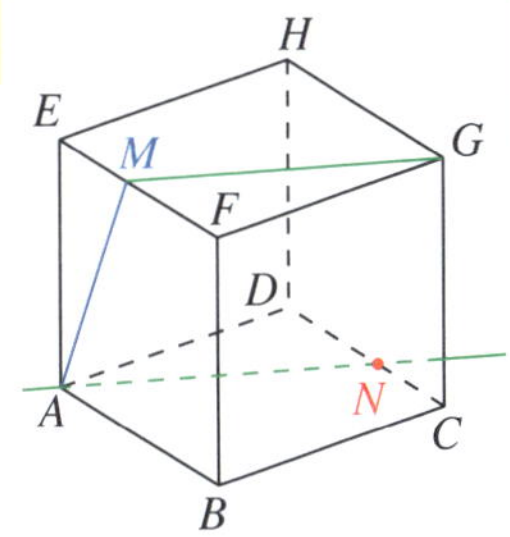
Montrer l'alignement de points de l'espace	Trois points de l'espace sont alignés si, et seulement si, ils appartiennent à l'intersection de deux plans sécants.

COURS

CORRIGÉS DU TEST

(énoncés p. 251)

1 **Vrai.**

Chaque face d'un pavé est un rectangle. Pour trouver le volume d'une pyramide, on doit trouver une hauteur et la base correspondante.

Comme [*AD*] est perpendiculaire au plan (*HDC*), [*AD*] est bien la hauteur relative à la base *HDC*.

→Exercices 1 et 2

2 **Faux.** Le volume de la pyramide *HADC* est :

$$V = \frac{1}{3} \times AD \times \left(\frac{DH \times DC}{2}\right)$$
$$= \frac{1}{3} \times 3 \times \frac{3 \times 4}{2} = 6.$$

→Exercices 1 et 2

3 **Vrai.** *BCGF* est un carré de côté 3. Le cercle inscrit dans ce carré a pour diamètre $BC = 3$.
Donc le cylindre a pour hauteur $AB = 4$ et sa base est le cercle d'aire $\pi r^2 = \pi\left(\frac{3}{2}\right)^2$.
Son volume est $V = 4 \times \pi\left(\frac{3}{2}\right)^2 = 9\pi$.

→Exercices 3 et 4

4 **Faux.** *E*, *K* et *B* sont dans le plan (*ABE*), mais *C* ne l'est pas, donc les points *E*, *K*, *B* et *C* ne sont pas coplanaires. Les droites (*EK*) et (*BC*) ne peuvent être sécantes.

Pour prouver que deux droites sont **sécantes**, il est nécessaire de prouver que ces droites sont coplanaires.

→Exercices 7 à 9 et 12 et 13

5 **Vrai.** Les points *A*, *D*, *C* et *K* sont dans le plan (*DAB*), donc les droites (*CK*) et (*AD*) sont coplanaires. De plus, la position de *K* indique que les droites (*CK*) et (*AD*) sont sécantes dans ce plan.

→Exercices 12 et 13

6 **Vrai.** (*HK*) et (*AG*) sont coplanaires si, et seulement si, (*HG*) et (*AK*) le sont aussi. Or (*HG*) et (*AK*) sont parallèles, donc ces droites sont coplanaires.
Ainsi (*HK*) et (*AG*) sont coplanaires et même sécantes.

Se souvenir que, pour montrer que deux droites sont coplanaires, on prouve que les quatre points définissant ces droites sont coplanaires.

→Exercices 12 et 13

7 **Vrai.** Comme [*BC*] est perpendiculaire au plan (*DCG*), alors (*BC*) est perpendiculaire à la droite (*HC*) incluse dans ce plan.

→Exercices 5 et 15

8 **Vrai.** [*HC*] est diagonale d'un rectangle *DCGH* de dimensions 4 et 3, et [*DB*] est aussi diagonale d'un rectangle *ABCD* de dimensions 4 et 3, donc $HC = DB$.

On peut aussi utiliser le théorème de Pythagore dans les triangles rectangles *HDC* et *DBC*.

→Exercices 17 et 18

9 **Faux.** Dans *EAK*, rectangle en *A* :
$EK^2 = AE^2 + AK^2 = 3^2 + 3^2 = 18$.
Dans *KBG* rectangle en *B* :
$KG^2 = BG^2 + KB^2 = BC^2 + CG^2 + KB^2$
$= 3^2 + 3^2 + 1^2 = 19$.
Donc $EK \neq KG$.

→Exercices 15 , 17 et 18

10 **Faux.** La distance entre les plans (*ABE*) et (*DCH*) est 3, et le rayon de la sphère est $\frac{HC}{2}$ inférieur à 3, car :
$HC = DB = 5$.

→Exercice 23

EXERCICES

Patrons et calculs de volumes

1 ★ 15 min
(corrigés p. 263)

Dans le **cube** ci-contre, de côté 5 unités, S est le centre du carré $EFGH$, $CK = 2$ et $AL = 1$.

a) Reproduire la figure sur papier quadrillé et dessiner la pyramide $SDLBK$.

b) Dessiner en vraie grandeur la base $DLBK$ de la pyramide $SDLBK$ en prenant 0,5 cm comme unité. Calculer l'aire de cette base.

c) Calculer le volume de cette pyramide.

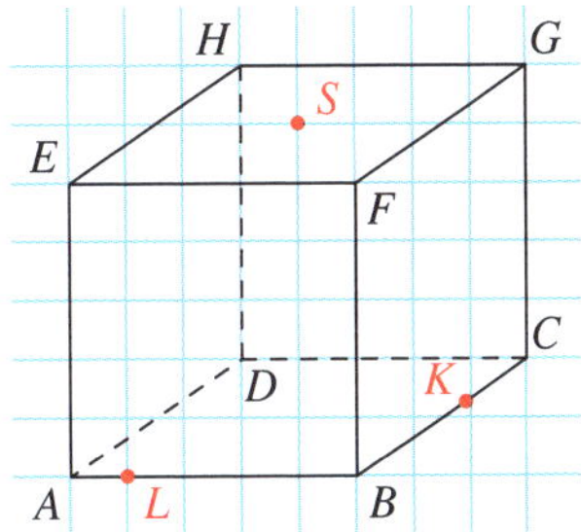

2 ★★ 15 min
(corrigés p. 263)

On coupe le **pavé** ci-contre en trois pyramides de sommet S, et de bases respectives $ABCD$, $ABFE$ et $FBCG$.

a) Réaliser le patron de la pyramide $SFBCG$, en prenant $AD = 4$, $AB = 5$ et $AE = 3$.

b) En posant $AD = a$; $AB = b$ et $AE = c$, exprimer le volume $\mathcal{V}$ de la pyramide $SFBCG$ en fonction de a, b et c.

c) Comparer ce volume $\mathcal{V}$ au volume du pavé.

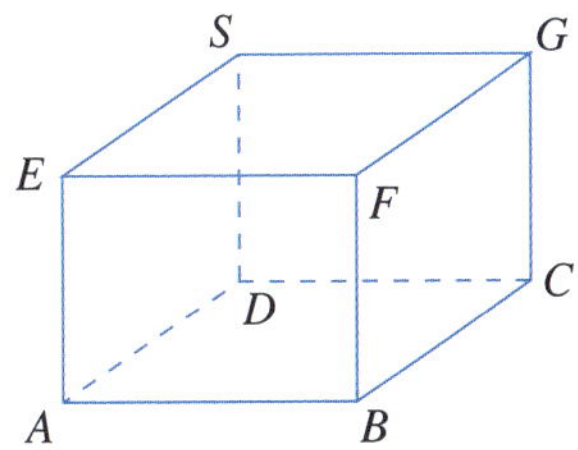

3 ★★ 15 min
(corrigés p. 264)

Un parallélogramme est-il le patron de la surface latérale d'un **cylindre** ?

Si oui, quel sera le volume du cylindre en fonction de h et ℓ ?

Application : calculer le volume d'un cylindre dont la surface latérale est une feuille de format A4 (21 cm par 29,7 cm), arrondi au cm^3.

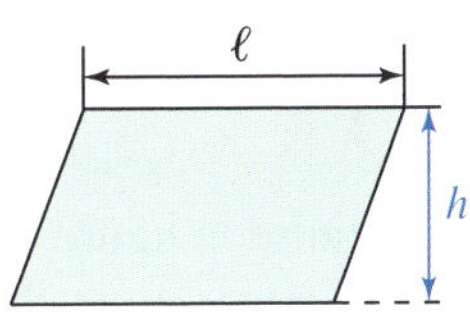

4 ★ 15 min
(corrigés p. 264)

Déterminer, au millimètre près, le rayon de la base d'un **cône** de révolution de hauteur 7,5 cm et de volume 125,7 cm^3.

5 ★★ 20 min
(corrigés p. 264)

Dans le **cube** ci-contre, de côté 6 unités, le point K est le milieu de l'arête $[AD]$. On s'intéresse au tétraèdre $KBCF$.

a) Déterminer l'aire du triangle BCF, puis le volume du tétraèdre.

b) Calculer les dimensions du triangle BFK, puis son aire.

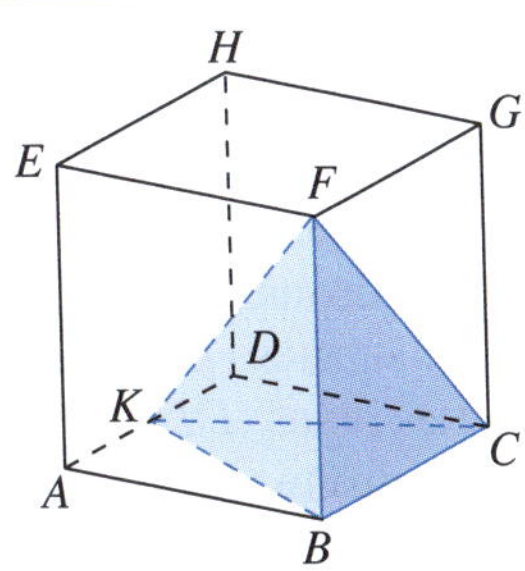

EXERCICES

c) En déduire la hauteur du tétraèdre en prenant pour sommet C et pour base BFK.
d) Construire un patron du tétraèdre $KBCF$.

6 ★★★ 20 min

(corrigés p. 265)

Le patron ci-contre est celui d'un **cône** de révolution de hauteur 5 cm et de base un cercle de rayon 3,5 cm.

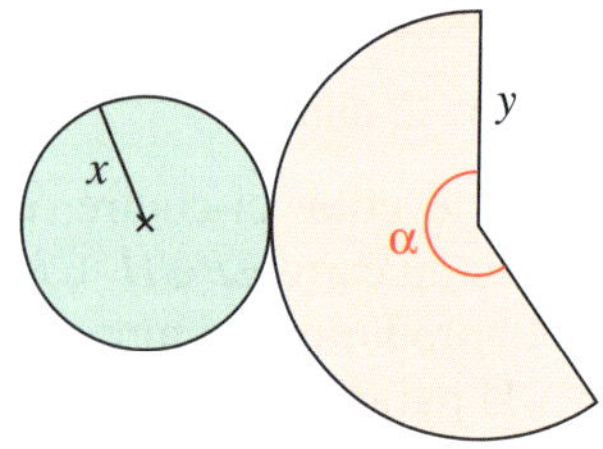

a) Calculer le volume de ce cône en valeur exacte, puis arrondie à 1 cm^3.
b) Déterminer l'angle α au degré près.
c) Quel doit être le rayon de la base d'un cône de même volume ayant pour hauteur 6 cm ?
Donner la valeur exacte, puis arrondie à 1 mm.

Position relative de droites et plans

7 ★ 8 min

(corrigés p. 266)

Dans le **tétraèdre** $ABCD$ ci-contre, on a :
$K \in [AB]$, $L \in [CD]$ et $P \in [BD]$.

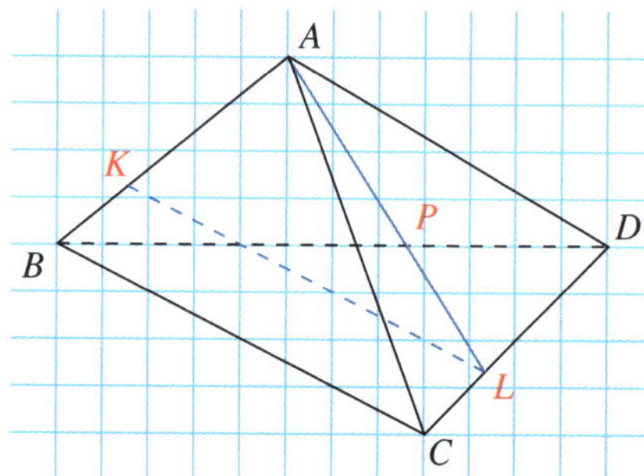

Vrai ou faux ?
a) Les droites (KL) et (BC) sont parallèles.
b) Les points A, P et L sont alignés.
c) La droite (AL) est une droite du plan (ADC).
d) La droite (KP) est une droite du plan (ABD).
e) La droite (AD) est l'intersection des plans (ABP) et (ACL).

8 ★★ 10 min

(corrigés p. 267)

Reprendre la figure de l'exercice précédent et dessiner le **tétraèdre** en tournant le point C vers la gauche, sans changer le triangle ABD, tout en respectant les positions des points K, P et L sur les arêtes.
a) Les droites (KL) et (PC) sont-elles coplanaires ?
b) Les droites (KL) et (BD) sont-elles sécantes ?
c) Les plans (ALB) et (PCD) sont-ils sécants suivant la droite (BL) ?

9 ★★ 20 min

(corrigés p. 267)

Dans le **cube** ci-contre, I est le centre de la face $BCGF$, $K \in [EH]$ et $L \in [AB]$.

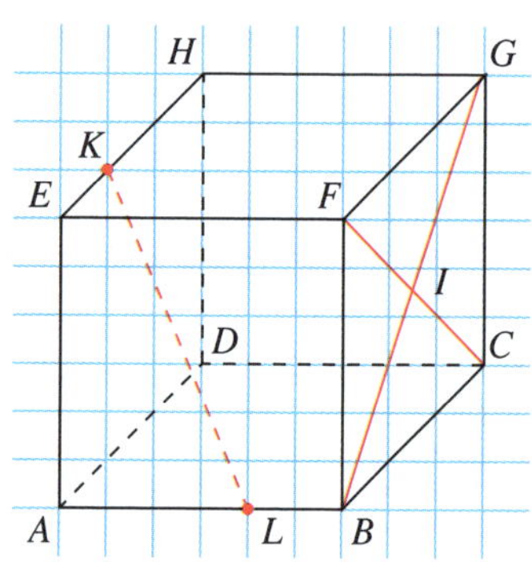

Vrai ou faux ?
a) K est un point du plan (FGH).
b) Les droites (LC) et (DB) sont sécantes.
c) Les droites (KG) et (FL) sont coplanaires.
d) les droites (KF) et (EB) sont non coplanaires.
e) Les plans (DLC) et (EFK) sont parallèles.
f) La droite (KF) est parallèle au plan (ABC).

g) Les plans (EHG) et (KIC) sont sécants.
h) Les plans (FLI) et (KDA) sont parallèles.

10 ★★ 20 min

(corrigés p. 267)

Dans le **tétraèdre** ci-contre, I est un point mobile du segment ouvert $]AC[$ (I peut se placer n'importe où sur le segment sauf aux extrémités), J est un point mobile de $]AD[$ et K un point mobile de $]BD[$.

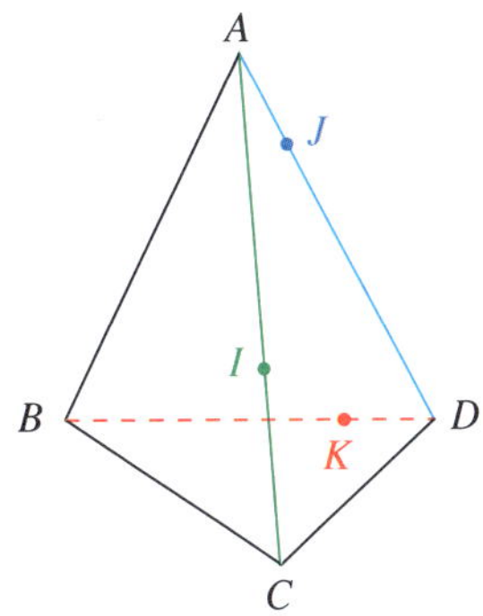

1. Donner les positions relatives des plans ou droites suivants :

a) droites (AC) et (BK), **b)** plans (BIJ) et (ADC),
c) plan (ADC) et droite (IJ), **d)** plan (BIJ) et droite (AK).

2. Pour quelles positions des points I et J, les droites (IJ) et (CD) sont-elles parallèles ?
Argumenter.

11 ★ 20 min

(corrigés p. 268)

Reproduire le **tétraèdre** $ABCD$ ci-contre sur papier quadrillé.
M est un point mobile du segment $]AB[$ et E est un point mobile du segment $]AC[$.

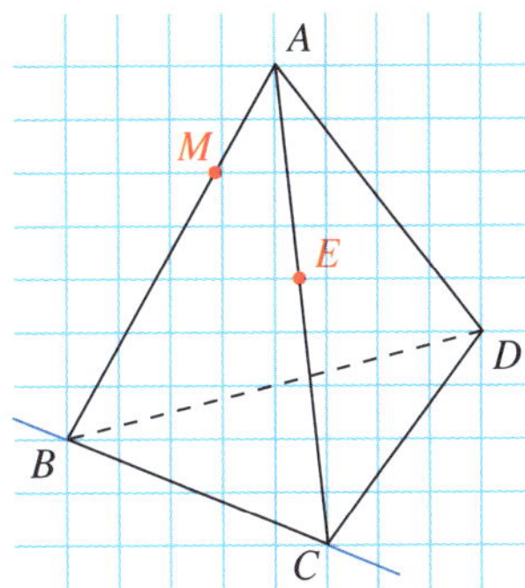

1. Placer M et E comme l'indique la figure.

a) Démontrer que M et E sont deux points du plan (ABC). Que peut-on en déduire pour les droites (ME) et (BC) ?

b) Construire, s'il existe, le point L intersection des droites (ME) et (BC) et justifier que la droite (LD) est incluse dans le plan (BCD).
Dans quel cas le point L n'existe-t-il pas ?

2. Refaire la figure et la construction de L en plaçant M à $\dfrac{2}{7}$ de $[BA]$ à partir de B.

12 ★ 15 min

(corrigés p. 269)

Reproduire le **pavé** ci-contre. Le point K est un point du segment $[AB]$.
Le but de l'exercice est de construire l'intersection du plan (EGK) avec la droite (BC).

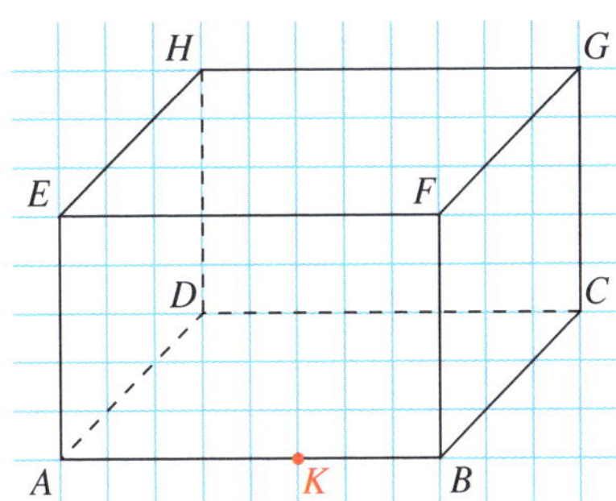

1. Cas particuliers : préciser cette intersection si le point K est :

a) en A, **b)** en B.

2. On place K sur le segment ouvert $]AB[$.

a) Le segment $[KG]$ est-il sur une face du pavé ? Si oui, le tracer.

b) Construire le point L, intersection des droites (EK) et (FB).

c) Justifier que les droites (LG) et (BC) sont sécantes. On nomme M le point d'intersection. Justifier que le point M trouvé répond au problème posé.

13 ★★ 20 min

(corrigés p. 269)

1. Reproduire le **pavé** de l'exercice 12, sans le point K.
Construire l'intersection des plans (ABG) et (CAF).

2. Reproduire le pavé de l'exercice précédent, avec le point K, et placer T milieu de $[HG]$. Construire l'intersection du plan (KTF) avec le plan (ABC), puis le plan (CGH).

3. Reproduire le pavé de l'exercice précédent, en gardant le point K et placer le point P tel que $\overrightarrow{HP} = \frac{1}{4}\overrightarrow{HG}$. Construire l'intersection du plan (KFP) avec le plan (ABC), puis le plan (CGH), puis le plan (AEH).

14 ★★★ 10 min

(corrigés p. 270)

Trois plans, vert, jaune et rose, sont sécants en un point O.
A, B et C sont trois points respectivement dans ces plans.
Construire la trace du plan (ABC) sur chacun de ces plans.
Faire une figure plus grande, mais placer les points en respectant la position ci-contre pour éviter des cas particuliers.

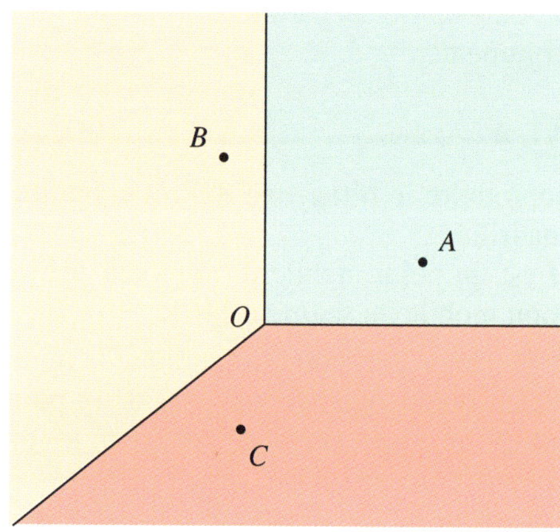

Géométrie plane dans l'espace

15 ★ 10 min

(corrigés p. 271)

Dans le **cube** ci-contre, de côté 4 unités, le point O est le centre du carré $BCGF$, Ω est le centre du carré $ADHE$, I est le milieu de l'arête $[AB]$ et J celui de $[BC]$.

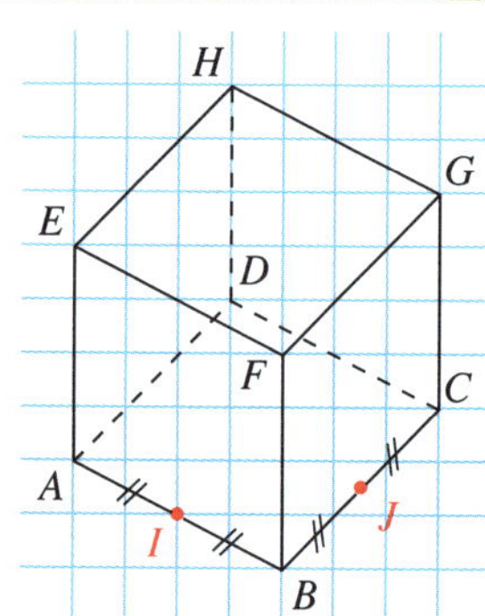

1. Dans chacun des cas suivants, nommer un plan qui contient les deux droites indiquées et donner leur position relative en justifiant.

a) Droites (IJ) et (AC).
b) Droites (JO) et (BC).
c) Droites $(O\Omega)$ et (HG).
d) Droites (OA) et (ΩG).
e) Droites (AO) et (HG).

2. Démontrer que les segments $[EC]$ et $[AG]$ se coupent en leur milieu.

3. Calculer BG, AC et AG.

16 ★★ 10 min (corrigés p. 271)

SABC est un **tétraèdre**.

a) Construire le point *G*, centre de gravité du triangle *ABC*, et le point *K* centre de gravité du triangle *SBC*.

b) La droite (*GK*) est parallèle à une arête du tétraèdre : laquelle ? Justifier.

17 ★★ 15 min (corrigés p. 272)

Dans le **cube** ci-contre, de côté 4 unités, le point *K* est le point de [*AB*] tel que *AK* = 1.

1. Déterminer la nature du triangle *ADC*.

2. Tracer le triangle *DCK* en respectant les pointillés. Déterminer la nature de ce triangle *DCK*.

3. Soit $\mathscr{C}$ le cercle circonscrit au triangle *ADC*. Calculer son rayon.

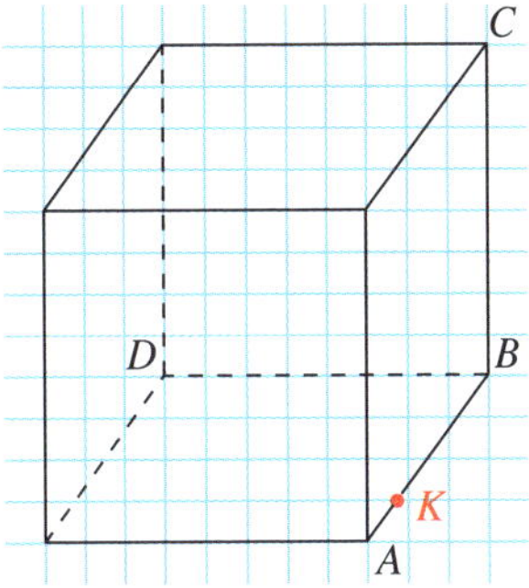

18 ★★★ 20 min (corrigés p. 272)

OABC est un **coin de cube**, c'est-à-dire un tétraèdre tel que les trois triangles de sommet *O* sont isocèles rectangles. *OA* = *OB* = *OC* = 3.
I est le milieu de [*AB*], et *OH* est la hauteur de ce tétraèdre, issue de *O*.

a) Faire une représentation de ce coin de cube, puis représenter le triangle *OIC* en vraie grandeur. Placer le point *H*.

b) Calculer l'aire du triangle *ABC* et le volume de ce tétraèdre.

c) En déduire la hauteur du coin de cube.

19 ★★★ 15 min (corrigés p. 273)

Un croissant est formé à l'aide de deux cercles : l'un de centre *O* et de rayon *R* et l'autre de centre *A*, comme indiqué ci-contre.
Démontrer que l'aire de ce croissant est R^2.

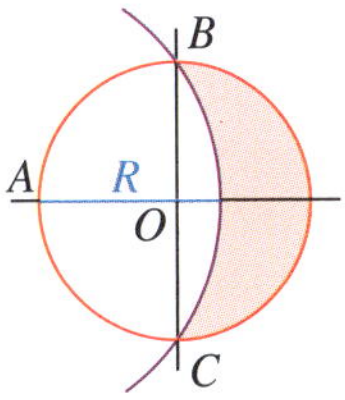

Une pièce métallique est une partie de **cylindre** de hauteur 7 cm, dont la base est un croissant de rayon 4 cm. Calculer le volume de cette pièce métallique.

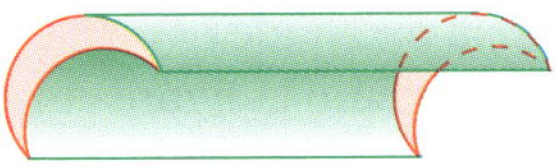

20 ★★★ 20 min (corrigés p. 274)

Dans un verre à cocktail de forme **conique**, la surface du liquide est un disque de rayon 4,5 cm. La hauteur du liquide est de 5 cm.

a) Calculer l'angle au sommet du cône formant ce verre au degré près. Calculer le volume du liquide au cm^3 près.

b) On place une bille de diamètre 2 cm dans ce verre : le liquide arrive juste en haut du verre.
Quelle est la hauteur totale de ce verre (au millimètre près), sachant que son pied mesure 4 cm ?

Problèmes

21 ★★★ 45 min

(corrigés p. 275)

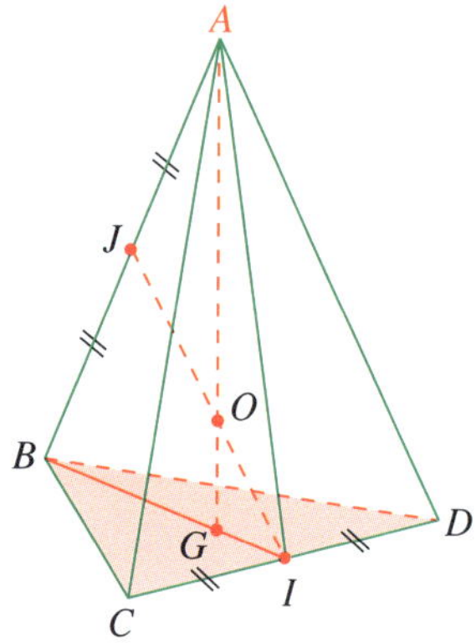

La molécule de méthane est composée de quatre atomes d'hydrogène et d'un atome de carbone ; les centres des atomes d'hydrogène sont les sommets d'un **tétraèdre régulier** $ABCD$ et le centre de l'atome de carbone O est à égale distance des atomes d'hydrogène.
On pose $AB = a$ et on se propose de calculer l'angle $\widehat{AOB}$, appelé angle de liaison.
On peut modéliser cette molécule par la figure ci-contre : I est le milieu de $[CD]$, J le milieu de $[AB]$, G est le pied de la hauteur du tétraèdre issue de A et relative à la base BCD. Par raison de symétrie, on admet que G est le centre de gravité du triangle BCD.

a) Faire une figure en vraie grandeur du triangle BCD, en prenant $a = 5$ cm.
En déduire BI en fonction de a.
Faire une figure en vraie grandeur du triangle ABI. Calculer AG en fonction de a, et à l'aide de l'angle $\widehat{OAJ}$, en déduire OA en fonction de a.

b) Calculer l'angle $\widehat{AOJ}$ et en déduire l'angle de liaison $\widehat{AOB}$ à 0,1° près.

22 ★★ 30 min

(corrigés p. 276)

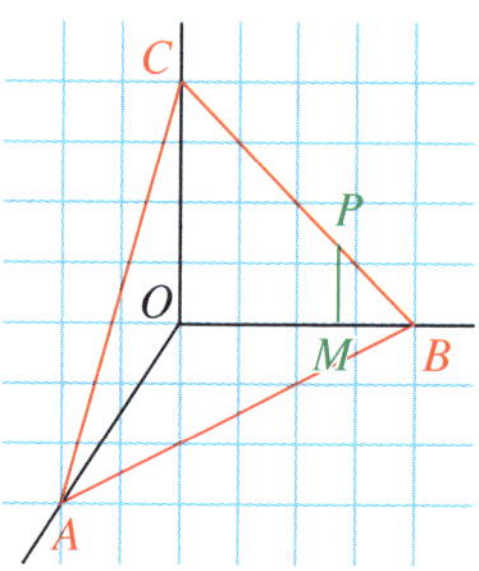

$OABC$ est un **coin de cube** de côté $OA = OB = OC = 4$.
M est un point du segment $[OB]$ et la droite (MP) est parallèle à (OC).

1. Le point M est tel que $OM = 3$.

a) Calculer PM. Représenter AMP en vraie grandeur.

b) Calculer les côtés du triangle AMP.

c) Calculer le volume de la pyramide $OAMP$.

2. Dans cette question, $OM = x$, et on s'intéresse au volume de la pyramide $OAMP$ en fonction de x.
Reproduire la figure et la compléter au fur et à mesure.

a) À quel intervalle appartient le réel x pour que la pyramide existe ?

b) Exprimer le volume $V(x)$ de cette pyramide en fonction de x.

c) Vérifier que $V(x) = \dfrac{2}{3}\left(-(x-2)^2 + 4\right)$.
Étudier les variations de cette fonction.
En déduire la position du point M pour que le volume soit maximal.

d) On cherche où placer le point M pour que le volume soit égal à 2,5.
Modéliser le problème par une équation. Déterminer les solutions de cette équation.

23 ★★★ 40 min *(corrigés p. 277)*

Dans un récipient de forme **cylindrique**, de rayon 4 cm, on place une bille de rayon 2 cm. On verse ensuite de l'eau jusqu'à recouvrir exactement la bille : la surface du liquide est tangente à la **bille**.
On retire alors la bille, et on la remplace par une autre bille, dont le rayon x n'est pas égal à 2 cm.
On se pose le problème suivant : si on prend une autre bille, sans changer le récipient, est-il possible d'obtenir de nouveau la même situation, c'est-à-dire que la surface de l'eau soit encore tangente à la bille ?

1. Calculer le volume d'eau versé dans le récipient.

2. a) Si l'on veut que la nouvelle bille puisse entrer dans le récipient, à quel intervalle appartient le rayon x ?
b) En calculant de deux façons le volume « eau + bille », montrer qu'une bille est solution du problème posé si son rayon x vérifie l'équation $x^3 - 24\,x + 40 = 0$.
Vérifier que 2 est une solution. Pouvait-on le prévoir ?

3. À l'écran d'une calculatrice, visualiser la courbe d'équation $y = x^3 - 24\,x + 40$.
Justifier graphiquement qu'il existe une bille de rayon x autre que 2, solution du problème posé. Donner une valeur approchée à 10^{-2} près de son rayon.

4. Vérifier que $x^3 - 24x + 40$ s'écrit $(x - 2)(x^2 + 2\,x - 20)$.
Rechercher la forme canonique de $x^2 + 2x - 20$.

5. Déterminer algébriquement le rayon exact x de la bille qui répond au problème posé.

EXERCICES

L'INTERROGATION ÉCRITE

2 heures

Constructions dans un tétraèdre

(corrigés p. 279)

a) Construire la section du tétraèdre de la figure 1 avec le plan (EFG), sachant que les points E, F et G sont placés comme l'indique la figure sur les arêtes du tétraèdre.

b) Dans le tétraèdre de la figure 2, le point I est un point du segment $[AC]$, J est un point de la face ACD et K est un point de la face ABC, placés comme l'indique la figure. On veut déterminer la section du tétraèdre par le plan (IJK).

Construire la droite d d'intersection du plan (IJK) avec le plan (ABC). Utiliser cette droite pour obtenir la section du tétraèdre par le plan (IJK).

Figure 1

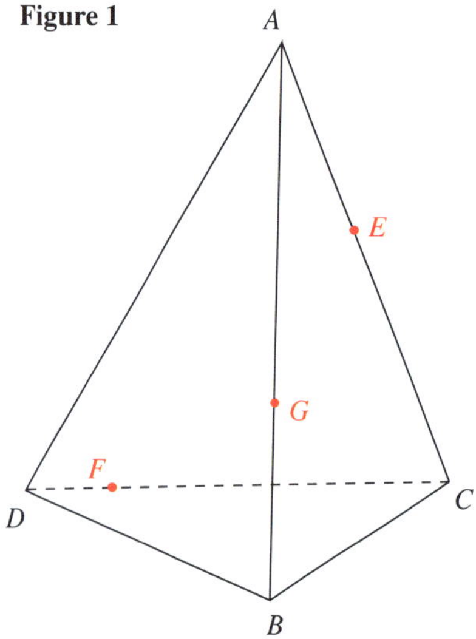

Figure 2

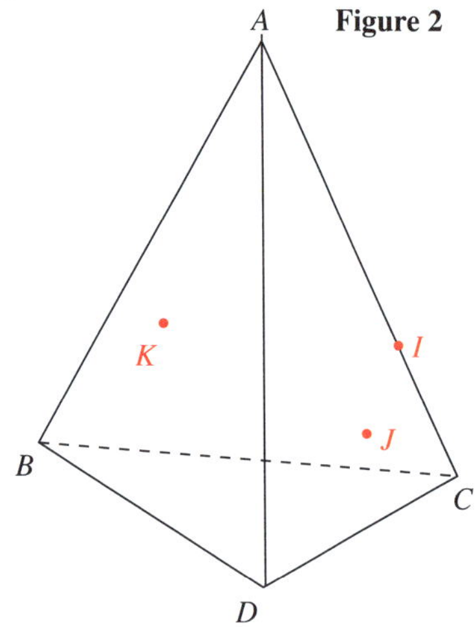

Calculs de volumes et de distances

(corrigés p. 279)

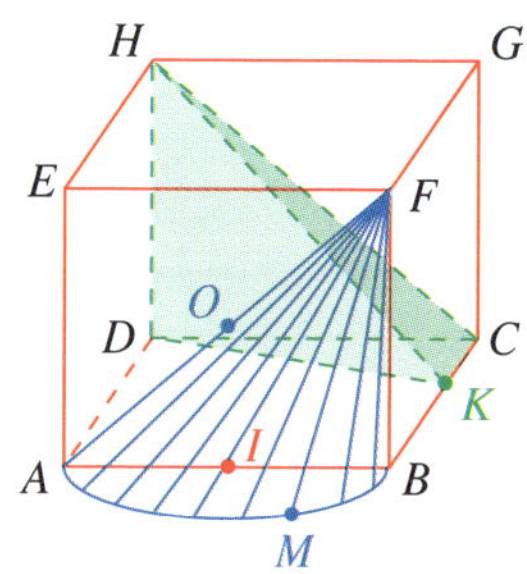

Dans ce pavé, l'unité considérée est le centimètre :
$AB = 8$, $BC = 6$ et $CG = 5$.
I est le milieu de $[AB]$ et K est le point de $[BC]$ tel que $KC = 2$.

a) Calculer le volume du pavé.

b) Calculer le volume du tétraèdre $HDCK$.

c) Calculer le volume du **cône** $\mathscr{C}$ de sommet F et de base le cercle de diamètre $[AB]$.

d) Calculer la longueur HF, puis la longueur HB. Calculer le volume de la sphère de centre le milieu de $[HB]$ et de rayon $\frac{5}{2}\sqrt{5}$.
Quels sont les sommets du pavé situés sur cette sphère ?

e) Si L est un point du segment $[HG]$, calculer le volume de la pyramide de sommet L et de base le trapèze $ABKD$.

f) Où placer le point N sur la demi-droite $[AE)$ pour que le volume de la pyramide, de sommet N et de base ABD, ait même volume que le cône $\mathscr{C}$?

CORRIGÉS

1 **a)** **Exercice de représentation : bien respecter les segments en pointillé lorsqu'ils sont à l'intérieur du pavé ou dans une face cachée.**

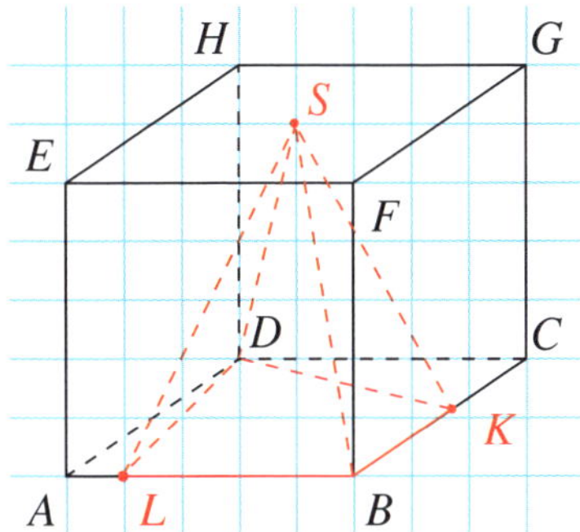

b) $\mathscr{A}(DLBK) = \mathscr{A}(ABCD) - \mathscr{A}(DAL) - \mathscr{A}(DCK)$

$$= AB \times AD - \frac{1}{2} \times AD \times AL - \frac{1}{2} \times DC \times CK$$

$$= 5 \times 5 - \frac{1}{2} \times 5 \times 1 - \frac{1}{2} \times 5 \times 2 = \frac{35}{2}.$$

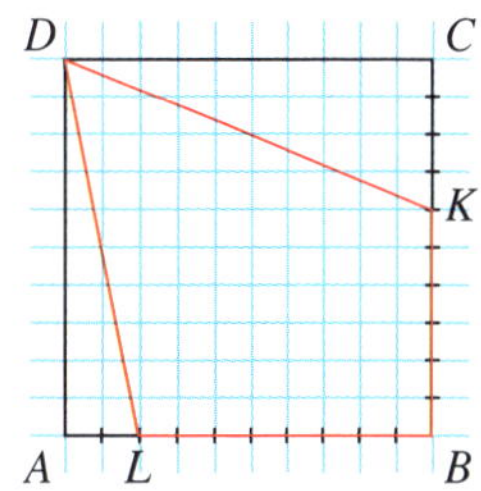

c) La hauteur de la pyramide est la distance entre les deux plans (EFG) et (ABC) ; donc $h = AE = 5$.
D'où le volume, en unités de volume :

$$\mathscr{V} = \frac{1}{3} \times h \times \mathscr{A}(DLBK) = \frac{1}{3} \times 5 \times \frac{35}{2} = \frac{175}{6}.$$

2 **a)** **Patron de la pyramide *SFBCG***

Il est important de repérer les angles droits sur chaque face de la pyramide :
la hauteur $[SG]$ est perpendiculaire à $[GC]$ et à $[GF]$;
la hauteur $[BC]$ est perpendiculaire à $[SC]$ dans BSC et la hauteur $[BF]$ est perpendiculaire à $[SF]$ dans BSF.

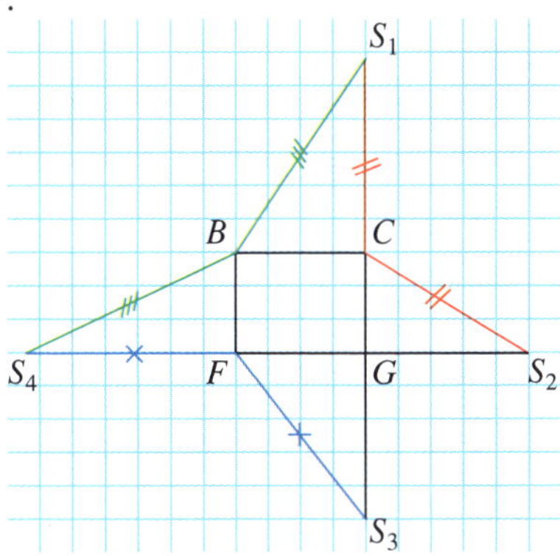

b) La pyramide $SFBCG$ a pour hauteur $[SG]$ relative à la base $BCFG$. Donc :

$$\mathscr{V} = \frac{1}{3} \times SG \times \mathscr{A}(BCFG) = \frac{1}{3} \times AB \times (AD \times AE) = \frac{1}{3} abc.$$

c) Comme le pavé a pour volume $AB \times AD \times AE = abc$, le volume de la pyramide est le tiers du volume du pavé.

3 Un parallélogramme est le patron de la face latérale d'un cylindre : la hauteur du cylindre est la hauteur du parallélogramme et la base a pour circonférence la longueur ℓ du parallélogramme.
Le rayon R du cylindre est tel que :

$$2\pi R = \ell \Leftrightarrow R = \frac{\ell}{2\pi}.$$

Donc le volume du cylindre est :

$$\mathcal{V} = h \times (\pi R^2) = h \times \pi \times \left(\frac{\ell}{2\pi}\right)^2 = \frac{h\ell^2}{4\pi}.$$

Application : Si la feuille de format A4 donne un cylindre de hauteur $h = 21$ cm, alors le volume est :

$$\mathcal{V}_1 = \frac{21 \times 29{,}7^2}{4} \approx 1\,474 \text{ cm}^3.$$

Si la hauteur du cylindre est $h = 29{,}7$ cm, alors le volume est :

$$\mathcal{V}_2 = \frac{29{,}7 \times 21^2}{4} \approx 1\,042 \text{ cm}^3.$$

```
21*29.7²
  4π
                    1474.084329
29.7*21²
  4π
                    1042.281849
```

4 Un cône de révolution de hauteur $h = 7{,}5$ cm, de base un cercle de rayon R, a pour volume $125{,}7$ cm^3, se traduit par : $\mathcal{V} = \frac{1}{3} \times h \times \pi\, R^2$.

On résout $125{,}7 = \frac{1}{3} \times 7{,}5 \times \pi \times R^2 \Leftrightarrow R^2 = \frac{3 \times 125{,}7}{7{,}5\pi}$.

D'où $R = \sqrt{\frac{3 \times 125{,}7}{7{,}5\pi}} \approx 4$ cm.

```
√(3*125.7 / 7.5π)
                    4.000577593
```

5 a) **Patron du tétraèdre *KBCF*.**
$[FB]$ est la hauteur relative au plan (KBC), donc $[FB]$ est perpendiculaire à $[KB]$ et à $[BC]$, et K est le milieu de $[AD]$, donc KBC est isocèle en K, de hauteur 6 unités : c'est la hauteur du tétraèdre, relative à BCF.

$\mathcal{A}(BCF) = \frac{1}{2} \times BC \times BF = \frac{1}{2} \times 6 \times 6 = 18$, en unités d'aire.

Donc $\mathcal{V}(KBCF) = \frac{1}{3} \times h \times \mathcal{A}(BCF) = \frac{1}{3} \times 6 \times 18 = 36$, en unités de volume.

b) Dans BKF, $BF = 6$; $KB^2 = AB^2 + AK^2 = 6^2 + 3^2 = 36 + 9 = 45$, donc $KB = \sqrt{45} = 3\sqrt{5}$.
Comme $(FB) \perp (KB)$, alors $KF^2 = KB^2 + BF^2 = 45 + 36 = 81$, donc $KF = \sqrt{81} = 9$.

$\mathcal{A}(KBF) = \frac{1}{2} \times KB \times FB = \frac{1}{2} \times 3\sqrt{5} \times 6 = 9\sqrt{5}$, en unités d'aire.

c) Soit C' le pied de la hauteur issue de C dans le triangle CBK.
$[CC']$ est la hauteur issue de C relative à BFK dans le tétraèdre $CFBK$.

D'où $\mathcal{V}(CFBK) = \frac{1}{3} \times CC' \times \mathcal{A}(BFK)$. Or $\mathcal{V}(CFBK) = 36$ d'après la question **a)**.

Donc, on résout : $36 = \frac{1}{3} \times CC' \times 9\sqrt{5} \Leftrightarrow CC' = \frac{36}{3\sqrt{5}} = \frac{12\sqrt{5}}{5}$.

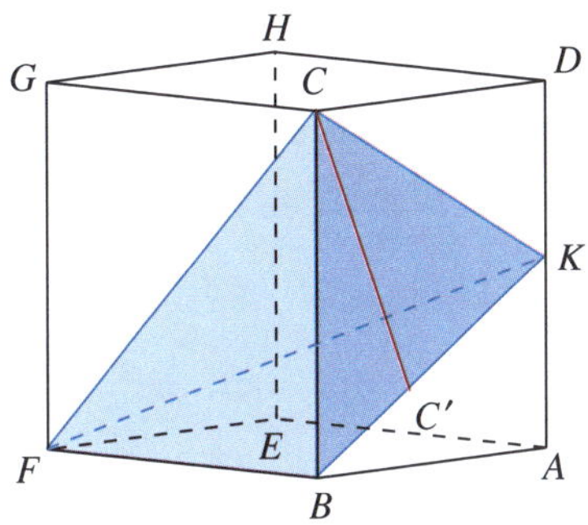

d) Patron du tétraèdre, en prenant pour base BCF, obtenu avec Geospace.

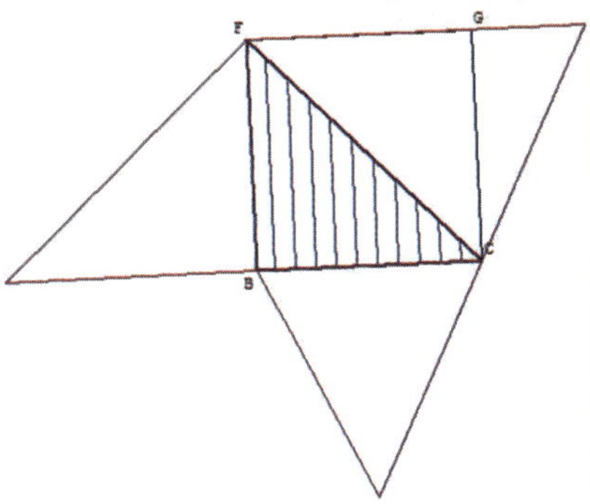

Théorème
Lorsque l'on connaît la hauteur $[SH]$ d'une pyramide, alors toute droite de la base, passant par H, est perpendiculaire à $[SH]$.

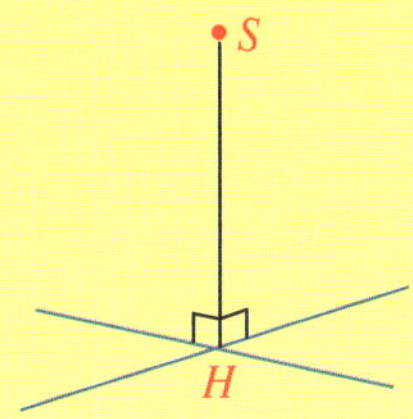

6 **Pour un cône, faire une figure de la coupe du cône par un plan passant par le sommet et perpendiculaire à la base.**

a) Ce cône de hauteur 5 cm a pour base un cercle de rayon 3,5 cm ; son volume est :

$$\mathcal{V} = \frac{1}{3} \times h \times (\pi R^2) = \frac{1}{3} \times 5 \times \pi \times 3{,}5^2 = \frac{61{,}25\pi}{3} \approx 64 \text{ cm}^3.$$

```
1/3*5*π*3.5²
                    64.14085001
```

b) Calcul de l'angle du secteur angulaire

Théorème
L'angle d'un secteur angulaire est proportionnel à la longueur du secteur : pour le cercle complet de rayon y d'angle 360°, la longueur du secteur est celle du cercle, soit $2\pi y$.

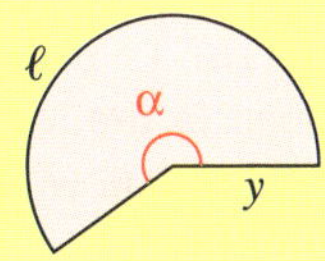

longueur	$2\pi y$	ℓ	$\alpha = \dfrac{360\ell}{2\pi y}$
angle	360°	α°	

Le rayon y du secteur correspond à SB : $SB^2 = SH^2 + HB^2 = 3{,}5^2 + 5^2 = 37{,}25$.

D'où $y = \sqrt{37{,}25} \approx 6{,}103$.

La longueur du secteur est la longueur du cercle de base du cône, $\ell = 2\pi \times 3{,}5$.

D'où : $\alpha = \dfrac{360 \times 2\pi \times 3{,}5}{2\pi \times \sqrt{37{,}25}} = \dfrac{360 \times 3{,}5}{\sqrt{37{,}25}} \approx 206°$.

c) On cherche le rayon R du cercle de base tel que le volume du cône de hauteur $h = 6$ cm soit le même que celui du cône en **a)**, donc on résout l'équation :

$$\frac{1}{3}6(\pi R^2) = \frac{61{,}25\pi}{3} \Leftrightarrow 2\pi R^2 = \frac{61{,}25\pi}{3} \Leftrightarrow R^2 = \frac{61{,}25\pi}{3} \times \frac{1}{2\pi} = \frac{61{,}25}{6}.$$

D'où $R = \sqrt{\dfrac{61{,}25}{6}} \approx 3{,}2$ cm.

```
360*3.5
√37.25
                          206.446444
√(61.25/6)
                         3.195048252
```

7 **Attention : dans l'espace, en perspective cavalière, les milieux sont conservés, les rapports sur les segments sont conservés, les droites parallèles le restent.**
Mais si deux droites de l'espace semblent parallèles sur la figure, cela ne signifie pas qu'elles le soient dans la réalité !
Ne pas hésiter à refaire une figure comme si on avait tourné le solide afin de le voir sous un autre angle.

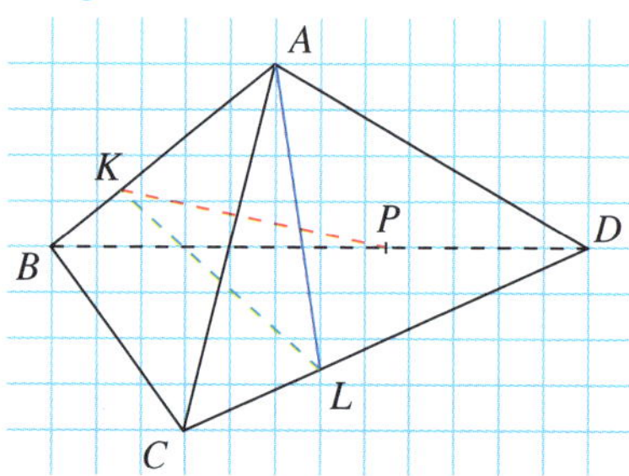

a) Faux. La figure ci-dessus prouve que c'est faux : (KL) et (BC) sont non coplanaires.

b) Faux. P est un point de [BD], donc ne peut pas être sur (AL) qui se situe dans le plan (ADC).

c) Vrai. L est un point de (DC), donc (AL) est incluse dans (ADC). On peut écrire : $L \in (DC)$, donc $(AL) \subset (ACD)$.

d) Vrai. K est un point de (AB) et P est un point de (BD), donc (KP) est incluse dans le plan (ABD).

e) Vrai. Le plan (ABP) est le plan (ADB) et le plan (ACL) est le plan (ADC).
Donc la droite (AD) est l'intersection de ces deux plans. On peut écrire sous la forme : $P \in (BD)$, donc $(ABP) = (ADB)$ et $L \in (CD)$, donc $(ACL) = (ADC)$.
D'où $(ADB) \cap (ADC) = (AD)$.

8 La figure est celle de l'exercice précédent.
a) Faux. Les droites (*KL*) et (*PC*) ne sont pas coplanaires, car (*KP*) et (*LC*) ne sont pas coplanaires.
b) Faux. Les droites (*KL*) et (*BD*) ne sont pas dans le même plan, car (*KB*) et (*LD*) ne sont pas coplanaires.
Remarque : (AB) et (CD) coplanaires
⇔ A, B, C, D sont dans le même plan ⇔ (AC) et (BD) coplanaires.
c) Vrai. Comme *P* est un point de (*DB*), alors (*PCD*) est le plan (*BCD*).
Comme *L* est un point de (*CD*), alors *L* est un point commun aux plans (*BCD*) et (*ALB*).
Donc l'intersection des plans (*BCD*) et (*ALB*) est la droite (*BL*).

9 Une face d'un cube est un carré, donc *I* est le centre du carré *BCGF* et les diagonales [*BG*] et [*FC*] sont perpendiculaires en *I*.
a) Vrai. Le point *K* est un point de [*EH*], donc *K* est un point du plan (*FGHE*).
b) Vrai. *L* est un point de [*AB*], donc les points *A*, *B*, *L*, *C* et *D* sont coplanaires, donc (*LC*) et (*DB*) sont sécantes.
c) Faux. (*KG*) est dans le plan (*HEF*) et (*FL*) est dans le plan (*EFB*).
d) Vrai. Comme (*EK*) et (*FB*) ne sont pas coplanaires, alors (*KF*) et (*EB*) sont non coplanaires.
e) Vrai. Le plan (*DLC*) est le plan (*ABC*) et le plan (*EFK*) est le plan (*EFG*).
Ces deux plans sont des faces opposées du cube, donc ils sont parallèles.
f) Vrai. Comme (*KF*) est incluse dans le plan (*EFG*), parallèle au plan (*ABC*), alors (*KF*) est parallèle au plan (*ABC*).

Théorème
Si **deux plans sont parallèles**, toute droite incluse dans l'un des plans est **parallèle** à l'autre plan.

g) Vrai. Comme (*IC*) est la droite (*FC*), le plan (*KIC*) est le plan (*KFC*).
Donc les plans (*EHG*) et (*KFC*) ont en commun les points *F* et *K* : ils sont sécants suivant (*KF*).
h) Faux. (*KDA*) est le plan (*HEA*), parallèle à (*GFB*) ; (*FLI*) est le plan (*FLC*) et (*FLC*) n'est pas parallèle à (*GFB*), donc (*FLI*) n'est pas parallèle à (*KDA*).

Théorème
Si deux **plans sont parallèles**, tout plan parallèle à l'un est parallèle à l'autre.

10 Attention : si un point est mobile sur un segment, cela signifie qu'il ne garde pas la position donnée par la figure.
Ne pas hésiter à utiliser un logiciel dynamique de géométrie, même en 2D, pour faire bouger les points mobiles d'une figure.
1. a) Les droites (*AC*) et (*BK*) sont non coplanaires, car (*BK*) est la droite (*BD*).
b) Les plans (*BIJ*) et (*ADC*) sont sécants suivant la droite (*IJ*).
c) La droite (*IJ*) est incluse dans le plan (*ADC*).
d) La droite (*AK*) est sécante au plan (*BIJ*) au point *L* intersection des droites (*BJ*) et (*AK*) dans le plan (*ABD*).
2. Dans le triangle *ACD*, (*IJ*) et (*CD*) sont parallèles si, et seulement si, on a une situation de Thalès : c'est-à-dire s'il existe un réel k tel que $AJ = kAD$ et $AI = kAC$.

CORRIGÉS

Figure faite sur TI-Nspire

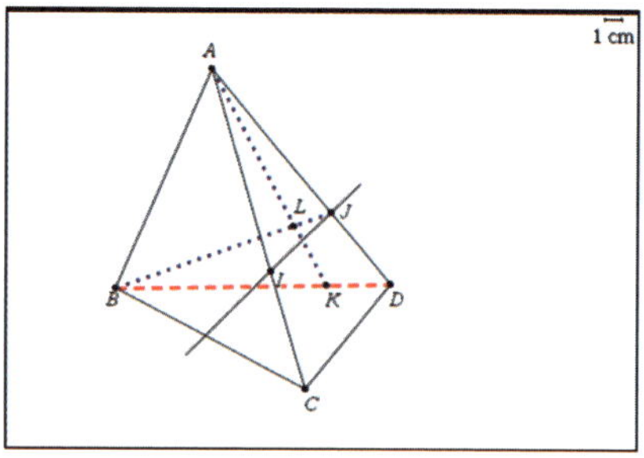

11 **1. a)** M est un point de $]AB[$, donc M est un point du plan (ABC).
$E \in]AC[$, donc $E \in (ABC)$.
Donc les droites (ME) et (BC) sont coplanaires, car toutes deux incluses dans le plan (ABC).

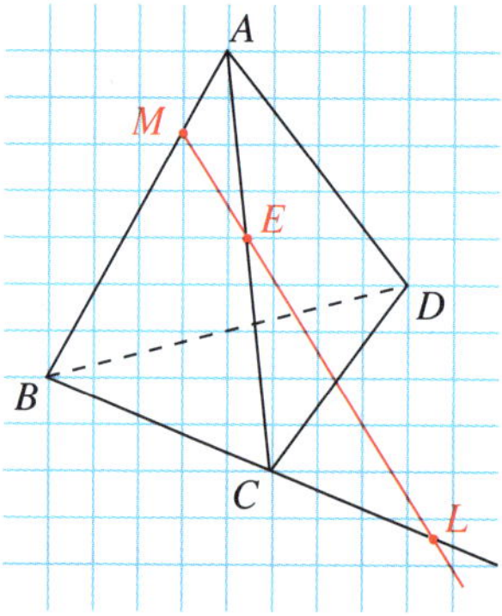

b) D'après la position des points M et E, la droite (ME) coupe la droite (BC) à l'extérieur du tétraèdre en L.

Penser qu'une droite (BC) ne se réduit pas à un segment $[BC]$ et qu'un plan (BCD) ne se réduit pas au triangle BCD !

Un plan est infini : penser à le « prolonger » mentalement dès que nécessaire.

L est un point de (BC), donc (LD) est incluse dans le plan (BCD).
Le point L n'existe pas lorsque la droite (ME) est parallèle à (BC), c'est-à-dire lorsque l'on a une situation de Thalès dans le triangle ABC.

2. **De B à A, en vertical, il y a 7 carreaux, donc il est facile de placer M à $\frac{2}{7}$ de $[BA]$.**
Le point L est sur la demi-droite $[CB)$.

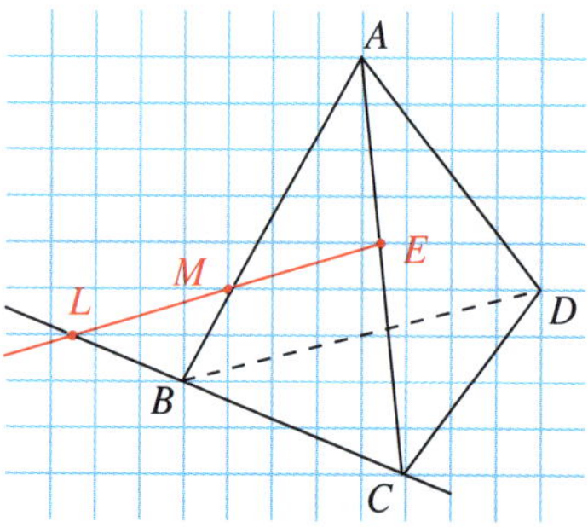

12 **1. Étude des cas particuliers**

a) Si le point K est en A, le plan (EGK) est le plan (AEG), c'est-à-dire (EGC), donc l'intersection avec (BC) est le point C.

b) Si K est en B, alors (EGK) est le plan (EGB), sécant en B à la droite (BC).

2. a) $[KG]$ n'est pas sur une face du pavé, donc on ne le trace pas.

Lors de la recherche de construction sur un solide (pavé, cube, tétraèdre...), penser à ne pas tracer des segments qui se trouvent à l'intérieur du solide : cela évite beaucoup de confusion.

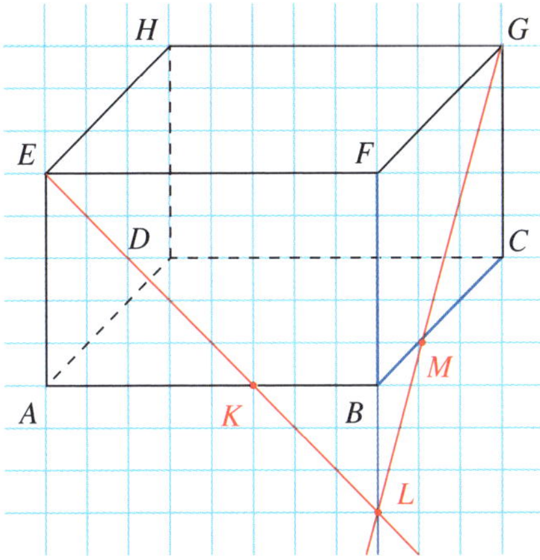

b) les droites (EK) et (FB) sont dans la face (ABF) du pavé ; elles sont sécantes en L.

c) **Cette construction est à connaître parfaitement, car elle est à la base de nombreuses constructions dans l'espace.**

Comme L est un point de (FB), alors L est un point du plan (FBC). Donc les droites (LG) et (BC) sont dans le plan (FBC), donc elles sont sécantes en M.

Comme M est un point de (LG) et (LG) est incluse dans le plan (LGE) c'est-à-dire (EGK), alors M est bien le point d'intersection du plan (EGK) avec la droite (BC).

13 **Exercice de constructions autour d'un pavé**

1. Les plans (ABG) et (CAF) ont le point A en commun, il suffit de trouver un autre point commun.

Or (CF) et (BG) sont sécantes en I, centre de la face $BCGF$. Donc les plans (ABG) et (CAF) sont sécants suivant la droite (AI).

2. Les deux plans parallèles (ABC) et (EFG) sont coupés par le plan (KTF) suivant deux droites parallèles : donc on trace la parallèle à (TF) passant par K, qui coupe (DC) en R.

L'intersection du plan (KTF) avec le plan (ABC) est la droite (KR).

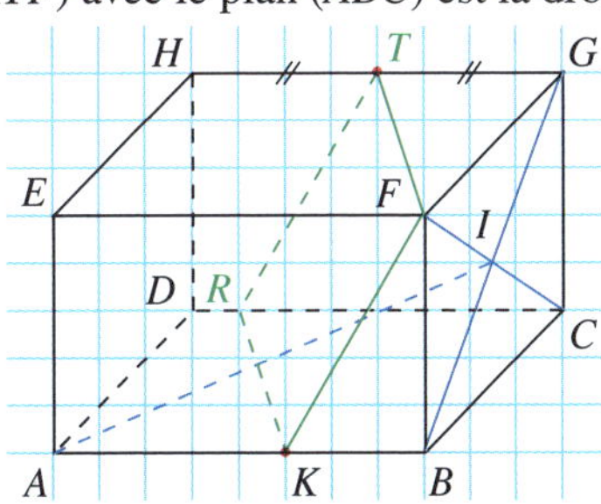

Comme R est sur (CD), il appartient au plan (CGH), donc l'intersection du plan (KTF) avec le plan (CGH) est la droite (RT).

3. Si les vecteurs n'ont pas été vus, on place P à $\frac{1}{4}$ de $[HG]$ à partir de H.

On applique la construction vue en **2.**

On trace la parallèle à (PF) passant par K qui coupe (AD) en Q (et (CD) en L). L'intersection de (KPF) avec le plan (ABC) est la droite (KQ).

Puis, on trace la parallèle à (KF) passant par P (c'est aussi la droite (LP)) qui coupe (DH) en S.

L'intersection du plan (KPF) avec le plan (CGH) est la droite (PS).

L'intersection du plan (KPF) avec le plan (AEH) est la droite (SQ).

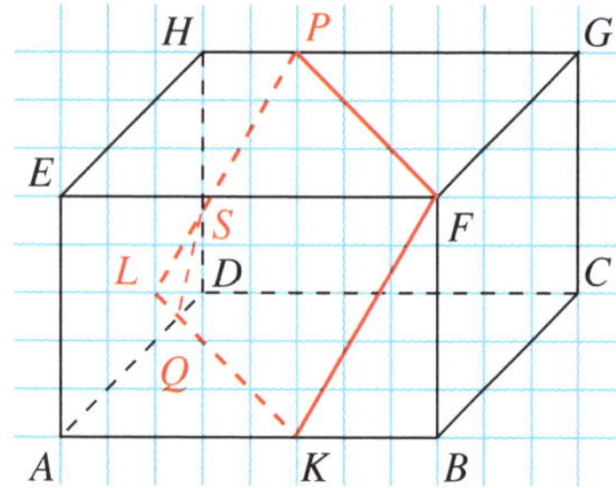

Le polygone $KFPSQ$ est appelé la **trace** du plan (KPF) sur le pavé.

14 On cherche la trace du plan (ABC) sur chacun des plans sécants en O.

On suppose que la construction est réalisée.

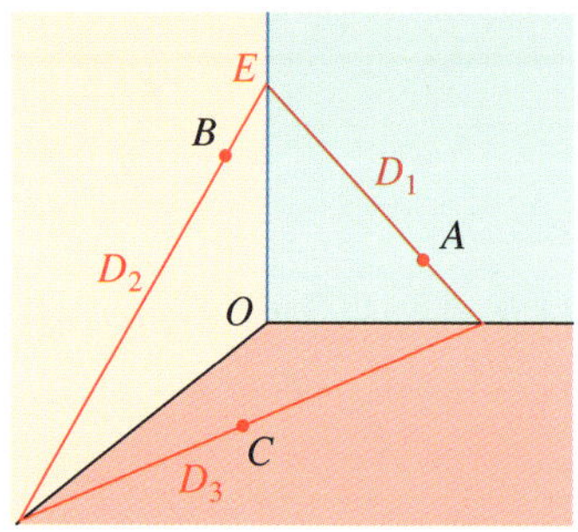

Cela signifie que l'on cherche la droite D_1 passant par A dans le plan vert, la droite D_2 passant par B dans le plan jaune, et la droite D_3 passant par C dans le plan rose.

Nécessairement, les droites D_1 et D_2 sont sécantes en un point E de la droite bleue verticale passant par O, mais on ne sait pas où !

On va choisir un point F de cette droite et construire les droites (FA) et (FB).

Le plan (FAB) va couper le plan rose suivant une droite d.

Les droites (AB) et d sont coplanaires. La position des points A et B de la figure indique que les droites d et (AB) sont sécantes en L.

Comme L est un point de d, alors L est un point du plan rose contenant C ; la droite (LC) est incluse dans le plan rose.

De plus, L étant un point de (AB), L est donc un point du plan (ABC).

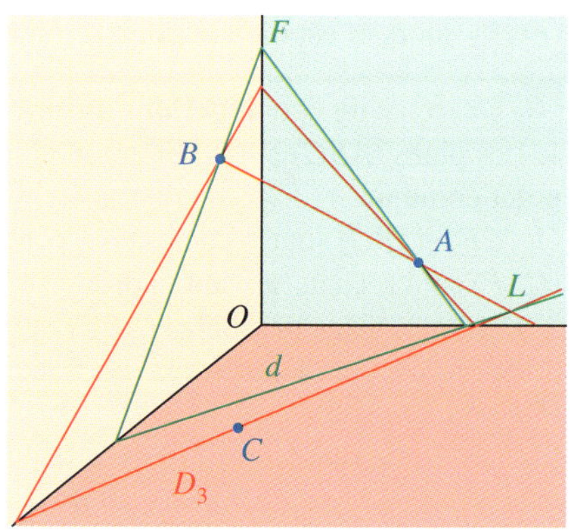

Pour terminer, la droite (LC) est donc la droite D_3 cherchée.

Il suffit alors de tracer D_1 passant par A et D_2 passant par B !

Attention : suivant la position des points *A*, *B* et *C*, on peut obtenir une droite *d* parallèle à (*AB*) ; dans ce cas, la droite D_3 est la parallèle à (*AB*) passant par *C*.

Ne pas hésiter à faire et refaire cette figure et cette construction !

15 Dans un cube, toutes les faces sont des carrés.

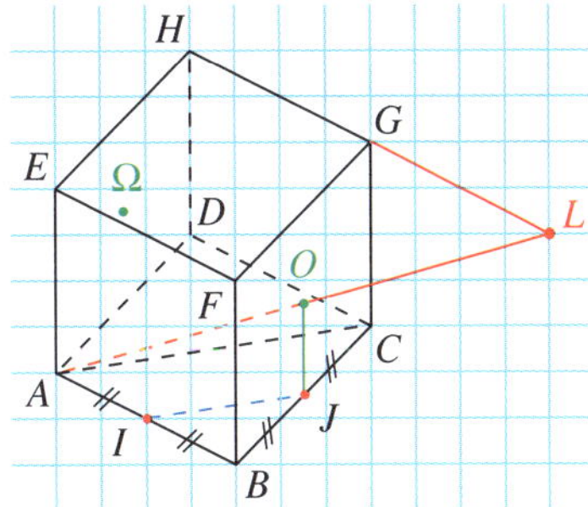

1. a) (IJ) et (AC) sont dans le plan (ABC). (IJ) est la **droite des milieux** du triangle ABC.
Donc $(IJ) // (AC)$.

b) (JO) et (BC) sont dans le plan (FBC). Dans le carré $FBCG$, (OJ) est perpendiculaire à (BC).

c) $(O\Omega)$ et (HG) sont dans le plan (AHG). Dans le rectangle $ABGH$, O et Ω joignent les milieux des côtés opposés $[AH]$ et $[BG]$;
donc $(O\Omega) // (HG)$.

d) (OA) et (ΩG) sont dans le plan (AOG), c'est-à-dire (AHG) : c'est le plan du rectangle $ABGH$.
$OG\Omega A$ est un parallélogramme, donc (OA) et (ΩG) sont parallèles.

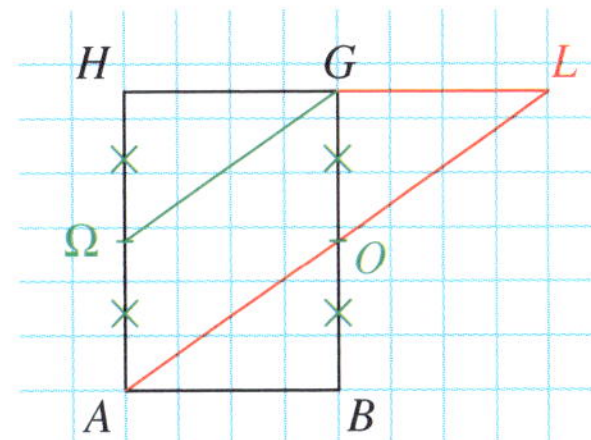

e) (OA) et (HG) sont dans le plan (AHG). (HG) est sécante à (OA) en L, tel que G est le milieu de $[HL]$.

2. Comme $EACG$ est un rectangle, les diagonales $[EC]$ et $[AG]$ sont de même longueur et se coupent en leur milieu.

3. $[BG]$ est la diagonale du carré $FBCG$ de côté 4, donc :

$$BG^2 = BC^2 + CG^2 = 4^2 + 4^2 = 32.$$

D'où $BG = 32 = 4\sqrt{2}$. De même pour AC dans $ABCD$. D'où $AC = 4\sqrt{2}$.
$[AG]$ est la diagonale du rectangle $ACGE$, donc :

$$AG^2 = AC^2 + CG^2 = 32 + 4^2 = 48.$$

D'où $AG = \sqrt{48} = 4\sqrt{3}$.

À connaître
Dans un cube de côté a, les **diagonales** des faces mesurent $a\sqrt{2}$ et ACH est un triangle **équilatéral**.

16 **a)** G, centre de gravité de ABC, est situé au tiers de la médiane $[AI]$ à partir du milieu I de $[BC]$.

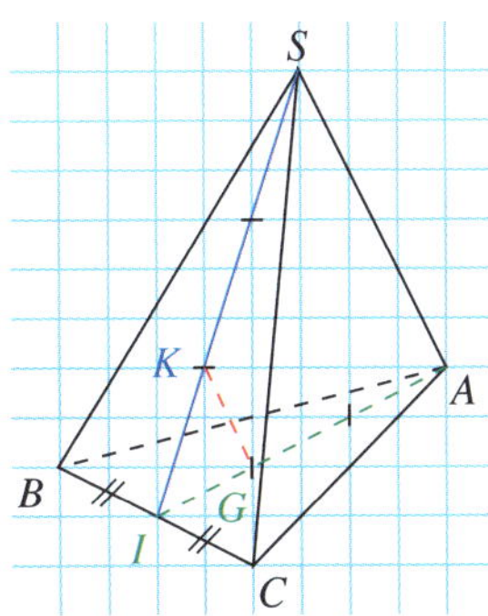

De même, K est situé au tiers de $[SI]$ à partir de I dans le triangle SBC.

b) Comme $\dfrac{IG}{IA} = \dfrac{IK}{IS} = \dfrac{1}{3}$, alors, d'après la **réciproque du théorème de Thalès** dans le triangle ISA, la droite (KG) est parallèle à (SA).

17 Une partie du cube est utilisée.

1. ADC est un triangle équilatéral. voir exercice 15 de ce chapitre

2. Tracé de *DCK*

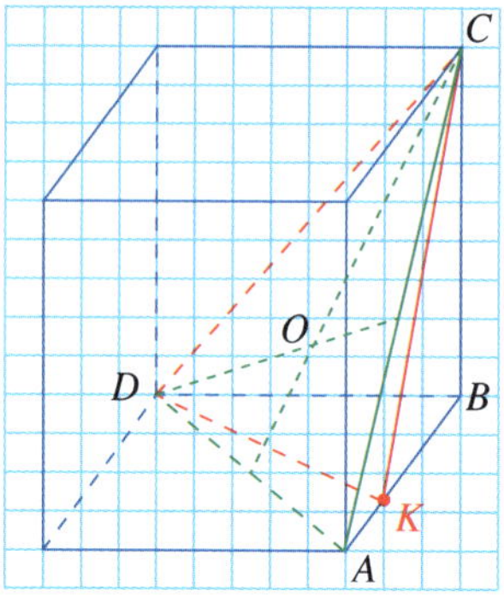

Pour déterminer la nature de ce triangle, on calcule la longueur de chaque côté.

- $DC = 4\sqrt{2}$, comme diagonale d'une face du cube.
- Dans DBK, rectangle en B : $DK^2 = KB^2 + BD^2 = 3^2 + 4^2 = 25$.
- Dans CBK, rectangle en B : $CK^2 = KB^2 + BC^2 = 3^2 + 4^2 = 25$. Donc $DK = CK$.

Le triangle DKC est isocèle en K.

3. Le triangle ADC est équilatéral, donc le rayon du cercle circonscrit à ce triangle est OC où O est le centre du triangle équilatéral ADC.

Faire une figure du triangle équilatéral *ADC*.

$OC = \frac{2}{3}CI$, avec I milieu de $[AD]$.

$$CI^2 = CA^2 - \left(\frac{AD}{2}\right)^2 = (4\sqrt{2})^2 - \left(\frac{4\sqrt{2}}{2}\right)^2 = 32 - 8 = 24.$$

Donc $CI = \sqrt{24} = 2\sqrt{6}$.

Le rayon est donc : $OC = \frac{2}{3}CI = \frac{2}{3} \times 2\sqrt{6} = \frac{4\sqrt{6}}{3}$.

18 Dans un coin de cube

a) Représentations

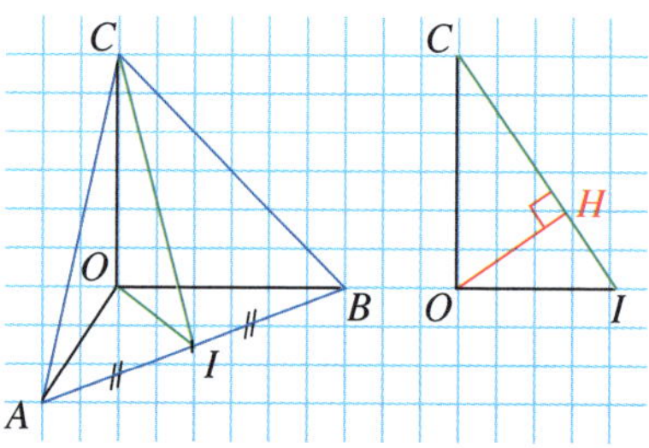

b) ABC est un triangle équilatéral, de côté $AB = 3\sqrt{2}$.

voir exercices 15 et 17 de ce chapitre

La hauteur est CI.

Or $CI^2 = CA^2 - AI^2 = (3\sqrt{2})^2 - \left(\frac{3\sqrt{2}}{2}\right)^2 = 18 - \frac{9}{2} = \frac{27}{2}$. Donc $CI = \sqrt{\frac{27}{2}} = 3\sqrt{\frac{3}{2}}$.

$\mathscr{A}(ABC) = \dfrac{1}{2} \times AB \times CI = \dfrac{1}{2} \times 3\sqrt{2} \times 3\sqrt{\dfrac{3}{2}} = \dfrac{9}{2}\sqrt{3}$.

Le volume du tétraèdre est :

$\mathscr{V}(OABC) = \dfrac{1}{3} \times OC \times \mathscr{A}(OAB) = \dfrac{1}{3} \times OC \times \left(\dfrac{OA \times OB}{2}\right) = \dfrac{1}{6} \times OA^3 = \dfrac{1}{6} \times 3^3 = \dfrac{9}{2}$.

c) Le volume du tétraèdre peut aussi se calculer en prenant pour base *ABC* et pour hauteur *OH* :

$$\mathscr{V}(OABC) = \frac{1}{3} \times OH \times \mathscr{A}(ABC) = \frac{1}{3} \times OH \times \frac{9}{2}\sqrt{3} = \frac{3\sqrt{3}}{2} OH.$$

Or $\mathscr{V}(OABC) = \dfrac{9}{2}$ d'après la question **b)**.

Ainsi, on peut écrire l'équation :

$$\frac{3\sqrt{3}}{2} OH = \frac{9}{2} \Leftrightarrow OH = \frac{9}{2} \times \frac{2}{3\sqrt{3}} = \frac{3}{\sqrt{3}} = \sqrt{3}.$$

La hauteur *OH* de ce coin de cube est $\sqrt{3}$.

19 **Il est nécessaire d'analyser la figure.**
Le croissant est formé du demi-cercle $\mathscr{C}$ de diamètre [*BC*], privé de la calotte $\mathscr{L}$ (hachurée) de corde [*BC*] dans le cercle de rayon *AB*. L'aire du demi-cercle $\mathscr{C}$ est :

$$\frac{1}{2} \times \pi \times OB^2 = \frac{\pi R^2}{2}$$

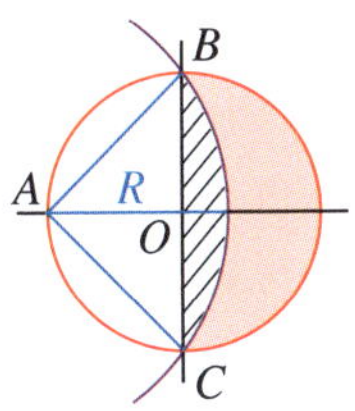

Cette calotte $\mathscr{L}$ est le secteur angulaire *BAC*, privé du triangle *BAC*.
Or l'angle $\widehat{BAC}$ mesure 90°, donc le secteur angulaire *BAC* est le quart du cercle de rayon *AB*, soit $\frac{1}{4}\pi AB^2$. Le triangle *ABC* a pour aire : $\mathscr{A}(ABC) = \dfrac{AO \times BC}{2} = \dfrac{R \times 2R}{2} = R^2$.

L'aire du croissant est : $\dfrac{\pi R^2}{2} - \left(\dfrac{1}{4}\pi AB^2 - R^2\right)$.

Or $AB^2 = OA^2 + OB^2 = R^2 + R^2 = 2R^2$.

Donc $\dfrac{1}{4}\pi AB^2 = \dfrac{\pi R^2}{2}$. Ainsi, l'aire du croissant est :

$$\mathscr{B} = \frac{\pi R^2}{2} - \frac{\pi R^2}{2} + R^2 = R^2.$$

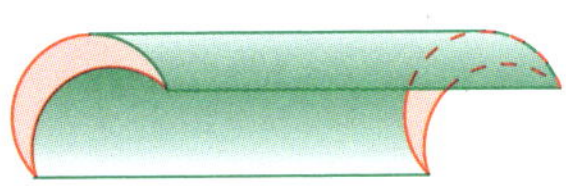

Le volume de la pièce métallique de hauteur 7 cm et de base le croissant de rayon $R = 4$ cm est : $V = h \times \mathscr{B} = 7 \times 4^2 = 112$ cm^3.

20 a) Il est nécessaire de faire une « coupe » du verre : en bleu, le volume du liquide sans la bille ; en rouge, avec la bille.

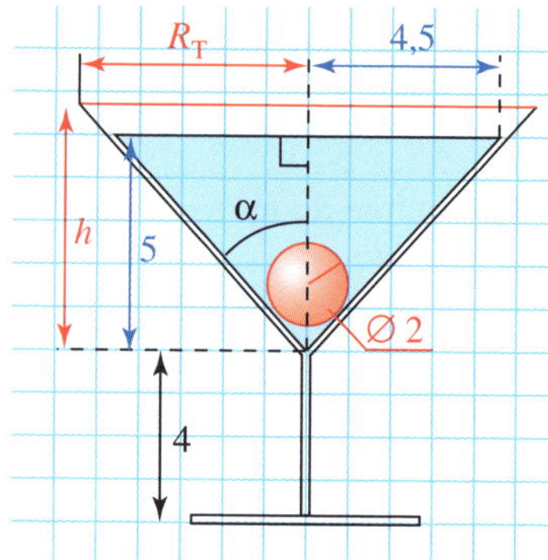

L'angle du cône est le double de l'angle α.

$\tan \alpha = \dfrac{4,5}{5} = 0,9$.

En se plaçant en mode degré, $\alpha = \tan^{-1}(0,9) \approx 42°$.
L'angle du cône est de 84°. Le volume du liquide est :

$$V = \frac{1}{3} \times h' \times (\pi R^2) = \frac{\pi}{3} \times 5 \times 4,5^2 \approx 106 \text{ cm}^3.$$

b) La bille de diamètre 2 cm a pour volume :

$$V_B = \frac{4\pi}{3} r^3 = \frac{4}{3} \pi \times 1^3 = \frac{4\pi}{3}.$$

Donc le volume total du verre est :

$$V_T = V + V_B = \frac{101,25\pi}{3} + \frac{4\pi}{3} = \frac{105,25\pi}{3} \approx 110,2 \text{ cm}^3.$$

Comme l'angle α a pour tangente $\dfrac{4,5}{5}$, mais aussi $\dfrac{R_T}{h}$, alors $R_T = 0,9h$.

Le volume total du verre est aussi :

$$V_T = \frac{1}{3} \times h \times (\pi R_T^2) = \frac{\pi}{3} \times h \times R_T^2 = \frac{\pi}{3} h \times (0,9^2 \times h^2)$$

$$= \frac{0,81\pi}{3} \times h^3.$$

Ainsi, on obtient l'équation : $\dfrac{0,81\pi}{3} \times h^3 = \dfrac{105,25\pi}{3}$ **on multiplie par $\dfrac{3}{\pi \times 0,81}$**

$$h^3 = \frac{105,25}{0,81} \approx 130.$$

On cherche le nombre dont le cube est 130. Ainsi, $h \approx 5,065$ cm.
La hauteur totale du verre est donc de 9,1 cm, au millimètre près.
Sur TI Nspire

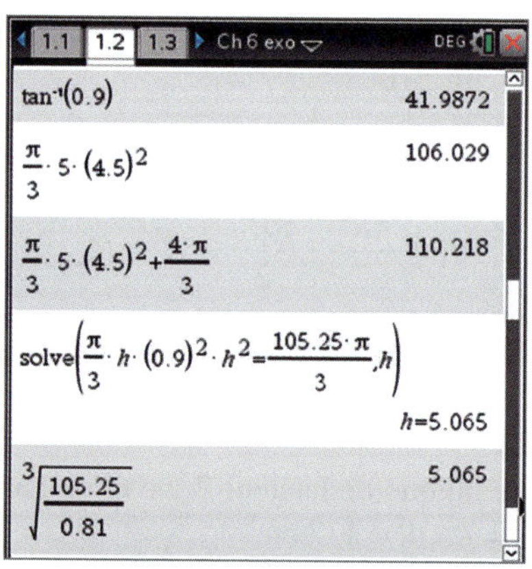

21 La molécule de méthane, ou le tétraèdre régulier

C'est un exercice classique. Faire des figures en vraie grandeur permet de mieux visualiser le problème. Ne pas hésiter à les refaire sur son brouillon.

a) BCD est une face du tétraèdre, donc $CD = a$,

$CI = \dfrac{a}{2}$, et $BI^2 = BC^2 - CI^2 = a^2 - \dfrac{a^2}{4} = \dfrac{3a^2}{4}$. D'où $BI = \dfrac{a\sqrt{3}}{2}$.

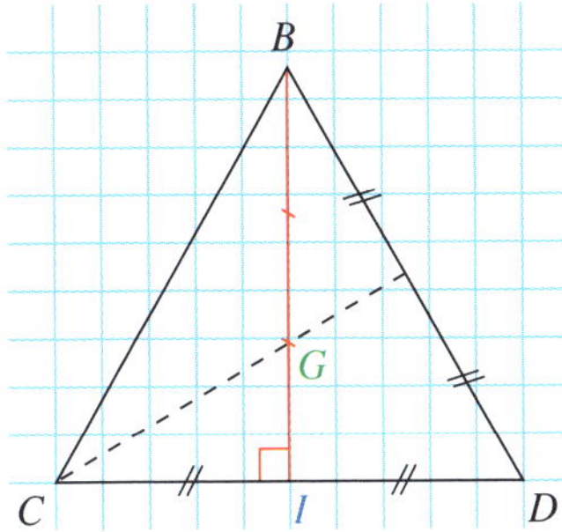

b) Comme ACD est aussi une face du tétraèdre, alors $AI = BI = \dfrac{a\sqrt{3}}{2}$.

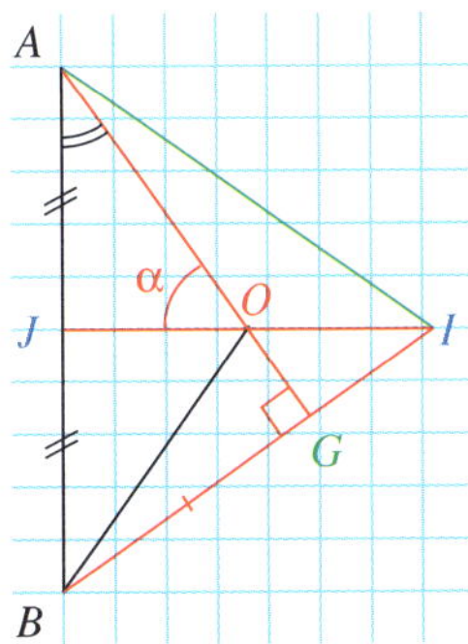

Donc le triangle ABI est isocèle en I.
G, centre de gravité du triangle BCD, est tel que : $BG = \dfrac{2}{3}BI = \dfrac{2}{3} \times \dfrac{a\sqrt{3}}{2} = \dfrac{a\sqrt{3}}{3}$.

Comme $[AG]$ est la hauteur du tétraèdre relative à la base BCD, alors $(AG) \perp (BI)$.

Donc $AG^2 = AB^2 - BG^2 = a^2 - \left(\dfrac{a\sqrt{3}}{2}\right)^2 = a^2 - \dfrac{a^2}{3} = \dfrac{2a^2}{3}$. D'où $AG = a\sqrt{\dfrac{2}{3}} = \dfrac{a\sqrt{6}}{3}$.

Dans le triangle AOJ, rectangle en J : $\cos\widehat{OAJ} = \dfrac{AJ}{AO}$.

Dans le triangle AGB, rectangle en G : $\cos\widehat{OAJ} = \dfrac{AG}{AB}$.

Donc $\dfrac{AJ}{AO} = \dfrac{AG}{AB} \Leftrightarrow AO = \dfrac{AJ \times AB}{AG}$. Ainsi, $AO = \dfrac{\dfrac{a}{2} \times a}{\dfrac{a\sqrt{6}}{3}} = \dfrac{a^2}{2} \times \dfrac{3}{a\sqrt{6}} = \boldsymbol{\dfrac{a\sqrt{6}}{4}}$.

c) Dans le triangle AOJ, rectangle en J :

$\sin\widehat{AOJ} = \dfrac{AJ}{AO} = \dfrac{a}{2} \times \dfrac{4}{a\sqrt{6}} = \dfrac{2}{\sqrt{6}} = \dfrac{2\sqrt{6}}{6} = \dfrac{\sqrt{6}}{3}$.

D'où $\widehat{AOJ} = \sin^{-1}\left(\dfrac{\sqrt{6}}{3}\right) \approx 54{,}74°$.

CORRIGÉS

L'angle des liaisons carbone-hydrogène est le double de cet angle, soit **109,5°**.

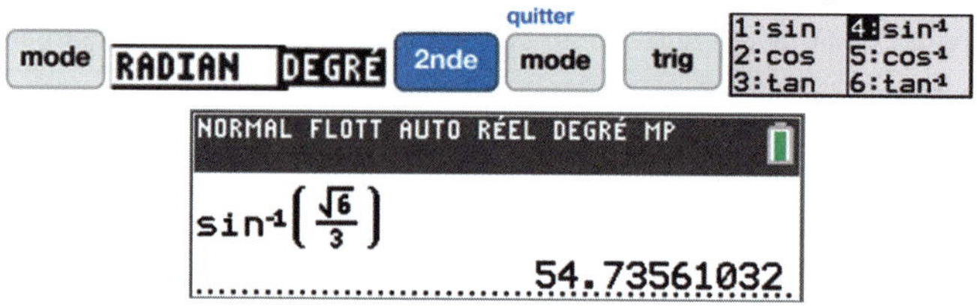

22 Dans un coin de cube

voir exercice 18 de ce chapitre

1. On a $OA = 4$; $OB = 4$ et $OM = 3$.

a) Dans le triangle OBC, on a $(PM) // (OC)$, donc d'après le théorème de Thalès :

$$\frac{PM}{CO} = \frac{BM}{BO} \Leftrightarrow PM = \frac{BM \times CO}{BO} \ ;$$

Conseil : écrire la relation de Thalès en commençant toujours par le côté que l'on cherche : ici *PM*, alors que l'on connaît tous les autres côtés.

or $BM = OB - OM = 4 - 3 = 1$. D'où $PM = 1$.

On peut aussi utiliser : le triangle *OCB* étant isocèle rectangle, le triangle *BMP* l'est aussi ; donc *PM* = *BM* = 1.

b) Dans AOM : $AM^2 = AO^2 + OM^2 = 4^2 + 3^2 = 16 + 9 = 25$.

D'où $AM = \sqrt{25} = 5$.

Comme $MP = 1$ et (PM), parallèle à la hauteur $[OC]$ de la pyramide, est aussi perpendiculaire à (AM), donc dans AMP rectangle en M :

$$AP^2 = AM^2 + MP^2 = 25 + 1 = 26.$$

D'où $AP = \sqrt{26}$.

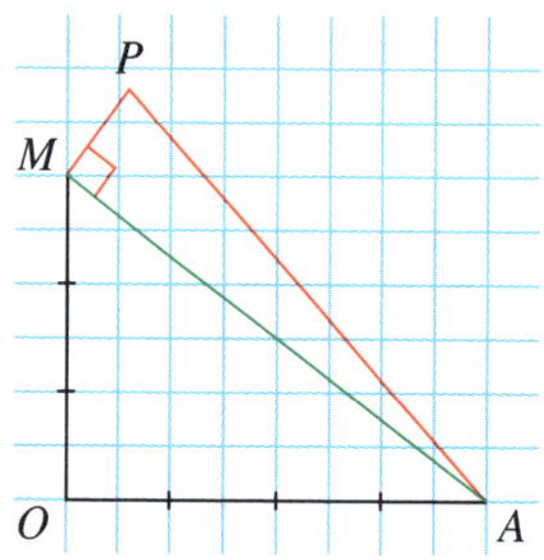

c) La pyramide $OAMP$ a pour hauteur $[PM]$ relative à la base AOM ; donc son volume est :

$$V = \frac{1}{3} \times PM \times \mathscr{A}(AOM) = \frac{1}{3} \times PM \times \frac{OA \times OM}{2} = \frac{1}{3} \times 1 \times \frac{4 \times 3}{2} = 2.$$

2. L'étude du cas particulier précédent permet une étude plus rapide de la situation.

a) Comme $M \in [OB]$, alors : $0 \leqslant OM \leqslant OB \Leftrightarrow 0 \leqslant x \leqslant 4$.

Donc la pyramide existe lorsque $x \in [0 \ ; 4]$.

Par convention, on inclut les bornes 0 et 4, bien que physiquement la pyramide n'existe pas.

b) Comme BMP est un triangle isocèle rectangle en M, alors $PM = BM = 4 - x$.

Donc le volume de la pyramide $OAMP$ est :

$$V(x) = \frac{1}{3} \times PM \times \mathscr{A}(OAM) = \frac{4 - x}{3} \times \frac{4 \times x}{2} = \frac{2}{3} x (4 - x).$$

c) On vérifie l'écriture indiquée par développement.

$$\frac{2}{3}\left(-(x-2)^2+4\right)=\frac{2}{3}\left(-(x^2-4x+4)+4\right)=\frac{2}{3}(-x^2+4x) \text{ et } \frac{2}{3}x(4-x)=\frac{2}{3}(4x-x^2).$$

Donc on retrouve le même résultat. $V(x)=\frac{2}{3}(-(x-2)^2+4)$, avec $x \in [\,0\,;4]$.

La fonction V est une fonction polynôme du second degré.
Sa forme canonique montre que : V change de variation en $x = 2$; V est croissante sur $[0\,;2]$ et décroissante sur $[2\,;4]$, car le coefficient $a=-\frac{2}{3}$ est négatif.

Le volume V est donc maximal lorsque $x = 2$, c'est-à-dire lorsque M est le milieu de $[OB]$.

x	0		2		4
$V(x)$	0	↗	$\frac{8}{3}$	↘	0

$V(2)=\frac{2}{3}(-0^2-4)=\frac{8}{3}$.

d) On cherche x tel que $V(x) = 2{,}5$. On résout dans $[0\,;4]$:

$\frac{2}{3}\left(4-(x-2)^2\right)=\frac{5}{2}$ **on multiplie par $\frac{3}{2}$**

$4-(x-2)^2=\frac{15}{4}$ **on soustrait 4**

$-(x-2)^2=-\frac{1}{4}$ **on prend les opposés**

$(x-2)^2=\frac{1}{4}$ **on résout $X^2 = k$**

- $x-2=-\frac{1}{2} \Leftrightarrow x=\frac{3}{2}$
- $x-2=\frac{1}{2} \Leftrightarrow x=\frac{5}{2}$.

Les deux solutions sont dans l'intervalle $[0\,;4]$.
Le point M prend deux positions : $OM = 1{,}5$ ou $OM = 2{,}5$.

À l'aide de TI-Nspire

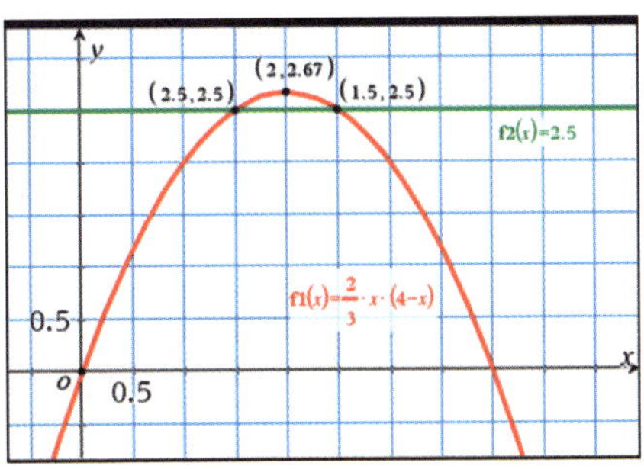

23 Problème de bille dans un récipient

voir exercice 20 de ce chapitre

Faire une figure en coupe du récipient et de la bille.

1. Volume du cylindre « eau + bille » : $V = h \times (\pi R^2) = 4 \times \pi \times 4^2 = 64\pi$.

Volume de la bille : $V_b=\frac{4}{3}\pi r^3=\frac{4}{3}\pi \times 2^3=\frac{32\pi}{3}$.

D'où le volume d'eau :

$V_e = V - V_b = 64\pi - \dfrac{32\pi}{3} = \dfrac{160\pi}{3}$. garder tout le long des valeurs exactes

2. a) La bille doit avoir un rayon inférieur à 4. Donc $x \in [0\,;4]$.

b) $V_b = \dfrac{4}{3}\pi x^3$. Donc le volume « bille + eau » est : $V_b = \dfrac{4}{3}\pi x^3 + \dfrac{160\pi}{3}$.

Et le volume du cylindre est : $V = 2x \times (\pi \times 4^2) = 32x\pi$.

On écrit l'égalité de ces deux volumes :

$\dfrac{4}{3}\pi x^3 + \dfrac{160\pi}{3} = 32x\pi$ on divise par $\dfrac{4\pi}{3}$ chaque membre

$x^3 + 40 = \dfrac{32 \times 3}{4}x \Leftrightarrow x^3 + 40 = 24x \Leftrightarrow x^3 - 24x + 40 = 0$.

2 est solution, car : $2^3 - 24 \times 2 + 40 = 8 - 48 + 40 = 0$.

On retrouve le rayon de la première bille.

3. À l'aide de la calculatrice, on résout graphiquement : on obtient $x \approx 3{,}58$.

```
\Y1=X³+40
\Y2=24X
```

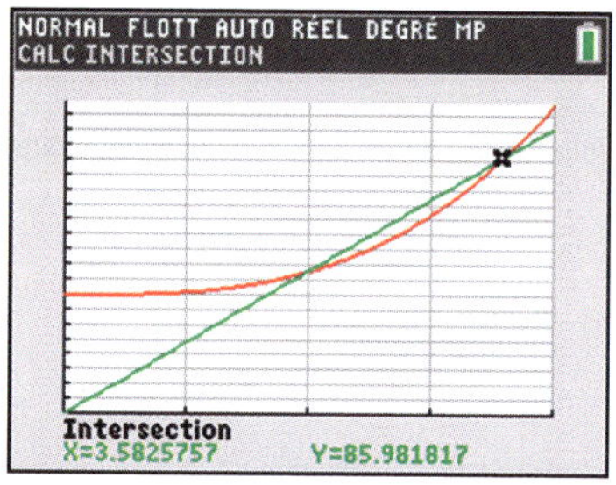

4. Pour vérifier une factorisation, on effectue le développement de la forme donnée :

$(x-2)(x^2+2x-20) = x^3 + 2x^2 - 20x - 2x^2 - 4x + 40 = x^3 - 24x + 40$.

Forme canonique de $x^2 + 2x - 20$ voir *chapitre 3*

$x^2 + 2x - 20 = x^2 + 2x + 1 - 1 - 20 = (x+1)^2 - 21$.

5. Pour trouver le rayon exact x de la bille, on résout dans $[0\,;4]$:

$x^3 - 24x + 40 = 0 \Leftrightarrow (x-2)(x^2+2x-20) = 0$ produit nul

$\Leftrightarrow x = 2$ ou $x^2 + 2x - 20 = 0$.

Or $x^2 + 2x - 20 = 0 \Leftrightarrow (x+1)^2 = 21 \Leftrightarrow x + 1 = -\sqrt{21}$ ou $x + 1 = \sqrt{21}$

$\Leftrightarrow x = -\sqrt{21} - 1$ ou $x = \sqrt{21} - 1$.

Dans $[0\,;4]$, la seule solution est $\boldsymbol{\sqrt{21} - 1}$, valeur exacte.

[résol] 2:PlySmlt2 Choisir : degré 2

```
NORMAL FLOTT AUTO RÉEL DEGRÉ MP
PLYSMLT2 APP
        1x²+    2x-   20=0
x1=-1+√21
x2=-1-√21
```

Et [◂▸] pour obtenir les valeurs arrondies. Choisir : DEGRÉ 1 2 3

```
   1x³+   0x²-   24x+   40=0
x1=-5.582575695
x2=3.582575695
x3=2
```

L'INTERROGATION ÉCRITE

Constructions dans un tétraèdre

a) Dans la face ABC, on trace $[EG]$ et la droite (EG) coupe (BC) en P ; on trace $[EF]$ en pointillé dans la face ADC.
Dans le plan (CBD), on trace la droite (PF) qui coupe $[DB]$ en S.
La section du tétraèdre par le plan (EFG) est le quadrilatère $GEFS$.

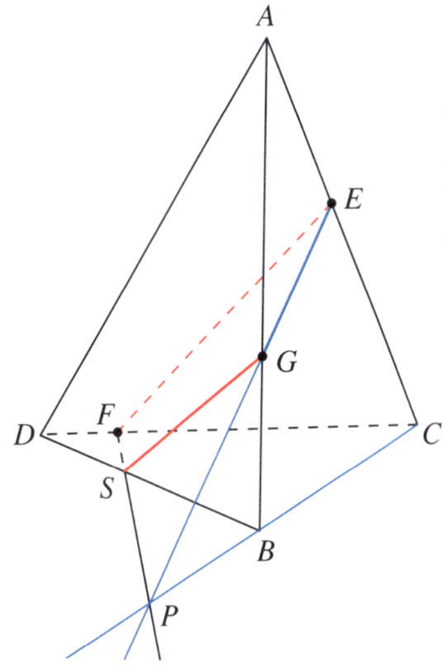

b) I et K sont deux points du plan (ABC), donc la droite d est la droite (IK).
La droite (IK) coupe $[AB]$ en R.
I et J sont dans le plan (ADC), donc la droite (IJ) coupe $[DC]$ en S et la droite (AD) en P.
Les points P et R sont dans le plan (ABD), donc la droite (PR) coupe $[BD]$ en T.
La section du tétraèdre par le plan (IJK) est le quadrilatère $IRTS$.

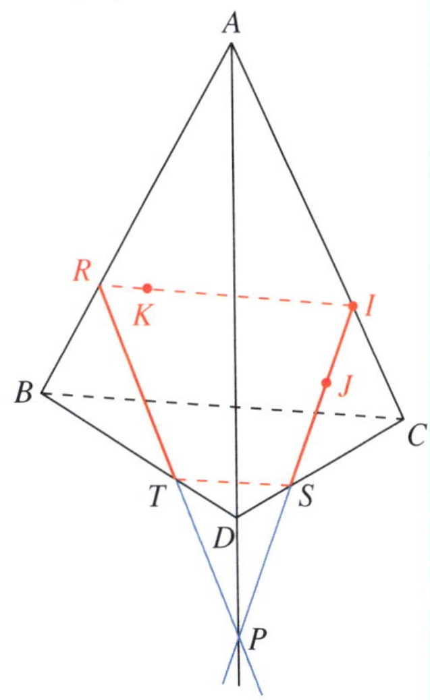

Calculs de volumes et de distances

Pour calculer un volume de solide, bien repérer la hauteur et la base correspondante.
Se souvenir que, dans un pavé, toutes les faces sont des rectangles.

a) Volume du pavé, en cm^3 :

$$\mathcal{V} = AB \times BC \times CG = 8 \times 6 \times 5 = 240.$$

b) $HDCK$ est une pyramide de hauteur $[HD]$ et de base DKC. Or, le triangle DKC est rectangle en C.
D'où le volume, en cm^3 :

$$\mathcal{V}(HDKC) = \frac{1}{3} \times HD \times \left(\frac{1}{2} \times DC \times CK\right)$$
$$= \frac{1}{3} \times 5 \times \frac{1}{2} \times 8 \times 2 = \frac{40}{3}.$$

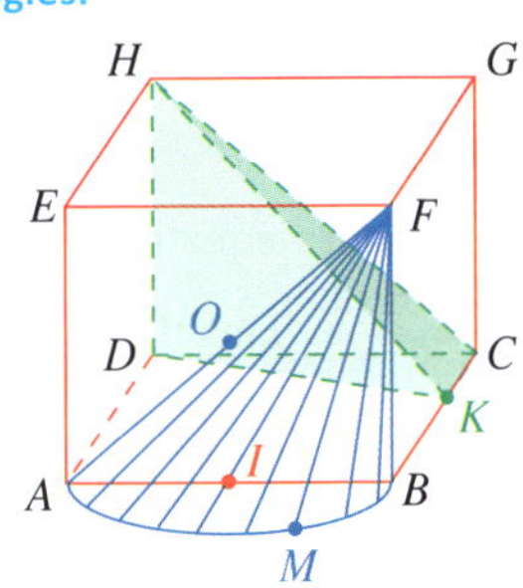

c) Le cône $\mathscr{C}$ a pour hauteur $[FB]$ et pour base le cercle de centre I et de rayon $AI = 4$.
D'où le volume du cône, en cm^3 :

$$\mathscr{V}_{\mathscr{C}} = \frac{1}{3} \times FB \times (\pi \times AI^2) = \frac{1}{3} \times 5 \times \pi \times 4^2 = \frac{80\pi}{3} \approx 84 \text{ cm}^3.$$

d) Dans le triangle HEF, rectangle en E, on a :
$HF^2 = HE^2 + EF^2 = 6^2 + 8^2 = 100$; d'où $HF = 10$.
Dans le triangle HFB rectangle en F, on a :
$HB^2 = HF^2 + FB^2 = 100 + 5^2 = 125$; d'où $HB = \sqrt{125} = 5\sqrt{5}$.

La sphère de centre le milieu de $[HB]$ a pour rayon $R = \dfrac{HB}{2}$.

Son volume, en cm^3, est : $\mathscr{V} = \dfrac{4}{3}\pi R^3 = \dfrac{4}{3} \times \pi \times \left(\dfrac{5\sqrt{5}}{2}\right)^3 = \dfrac{625\pi\sqrt{5}}{6} \approx 732$ cm^3.

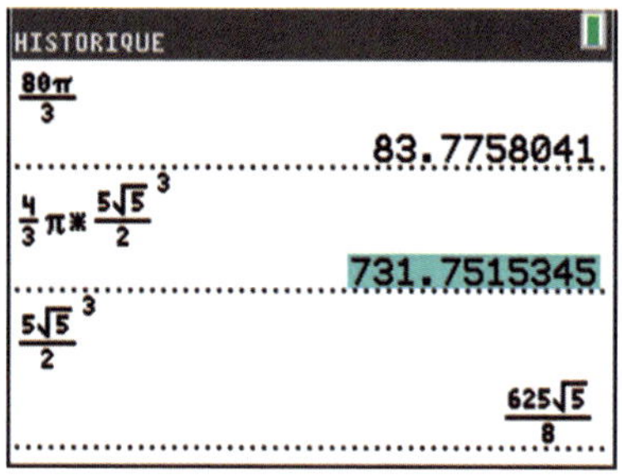

En langage Python :

```
>>> from math import sqrt,pi
>>> 4/3*pi*(5*sqrt(5)/2)**3
731.751534483409
```

Le segment $[EC]$ est la diagonale du rectangle $EHCB$, donc $EC = HB$;
de même pour $[AG]$ dans le rectangle $EGCA$: ainsi, $AG = EC = HB$.
Ainsi, les sommets du pavé sont situés sur la sphère S.

e) La hauteur de la pyramide $LABKD$ est $[HD]$, quelle que soit la position du point L, et sa base est le trapèze rectangle $ABKD$ de bases parallèles $[AD]$ et $[BK]$.
D'où le volume de la pyramide, en cm^3 :

$$\mathscr{V}(LABKD) = \frac{1}{3} \times HD \times \left(\frac{AB \times (AD + BK)}{2}\right) = \frac{1}{3} \times 5 \times \frac{8 \times (6 + 4)}{2} = \frac{200}{3}.$$

f) On cherche le point N de $[AE)$ tel que le volume de la pyramide $NABD$ soit égal au volume du cône $\mathscr{C}$. On pose $x = AN$, réel positif.

***N* peut être à l'extérieur du pavé.**

D'où le volume de la pyramide $NABD$ de hauteur $[AN]$ et de base le triangle rectangle ABD, en cm^3 :

$$\mathscr{V}(NABD) = \frac{1}{3} \times AN \times \left(\frac{1}{2} \times AB \times AD\right) = \frac{1}{3} \times x \times \left(\frac{1}{2} \times 8 \times 6\right) = 8x.$$

On résout l'équation $\mathscr{V}(NABD) = \mathscr{V}_{\mathscr{C}}$

$8x = \dfrac{80\pi}{3}$ dans $[0 ; +\infty[$, c'est-à-dire, **en divisant par 8**

$x = \dfrac{10\pi}{3} \approx 10{,}47 > 5$, donc le point N est à l'extérieur du pavé.

Chapitre 8

Statistiques et probabilités

TEST PRÉLIMINAIRE

15 min *(corrigés p. 284)*

Pour les questions 1 à 4, on considère la série statistique des 36 notes d'un devoir.

1	1	3	4	5	5	6	7	7	8	9	10	10	10	10	11	11	11
12	12	12	12	12	12	13	13	13	13	15	15	16	17	17	17	18	19

Vrai Faux

1 La note la plus fréquente est 12, avec une fréquence de 6. .... ☒ ☐

2 La fréquence cumulée de la note 13 est $\frac{7}{9}$. .... ☐ ☒

3 La médiane est 11,5 ; le quartile 1 est 9 et l'écart interquartile est 50 %. ... ☐ ☐

4 La moyenne des notes est 10,75. .... ☒ ☐

5 Dans une grande série statistique, si l'on change les valeurs extrêmes, alors la médiane et les quartiles ne changent pas. .... ☒ ☐

6 Dans un histogramme, la hauteur des rectangles est proportionnelle à l'effectif de la classe. .... ☒ ☐

Pour les questions 7 à 10, on utilise les données du tableau ci-contre, donnant la répartition des titres chargés par Pauline sur son téléphone portable.

Un titre est choisi au hasard.

	Française	Anglaise	Total
Variétés	18		42
Rock		12	
R & B	5	14	
total	25		

7 La probabilité que ce soit un titre de variétés est 0,56. .... ☐ ☐

8 La probabilité que ce soit un titre en langue anglaise et de Rock est 0,16. .. ☐ ☐

9 La probabilité que ce soit un titre de variétés ou en langue française est 0,893. .... ☐ ☐

10 Deux morceaux sont choisis à la suite l'un de l'autre dans la totalité des titres. La probabilité qu'ils soient tous les deux de variétés est supérieure à 0,5. ... ☐ ☐

TEST

COURS

Savoir calculer un effectif ou une fréquence à partir de la série statistique

Une série statistique étant donnée :

► l'**effectif** n_i d'une valeur x_i de la série est le nombre de fois où cette valeur apparaît. La somme des n_i est l'effectif total N.

► la **fréquence** f_i d'une valeur de la série est le quotient de l'effectif de cette valeur par l'effectif total : $f_i = \dfrac{n_i}{N}$.

Calculer la moyenne $\overline{x}$ d'une série statistique numérique

► Pour une série de N valeurs, la **moyenne** $\overline{x}$ est la somme de toutes les valeurs divisée par N : $\overline{x} = \dfrac{\text{somme}(x_i)}{N} = \dfrac{\sum x_i}{N}$.

► Pour une série regroupée, donnée par le tableau des valeurs distinctes avec leur effectif ou leur fréquence, la moyenne est :

$$\overline{x} = \frac{\sum(n_i \times x_i)}{N} = \sum(f_i \times x_i)$$

► Pour une série regroupée par classe, une **valeur approchée de la moyenne** est obtenue en prenant pour valeurs x_i les centres de classe.

Déterminer la médiane Med d'une série numérique

On range les N valeurs de la **série en ordre croissant**.

► Si N est impair, la **médiane Med** est la valeur de la série située à la $\left(\dfrac{N+1}{2}\right)^{\text{e}}$ place dans la série ordonnée.

► Si N est pair, par convention, la **médiane Med** est le milieu des deux valeurs situées à la $\left(\dfrac{N}{2}\right)^{\text{e}}$ place et la $\left(\dfrac{N}{2}+1\right)^{\text{e}}$ place.

Déterminer les quartiles Q_1 et Q_3 d'une série statistique

► Le **quartile Q_1** d'une série statistique est la plus petite valeur de la série telle que au moins 25 % (le quart) des valeurs de la série sont inférieures ou égales à Q_1.

► Le **quartile Q_3** d'une série statistique est la plus petite valeur de la série telle que au moins 75 % (les trois quarts) des valeurs de la série sont inférieures ou égales à Q_3.

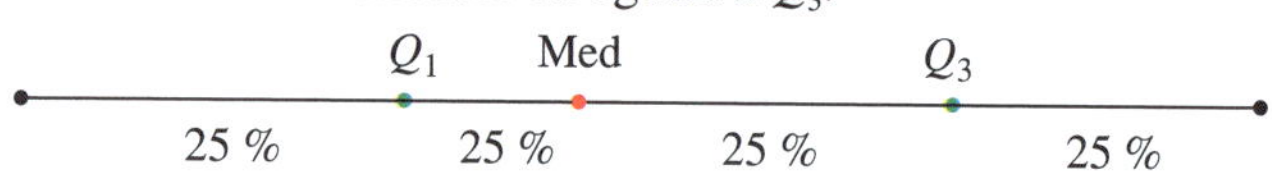

Représenter une série statistique numérique

► Pour une série connue par toutes ses valeurs : en nuage de points ou en diagramme en bâtons si les valeurs identiques sont regroupées (la hauteur du bâton est alors proportionnelle à l'effectif).

► Pour une série regroupée en classe, représentée par un histogramme (l'aire du rectangle est proportionnelle à l'effectif), ou par la courbe des fréquences cumulées croissantes : on peut alors faire une lecture graphique de la médiane et des quartiles.

Effectuer une simulation à l'aide d'un tableur

Pour simuler 100 tirages au hasard d'un entier de 1 à 6 :

► sur tableur : en recopiant dans les cellules de A1 à A100

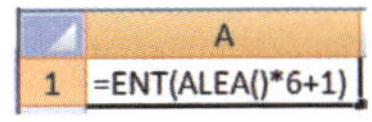

► sur TI 82 ou 83 PCE : en liste 1 math PROB 5:nbrAléatEnt(

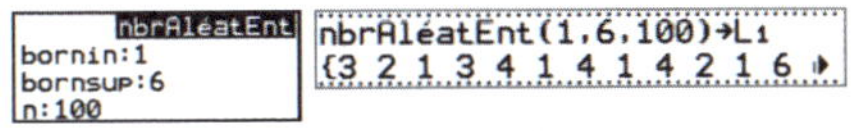

► sur Casio 35+ : en liste 1

OPTN ▷ (F6) PROB (F3) RAND (F4) Int (F2)

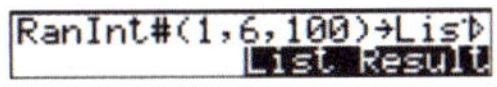

Calculer la probabilité d'un évènement *A* dans une distribution de probabilité sur Ω

Un évènement A est une partie de l'**ensemble des résultats** Ω d'une expérience aléatoire.

La loi de probabilité sur l'ensemble des résultats de Ω est un tableau de distribution tel que la somme des p_i est égale à 1.

résultat x_i	x_1	x_2			x_n
probabilité p_i	p_1	p_2			p_n

► La probabilité d'un évènement A est la somme des probabilités des éléments qui le constituent.

Calculer la probabilité d'un évènement dans une situation d'équi-probabilité

► Si tous les résultats de Ω ont la même probabilité d'être réalisés, la probabilité de A est :

$$P(A) = \frac{\text{nombre d'éléments de } A}{\text{nombre d'éléments de } \Omega}.$$

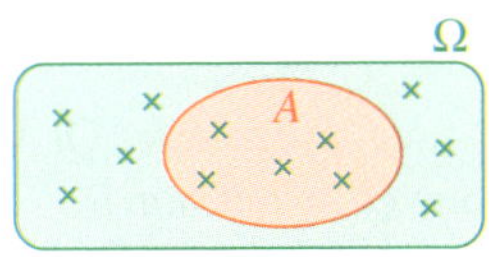

Diagramme de Venn

Calcul de probabilité d'évènements compatibles (leur intersection n'est pas vide)

Soit A et B deux évènements de Ω :

► s'il existe des éléments communs à A et B, ils constituent l'intersection de A et B, notée $A \cap B$.

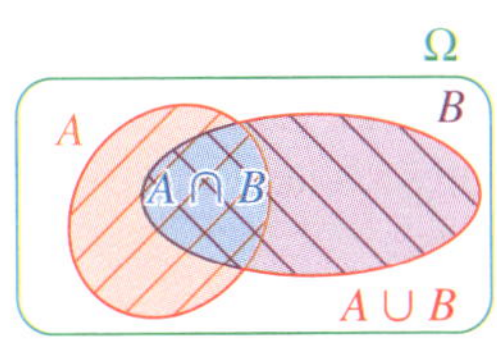

► La probabilité de leur réunion est :
$P(A \cup B) = P(A) + P(B) - P(A \cap B)$.

Le « ou » de la réunion « A ou B » est alors inclusif.

Calcul de probabilité d'évènements incompatibles (leur intersection est vide)

► L'évènement contraire d'un évènement A est constitué de tous les résultats de Ω qui ne sont pas dans A :

$P(\overline{A}) = 1 - P(A)$.

► Lorsque le « ou » de la réunion « A ou B » est exclusif, alors :

$P(A \cup B) = P(A) + P(B)$.

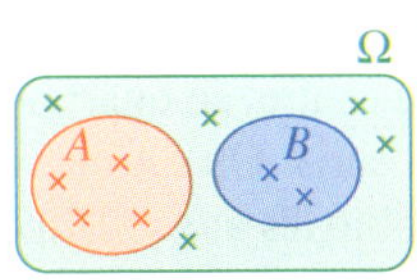

COURS

CORRIGÉS DU TEST

(énoncés p. 281)

1 **Faux.** La note la plus fréquente est bien 12, mais avec un effectif de 6, pour un total de 36 notes : donc la fréquence de 12 est :

$$\frac{6}{36} = \frac{1}{6}.$$

→Exercices 1 et 2

2 **Vrai.** Il y a 28 notes inférieures ou égales à 13, donc la fréquence cumulée de 13 est :

$$\frac{28}{36} = \frac{7}{9}.$$

→Exercices 1 et 2

3 **Faux.** Comme $\frac{36}{2} = 18$, la médiane est le milieu entre les 18e et 19e notes de la série ordonnée. Or la 18e note est 11 et la 19e note est 12. Donc :

$$\text{Med} = \frac{11+12}{2} = 11{,}5.$$

Comme $\frac{36}{4} = 9$, le quartile 1 est la 9e note de la série. Or la 9e note est 7 ; donc $Q_1 = 7$ et non 9.
L'écart interquartile n'est pas un pourcentage. C'est l'écart entre les deux quartiles : $IQ = Q_3 - Q_1$.

→Exercices 6 à 8

4 **Vrai.** La moyenne est la somme de toutes les notes divisée par le nombre de notes :

$$\bar{x} = \frac{\text{somme}(x_i)}{N} = \frac{\Sigma x_i}{N} = \frac{387}{36} = 10{,}75.$$

→Exercices 3 et 4

5 **Vrai.** Changer les valeurs extrêmes n'affecte pas la médiane et les quartiles qui ne dépendent que des valeurs situées au centre, au quart ou aux trois quarts de la série. On dit que ces paramètres sont **robustes** aux valeurs extrêmes.

→Exercices 6 à 8

6 **Faux.** Dans un histogramme, les rectangles ont une **aire** proportionnelle aux effectifs.

Dans un histogramme, on place un axe des ordonnées uniquement lorsque toutes les classes ont la même largeur (on parle de même amplitude). Sinon, on donne la signification d'une unité d'aire.

→Exercices 11 à 14

7 **Vrai.** On peut compléter le tableau.

	F	A	Total
V	18	42 – 18 = 24	**42**
R	2	**12**	14
R & B	5	14	19
total	25	50	75

Il y a 42 titres de variétés pour un total de 75 titres, donc :

$$P(\text{V}) = \frac{42}{75} = 0{,}56.$$

→Exercices 15 et 16

8 **Vrai.** $P(\text{A} \cap \text{R}) = \frac{12}{75} = 0{,}16.$

→Exercices 15 et 16

9 **Faux.**

$$P(\text{V} \cup \text{F}) = \frac{42 + 25 - 18}{75} = \frac{49}{75} \approx 0{,}653\,3.$$

→Exercices 17 et 18

10 **Faux.** La probabilité que les deux titres soient de variétés est :

$$P(\text{V, V}) = 0{,}56 \times 0{,}56 = 0{,}313\,6 < 0{,}5.$$

→Exercices 21 à 23

EXERCICES

Étude d'une série statistique

1 ★ 15 min (corrigés p. 297)

Dans un magasin, on observe la recette journalière sur un produit, durant 80 jours.

542	562	73	502	290	569	603	192	207	207	712	52	526	550	57	573
274	175	72	287	480	314	128	223	230	77	495	385	285	457	292	458
193	449	415	317	496	424	328	584	337	587	461	598	426	442	601	612
684	716	58	541	760	412	560	668	234	508	342	275	589	356	401	301
397	498	313	314	436	195	515	556	617	368	567	298	645	189	460	360

a) Trier les données en classes d'amplitude 100 € en commençant par la classe [0 ; 100[et établir la distribution des effectifs.

b) Calculer les fréquences et les fréquences cumulées croissantes. Quel est le pourcentage de jours où la recette est d'au moins 300 € ?

c) Calculer la recette moyenne de la classe [0 ; 100[. En prenant 50 comme valeur pour représenter cette classe, quelle erreur fait-on ?

2 ★ 10 min (corrigés p. 297)

D'après le recensement de 1999, il y avait 58,9 millions d'habitants en France. La fréquence des personnes âgées de 0 à 19 ans était de 25,1 %, celle des personnes âgées entre 20 et 39 ans était de 28,2 %. Il y avait aussi 26,1 % de Français âgés de 40 à 59 ans.

a) Déterminer la fréquence des personnes âgées de 60 ans ou plus.

b) Présenter ces données dans un tableau où figureront les quatre catégories d'âge, les effectifs en million à 0,1 million près, les fréquences et les fréquences cumulées croissantes (en %).

c) Quel est le pourcentage de la population composée des personnes âgées de moins de 40 ans ? d'au moins 40 ans ?

3 ★ 10 min (corrigés p. 298)

QCM : une seule réponse est correcte.

1. La moyenne de la série

12	14	6	18	9	11	5	15

est :

a) 11,5 **b)** 11,25 **c)** 11 **d)** 10.

2. La moyenne pondérée de la série regroupée est :

xi	4	6	7	9	10	12
ni	1	8	12	20	14	5

a) 8 **b)** 8,4 **c)** 8,6 **d)** 9.

EXERCICES

4 ★★ 8 min

(corrigés p. 298)

QCM : une seule réponse est correcte.

1. Dans une entreprise, le salaire moyen des 12 cadres est de 2 500 € et le salaire moyen des 28 ouvriers est de 1 500 €. Le salaire moyen est de :
a) 2 000 € b) 1 750 € c) 1 800 € d) 1 825 €.

2. Dans une classe, lors d'un test, 20 % des élèves ont obtenu la note 2 d'une part, 50 % ont obtenu 3 et les élèves restants ont obtenu 4. La moyenne de la classe à ce test est : a) 3 b) 3,1 c) 3,5 d) 2,9.

5 ★ 8 min

(corrigés p. 298)

Margot veut calculer rapidement sa moyenne.
Ses notes sont : 10 12 14 7,5 13 9,5 11 15.
Margot enlève 10 à chaque note ; elle calcule la moyenne $\overline{y}$ des nombres obtenus puis rajoute 10 pour obtenir sa moyenne.
a) Effectuer le calcul de Margot. Son calcul donne-t-il la moyenne exacte ?
b) Calculer de même la moyenne de Duncan : 5 8,5 14 7,5 12 10
et celle de Pauline : 11,5 15 17 12,5 6 8 7.

6 ★, 10 min

(corrigés p. 299)

On considère la série ordonnée ci-dessous.
1,9 2 2,3 2,4 2,5 2,5 2,5 2,6 3 3 3 3,5 4,1 4,4 4,8 4,8 5,2
5,8 5,8 5,8 6,1 6,4 6,4 6,8 6,9 7 7,1 7,5 7,6 7,8 7,8 8,2 8,3 8,5 8,9
a) Déterminer la médiane, les quartiles 1 et 3 et l'écart interquartile, sans utiliser la calculatrice.
b) Calculer la moyenne $\overline{x}$, arrondie à 0,01 près, et la comparer à la médiane.

7 ★★ 15 min

(corrigés p. 299)

Le tableau ci-dessous donne la répartition, selon le montant des salaires (arrondis), des 200 employés d'une entreprise.

Salaire en €	1 100	1 200	1 300	1 400	1 500	1 550	1 600	1 750	1 800
Effectif	6	15	30	26	42	35	30	12	4

1. Dans un tableau, présenter la distribution des fréquences, en pourcentage, de ces salaires, puis des fréquences cumulées croissantes.
2. a) Calculer la masse salariale de cette entreprise et le salaire moyen.
b) Déterminer le salaire médian, ainsi que les premier et troisième quartiles. Donner les résultats sous forme de phrase.

8 ★★ 10 min

(corrigés p. 300)

Deux amies comparent leurs notes obtenues durant l'année :

Laure	4	4	5	6	8	9	10	10	11	13	15	16	17	18	19			
Marine	4	4	6	8	9	9	10	10	10	10	12	13	13	13	15	16	17	19

a) Pour chacune d'elles, calculer l'étendue, la moyenne, la médiane et l'écart interquartile.
b) Laquelle des deux amies peut être considérée comme « régulière » ? Argumenter.

9 ★★ 10 min (corrigés p. 300)

On connaît la distribution des fréquences des billets gagnants d'une tombola suivant le montant du gain.
Sachant qu'en moyenne cette tombola permet de gagner 14 €, déterminer les réels x et a de ce tableau.

Gain en €	x	10	20	50	100
Fréquence	0,5	0,1	0,3	a	0,02

Représentations statistiques

10 ★ 8 min (corrigés p. 301)

Pour la Saint Valentin, un chocolatier propose des cœurs décorés.
Il teste les 63 premiers cœurs fabriqués afin de vérifier leur masse. Il pose la décoration de telle sorte que la masse totale dépasse 50 g.
Chaque point du nuage de points représente un cœur :
– en abscisse, son n° de test,
– et, en ordonnée, sa masse en g.

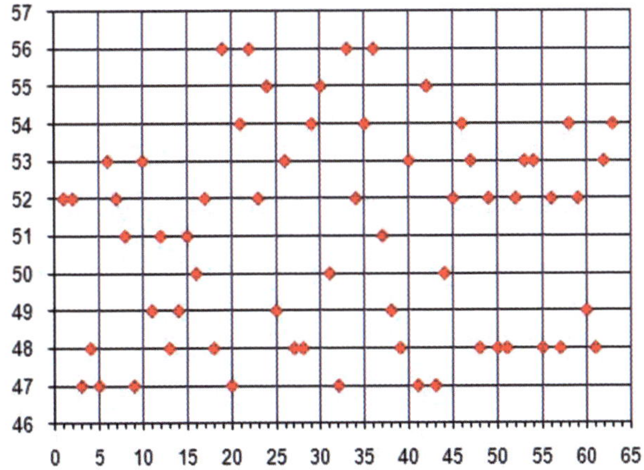

1. a) Quelle est la masse du 24e cœur testé ?
b) Combien de cœurs ont une masse de 52 g ?

2. Sachant que les cœurs doivent peser au moins 50 g, quelle est la part des cœurs de ce test que le chocolatier devra reprendre ?

3. Déterminer la masse médiane et le premier quartile.

EXERCICES

11 ★★ 15 min (corrigés p. 301)

La répartition de la masse de 66 paquets de gâteaux est donnée dans le diagramme en bâtons ci-contre.

1. Donner la distribution des effectifs, puis des effectifs cumulés croissants.

2. Déterminer avec soin la médiane et les quartiles Q_1 et Q_3.
D'après la forme du diagramme, donner une valeur approchée de la masse moyenne de ces paquets.

3. Quelle est la part des paquets dont la masse est d'au plus 253 g ?

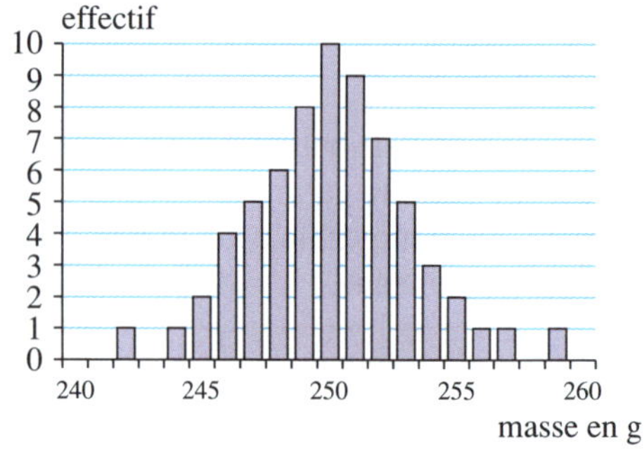

12 ★ 10 min (corrigés p. 302)

Courbe des fréquences cumulées croissantes

Durant une expérience de physique, on a mesuré la valeur, en ohms (Ω), d'une résistance ; on a obtenu la série statistique continue suivante :

Résistance en Ω	[2,5 ; 3[	[3 ; 3,5[	[3,5 ; 4[	[4 ; 6]
Fréquences des mesures	0,25	0,40	0,15	0,20

1. a) Recopier et compléter ce tableau par la ligne des fréquences cumulées croissantes.

b) Construire la courbe représentant les fréquences cumulées pour cette série de valeurs de la résistance.

2. On admet que la répartition des mesures est homogène dans chaque classe.

a) Calculer une valeur approchée de la moyenne des mesures en utilisant le centre des classes.

b) Lire graphiquement une valeur approchée de la médiane ; en donner une interprétation concrète.

13 ★★ 15 min (corrigés p. 303)

Une série statistique est telle que la valeur minimale est $x_{\min} = 4$, la valeur maximale est $x_{\max} = 22$, la médiane est Med = 10, le quartile 1 est $Q_1 = 8$ et le quartile 3 est $Q_3 = 14$.

1. a) Donner la distribution de fréquences de cette série regroupée en classe dont les bornes sont les paramètres donnés.

b) Construire l'histogramme de cette série telle que l'aire totale mesure 40 cm^2.

2. Reprendre les questions avec une série telle que :
$x_{\min} = 0$, $Q_1 = 5$, Med = 10, $Q_3 = 15$ et $x_{\max} = 20$.

14 ★★★ 20 min (corrigés p. 304)

Une série statistique continue est donnée par la distribution des fréquences selon un regroupement en classe.

1. Construire un histogramme de cette série.

2. a) Tracer la courbe des fréquences cumulées croissantes.
b) Lire graphiquement la médiane et les quartiles Q_1 et Q_3.
c) Puis déterminer une valeur de la médiane par **interpolation linéaire**.

Valeur	[0 ; 20[	[20 ; 30[	[30 ; 35[	[35 ; 40[	[40 ; 50[	[50 ; 80]
Fréquence	0,12	0,28	0,24	0,16	0,10	0,10

Probabilités d'évènements

15 ★ 8 min (corrigés p. 305)

Dans un établissement scolaire, on connaît la répartition des élèves. On choisit au hasard la fiche d'un élève.
On admet que la distribution des fréquences ci-contre constitue un modèle pour cette expérience aléatoire.

	Seconde	**Première**	**Terminale**	Total
Fille	0,22	0,15	0,18	0,55
Garçon	0,16	0,13	0,16	0,45

Déterminer la probabilité de chacun des évènements suivants :
A : « l'élève est une fille » ; $p(A) = 1 - 0{,}45 = 0{,}55$
B : « l'élève est en première » ; $p(B) = 1 - 0{,}72 = 0{,}28$
C : « l'élève est une fille et est en première » ; $p(A \cap B) = 0{,}15$
D : « l'élève est une fille ou est en première ». $p(A \cup B) = 0{,}22 + 0{,}15 + 0{,}18 + 0{,}13 = 0{,}68$

16 ★★ 20 min (corrigés p. 305)

L'Éducation nationale a effectué un bilan de santé auprès d'un groupe de 555 élèves au sujet de leur poids. On a obtenu les informations suivantes pour ce groupe :
275 élèves sont des filles ;
12 % des filles sont concernées par un surpoids modéré ;
252 garçons ont un poids normal et, parmi les garçons, 7,5 % ont un surpoids modéré ;
18 élèves sont obèses.

1. a) Par un calcul, montrer que 33 filles et 21 garçons ont un surpoids modéré.
b) Reproduire et compléter le tableau :

SM $= 275 \times \frac{12}{100} = 33$
SM $= 280 \times 7{,}5\,\% = 21$

	Fille	**Garçon**	**Total**
Poids normal	231	252	483
Surpoids modéré	33	21	54
Obèse	11	7	18
Total	275	280	555

2. Dans cette question, les résultats seront donnés sous forme décimale arrondie à 10^{-4}. On choisit au hasard l'un des 555 élèves du groupe.
a) On note A l'évènement suivant : « l'élève choisi présente un surpoids modéré » et B l'évènement suivant : « l'élève choisi est obèse ». $p(A) = \frac{54}{555} = 0{,}0972$
Calculer la probabilité de chaque évènement A et B.
$p(B) = \frac{18}{555} = 0{,}0324$

$p(A \cup B) = p(A) + p(B) = \frac{54+18}{555} = 0,1972$ → l'élève choisi présente un SM ou est obèse
$p(\overline{A \cup B}) = 1 - p(A \cup B) = 1 - 0,1972 = 0,8703$ → l'élève choisi ne présente pas un SM ni est pas obèse

b) Traduire par une phrase les évènements $A \cup B$ et $\overline{A \cup B}$, et calculer leur probabilité.

c) On note F l'évènement : « L'élève choisi est une fille » .
Traduire par une phrase l'évènement $A \cap F$ et calculer sa probabilité.

$p(A \cap F) = \frac{33}{555} = 0,0594$ → l'élève choisi présente un SM et est une fille

17 ★★ 15 min

(corrigés p. 306)

En fin d'année, un médecin analyse son fichier de patientèle et se rend compte que, sur ses patients :

70 % sont majeurs (âgés de plus de 18 ans) ;

60 % sont venus pendant l'année ;

12 % sont des mineurs qui ne sont pas venus dans l'année.

a) Reproduire et compléter le tableau des fréquences.

	Venu dans l'année V	Pas venu dans l'année $\overline{V}$	Total
Majeur M	0,42	0,28	0,7
Mineur $\overline{M}$	0,18	0,12	0,3
Total	0,6	0,4	1

b) Le médecin choisit au hasard la fiche de l'un de ses patients.
On note :
M l'évènement : « la fiche est celle d'une personne majeure » ;
V l'évènement : « la fiche est celle d'une personne venue dans l'année ».
Exprimer par une phrase chacun des évènements : $\overline{M}$, $\overline{V}$, $M \cap V$, $M \cup V$.
Puis calculer leur probabilité.

18 ★★ 10 min

(corrigés p. 306)

Une entreprise (TPE : très petite entreprise) fabrique des assiettes décorées.
Mais la fabrication a eu une panne sur une machine et, sur le dernier lot fabriqué, deux défauts A et B sont apparus.
Sur ce lot : 20 % présentent le défaut A, 24 % présentent le défaut B et 15 % présentent les deux défauts.
On choisit au hasard une assiette du lot. Calculer la probabilité des évènements suivants :
E : « l'assiette a au moins l'un des deux défauts » ;
F : « l'assiette a un seul défaut » ;
G : « l'assiette a le défaut A seulement » ;
H : « l'assiette n'a ni le défaut A ni le défaut B ».

19 ★★ 20 min

(corrigés p. 307)

Une école de commerce international a demandé à 150 étudiants s'ils avaient déjà visité Londres, Rome ou Berlin. Leurs réponses sont les suivantes :
66 étudiants sont allés à Londres, 40 sont allés à Berlin et 20 ont visité les deux villes.

10 ont visité les trois villes, 50 n'en ont visité aucune.
15 sont allés uniquement à Berlin et Rome, et 22 sont allés uniquement à Londres.
Dresser un **diagramme de Venn** pour illustrer la situation.
On choisit au hasard la réponse d'un étudiant.
Calculer la probabilité pour qu'il soit allé seulement à Rome.

20 ★★ 15 min (corrigés p. 307)

Une cible d'un jeu de fléchettes est formée de quatre zones concentriques numérotées 1, 2, 3 et 4.
Les cercles limitant ces zones ont pour rayons respectifs 10 cm, 20 cm, 30 cm et 40 cm.
On note p_i la probabilité d'atteindre la zone numérotée i et p_0 la probabilité de ne pas atteindre la cible (zone 0).
On suppose que la probabilité d'atteindre une zone (1, 2, 3 ou 4) est proportionnelle à l'aire de cette zone et que $p_4 = 0{,}35$.
Pour chacune des zones, déterminer la probabilité que la fléchette l'atteigne.

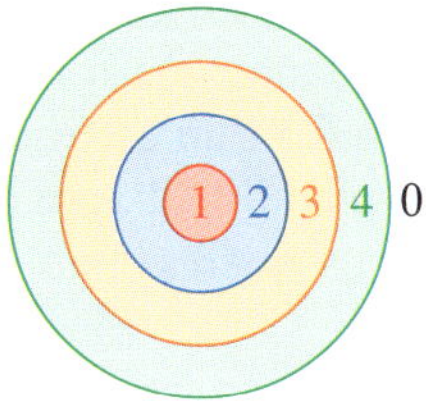

21 ★★ 20 min (corrigés p. 308)

Un sac contient 4 billes : une rouge, une verte, une jaune et une noire.

1. On prélève au hasard une bille dont on note la couleur et on la remet dans le sac. On recommence en prélevant une seconde bille dont on note aussi la couleur.
a) À l'aide d'un **arbre**, donner tous les résultats possibles.
b) Déterminer la probabilité des évènements suivants :
E_1 : « La première bille est rouge et la seconde est noire. »
E_2 : « Les deux billes sont rouges. »
E_3 : « Les deux billes sont de la même couleur. »
E_4 : « On obtient une bille rouge et une noire. »
E_5 : « On obtient au moins une bille noire. »
E_6 : « On obtient au plus une bille rouge. »

2. On prélève au hasard une bille puis, sans la remettre dans le sac, on en prélève une seconde.
a) À l'aide d'un arbre, donner tous les résultats possibles.
b) Déterminer la probabilité des évènements suivants :
F_1 : « La première bille est rouge et la seconde est noire. »
F_2 : « On obtient une bille rouge et une bille noire. »
F_3 : « On obtient au moins une bille noire. »
F_4 : « On obtient au plus une bille rouge. »

22 ★★ 15 min (corrigés p. 308)

Un sac contient quatre billes numérotées 1, 2, 3, 4.
On prélève au hasard une bille, puis on la remet dans le sac.
On prélève au hasard une seconde bille du sac.

1. Donner la liste des résultats possibles (a ; b), où a est le numéro de la première bille et b celui de la seconde bille.

EXERCICES

2. a) Déterminer la probabilité que les deux nombres obtenus soient de même parité.
b) Déterminer la probabilité que les deux nombres a et b dans cet ordre soient deux nombres entiers consécutifs.
c) Déterminer la probabilité que le nombre b soit un multiple de a.
d) Déterminer la probabilité que le nombre b soit diviseur de a.

23 ★★★ 15 min

(corrigés p. 309)

On lance une fois deux dés cubiques normaux dont les faces sont numérotées de 1 à 6 ; l'un est rouge et l'autre est bleu. On suppose que chaque face a la même probabilité d'apparaître.
On s'intéresse au dernier chiffre X du produit des numéros apparus sur les deux dés.

	1	**2**	**3**	**4**	**5**	**6**
1						
2						
3				2		
4						
5			5			
6					0	

a) Recopier le tableau ci-dessus et le compléter en indiquant dans chaque case la valeur de X trouvée.
b) Quel est l'ensemble E des valeurs prises par X ?
c) Déterminer la loi de probabilité associée à E.

24 ★★ 8 min

(corrigés p. 309)

On propose de jouer au jeu de fléchettes suivant. Adrien choisit la première cible et Mayeul la seconde.
L'un comme l'autre atteignent toujours la cible, parfaitement au hasard, et on suppose que la probabilité d'atteindre une zone de la cible est proportionnelle à l'aire de cette zone.

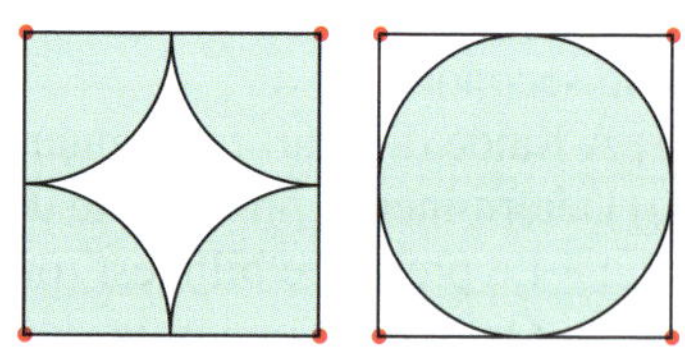

Déterminer, pour chaque cible, la probabilité que la fléchette atteigne la zone blanche. Lequel d'Adrien et de Mayeul a le plus de chance d'atteindre la zone blanche ?

25 ★★★ 15 min

(corrigés p. 310)

Dans un lycée, parmi les élèves de seconde, on compte deux tiers de filles.
En éducation physique et sportive, chaque élève de seconde choisit une et une seule des activités suivantes : natation, volley ou basket.

Dans le groupe des filles, 20 % ont choisi la natation et 50 % ont choisi le volley.
Dans le groupe des garçons, 60 % ont choisi le basket et 30 % la natation.
On choisit au hasard la fiche d'un des élèves de seconde.
On note F : « l'élève choisi est une fille » ;
G : « l'élève est un garçon » ;
N : « l'élève choisi pratique la natation » ;
V : « l'élève choisi pratique le volley » ;
B : « l'élève choisi pratique le basket » ;
A : « l'élève choisi est une fille qui pratique la natation » ;
C : « l'élève choisi est un garçon qui pratique le basket ».
À l'aide d'un arbre, représenter la situation probabiliste décrite précédemment.
a) Calculer la probabilité des évènements F, A et C sous forme de fraction irréductible.
b) En utilisant l'arbre, calculer la probabilité des évènements N, V et B.

Simulations et fluctuations d'échantillonnage

26 ★ 5 min (corrigés p. 310)

On propose un jeu : quatre verres sont renversés, un seul cache un objet **placé au hasard** sous l'un des verres. Les résultats de 200 parties sont indiqués dans ce tableau.

N° du verre	1	2	3	4
Nombre de parties	58	49	52	41

Peut-on penser que le jeu est truqué, car le verre n° 1 ne devrait pas sortir aussi souvent ? Argumenter.

27 ★ 6 min (corrigés p. 311)

Lors d'une élection, un sondage portant sur 1 000 personnes donne 400 votants pour le candidat A, avec un risque d'erreur de 5 %.
Calculer la fourchette de la proportion de votants pour ce candidat dans la population.

28 ★★ 8 min (corrigés p. 311)

On a vendu à une coopérative 10 tonnes d'oranges, en certifiant qu'au moins 55 % pèsent plus de 200 g. En prélevant 400 oranges au hasard et en les pesant, on s'aperçoit que seulement 40 % pèsent plus de 200 g.
Peut-on penser que la coopérative a été trompée ?

29 ★★ 10 min (corrigés p. 311)

Un sondage effectué auprès d'un échantillon de clients d'une chaîne de restauration rapide révèle que 54 % préfèrent les glaces à la vanille et 46 % les glaces au chocolat. Que peut-on conclure de ce sondage :
a) si on a interrogé 100 personnes ?
b) si on a interrogé 400 personnes ?
c) si on a interrogé 1 000 personnes ?

30 ★★ 30 min *(corrigés p. 312)*

a) En langage Python, écrire une fonction qui renvoie les bornes de l'intervalle de fluctuation, connaissant la proportion observée p et la taille de l'échantillon n.
b) Appliquer cette fonction à la situation de l'exercice 28 précédent.
c) Réaliser un programme qui permet la prise de décision de l'exercice 28.

Problèmes

31 ★★ 20 min *(corrigés p. 313)*

Un robot se déplace de façon aléatoire sur un rail. À chaque pas, il avance ou recule d'un décimètre.
On modélise le rail par un axe gradué tous les décimètres, l'origine O est la position du robot au départ.
On s'intéresse à l'abscisse des points où le robot arrive après une marche de cinq pas.
À chaque nouvelle marche, le robot part de O.

1. Donner l'ensemble E des abscisses où le robot peut arriver après une marche de cinq pas.

2. Créer un **algorithme** donnant l'abscisse du point où arrive le robot après une marche. Proposer une fonction qui renvoie la position du robot après une marche de 5 pas. Puis proposer une fonction « **repetition** » qui simule n marches de 5 pas.
Faire une simulation de 20, puis 100 marches et donner la répartition des abscisses obtenues.
Recommencer pour 500 marches.
Appliquer la fonction « **repetition** » sous Python.

3. Détermination de la loi de probabilité sur E
Construire un arbre de choix pour déterminer toutes les abscisses d'arrivée.
À l'aide de cet arbre, déterminer la loi de probabilité sur E : comparer avec les distributions des fréquences trouvées par simulation.

32 ★★★ 20 min *(corrigés p. 316)*

Un lecteur audio diffuse x chansons, dont 50 sont françaises. Emma écoute deux chansons parmi les x chansons enregistrées.
On se propose de chercher combien de chansons doit contenir ce lecteur pour que la probabilité qu'Emma écoute deux chansons étrangères soit supérieure ou égale à 0,5. Soit A l'évènement : « obtenir deux chansons étrangères à la suite ».

a) Montrer que $P(A) = \dfrac{(x-50)^2}{x^2}$.

b) On pose $f(x) = \dfrac{(x-50)^2}{x^2}$, pour $x \in\ ]50\,;+\infty[$.

Résoudre l'inéquation $f(x) \geqslant 0{,}5$ et en déduire le nombre de chansons étrangères que doit contenir ce lecteur audio.

L'INTERROGATION ÉCRITE

1 heure

Statistiques et histogramme

(corrigés p. 317)

Le gérant d'une salle de spectacles a programmé 40 concerts.
L'histogramme ci-dessous indique le nombre de concerts en fonction du nombre de spectateurs prévus.
Un carreau représente un concert.

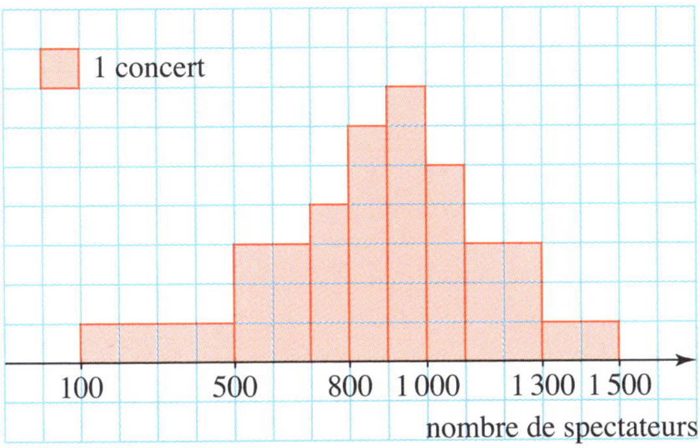

a) Lire la répartition des 40 concerts prévus et la donner sous forme d'un tableau. Donner cette répartition en pourcentage.
b) Quelle est la part des concerts où le gérant prévoit au moins 700 spectateurs ?
c) Quel pourcentage représentent les concerts ayant un nombre de spectateurs prévus inférieurs à 900 ?
Justifier que la droite verticale d'équation $x = 900$ partage l'histogramme en deux parties d'aires égales.
d) En utilisant les centres de classes, donner une valeur approximative de la moyenne.

Probabilité et évènements

(corrigés p. 318)

Pour chaque question, il peut y avoir plusieurs réponses exactes.
Un site de vente en ligne propose sur son catalogue un modèle de chaise design.
L'entreprise ne peut expédier que six chaises au maximum par emballage.
Une étude de marché indique les probabilités des intentions d'achat.

Nombre de chaises par commande	1	2	3	4	5	6
Probabilité	0,1	0,2	0,25	0,3	0,1	0,05

1. L'évènement « commander un nombre impair de chaises »	**a)** est {1; 3 ; 5}	**b)** a pour probabilité $\frac{1}{2}$	**c)** a pour probabilité 0,45

2. L'évènement « commander un nombre multiple de 3 »	**a)** est {3 ; 6}	**b)** a pour probabilité $\frac{1}{3}$	**c)** a pour probabilité 0,3
3. L'évènement « commander au moins 5 chaises »	**a)** est l'évènement contraire de « en commander au plus 4 »	**b)** est l'évènement contraire de « en commander au plus 5 »	**c)** a pour probabilité 0,15
4. L'évènement « en commander au plus 3 »	**a)** est l'évènement contraire de « en commander au moins 3 »	**b)** est l'évènement contraire de « en commander au moins 4 »	**c)** a pour probabilité 0,55

Tirage et probabilité

(corrigés p. 318)

Une urne contient cinq boules indiscernables au toucher :
une boule verte valant 1 point,
deux boules bleues valant chacune 2 points,
deux boules rouges valant chacune 3 points.

1) On tire au hasard une boule dans l'urne. Calculer la probabilité des évènements :
A : « obtenir une boule bleue »,
B : « obtenir exactement un point »,
C : « obtenir au moins deux points ».

2) On tire successivement et sans remise deux boules dans l'urne.
a) Déterminer le nombre de tirages différents possibles à l'aide d'un tableau ou d'un arbre.
b) Calculer la probabilité des évènements :
D : « obtenir deux boules de la même couleur »,
E : « obtenir exactement quatre points »,
F : « obtenir exactement quatre points avec deux boules de couleurs différentes ».

CORRIGÉS

1 **Pour trier des données à l'aide de la calculatrice : rentrer toutes les valeurs dans la liste 1, puis demander le tri par ordre croissant.**

```
EDIT CALC TESTS
1:Edite…
2:Tricroi(
3:TriDécroi(
4:EffListe
5:ListesDéfaut
```

a) Tri des valeurs de la série, effectifs, fréquences et fréquences cumulées croissantes, obtenues sur tableur ci-après :

SOMME =B2/$B$10

	A	B	C	D
1	classe	effectif	fréquence	F.C.C
2	[0 ; 100 [	6	=B2/$B$10	0,075
3	[100 ; 200[	6	0,075	0,15
4	[200 ; 300[	12	0,15	0,3
5	[300 ; 400[	13	0,1625	0,4625
6	[400 ; 500[	16	0,2	0,6625
7	[500 ; 600[	17	0,2125	0,875
8	[600 ; 700[	7	0,0875	0,9625
9	[700 ; 800[	3	0,0375	1
10	total	80		

b) Pour calculer la fréquence d'une classe, on divise l'effectif de la classe par l'effectif total.

Signification de *a* %
Penser qu'un **pourcentage** revient à un nombre décimal :
70 % signifie $\frac{70}{100} = 0,70$
Si on a un **effectif total de 100**, on obtient un effectif de 70 **pour cent**.

« Au moins 300 € » signifie « 300 € et plus ».
Le pourcentage de jours où la recette est d'au moins 300 € est :
$1 - 0,3 = 0,7$ soit 70 %.

Pour l'interprétation des mots « au moins, moins de, au plus, plus de », revoir la partie **Cours** du ***chapitre 4***.

c) La moyenne des six valeurs de la classe [0 ; 100 [est :

$$\frac{73 + 72 + 58 + 77 + 52 + 57}{6} = \frac{389}{6} \approx 64,8.$$

La différence est de 14,8 lorsque l'on prend 50, soit une baisse de $389 - 6 \times 50 = 89$ € sur la recette totale des 80 jours !
Retenir : **le calcul de la moyenne en utilisant les centres de classes ne donne qu'une valeur approchée de la moyenne.**
En calculant la moyenne à l'aide de la liste des valeurs exactes, on obtient $\bar{x}$ = 403.

2 **a)** Les personnes âgées de 0 à 59 ans représentent 79,4 % de la population, car :

$$25,1 + 28,2 + 26,1 = 79,4.$$

CORRIGÉS

Donc les personnes âgées de 60 ans et plus représentent 20,6 % de la population, car :

$$100 - 79{,}4 = 20{,}6.$$

Toujours donner un pourcentage en précisant l'ensemble sur lequel il porte. Avoir en tête : « c'est un pourcentage de quoi ? »

b) Tableau réalisé à l'aide d'un tableur :

B3 =B2*$F$3/100

	A	B	C	D	E	F
1	Age	0 à 19 ans	20 à 39 ans	40 à 59 ans	60 ans et plus	total
2	fréquence en %	25,1	28,2	26,1	20,6	100
3	population en millions	14,8	16,6	15,4	12,1	58,9
4	fréquence cumulée en %	25,1	53,3	79,4	100	

c) Le pourcentage des moins de 40 ans est 53,3 % de la population, obtenu par lecture de la fréquence cumulée en cellule C4. Pour la population d'au moins 40 ans, c'est le complément à 100 %, c'est-à-dire 46,7 %.

3 QCM

1. Réponse b. On effectue le calcul : $\overline{x} = 11{,}25$.

2. Réponse c. On effectue le calcul : $\dfrac{\Sigma(n_i \times x_i)}{N} = \dfrac{1 \times 4 + 8 \times 6 + ... + 5 \times 12}{60} = 8{,}6.$

Rédaction

Lorsque les **calculs sont longs à écrire**, et qu'ils ont été effectués à la calculatrice, on se contente de n'écrire que les deux premiers termes, mettre des pointillés et écrire le dernier ; ou simplement de **donner la formule**.

4 QCM

1. Réponse c. On effectue le calcul :

$$\frac{12 \times 2\,500 + 28 \times 1\,500}{12 + 28} = \frac{72\,000}{40} = 1\,800.$$

72 000 € est la somme de tous les salaires que l'on appelle : masse salariale.

Formule de la moyenne partielle

Soit A et B deux ensembles d'effectifs n et p et de moyennes respectives $\overline{y}$ et $\overline{z}$, alors la moyenne de la réunion est : $\overline{x} = \dfrac{n \times \overline{y} + p \times \overline{z}}{n + p}$

2. Réponse b. La partie restante de la classe correspond à 30 %, car $100 - 20 - 50 = 30$.

On calcule la moyenne à l'aide des fréquences : $\overline{x} = 0{,}2 \times 2 + 0{,}5 \times 3 + 0{,}3 \times 4 = 3{,}1$.

5

a) On calcule les différences à 10 :

Margot	10	12	14	7,5	13	9,5	11	15
différence à 10	0	2	4	-2,5	3	-0,5	1	5

La somme des différences est 12, ainsi leur moyenne est $\overline{y} = \dfrac{12}{8} = 1{,}5$.

Donc Margot a $10 + 1{,}5 = 11{,}5$ de moyenne. Le calcul est exact.

Démonstration mathématique (en prenant 3 valeurs), soit $y_i = x_i - 10 \Leftrightarrow x_i = 10 + y_i$.

Alors : $\bar{x} = \dfrac{x_1 + x_2 + x_3}{3} = \dfrac{10 + y_1 + 10 + y_2 + 10 + y_3}{3} = \dfrac{3 \times 10 + y_1 + y_2 + y_3}{3}$

$$= 3 \times \frac{10}{3} + \frac{y_1 + y_2 + y_3}{3} = 10 + \bar{y}.$$

b) Pour Duncan, la moyenne est : $10 + \dfrac{-5 - 1,5 + 4 - 2,5 + 2 + 0}{6} = 10 - \dfrac{3}{6} = 9,5.$

Pour Pauline, la moyenne est : $10 + \dfrac{1,5 + 5 + 7 + 2,5 - 4 - 2 - 3}{7} = 10 + \dfrac{7}{7} = 11.$

6 Exercice important

« **Déterminer** » signifie qu'il faut **expliquer** la méthode employée.

Il y a 35 valeurs, effectif impair, donc la médiane est la valeur centrale de la série.

a) $\dfrac{35}{2} = 17,5$. Donc la médiane est la 18e valeur de la série ordonnée : Med = 5,8.

$\dfrac{35}{4} = 8,75$. Donc le quartile 1 est la 9e valeur : $Q_1 = 3$.

$3 \times \dfrac{35}{4} = 26,25$. Donc le quartile 3 est la 27e valeur : $Q_3 = 7,1$.

La rédaction proposée est à apprendre afin de ne pas confondre la *position* des paramètres et leurs *valeurs*.

L'écart interquartile est : $IQ = Q_3 - Q_1 = 7,1 - 3 = 4,1$.

b) Moyenne : $\bar{x} = \dfrac{183,2}{35} \approx 5,23$. La moyenne est inférieure à la médiane.

À l'aide de la calculatrice : [stats]

```
EDIT CALC TESTS
1:Modifier…
```

pour entrer les valeurs,

puis [stats]

```
EDIT CALC TESTS
1:Stats 1 Var
```

```
Stats 1 var
Xliste:L1
ListeFréq:
```

```
Stats1-Var
x̄=5.234285714
Σx=183.2
Σx²=1129.3
Sx=2.238558209
σx=2.206347059
↓n=35
```

```
Stats1-Var
↑n=35
minX=1.9
Q1=3
Med=5.8
Q3=7.1
maxX=8.9
```

On lit alors la moyenne, le nombre de valeurs, les quartiles et la médiane.

7 1. Tableau de la distribution

Salaire en €	1100	1200	1300	1400	1500	1 550	1 600	1 750	1 800
Effectif	6	15	30	26	42	35	30	12	4
Fréquence en %	3	7,5	15	13	21	17,5	15	6	2
Fréquence cumulée en %	3	10,5	25,5	38,5	59,5	77	92	98	100

CORRIGÉS

2. a) Masse salariale : voir exercice 4

$MS = \sum(n_i \times x_i) = 6 \times 1\,100 + 15 \times 1\,200 + \ldots + 4 \times 1\,800 = 293\,450$ en euros.
En divisant par 200, on obtient 1 467,25.

Mais il ne serait pas raisonnable de garder tous les chiffres, car les salaires étaient eux-mêmes arrondis à 50 €.

Donc on peut arrondir le salaire moyen à 1 470 €.

b) Il y a 200 employés, l'effectif est pair. $\frac{200}{2} = 100$.

Or 38,5 % des employés ont un salaire inférieur ou égal à 1 400 € et 59,5 % ont un salaire inférieur ou égal à 1 500 €, donc le salaire médian est 1 500 € : ainsi **au moins 50 % des employés ont un salaire inférieur ou égal à 1 500 €.**

Les 100e et 101e employés dans l'ordre croissant des salaires ont un salaire de 1 500 €.

- Comme 25,5 % des employés ont un salaire inférieur ou égal à 1 300 €, alors, au moins 25 % des employés ont un salaire inférieur ou égal à 1 300 €.

Donc le quartile 1 est **1 300 €**.

- Comme 77 % des employés ont un salaire inférieur ou égal à 1 550 €, alors au moins 75 % des employés ont un salaire inférieur ou égal à 1 550 €.

Donc le quartile 3 est **1 550 €** .

8 Comparaison de deux séries

Laure	4	4	5	**6**	8
	9	10	**10**	11	13
	15	**16**	17	18	19
Marine	4	4	6	8	**9**
	9	10	10	**10**	**10**
	12	13	13	**13**	15
	16	17	19		

Pour Laure : étendue : $e = x_{max} - x_{min} = 19 - 4 = 15$; moyenne : $\bar{x} = 11$;

médiane : **Med = 10** et l'écart interquartile est $IQ = Q_3 - Q_1 = 16 - 6 = 10$.

Pour Marine : étendue : $19 - 4 = 15$; moyenne : $\bar{y} = 11$;

médiane $\frac{10 + 10}{2} = 10$; $IQ = Q_3 - Q_1 = 13 - 9 = 4$.

d) Les deux amies ont même étendue de notes, même moyenne et même médiane, mais **l'écart interquartile de Marine est plus petit que celui de Laure**, donc Marine est plus « régulière » que Laure : ses notes sont plus regroupées autour de la moyenne et la médiane.

9 La somme des fréquences est 1. Or la somme des fréquences connues est 0,92, donc $a = 1 - 0{,}92 = 0{,}08$.

En moyenne, la tombola permet de gagner 14 €.

D'après la formule $\sum(f_i \times x_i) = \bar{x}$, on obtient l'équation :

$0{,}5 \times x + 0{,}1 \times 10 + 0{,}3 \times 20 + 0{,}08 \times 50 + 0{,}02 \times 100 = 14$

$\Leftrightarrow 0{,}5\,x + 1 + 6 + 4 + 2 = 14 \Leftrightarrow 0{,}5\,x = 1 \Leftrightarrow x = 2$.

Ainsi, pour cette tombola, 50 % des billets gagnent 2 € et 8 % des billets gagnent 50 €.

10 Représentation en nuage de points

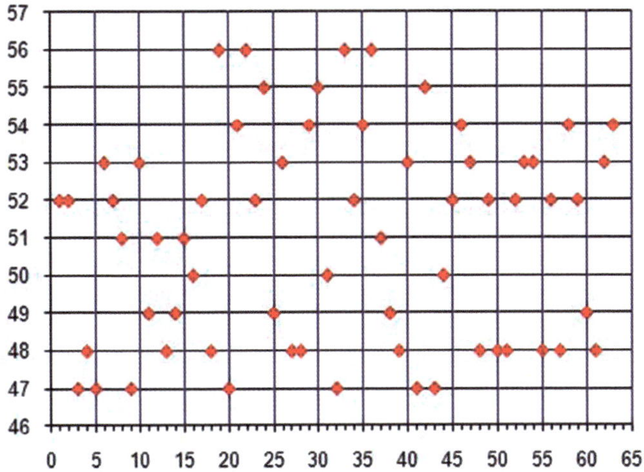

1. a) Le 24e cœur testé pèse 55 g.
On lit l'ordonnée du point d'abscisse 24.
b) Il y a 11 points sur la ligne horizontale d'ordonnée 52, donc 11 cœurs ont une masse de 52 g.
2. Comme les cœurs doivent peser au moins 50 g, on compte le nombre de cœurs pesant 49 ou 48 ou 47 g.
On obtient 5 + 12 + 7 = 24 cœurs sur un total de 63.
Or $\frac{24}{63} \approx 0{,}380\,95$, donc le chocolatier devra reprendre la décoration de **38,1 % des cœurs** pour qu'ils aient une masse d'au moins 50 g.
Penser à toujours conclure un problème « concret » par une phrase qui donne du sens aux résultats trouvés.
3. Il y a 63 cœurs, l'effectif est impair, donc la médiane est une valeur de la série.
Comme $\frac{63+1}{2} = 32$, la médiane est la 32e des masses, rangées en ordre croissant.
On peut alors compter les points en partant du bas du graphique (47 g) et en remontant : le 31e pèse 51 g et le 32e pèse 52 g.
On obtient **Med = 52**.
Au moins 50 % des cœurs ont une masse inférieure ou égale à 52 g.
Comme $\frac{63}{4} = 15{,}75$, le quartile 1 est la 16e masse, soit $Q_1 = 48$.
Au moins 25 % des cœurs ont une masse inférieure ou égale à 48 g.

11 Diagramme en bâtons

1. Distribution des 66 paquets de gâteaux

Masse en g	242	244	245	246	247	**248**	249	**250**	251	**252**	253	254	255	256	257	259
Effectif	1	1	2	4	5	6	8	10	9	7	5	3	2	1	1	1
Effectif cumulé	1	2	4	8	13	**19**	27	**37**	46	**53**	58	61	63	64	65	66

D'après les effectifs cumulés croissants, comme 27 paquets ont une masse inférieure ou égale à 249 g et 37 paquets ont une masse inférieure ou égale à 250 g, alors les 33e et 34e paquets rangés en ordre croissant de la masse ont tous les deux une masse de 250 g.
Donc **Med = 250**.

$\frac{66}{4} = 16{,}5$, donc le quartile 1 est la masse du 17e paquet : $Q_1 = 248$.

Comme $66 \times \frac{3}{4} = 49{,}5$ alors le quartile 3 est la masse du 50e paquet : $Q_3 = 252$.

La forme du diagramme présente une symétrie : on peut alors approcher la moyenne de la médiane : $\overline{x} \approx 250$.
Si on calcule, on trouve 250,1 g.

2. D'après les effectifs cumulés, il y a 58 paquets ayant une masse inférieure ou égale à 253 g, donc ayant au plus 253 g.

$\frac{58}{66} \approx 0{,}878\,7$, donc 87,9 % des paquets pèsent au plus 253 g.

12 Courbe des fréquences cumulées croissantes

1. a) Tableau

Résistance en ohm	[2,5 ; 3[	[3 ; 3,5[	[3,5 ; 4[	[4 ; 6]
Fréquence	0,25	0,4	0,15	0,2
Fréquence cumulée	0,25	0,65	0,8	1

b) La courbe est une ligne brisée joignant les points $A(2{,}5 ; 0)$, $B(3 ; 0{,}25)$, $C(3{,}5 ; 0{,}65)$, $D(4 ; 0{,}80)$ et $E(6 ; 1)$. voir *chapitre 4*, exercice 7

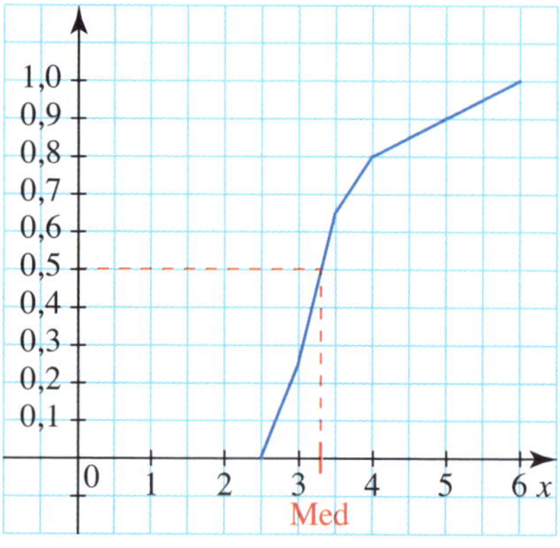

La fonction représentée par la courbe des fréquences cumulées est toujours croissante. On parle aussi de fonction de répartition.

2. a) Calculée à l'aide des centres de classes, la résistance mesure en **moyenne 3,55 ohms** : c'est une valeur approximative de la moyenne. voir *chapitre 8*, exercice 1

b) Lecture de la médiane

Graphiquement, sur la courbe des fréquences cumulées croissantes, la médiane est l'abscisse du point de la courbe d'ordonnée 0,5 (ou 50 %).

On lit **Med ≈ 3,3**.

50 % des mesures de cette résistance ont une valeur inférieure ou égale à 3,3 ohms.
On peut faire un calcul par interpolation linéaire (voir *chapitre 5*, exercice 16).

13 **1. a)** Distribution des fréquences :

Classe	[4 ; 8[	[8 ; 10[	[10 ; 14[	[14 ; 22]
Fréquence	0,25	0,25	0,25	0,25

Lorsque les bornes sont les paramètres de la série, chaque classe a une fréquence de 25 % ou 0,25.

b) Si l'histogramme a une aire totale de 40 cm^2, alors chaque classe est représentée par une aire de 10 cm^2. L'étendue de chaque classe donne la largeur du rectangle, et on calcule ensuite la hauteur.

On prend l'habitude de regarder la classe dont l'étendue est la plus petite : [8 ; 10[a une étendue de 2, donc on peut prendre 1 cm pour 1, donc le rectangle a une hauteur de 5 cm.

Classe	[4 ; 8[	[8 ;10[	[10 ;14[	[14 ; 22]
Étendue	4	2	4	8
Hauteur	2,5	5	2,5	1,25

Histogramme obtenu à l'aide de SineQuaNon (logiciel libre)

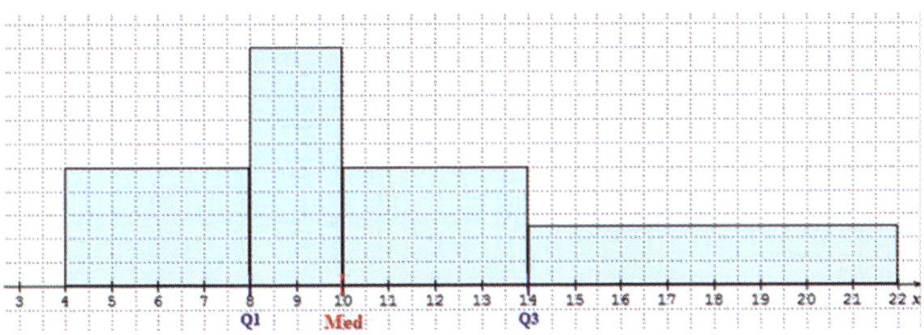

2. Distribution des fréquences :

Classe	[0 ; 5[	[5 ; 10[	[10 ; 15[	[15 ; 20]
Fréquence	0,25	0,25	0,25	0,25

Comme toutes les classes ont la même étendue, les quatre rectangles ont la même hauteur.

D'où l'histogramme :

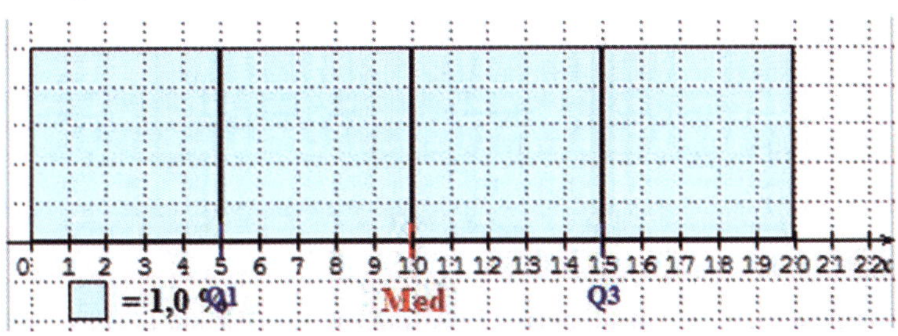

14 **1.** Histogramme des fréquences : un carreau pour 1 %.

En prenant 1 carreau pour 5 en abscisse, le premier rectangle d'aire 12 a une largeur de 4 carreaux et une hauteur de 3 carreaux.

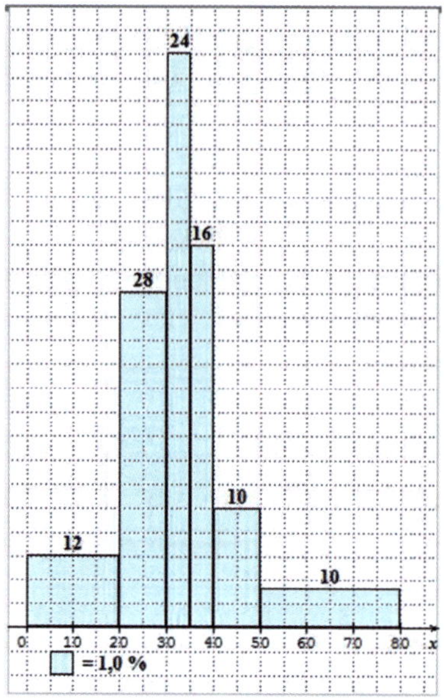

2. a) Courbe des fréquences cumulées croissantes, *obtenue à l'aide de SineQuaNon*

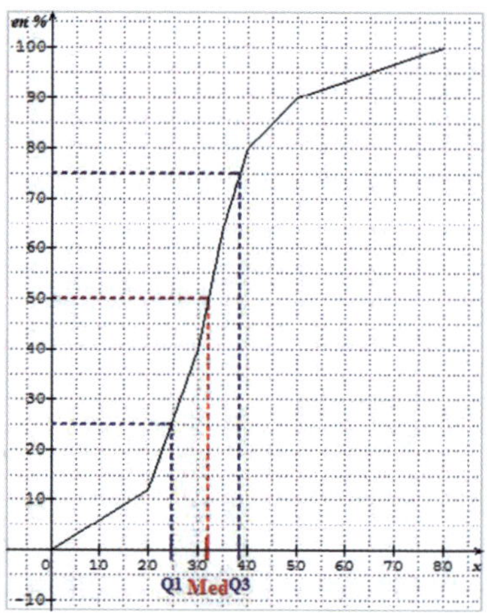

Par lecture : $Q_1 \approx 25$, Med ≈ 32 et $Q_3 \approx 38$.

b) Par interpolation linéaire (voir *chapitre 5,* exercice 16) l'abscisse du point d'ordonnée 0,5 se situe dans la classe [30 ; 35[.

Ce point M est sur le segment $[AB]$, où $A(30 ; 0{,}4)$ et $B(35 ; 0{,}64)$.

On écrit l'égalité des accroissements entre A et M et entre A et B :

$$\frac{0{,}5-0{,}4}{\text{Med}-30}=\frac{0{,}64-0{,}4}{35-30} \Leftrightarrow \frac{0{,}1}{\text{Med}-30}=\frac{0{,}24}{5}.$$

En utilisant le « produit en croix », on obtient :

$$\text{Med}-30=\frac{0{,}5}{0{,}24} \Leftrightarrow \text{Med}=30+\frac{50}{24} \approx 32.$$

15 Cas de l'équiprobabilité :
la probabilité d'un évènement est la fréquence de l'ensemble correspondant.
Ne pas confondre un évènement *A* et sa probabilité *P*(*A*), donc ne pas oublier d'écrire *P*, même sur un brouillon où l'on veut écrire vite !
Une probabilité est un réel compris entre 0 et 1 : on peut l'écrire en fraction (valeur exacte) ou en écriture décimale (0, ... avec 4 chiffres après la virgule) ; mais une probabilité n'est pas un pourcentage !
On peut compléter le tableau de répartition par les totaux marginaux (dans la marge) :

	2nde	1re	Term	Total
Fille	0,22	0,15	0,18	0,55
Garçon	0,16	0,13	0,16	0,45
Total	0,38	0,28	0,34	1

$P(A) = 0{,}55$; $P(B) = 0{,}28$;
$P(A \cap B) = 0{,}15$; $P(A \cup B) = 0{,}22 + 0{,}15 + 0{,}18 + 0{,}13 = 0{,}68$.
Attention : dans « l'élève est une fille ou est en première », le ou est inclusif.

16 1. a) **Bien repérer sur quel ensemble porte le pourcentage indiqué.**
12 % des 275 filles sont en surpoids modéré, soit $0{,}12 \times 275 = 33$.
7,5 % des $555 - 275 = 280$ garçons sont en surpoids modéré, soit $0{,}075 \times 280 = 21$.
Donc 33 filles et 21 garçons sont en surpoids modéré.
b) Tableau de répartition

	Fille	Garçon	Total
Poids normal	483 – 252 = 231	252	555 – 54 –18 = 483
Surpoids modéré	33	21	33 + 21 = 54
Obèse	275 – 231 – 33 = 11	18 – 11 = 7	18
Total	275	280	555

Dans un tableau d'effectifs, ne pas hésiter à écrire les opérations nécessaires directement dans les cases : on peut ainsi suivre les calculs faits !
2. Comme on choisit au hasard l'un des 555 élèves du groupe, la probabilité d'un évènement est la fréquence de l'ensemble correspondant.
a) $P(A) = \dfrac{54}{555} \approx 0{,}097\,3$. $P(B) = \dfrac{18}{555} \approx 0{,}032\,4$.
b) $A \cup B$: « l'élève choisi présente un surpoids modéré ou est obèse ».
Un élève est soit de poids normal, soit de surpoids pondéré, soit obèse, donc le « ou » est exclusif, donc :
$$P(A \cup B) = P(A) + P(B) = \frac{54 + 18}{555} \approx 0{,}129\,7.$$
$\overline{A \cup B}$: « l'élève choisi n'est ni de surpoids modéré, ni obèse »
= « l'élève choisi est de poids normal ». C'est l'évènement contraire de $A \cup B$;
donc : $P(\overline{A \cup B}) = 1 - P(A \cup B) = 1 - \dfrac{72}{555} = \dfrac{483}{555} \approx 0{,}870\,3$.

CORRIGÉS

c) $A \cap F$: « l'élève choisi est une fille présentant un surpoids modéré ».

$P(A \cap F) = \frac{33}{555} \approx 0{,}059\,5.$

17 **Attention, les pourcentages donnés se rapportent au fichier total.**

a) Tableau de répartition en fréquences

	V	$\overline{V}$	Total
M	0,7 – 0,28 = 0,42	0,4 – 0,12 = 0,28	0,7
$\overline{M}$	0,3 – 0,12 = 0,18	**0,12**	1 – 0,7 = 0,3
Total	0,6	1 – 0,6 = 0,4	1

b) $\overline{M}$: « la fiche est celle d'une personne non majeure » ;

$\overline{V}$: « la fiche est celle d'une personne non venue dans l'année » ;

$P(\overline{M}) = 0{,}3$; $P(\overline{V}) = 0{,}4$.

$M \cap V$: « la fiche est celle d'une personne majeure qui est venue dans l'année » ; $P(M \cap V) = 0{,}42$.

$M \cup V$: « la fiche est celle d'une personne majeure ou venue dans l'année » ; le « ou » est inclusif, donc :

$P(M \cup V) = P(M) + P(V) - P(M \cap V) = 0{,}7 + 0{,}6 - 0{,}42 = 0{,}88.$

On remarque que $M \cup V$ est le contraire de $\overline{M} \cap \overline{V}$, car tout ce qui n'est pas une fiche de majeur ou de personne venue dans l'année est une fiche de mineur qui n'est pas venu dans l'année !

$P(M \cup V) = 1 - P(\overline{M} \cap \overline{V}) = 1 - 0{,}12 = 0{,}88.$

18 ***Attention :* ne pas tomber dans une erreur classique : 20 % des assiettes ont le défaut *A*, mais, parmi ces assiettes, certaines peuvent avoir les deux défauts !**

Avoir le défaut A ne signifie pas avoir exclusivement le défaut A.

	A	$\overline{A}$	Total
B	0,15	0,24 – 0,15 = 0,09	0,24
$\overline{B}$	0,20 – 0,15 = 0,05	0,8 – 0,09 = 0,71	1 – 0,24 = 0,76
Total	0,20	1 – 0,2 = 0,8	1

- $P(E) = P$ (« avoir au moins un défaut »)
  $= P(A \cup B) = P(A) + P(B) - P(A \cap B)$
  $= 0{,}2 + 0{,}24 - 0{,}15 = 0{,}29.$
- $P(F) = P$ (« avoir un seul défaut ») $= P(A \cup B) - P(A \cap B)$
  $= 0{,}29 - 0{,}15 = 0{,}14.$
- $P(G) = P$ (« l'assiette a le défaut A seulement ») $= P(A \cap \overline{B}) = 0{,}05.$
- $P(H) = P(\overline{B} \cap \overline{A}) = 0{,}71.$

Mais aussi, H est l'évènement contraire de « avoir au moins un défaut ».

Donc $P(H) = 1 - P(A \cup B) = 1 - 0{,}29 = 0{,}71.$

19 Diagramme de Venn :

c'est un diagramme à utiliser quand il y a trois caractères compatibles. Pour le remplir, commencer toujours par la partie commune aux trois caractères : 10 ont visité les trois villes.

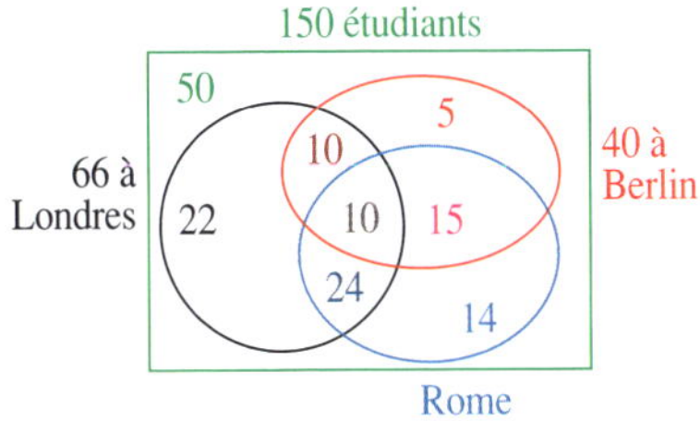

Puis continuer par les parties communes à deux caractères :

• 20 ont visité Londres et Berlin, donc 20 – 10 = 10 ont visité Londres et Berlin, mais pas Rome.

• 15 sont allés à Berlin et Rome, mais pas à Londres, donc 40 – 15 – 10 – 10 = 5 ne sont allés qu'à Berlin.

• Comme 66 sont allés à Londres, dont 10 dans les trois villes, 10 à Londres et Berlin et 22 uniquement à Londres, alors : 66 – 10 – 10 – 22 = 24 sont allés à Londres et Rome mais pas à Berlin.

• 50 étudiants n'ont visité aucune ville.

Il ne reste qu'un nombre à écrire pour compléter le diagramme : ceux qui sont allés uniquement à Rome.

150 – 50 – (22 + 10 + 10 + 24 + 5 + 15) = 100 – 86 = 14.

La probabilité qu'un étudiant pris au hasard soit allé uniquement à Rome est :

$$\frac{14}{150} \approx 0{,}093\ 3.$$

20 Probabilités proportionnelles à une aire

La zone 4 a une aire de $700\ \pi\ \text{cm}^2$, car $\pi(40^2 - 30^2) = \pi(1\ 600 - 900)$.

On sait que la probabilité est 0,35.

Comme elle est proportionnelle à l'aire, alors, si k est le coefficient de proportionnalité :

$$700\pi = 0{,}35 \times k \Leftrightarrow k = \frac{700\pi}{0{,}35} = 2\ 000\ \pi.$$

L'aire de la zone 1 est $10^2 \times \pi = 100\pi$, donc la probabilité est :

$$p_1 = \frac{100\pi}{k} = \frac{100\pi}{2\ 000\pi} = 0{,}05.$$

L'aire de la zone 2 est : $\pi(20^2 - 10^2) = \pi(400 - 100) = 300\pi$, donc la probabilité est :

$$p_2 = \frac{300\pi}{k} = \frac{300\pi}{2\ 000\pi} = 0{,}15.$$

L'aire de la zone 3 est : $\pi(30^2 - 20^2) = \pi(900 - 400) = 500\pi$, donc la probabilité est :

$$p_3 = \frac{500\pi}{k} = \frac{500\pi}{2\ 000\pi} = 0{,}25.$$

Ainsi la probabilité que la fléchette atteigne la zone 0 est le complément :

$$p_0 = 1 - (p_1 + p_2 + p_3 + p_4) = 1 - (0{,}05 + 0{,}15 + 0{,}25 + 0{,}35) = 0{,}2.$$

CORRIGÉS

21 Arbre de choix, avec ou sans remise

1. Tirage de deux billes avec remise

a)

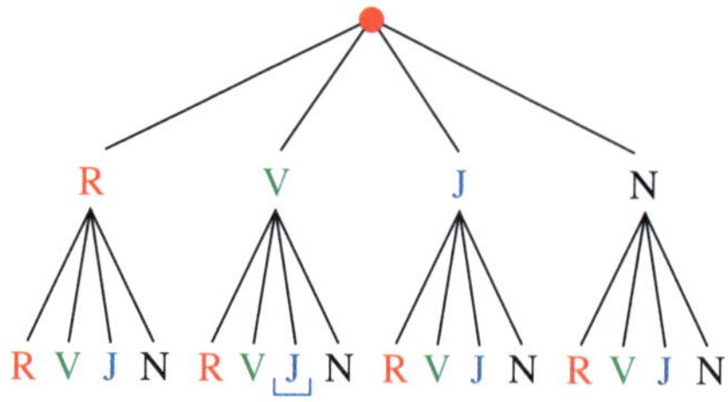

À la fin d'une branche, on obtient le résultat du double tirage ; par exemple, (V J) pour le tirage marqué ci-dessus.

Il y a 16 résultats possibles.

b) $P(E_1) = P(\text{RN}) = \dfrac{1}{16}$.

$P(E_2) = P(\text{RR}) = \dfrac{1}{16}$.

$P(E_3) = P(\text{RR, VV, JJ, NN}) = \dfrac{4}{16} = \dfrac{1}{4}$.

$P(E_4) = P(\text{RN, NR}) = \dfrac{2}{16} = \dfrac{1}{8}$.

$P(E_5) = P(\text{NR, NV, NJ, NN, RN, VN, JN}) = \dfrac{7}{16}$.

$P(E_6) = 1 - P(\text{RR}) = 1 - \dfrac{1}{16} = \dfrac{15}{16}$.

2. Tirage de deux billes sans remise

a)

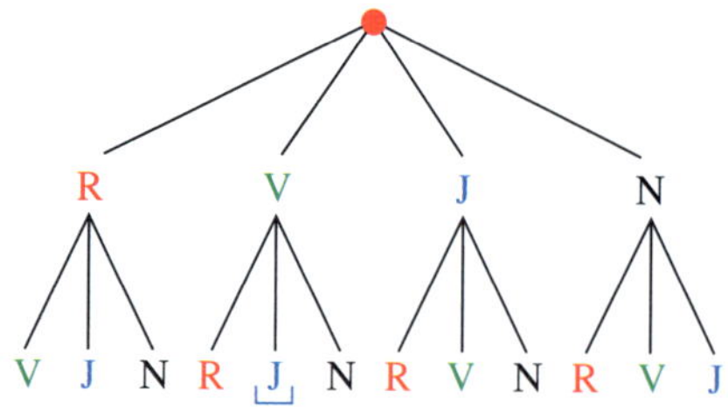

Il y a 12 résultats possibles.

b) $P(F_1) = P(\text{RN}) = \dfrac{1}{12}$.

$P(F_2) = P(\text{RN, NR}) = \dfrac{2}{12} = \dfrac{1}{6}$.

$P(F_3) = \dfrac{6}{12} = \dfrac{1}{2}$.

$P(F_4) = 1$, car on a toujours 0 ou 1 bille rouge.

22 Tirage sans remise

Comme il n'y a que deux tirages, on peut présenter les résultats dans un tableau à deux entrées, ce que l'on utilise très souvent lors de tirages de deux dés.

1. On tire une bille, on remet la bille tirée dans le sac, puis on tire une bille.

Tableau des 16 résultats possibles, ayant tous la même probabilité :

	1	2	3	4
1	(1,1)	(1,2)	(1,3)	(1,4)
2	(2,1)	(2,2)	(2,3)	(2,4)
3	(3,1)	(3,2)	(3,3)	(3,4)
4	(4,1)	(4,2)	(4,3)	(4,4)

a) Il y a 8 couples de nombres ayant même parité (tous les deux pairs ou tous les deux impairs). $P(A) = \frac{8}{16} = \frac{1}{2}$.

b) Il y a 3 couples (a, b) tels que $b = a + 1$. Donc $P(B) = \frac{3}{16}$.

c) Tout nombre est multiple de 1, et tout nombre est multiple de lui-même.
Il y a donc 4 + 3 + 1 couples tels que b est multiple de a. Donc $P(C) = \frac{8}{16} = \frac{1}{2}$.

d) 1 est diviseur de tous les nombres et tout nombre est diviseur de lui-même.
Il y a 8 couples tels que b est diviseur de a. Donc $P(D) = \frac{8}{16} = \frac{1}{2}$.

23 a) Tableau donnant le dernier chiffre du produit des numéros apparus sur deux dés à six faces.

×	1	2	3	4	5	6
1	1	2	3	4	5	6
2	2	4	6	8	0	2
3	3	6	9	2	5	8
4	4	8	2	6	0	4
5	5	0	5	0	5	0
6	6	2	8	4	0	6

b) L'ensemble E des valeurs prises par X est :

$$E = \{0 ; 1 ; 2 ; 3 ; 4 ; 5 ; 6 ; 8 ; 9\}.$$

c) La loi de probabilité est un tableau indiquant la probabilité de chaque résultat :

E	0	1	2	3	4	5	6	8	9
P	$\frac{6}{36}$	$\frac{1}{36}$	$\frac{6}{36}$	$\frac{2}{36}$	$\frac{5}{36}$	$\frac{5}{36}$	$\frac{6}{36}$	$\frac{4}{36}$	$\frac{1}{36}$

24 On suppose que la probabilité d'atteindre une zone est proportionnelle à son aire.
Comme la probabilité d'atteindre la cible carrée est 1, on peut considérer que la cible a un côté $a = 1$.

CORRIGÉS

Or les zones vertes des cibles sont composées de quatre quarts de cercle de rayon $\frac{a}{2} = \frac{1}{2}$ et d'aire $\pi\left(\frac{1}{2}\right)^2 = \frac{\pi}{4} \approx 0{,}785\,4$.

Donc l'aire de la zone blanche est : $1 - \frac{\pi}{4}$.

Adrien et Mayeul ont la même probabilité d'atteindre la cible.

25 Arbre probabiliste

Sur cet arbre, chaque branche porte un « poids » correspondant à un pourcentage : 20 % des filles ont choisi la natation, donc on écrit 0,2 sur la branche reliant *F* et *N*.

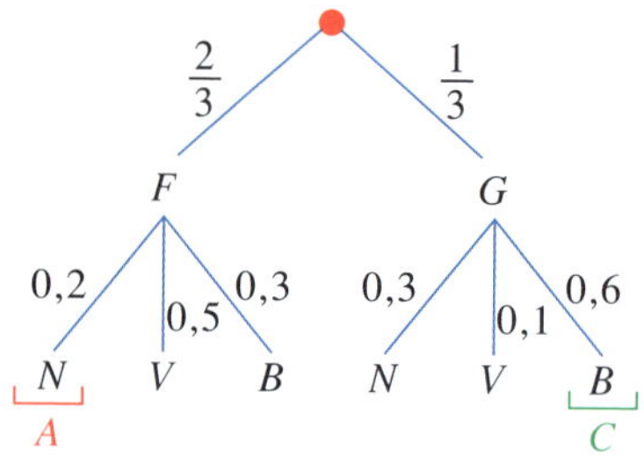

a) $P(F) = \frac{2}{3}$, car les deux tiers des élèves de seconde sont des filles.

$P(A) = 0{,}2 \times \frac{2}{3} = \frac{2}{15}$, car 20 % des deux tiers des secondes sont des filles qui pratiquent la natation.

$P(C) = 0{,}6 \times \frac{1}{3} = \frac{1}{5}$, car 60 % du tiers des secondes sont des garçons qui pratiquent le basket.

b) $P(N) = 0{,}2 \times \frac{2}{3} + 0{,}3 \times \frac{1}{3} = \frac{7}{30}$ — 20 % des filles, 30 % des garçons

$P(V) = 0{,}5 \times \frac{2}{3} + 0{,}1 \times \frac{1}{3} = \frac{11}{30}$ — 50 % des filles, 10 % des garçons

$P(B) = 0{,}3 \times \frac{2}{3} + 0{,}6 \times \frac{1}{3} = \frac{12}{30} = \frac{2}{5}$ — 30 % des filles, 60 % des garçons

La somme donne bien 1 : $\frac{7}{30} + \frac{11}{30} + \frac{12}{30} = \frac{30}{30} = 1$.

26

Comme l'objet est placé au hasard sous l'un des verres, on peut penser que chaque verre devrait sortir avec une probabilité $p = 0{,}25$.

Intervalle de fluctuation

Dans le cas d'un échantillon de taille $n \geqslant 25$ et pour une probabilité attendue p telle que $p \in [0{,}2\ ;\ 0{,}8]$, on démontre, et on l'admet en seconde que la fréquence observée f se situe dans l'intervalle de fluctuation

$$I = \left[p - \frac{1}{\sqrt{n}}\ ;\ p + \frac{1}{\sqrt{n}}\right]$$

avec une probabilité de **0,95**.

Dans le cas des quatre verres, on dispose d'un échantillon de taille $n = 200$ avec une probabilité attendue $p = 0{,}25$. L'intervalle de fluctuation est :

$$I = \left[0{,}25 - \frac{1}{\sqrt{200}} ; 0{,}25 + \frac{1}{\sqrt{200}}\right] \approx [0{,}1793 ; 0{,}3207].$$

La fréquence observée est : $\dfrac{58}{200} = 0{,}29 \in I$.

Donc on peut penser que le jeu n'est pas truqué, avec une probabilité de 0,95.

27 Le sondage, effectué sur un échantillon de 1 000 personnes, donne 400 intentions de vote pour A.

La fréquence observée d'intentions de vote pour le candidat A est : $\dfrac{400}{1\,000} = 0{,}4$.

La fourchette dans laquelle on peut prévoir la proportion de votants pour le candidat A est :

$$\left[0{,}4 - \frac{1}{\sqrt{1\,000}} ; 0{,}4 + \frac{1}{\sqrt{1\,000}}\right] \approx [0{,}3684 ; 0{,}4316].$$

Le candidat A peut donc espérer obtenir entre 37 % et 43 % des voix, avec un risque d'erreur de 5 %.

Lorsque l'on arrondit les pourcentages à l'unité, on prend la valeur approchée par excès pour la borne inférieure et la valeur approchée par défaut pour la borne supérieure.

28 On prélève 400 oranges que l'on pèse : la taille de l'échantillon est $n = 400$.
Le vendeur certifie la masse des oranges :

Masse d'une orange en g	> 200	$\leqslant 200$
Probabilité	0,55	0,45

La fréquence observée pour les oranges de plus de 200 g est $f = 0{,}4$.
L'intervalle de fluctuation associé à $p = 0{,}55$ est :

$$I = \left[0{,}55 - \frac{1}{\sqrt{400}} ; 0{,}55 + \frac{1}{\sqrt{400}}\right] = [0{,}5 ; 0{,}6].$$

La fréquence observée de 0,4 n'étant pas dans l'intervalle I, on peut penser que la coopérative a été trompée, avec un risque d'erreur de 5 %.

29 On interroge n clients et la fréquence observée des amateurs de glace à la vanille est $f = 0{,}54$.
La fourchette dans laquelle on peut prévoir le pourcentage de ceux qui préfèrent la vanille est donc :

$$I = \left[0{,}54 - \frac{1}{\sqrt{n}} ; 0{,}54 + \frac{1}{\sqrt{n}}\right] \text{ avec un risque d'erreur de 5 \%.}$$

a) Pour $n = 100$, on trouve $I = [0{,}44 ; 0{,}64]$. L'intervalle est trop étendu.
On ne sait pas si la proportion recherchée est supérieure ou bien inférieure à 50 %.
On ne peut donc pas savoir si ce sont les amateurs de glace à la vanille ou ceux de glace au chocolat qui sont majoritaires.
b) On interroge 400 personnes, la fourchette est :

$$I = \left[0{,}54 - \frac{1}{\sqrt{400}} ; 0{,}54 + \frac{1}{\sqrt{400}}\right] = [0{,}49 ; 0{,}59].$$

CORRIGÉS

c) On interroge 1 000 personnes, la fourchette est :

$$I = \left[0{,}54 - \frac{1}{\sqrt{1\,000}} ; 0{,}54 + \frac{1}{\sqrt{1\,000}}\right] = [0{,}5084 ; 0{,}5716].$$

Dans le dernier cas, on peut penser que les amateurs de glace à la vanille sont majoritaires.

30 a) On appelle p la proportion observée du caractère, et n la taille de l'échantillon. Les bornes de l'intervalle de fluctuation sont :

$$a = p - \frac{1}{\sqrt{n}} \text{ et } b = p + \frac{1}{\sqrt{n}}$$

D'où la fonction sous Python de variables p et n qui rend les bornes a et b.

```
from math import sqrt

def intfluct(p,n):
    a=p-1/sqrt(n)
    b=p+1/sqrt(n)
    return a,b
```

b) Dans le cas de l'exercice 28, on applique la fonction intfluct pour $p = 0{,}55$ et $n = 400$; on obtient :

```
>>> intfluct(0.55,400)
(0.5, 0.6000000000000001)
```

Remarque : ne garder que 3 décimales aux résultats obtenus ; pour cela, on peut utiliser la fonction **round** qui arrondit le nombre. Ainsi :

```
>>> round(0.123456,3)
0.123
```

D'où une autre écriture de la fonction intfluct :

```
def intfluct(p,n):
    a=p-1/sqrt(n)
    b=p+1/sqrt(n)
    return round(a,3),round(b,3)
```

Application :

```
>>> intfluct(0.55,400)
(0.5, 0.6)
```

c) Programme pour la prise de décision, écrit en langage Python :

```
from math import sqrt

def intfluct(p,n):
    a=p-1/sqrt(n)
    b=p+1/sqrt(n)
    return round(a,3),round(b,3)

p=float(input("Proportion dans la population ?"))
n=int(input("Taille de l'échantillon ?"))
mi,ma=intfluct(p,n)
f=float(input("Fréquence dans l'échantillon ?"))
print("Intervalle : ["+str(mi)+" ; "+str(ma)+"]")
if mi<f<ma:
    print("Pas de raison de remettre en cause l'hypothèse")
else:
    print("On rejette l'hypothèse")
```

Utilisation pour l'exercice 28 : l'entreprise certifie que au moins 55 % des oranges pèsent plus de 200 g. Dans un échantillon de 400 oranges prises au hasard, on s'aperçoit que 40 % pèsent plus de 200 g.
L'entreprise a-t-elle trompé la coopérative ?

```
Proportion dans la population ?0.55
Taille de l'échantillon ?400
Fréquence dans l'échantillon ?0.4
Intervalle : [0.5 ; 0.6]
On rejette l'hypothèse
```

On peut donc penser que la coopérative a été trompée.

31 Simulations

1. **Ne pas hésiter à faire des essais en prenant une pièce de monnaie : Pile, le robot avance et Face : le robot recule.**

Après une marche de cinq pas, on trouve : $E = \{ 5 ; -3 ; -1 ; 1 ; 3 ; 5\}$.

2. Algorithme d'une marche en langage naturel

```
Variables : C, P entiers et R réel
Initialisation : C prend la valeur 0
Traitement : POUR P allant de 1 à 5
    R prend la valeur Nombre Aléatoire
        Si R < 0,5, alors C prend la valeur C – 1
        Sinon, C prend la valeur C + 1
        Fin du test Si
    Fin de la boucle POUR
Sortie : Afficher la valeur de C
```

C est l'abscisse d'arrivée du robot.

Programme pour une marche sur calculatrice

```
PROGRAM:MARCHE
:0→C
:For(P,1,5)
:NbrAléat→R
:If R<0.5
:Then
:C-1→C
:Else
:C+1→C
:End
:End
:Disp C
```

Pour simuler *n* marches, on effectue *n* fois ce programme à l'aide du programme SMARCHE suivant :

```
PROGRAM:SMARCHE
:EffListe L1
:Input "N ",N
:For(K,1,N)
:prgmMARCHE
:C→L1(K)
:End
```

Il suffit de regarder la liste 1 pour voir les résultats et trier la liste pour obtenir les fréquences observées.

```
                  -1
                  -3
                Done
L1→L2
{-1 -1 3 1 -1 -…
Tricroi(L2)
                Done
```

Programme pour une marche de 5 pas, à l'aide du langage Python

```
from random import randint

def marche():
    position=0
    for i in range(5):
        position+=2*randint(0,1)-1
    return position
```

L'objectif est de choisir aléatoirement – 1 ou 1 avec une probabilité de 0,5.
La fonction randint(a, b) de la librairie random renvoie aléatoirement un nombre entier compris entre a et b (bornes incluses).
randint(0,1) retourne donc 0 ou 1 avec la même probabilité 0,5.
En multipliant ce résultat par 2, on obtient donc soit 0, soit 2, puis en retranchant 1, on obtient soit – 1, soit 1.
On ajoute donc ce résultat à la variable position pour déterminer la nouvelle abscisse après ce nouveau pas.
D'où l'instruction : position+ = 2 * randint (0,1) – 1.

Exemple : résultats pour 6 marches de 5 pas :

```
>>> marche()
1
>>> marche()
-1
>>> marche()
1
```

```
>>> marche()
-1
>>> marche()
-1
>>> marche()
5
```

Proposition pour la fonction **repetition** de *n* marches de 5 pas :

```
def repetition(n):
    abscisse=[0] * 11
    for j in range(n):
        abscisse[marche()+5]+=1
    return [i/n for i in abscisse]
```

Il y a 11 abscisses possibles (a priori) : - 5 ; –4 ; .... 0 ; 1 ; ... 5.
On souhaite compter le nombre d'apparitions de chacune de ces issues dans une liste à 11 éléments ; pour cela, on doit ajouter 1 (noté + = 1 sur Python) à un élément de la liste.
Mais les index de la liste vont de 0 à 10 : ainsi, l'abscisse – 5 correspond à l'index 0 de la liste. On doit ajouter 5 à la position d'arrivée obtenue pour avoir l'index dans la liste.
De même pour chacune des abscisses.
D'où l'instruction : abscisse [marche () + 5] + = 1

Simulation sur un tableur

A2 | =SI(ALEA()<0,5;-1;1)

	A	B	C	D	E	F
1	pas 1	pas 2	pas 3	pas 4	pas 5	somme
2	-1	-1	1	-1	-1	-3

et en F2 = SOMME (A2 ; E2)

Pour faire une simulation de *n* marches, sur tableur, on sélectionne les cellules de A2 à F2 et on recopie par la poignée de recopie, jusqu'en ligne $n + 1$.

A2 | f_x =SI(ALEA()<0,5;-1;1)

	A	B	C	D	E	F
1	pas 1	pas 2	pas 3	pas 4	pas 5	somme
2	1	-1	1	1	1	3
3	1	-1	-1	1	1	1

Pour trier les résultats et obtenir les fréquences, on peut utiliser l'instruction NB.SI

f_x =NB.SI($F$2:$F$201;I1)

E	F	G H	I	J	K	L	M	N	O
s 5	somme	abscisse	-5	-3	-1	1	3	5	total
-1	-3	effectif	=NB.S	34	57	69	34	2	200
-1	-1	fréquence	0,02	0,17	0,29	0,35	0,17	0,01	

Simulations à l'aide de la fonction repetition sous Python :

```
print("Abscisse obtenue")
print([i-5 for i in range(11)])
print("Pour une simulation de 20 marches")
print(repetition(20))
print("Pour une simulation de 100 marches")
print(repetition(100))
print("Pour une simulation de 500 marches")
print(repetition(500))
```

Exemple de résultats obtenus :

```
Abscisse obtenue
[-5, -4, -3, -2, -1, 0, 1, 2, 3, 4, 5]
Pour une simulation de 20 marches
[0.05, 0.0, 0.25, 0.0, 0.35, 0.0, 0.15, 0.0, 0.15, 0.0, 0.05]
Pour une simulation de 100 marches
[0.05, 0.0, 0.11, 0.0, 0.37, 0.0, 0.23, 0.0, 0.18, 0.0, 0.06]
Pour une simulation de 500 marches
[0.032, 0.0, 0.18, 0.0, 0.31, 0.0, 0.296, 0.0, 0.138, 0.0, 0.044]
```

Ainsi, on peut lire que, pour 500 marches simulées, on arrive en 1 avec une fréquence de 0,296 et jamais en – 4 ; – 2 ; 0 ; 2 ou 4.

3. Arbre de choix

À chaque niveau apparaît l'abscisse du point où arrive le robot.
D'où la loi de probabilité sur E :

x_i	-5	-3	-1	1	3	5
p_i	$\frac{1}{32}$	$\frac{5}{32}$	$\frac{10}{32}$	$\frac{10}{32}$	$\frac{5}{32}$	$\frac{1}{32}$

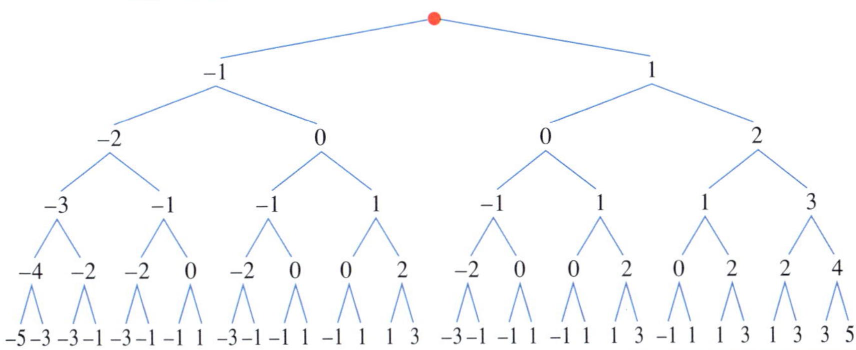

32 Probabilités et fonction

a) On suppose que le nombre de chansons est assez grand pour que le choix de deux chansons soit assimilable à un tirage de deux chansons avec remise. On note :

F : « la chanson est française » ; E : « la chanson est étrangère ».

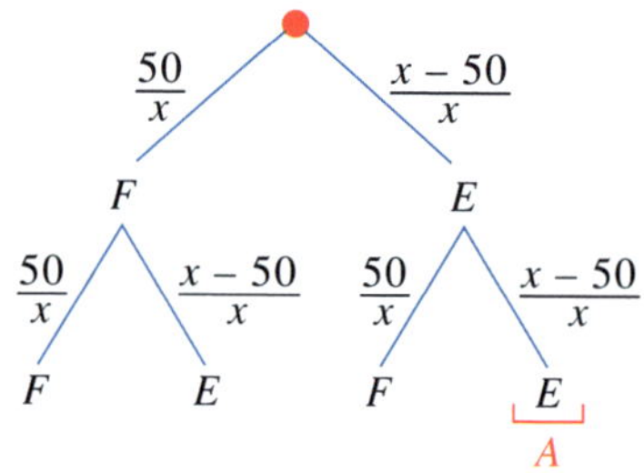

$P(F) = \dfrac{50}{x}$ et $P(E) = \dfrac{x-50}{x}$

$P(\mathbf{A}) = P(EE) = \left(\dfrac{x-50}{x}\right)^2 = \dfrac{(x-50)^2}{x^2}$

b) On pose $f(x) = \dfrac{(x-50)^2}{x^2}$ pour $x \in \left]50\,;+\infty\right[$.

On résout $\dfrac{(x-50)^2}{x^2} \geqslant 0{,}5$, pour $x > 50$ **On peut multiplier par x^2, car $x^2 \neq 0$.**

$\Leftrightarrow (x-50)^2 \geqslant 0{,}5x^2 \Leftrightarrow (x-50)^2 - 0{,}5\,x^2 \geqslant 0$

$\Leftrightarrow (x-50+x\sqrt{0{,}5})(x-50-x\sqrt{0{,}5}) \geqslant 0.$

On reconnaît $A^2 - B^2$ avec $B = x\sqrt{0{,}5}$.

(On obtient un produit $C(x)$ dont on étudie le signe dans un tableau.)

On étudie le signe de chaque facteur. On cherche les valeurs qui annulent :

- $x - 50 + x\sqrt{0{,}5} = 0 \Leftrightarrow x(1+\sqrt{0{,}5}) = 50 \Leftrightarrow x_1 = \dfrac{50}{1+\sqrt{0{,}5}} \approx 29{,}3.$
- $x - 50 - x\sqrt{0{,}5} = 0 \Leftrightarrow x(1-\sqrt{0{,}5}) = 50 \Leftrightarrow x_2 = \dfrac{50}{1-\sqrt{0{,}5}} \approx 170{,}7.$

Tableau de signes sur $\mathbb{R}$:

x		x_1		50		x_2	
$x-50+x\sqrt{0{,}5}$	–	0	+	|	+	|	+
$x-50-x\sqrt{0{,}5}$	–	|	–	|	–	0	+
$C(x)$	+	0	–	|	–	0	+

On veut $C(x) \geqslant 0$ sur $\left]50\,;+\infty\right[$. Donc $x \geqslant x_2$; or $x_2 \approx 170{,}7$

donc : le premier entier supérieur ou égal à x_2 est 171.

Le lecteur doit contenir au moins 171 chansons pour que la probabilité qu'Emma écoute deux chansons étrangères à la suite soit supérieure ou égale à 0,5.

En contrôle, toujours penser à conclure un exercice de probabilité en reprenant la question posée dans l'énoncé.

L'INTERROGATION ÉCRITE

Statistiques et histogramme

a) Les 40 concerts sont représentés sur l'histogramme par 8 rectangles selon le nombre de spectateurs prévus. La répartition est donnée dans le tableau suivant comportant 8 classes :

Nombre de spectateurs	Nombre de concerts	Part en %
[100 ; 500[	4	10
[500 ; 700[	6	15
[700 ; 800[	4	10
[800 ; 900[	6	15
[900 ; 1 000[	7	17,5
[1 000 ; 1 100[	5	12,5
[1 100 ; 1 300[	6	15
[1 300 ; 1 500]	2	5

Par exemple : on peut prévoir 7 concerts sur 40 rassemblant de 900 à 1 000 spectateurs, soit une part de $\frac{7}{40} = 0{,}175$, c'est-à-dire 17,5 %.

b) On prévoit 10 concerts avec **moins de** 700 spectateurs.
Ainsi, il **reste 30 concerts avec au moins** 700 spectateurs.
La part est $\frac{30}{40} = 0{,}75$, c'est-à-dire 75 %.

c) Le nombre de concerts prévus avec moins de 900 spectateurs est :
$4 + 6 + 4 + 6 = 20$, c'est-à-dire 50 % des 40 concerts.
La droite verticale d'équation $x = 900$ partage l'histogramme en deux parties de même aire.
Ainsi 50 % des concerts auront un nombre de spectateurs inférieur ou égal à 900 et 50 % des concerts auront un nombre de spectateurs supérieur ou égal à 900.
On retrouve la définition de la médiane d'une série statistique. Donc Med = 900.

Remarque : **on retrouve aussi une propriété de la médiane dans un triangle : la médiane joignant le sommet au milieu du côté opposé partage le triangle en deux parties de même aire.**

d) Série des centres de classes pondérés par les effectifs :

x_i	300	600	750	850
n_i	4	6	4	6

x_i	950	1 050	1 200	1 400
n_i	7	5	6	2

$$\bar{x} = \frac{4 \times 300 + 6 \times 600 + \ldots + 2 \times 1\,400}{40} = \frac{34\,800}{40} = 870.$$

Le gérant peut prévoir une moyenne de 870 spectateurs environ par concert.

Rappel : **la moyenne obtenue par le calcul utilisant les centres de classes n'est qu'une valeur approximative.**

CORRIGÉS

Probabilité et évènements

1. Réponses **a** et **c.**

Soit A l'évènement : « commander un nombre impair de chaises », alors $A = \{1 ; 3 ; 5\}$.

La probabilité d'un évènement est égale à la somme des probabilités des évènements élémentaires qui le constituent.

Un évènement élémentaire se note en écrivant le résultat entre accolades.

D'où $P(A) = P(\{1\}) + P(\{3\}) + P(\{5\}) = 0{,}1 + 0{,}25 + 0{,}1 = 0{,}45$.

2. Réponses **a** et **c**.

Soit B l'évènement : « commander un nombre de chaises multiple de 3 », c'est « commander 3 ou 6 chaises » ; $B = \{3 ; 6\}$, donc $P(B) = 0{,}25 + 0{,}05 = 0{,}3$.

3. Réponses **a** et **c**.

Soit C l'évènement : « **commander au moins 5** chaises », cela signifie « **commander 5 ou 6** ».

C'est aussi le contraire de « commander **1 ou 2 ou 3 ou 4** », c'est-à-dire le contraire de « commander **au plus 4** ». Donc $P(C) = 0{,}1 + 0{,}05 = 0{,}15$.

4. Réponses **b** et **c**.

« Commander 1 ou 2 ou 3 » est le contraire de « commander 4 ou 5 ou 6 », c'est-à-dire le contraire de « commander au moins 4 ». La probabilité d'en commander au plus 3 est donc $0{,}1 + 0{,}2 + 0{,}25 = 0{,}55$.

Tirage et probabilité

1. Chaque boule a la même probabilité d'être obtenue. On est en situation d'équiprobabilité avec 5 cas possibles.

$P(A) = \frac{2}{5} = 0{,}4$; $P(B) = \frac{1}{5} = 0{,}2$.

On obtient au moins deux points avec une bleue ou une rouge.

$P(C) = \frac{4}{5} = 0{,}8$.

2. a)

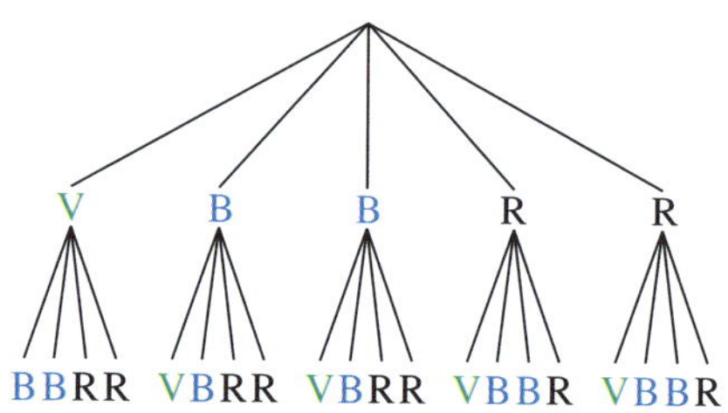

Le résultat d'un tirage est un couple de deux couleurs.

On est en situation d'équiprobabilité avec 20 tirages différents possibles.

On représente dans un tableau les points obtenus en tirant successivement, et sans remise, deux boules de l'urne.

On n'écrit rien dans la diagonale, car on ne peut pas obtenir deux fois la même boule.

	V	**B_1**	**B_2**	**R_1**	**R_2**
V		3	3	4	4
B_1	3		4	5	5
B_2	3	4		5	5
R_1	4	5	5		6
R_2	4	5	5	6	

b) **Pour répondre à ces questions, on écrit les évènements en extension, c'est-à-dire en citant tous les résultats favorables.**

- D = « obtenir deux boules de la même couleur »

$$D = \{(B_1, B_2) ; (B_2, B_1) ; (R_1, R_2) ; (R_2, R_1)\}$$

donc $P(D) = \dfrac{4}{20} = \dfrac{1}{5} = 0{,}2$.

- E = « obtenir 4 points » : il y a 6 cases donnant ce résultat,

donc : $P(E) = \dfrac{6}{20} = \dfrac{3}{10} = 0{,}3$.

- F = « obtenir 4 points avec deux boules de couleurs différentes »

$$F = \{(V, R_1) ; (V, R_2) ; (R_1, V) ; (R_2, V)\}.$$

Il y a 4 résultats favorables, donc $P(F) = \dfrac{4}{20} = \dfrac{1}{5} = 0{,}2$.

Achevé d'imprimer en Slovaquie par Polygraf
Dépôt légal : juillet 2018 - Collection n° 21 - Édition 01
27/2873/5

CORRIGÉS